电动拧紧机

结构原理及其应用

DIANDONG NINGJINJI JIEGOU YUANLI JIQI YINGYONG

冯德富 黄跃进 黄永谦 编著

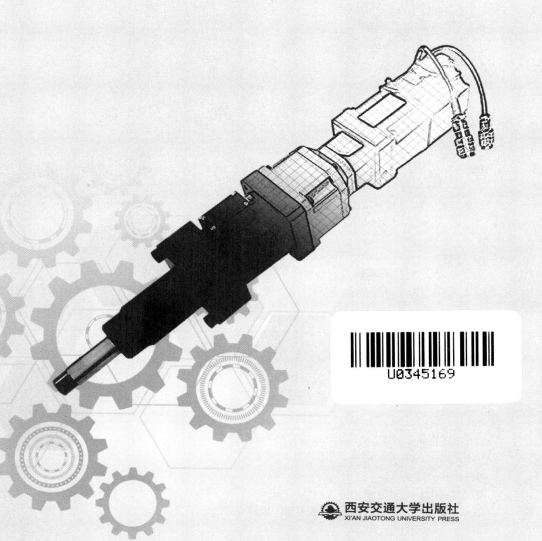

U0345169

西安交通大学出版社
XI'AN JIAOTONG UNIVERSITY PRESS

图书在版编目（CIP）数据

电动拧紧机结构原理及其应用 / 冯德富，黄跃进，黄永谦编著 . —西安：
西安交通大学出版社，2023.8
　　ISBN 978-7-5693-3371-8

　　Ⅰ．①电…　Ⅱ．①冯…　②黄…　③黄…　Ⅲ．①螺栓联接—机械　Ⅳ．① TH131

　　中国国家版本馆 CIP 数据核字（2023）第 148938 号

书　　　名	电动拧紧机结构原理及其应用
编　　　著	冯德富　黄跃进　黄永谦
责任编辑	郭鹏飞
责任校对	李佳

出版发行	西安交通大学出版社
	（西安市兴庆南路 1 号　邮政编码 710048）
网　　址	http：//www.xjtupress.com
电　　话	（029）82668357　82667874（市场营销中心）
	（029）82668315（总编办）
传　　真	（029）82668280
印　　刷	陕西奇彩印务有限责任公司

开　　本	787 mm×1092 mm　1/16　印张 15.75　字数　364 千字
版次印次	2023 年 8 月第 1 版　2023 年 8 月第 1 次印刷
书　　号	ISBN 978-7-5693-3371-8
定　　价	49.00 元

如发现印装质量问题，请与本社市场营销中心联系。
订购热线：（029）82665248　（029）82667874
投稿热线：（029）82668133
读者信箱：xj_rwjg@126.com

前 言

电动拧紧机自 1989 年进入我国的汽车制造业至今，已经有 30 多年了。电动拧紧机在我国最先进入的是汽车发动机制造行业，如今已涉及发动机、变速箱、底盘、整车等行业，并且在高铁、重机、农机、冷机、电子等领域也均得到了较为广泛的应用。自大连德欣新技术工程有限公司于 1994 年引入国外先进技术，经过二次开发产品开始在国内制造拧紧机，至今已有 28 年。然而直到现在为止，不仅我国，甚至在国外也鲜有对电动拧紧机进行系统性介绍的书籍，相当部分用户对拧紧机的了解仅限于表面，故对拧紧机的配置结构、功能、特点，以及配置结构与精度的关系等的了解均处于似懂非懂状态，以至于在选购拧紧机时有如下一些现象。

1. 提不出具体实用的功能要求，东抄西拼了一些条款，不管有用还是没用，只要是电动拧紧机的功能条款就全部罗列上去（此现象较为普遍）。

2. 认为只要是国外的就是功能全、精度高的，只要是国内的，就是功能差、精度低的（此现象也较为普遍）。甚至还有花了高价买了国外的简化配置低精度的电动拧紧机。

3. 有的单位对精度要求越来越高，国际上普遍应用的精度为小于等于 ±3%，而有些用户却提出了小于等于 ±2%，甚至个别的还有是小于等于 ±1% 的。但对于这个精度如何检测和认定却没有确切的条款，甚至没有相近的条款，以至于不论精度提得多高，一些供应商的销售人员均敢答应，因为他们知道，在拧紧机交付时，用户对精度并没有相应的检定措施或手段，而且在国内，甚至国际上至今也鲜有正规的对拧紧机精度进行检定的规程。而由于对拧紧机的配置结构、工作原理等还缺少系统性介绍的书籍，因此计量部门也没有依据来制订其检定规程。

在拧紧机使用的过程中还出现了如下一些问题。

1．对于拧紧机运行中出现的质量问题，分不清哪些是由于拧紧机设置或工作不正常造成的，哪些是由于操作不当或工件质量缺陷造成的，加之部分人员的崇洋媚外思想，如若是国外的拧紧机，就一味地在操作与工件中找问题，如若是国产拧紧机就一味在拧紧机上找问题。故使问题很难得到有效及时解决（此现象较为普遍）。

2．对于拧紧机运行中发出质量方面的报警信号（拧紧机正常工作时，针对拧紧的结果达不到某项工艺要求而发出的），不知如何处理，有的甚至还误认为是拧紧机的故障。

3．对于拧紧机工作中发出故障方面的报警信号，不知如何处置，有时，对于非常简单的故障（严格地说并不是故障，而是操作不当），可能就东查西找地耗费了很长时间。

笔者与从事拧紧机技术工作相关人士（包括国外拧紧机供应商）交流后发现，实际上对拧紧机的了解仅限于表面的不仅仅是国内的部分用户，相当一部分国外拧紧机供应商的销售与技术人员也同样如此！即便是供应商的高级技术人员，由于对用户以及用户的使用场景缺乏了解，以至于拧紧机在用户的现场验收中出现一些"特殊"问题时，他们也是一头雾水，开始时也常常是老虎吃天——无从下口（笔者遇到过的不止一例）。

上述问题之所以长期存在而得不到有效解决，关键是没有系统性介绍或叙述电动拧紧机方面的书籍。

笔者是从1989年开始接触拧紧机的，当时所接触到的拧紧机有两种，一是从美国英格索兰公司新购入的，二是从美国克莱斯勒公司引进的生产线中带来的（美国英格索兰公司早期产品）。当时，后者在运输过程中遭遇海损而不能正常运行。笔者在对其修复的过程中逐步了解了拧紧机，并成功地对其控制系统进行了国产化改造，从而与拧紧机结下了不解之缘。笔者从开始的修复到日后的改造，以及平时的维护与接触中又不断地加深了解并熟悉了拧紧机。1995年，笔者与制造出第一台国产电动拧紧机的大连德欣新技术工程有限公司（以下简称大连德欣）建立了合作联系，把我国第一台国产电动拧紧机应用到笔者当时所在的长春一汽第二发动机厂（现在的中国第一汽车股份有限公司动力总成工厂），这对笔者熟悉拧紧机创造了更为有利的条件。由于笔者对工作中遇到的技术问题有深入探讨并做记录的习惯，且对感兴趣的技术资料也注意收集并向相关人员请教或与周围人员研讨，故对拧紧机的技术积累了部分资料与经验。

　　本书的第二与第三作者分别是大连德欣的总经理黄跃进与副总经理黄永谦。我国的第一台国产电动拧紧机就是黄跃进总经理于 1994 年在引进国外先进技术基础上，结合国内汽车行业实际应用二次研发制造出来的。在之后的 25 年中，随着科技的发展，产品质量要求的提高，加之生产现场的多品种混流生产的需要，大连德欣研发团队在黄跃进总经理与黄永谦副总经理的带领和指导下，对拧紧机产品的控制系统，以及产品的系列化、标准化，在硬件、软件、系统集成上又进行了多次的更新换代，并在不断的更新升级中把国产拧紧机的技术和产品推到了新高度，同时也积累了大量的技术与经验，并具有了自主知识产权。

　　笔者把自己的这些经验积累做了系统的归纳与整理，形成了本书。

　　书中第 1 章主要是介绍了螺栓拧紧的一般概念、螺栓拧紧常用的控制方法及对拧紧过程及拧紧结果的监测等有关拧紧的基础知识。第 2 章主要是介绍了电动拧紧机中的主要部件，使读者对拧紧机中主要部件有所了解，以便于掌握与了解拧紧机的基本结构与原理。第 3、第 4 章主要是介绍了拧紧机的工作原理及其配置结构方面的知识，这两章是深入全面地讲解电动拧紧机的基础，尤其是关于配置结构方面的内容，其中有的是作者近年来与多位专家多次研讨所得的共识，有的是作者亲身现场实践发现的问题，并与周边同事从实践到理论的多次反复中获得。第 5、第 6、第 7 章主要是结合实际应用设备的照片，分别介绍了当前实用的各种拧紧机、扭矩校准仪及校准辅具、附加功能的拧紧机与拧紧机的扩展功能设备的结构与应用。第 8 章简介了拧紧机的主要技术指标、检定与校准，并以亲身经历例举了部分拧紧中的常见问题与分析、例举了部分拧紧机日常运行中的故障与分析。对这些问题与故障的分析，可以加深读者对电动拧紧机特点与原理的理解与掌握，进而更有利于读者使用与维护电动拧紧机。

　　本书的最后，附录了中国一汽集团与大连德欣通力合作制定的《拧紧机检定规程》和《电动拧紧机通用技术条件》（均为内部应用）。由于中国一汽集团是国内第一个实际应用电动拧紧机的用户，大连德欣是国内第一个电动拧紧机的制造厂商，该检定规程和通用技术条件制定后，在一汽内部和大连德欣应用中又进行了多次的修改、充实与验证，因此做为附录刊印出来，供相关人员参考，并殷切希望相关人员与专家对该规程和技术条件提出宝贵的意见，以得到进一步的充实与提高，以进一步完善电动拧紧机的检定和鉴定，并为我国早日制定出科学、公正、合理、完善的《电动拧紧机检定规程》和《电动拧紧机通用技术条件》而奉献智慧与力量。

书中绝大部分内容，均是笔者三人三十余年来在从事拧紧机工作方面的技术总结，其中有很多方面受益于周围同事，其中包括笔者所参加的各种学术交流会中的专家代表以及笔者在工作中接触到的一些单位的专业人士。另外，笔者在编写本书的过程中，参照了部分书籍与读物，有生产厂家的产品说明书，有笔者的读书笔记，也有大连德欣的实验数据等，有些作者一时又难以查对，故在参考文献中没有列入，部分插图取自德欣产品样本图片，在此提出，一并深表谢意。

作者在编写本书的过程中得到了一汽与大连德欣相关人员的大力协助，他们提供了大量的技术资料，在此深表谢意。

由于作者水平有限，在编写的内容中存在的不足之处，敬请各位读者批评指正。

作　者

2022 年 2 月

目 录

Contents

第1章

拧紧与拧紧机的基础知识

为了便于读者对拧紧机有所了解，在介绍电动拧紧机之前，首先介绍一些有关拧紧与拧紧机的基础知识。

第1节　螺栓拧紧的基本概念

任何机体均是由多种零件连接（即组装）起来的。对零件进行连接的方式有多种，其中螺栓连接是最常用的一种，而要采用螺栓连接就必须用到拧紧，因而"拧紧"也就成为装配工作中应用极为广泛的"行为"。

零件采用螺栓连接的目的，就是要使被连接体能够紧密地贴合，并能承受一定的动载荷，因此被连接体间还要具备足够的压紧力，以确保被连接零件的可靠连接和正常工作。这样就要求作为连接用的螺栓，在拧紧后要具有足够的轴向预紧力（即轴向拉应力）。然而这些力的施加，都是依靠"拧紧"来实现的。因而，我们很有必要了解一些有关拧紧的基本概念，它们主要是拧紧过程中各量的变化、硬性连接与软性连接、力矩率、摩擦与力矩对压紧力的影响、被连接件对力矩的影响、螺栓的拧紧力矩与性能等级等。下面分别予以介绍。

一、拧紧过程中各量的变化

在螺栓拧紧时，总体的受力情况：螺栓受拉，连接件受压，但拧紧是一个过程，在拧紧的整个过程中，受力的大小是不同的（见图 1-1），大体可分为下述几个阶段。

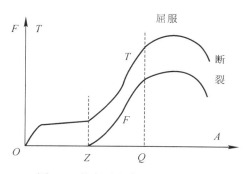

图 1-1　拧紧过程中各量变化曲线

（1）在拧紧开始时，由于螺栓未达贴合面（即螺栓头尚未与工件紧密接触），故压紧力 F 为零，但由于存在摩擦力，故扭矩 T 不为零，只是保持在一个较小的数值之内。

（2）当螺栓到达贴合面（Z 点）后，真正的拧紧才开始，压紧力 F 和扭矩 T 随螺栓转角 A 的增大而迅速上升。

（3）到达了屈服点 Q，螺栓开始塑性变形。此后，随着螺栓转角 A 的增大，压紧力 F 和扭矩 T 增速变小，直至不变。

（4）再继续拧紧，压紧力 F 与力矩 T 随 A 的增大均下降，直至螺栓产生断裂。

二、硬性连接与软性连接

采用螺栓连接零件的连接性质可以是硬性的，可以是软性的，也可以是介于二者之间的中性的。硬性连接是指那些刚性较大，接触面一般为平面的金属件，且直接采用较短的螺栓连接的情况。硬性连接的刚性较大，而软性连接则有一定的柔性。

硬性连接的定义是从螺栓头（或螺母）拧紧到达贴合面（见图 1-2 中的 0° 点）开始，再继续拧紧（旋转），到达预定的目标扭矩 T_C 时为止，螺栓的角位移小于或等于 30° 的连接（曲线在图 1-2 直线①及其左侧的区间内）。而软性连接的定义是从螺栓头（或螺母）拧紧达到贴合面开始，继续拧紧（旋转），到达预定目标的扭矩 T_C 时为止，螺栓的角位移大于 720° 的连接（曲线在图 1-2 直线②及其右侧的区间内），而位于二者之间的区间，可称之为中性连接。

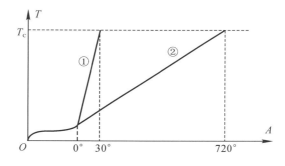

图 1-2　硬性连接与软性连接拧紧曲线

三、力矩率

力矩率 R 所表示的是力矩增量 ΔT 对转角增量 ΔA 的比值（见图 1-3），即

$$R = \Delta T / \Delta A \qquad (1-1)$$

硬性连接的 R 值较高，软性连接的 R 值较低。R 值的高低与螺栓的长度、连接中各件之间的摩擦，以及连接件中垫圈的弹性有关。其中，摩擦系数的变化，是影响力矩率的主要因素。此外，再加上垫圈、密封垫片等引起的弹性变化，致使装配线上同样螺纹连接之间的力矩率变化可能会超过百分之百。因此，在拧紧过程中力矩/转角的曲线就可能会落在图 1-4 所示的斜线区域中的任何位置。

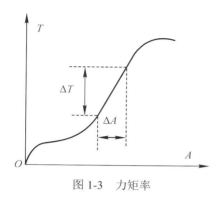

图 1-3　力矩率

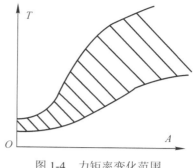

图 1-4　力矩率变化范围

四、摩擦与力矩对压紧力的影响

图 1-5 是摩擦系数 μ 对压紧力 F 影响的曲线，从图中可见，对于同一力矩 T 值，仅由于摩擦系数 μ 值的不同，其压紧力 F 就可能相差很大。由此可知，摩擦系数 μ 对压紧力 F 的影响是非常大的。这里所说的摩擦系数，主要是指螺纹接触面、螺栓与被连接件支撑面间的摩擦系数。

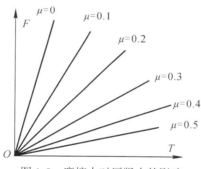

图 1-5　摩擦力对压紧力的影响

某一研究部门的技术人员做过这样一个实验，他们采用不同摩擦系数把螺栓拧紧到某同一力矩值，在摩擦系数为 0.10 时的压紧力为 145 N，而摩擦系数为 0.18 时的压紧力降为 70 N。

五、被连接件对力矩的影响

在拧紧过程中，被连接件、垫圈等对力矩也有影响。为了能够比较形象地表述其影响的状况，我们可首先选取一种情况作为基准，即我们把此连接件的受压长度与形状作为基准，之后再与其他几种情况进行对比。现选取的基准如图 1-6（a）所示。

由图可见，其受压部分的长度为 L_0，它的力矩－转角曲线是一条直线，如图 1-6（b）所示。我们设其拧紧从 0°（贴合面）到达目标扭矩 T_C 时为止，螺栓的角位移为 30°，即其连接件为硬性连接的边界。由图可见，它的紧固过程迅速且均匀，力矩／转角的值固定，这也就说明在拧紧的过程中，随螺栓转角的增大，力矩也增加较大。以图 1-6（b）作为基准的力矩／转角的值，并与下述的其他几种情况进行对比。

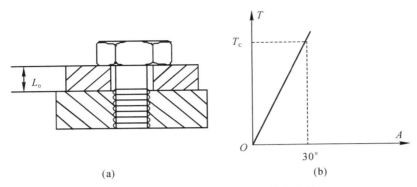

(a)   (b)

图 1-6   基准连接件及其力矩－转角曲线

1. 受压部分的长度增大

如图 1-7（a）所示的连接件与图 1-6（a）相比，只是其受压部分的长度增大了（$L_1 > L_0$），它的力矩－转角曲线如图 1-7（b）中的实线所示。

由图 1-7（b）可见，它的紧固过程也比较均匀，但力矩－转角曲线较图 1-6（b）中所示的基准曲线（图中虚线所示）倾斜角度小，这也就说明：当受压部分的长度增大之后，在拧紧的过程中，要达到与基准形式同等的力矩所需的角位移也要增大。与图 1-6（a）相比，只是其受压部分的长度增大了，其拧紧从 0°（贴合面）到达目标扭矩 T_C 时为止的角位移已经大于 30° 了（但还远小于 720°），即转变为中性连接了。

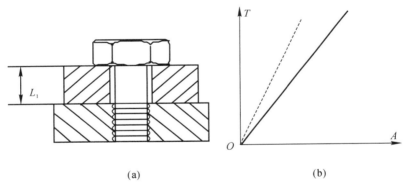

(a)   (b)

图 1-7   受压部分的长度增大的连接件及其力矩－转角曲线

2. 受压部分的长度很短且有弹性元件

如图 1-8（a）所示的连接件，其受压部分的长度很短（薄铁板）且有弹性元件（弹簧垫圈）。它的力矩－转角曲线如图 1-8（b）中的实线所示。

由图 1-8（b）可见，它的紧固过程就不再是直线，而是曲线了，此曲线又可分为 3 个阶段。

① Oa 段：斜率较小的直线段，即弹簧垫圈初始受压阶段。

② ab 段：向上翘起的曲线，即弹簧垫圈接近压实的阶段。

③ b 点以后：斜率较大的直线，即弹簧垫圈完全压实之后的阶段。

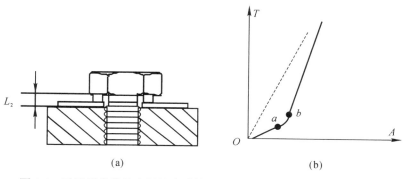

图 1-8 受压部分的长度短且有弹性元件的连接件及其力矩－转角曲线

3. 受压部分有塑性变形

如图 1-9（a）所示的连接件，其受压部分在紧固后的情况如图 1-9（b）所示，即受压部分产生了塑性变形，而这种塑性变形与图 1-8（a）所示的弹性元件相同，所以它的力矩－转角曲线与图 1-8（b）相似，如图 1-9（c）中的实线所示。由图 1-9（c）可见，与图 1-8（b）相比，图 1-9（c）中的实线只是斜率较小的 Oa 线段长一些而已。这主要是因为前者的受压部分是薄铁板与弹簧垫圈，L_2 较小，而此处的 L_3 中的变形量较大。

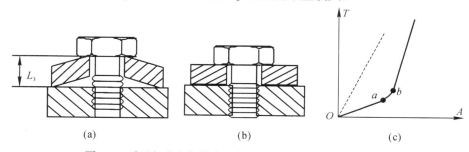

图 1-9 受压部分有塑性变形的连接件及其力矩－转角曲线

4. 连接件的螺孔不同心

此种连接情况如图 1-10（a）所示，力矩－转角曲线如图 1-10（b）所示。

由于各连接件的螺孔不同心，在紧固的过程中，螺栓在孔中将会受到径向的压力，所以紧固的起始点便有力矩，而且从 O 点到 a 点间的力矩随转角的增大呈波浪式上升，反映了其中各连接件的螺孔陆续被螺栓杆找齐的过程。而过了 a 点以后，各连接件的螺孔均被螺栓杆找齐，螺栓不再承受径向压力，故其力矩－转角曲线开始按某一斜率上升。

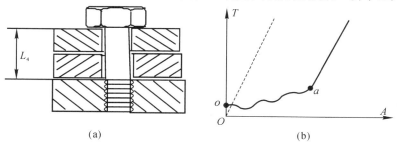

图 1-10 连接件的螺孔不同心的连接件及其力矩－转角曲线

由上述例子可见，被连接件自身特征对力矩的影响也是不容忽视的。

六、螺栓的拧紧力矩与性能等级

1. 螺栓的扭矩力矩

在拧紧过程中，各类螺栓所能够施加的扭矩值可参考表 1-1。

表 1-1　不同强度等级与直径的螺栓的屈服强度与扭矩的参考值

螺栓强度等级	屈服强度/N·mm⁻²	螺栓公称直径 /mm														
		6	8	10	12	14	16	18	20	22	24	27	30	33	36	39
		拧紧力矩 /N·m														
4.6	240	4~5	10~12	20~25	36~45	55~70	90~110	120~150	170~210	230~290	300~377	450~530	540~680	670~880	900~1100	928~1237
5.6	300	5~7	12~15	25~32	45~55	70~90	110~140	150~190	210~270	290~350	370~450	550~700	680~850	825~1100	1120~1400	1160~1546
6.8	480	7~9	17~23	33~45	58~78	93~124	145~193	199~264	282~376	384~512	488~650	714~952	969~1293	1319~1759	1694~2259	1559~2079
8.8	640	9~12	22~30	45~59	78~104	124~165	193~257	264~354	376~502	512~683	651~868	952~1269	1293~1723	1759~2345	2259~3012	2923~3898
10.9	900	13~16	30~36	65~78	110~130	180~201	280~330	380~450	540~650	740~880	940~1120	1400~1650	1700~2000	2473~3298	2800~3350	4111~5481
12.9	1080	16~21	38~51	75~100	131~175	209~278	326~434	448~597	635~847	864~1152	1098~1464	1606~2142	2181~2908	2968~3958	3812~5082	4933~6577

2. 螺栓性能等级

螺栓性能等级分 3.6、4.6、4.8、5.6、6.8、8.8、9.8、10.9、12.9 等 10 余个等级，其中 8.8 级及以上螺栓材质为低碳合金钢或中碳钢并经热处理（淬火、回火），通称为高强度螺栓，其余通称为普通螺栓。螺栓性能等级标号由两部分数字组成，小数点前的数字代表材料公称抗拉强度的 1%，小数点后的数字代表材料的屈服强度比（公称抗拉强度与公称屈服强度之比）。在螺栓头上的表示形式如图 1-11 所示。其含义如下：

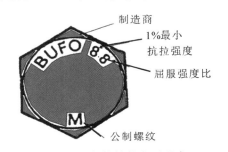

图 1-11　螺栓性能表示形式

（1）螺栓材质的公称抗拉强度的级别为 8，表示的是该螺栓材质的抗拉强度为 $8 \times 100 = 800$ MPa。

（2）螺栓材质的屈服强度比为 0.8，表示的是该螺栓材质的公称屈服强度为 $800 \times 0.8 = 640$ MPa。

同理，性能等级 10.9 的高强度螺栓，其材料经过热处理后，能达到：

（1）螺栓材质公称抗拉强度为 $10 \times 100 = 1000$ MPa。

（2）螺栓材质的屈服强度为 $1000 \times 0.9 = 900$ MPa。

螺栓性能等级的含义是国际通用的标准，相同性能等级的螺栓，尽管材料和产地不同，但其性能是相同的，设计上只选用性能等级即可。

各类螺栓的强度等级可参考表 1-1。

第 2 节　螺栓拧紧的主要方法

拧紧，实际上就是要使被连接体间具备足够的压紧力，并保证连接体与螺栓不受损坏。这就要求我们在拧紧时，要把压紧力控制在一个适当的区间内。由于拧紧而作用在连接体间的压紧力，反映到被拧紧的螺栓上就是它的轴向预紧力（即轴向拉应力）。不论是被连接体间的压紧力还是螺栓上的轴向预紧力，在工作现场均是很难检测的，也就很难以直接控制。因而，人们采取了下述几种方法，对压紧力予以间接控制。

（1）扭矩控制法（T）；

（2）扭矩－转角控制法（TA）；

（3）屈服点控制法（TG）；

（4）落座点－转角控制法（SPA）；

（5）螺栓伸长控制法（QA）。

各控制法的基本原理、误差与优缺点如下所述。

一、扭矩控制法（T）

1. 扭矩控制法的基本原理

扭矩控制法是最早的同时也是最简单的控制方法，它的基本方式是在拧紧的过程中，实时地检测拧紧的扭矩值，当拧紧的扭矩达到某一设定的控制值 T_c 时，立即停止拧紧。它是基于当采用螺栓连接时，螺栓轴向预紧力 F 与拧紧时所施加的拧紧扭矩 T 成正比。它们之间的关系可用下式来表示：

$$T = KF \tag{1-2}$$

其中，K 为扭矩系数，其值大小主要由接触面之间、螺纹牙之间的摩擦阻力 F_μ 来决定。在实际应用中，K 值的大小常用下列公式计算：

$$K = 0.161p + 0.585\mu_1 d_2 + 0.25\mu_2(D_e + D_i) \tag{1-3}$$

式中，p 为螺纹的螺距；μ_1 为螺纹接触面的摩擦系数；d_2 为螺纹的中径；μ_2 为支承面（即螺栓头或螺母与连接件的接触面）的摩擦系数；D_e 为支承面的有效外径；D_i 为支承面的内径。

2. 扭矩控制法的误差与优缺点

螺栓和工件设计完成后，p、d_2、D_e、D_i 均为确定值，而 μ 值却是随加工情况的不同而不同。所以，在拧紧时主要影响 K 值波动的因素是 μ_1 与 μ_2 这两个摩擦系数。

有试验证明，一般情况下，K 值为 $0.2 \sim 0.4$，然而，有的甚至可能为 $0.1 \sim 0.5$。故摩擦阻力的变化对所获得的螺栓轴向预紧力影响较大，相同的扭矩拧紧两个不同摩擦阻力的连接时，所获得的螺栓轴向预紧力相差很大（摩擦系数 μ 对螺栓轴向预紧力的影响参见图 1-5）。

另外，连接体的弹性系数不同，表面加工方法和处理方法不同，对扭矩系数 K 都有很大的影响。

对于上述对扭矩系数 K 的影响，可见表 1-2（德国工程师协会（VDI）拧紧试验报告）。

表 1-2　不同扭矩系数值对 F 与 T 的精度的影响

被连接零件		支承面摩擦系数 μ_2	螺栓摩擦系数 μ_1	拧紧扭矩精度 /±%				
材　料	表面状态			0	3	5	10	20
				预紧力精度 /±%				
钢 37K（AISI016）$\sigma=520\,\text{N}\cdot\text{mm}^{-2}$	端铣削 $Rt=10\,\mu\text{m}$	0.16 ±28%	0.15 ±14%	19.6	19.8	20.2	22.0	28.0
钢 CK65（AISI065）$\sigma=950\,\text{N}\cdot\text{mm}^{-2}$	磨削 $Rt=10\,\mu\text{m}$	0.20 ±23%	0.15 ±14%	17.7	18.0	18.4	20.3	26.7
钢 37K（AISI010）$\sigma=520\,\text{N}\cdot\text{mm}^{-2}$	拉拔、镀镉 $Rt=4.5\,\mu\text{m}$	0.12 ±36%	0.15 ±14%	21.9	22.1	22.5	24.1	29.7
铸铁	刨削 $Rt=25\,\mu\text{m}$	0.14 ±14%	0.15 ±14%	12.3	12.7	13.3	15.9	23.5
铝镁合金 AlMgSi0.5	拉削	0.12 ±48%	0.15 ±14%	27.2	27.4	27.0	29.7	33.8

注：所用螺栓为 M10×16DIN931 10.9 级；表面处理为磷化锌、涂油；螺母为 M10 DIN931 氧化处理；Rt 为粗糙度参数。

分析表 1-2 可知，当拧紧扭矩 T 的误差为 ±0% 时，螺栓轴向预紧力的误差最大可以达到 ±27.2%，因此，试图用扭矩控制法来保证高精度的螺栓拧紧是不现实的想法。

此外，测量方法和测量时的环境温度对扭矩系数 K 也有很大影响。日本住友金属工业公司通过试验说明了环境温度每增加 1℃，其扭矩系数 K 就下降 0.31%。

有试验表明，在拧紧发动机缸盖的螺栓时，用相同的扭矩拧紧，其螺栓轴向预紧力的数值相差最大可达一倍。

那么，这个扭矩在压紧力中又是占多大的比例呢？经有关方面人员统计，在通常的拧紧中，压紧力仅占拧紧扭矩的 10% 左右，而螺纹接触面的摩擦力约占 40%，支承面的摩擦力约占 50%。绝大多数的扭矩竟然都被摩擦力消耗了。

扭矩控制法的优点是控制系统简单，也易于用扭矩传感器或高精度的扭矩扳手来检查拧紧的质量。其缺点是螺栓轴向预紧力的控制精度不高，不能充分利用材料的潜力。

二、扭矩－转角控制法（TA）

1. 扭矩－转角控制法的基本原理

扭矩－转角控制法是在扭矩控制法的基础上发展起来的，应用这种方法，首先是把螺栓拧到一个不大的扭矩（起始扭矩）后，再从此点开始，拧一个规定的转角。它是基于一定的转角，使螺栓产生一定的轴向伸长及连接件被压缩，其结果是产生一定的螺栓轴向预紧力。应用这种方法拧紧时，设置初始扭矩（T_S）的目的是把螺栓或螺母拧到密接触面（即贴合面）上，并克服开始时的一些如表面凸凹不平等不均匀因素。而螺栓轴向预紧力主要是在后面的转角中获得的。由于螺栓的螺距是一定的，所以，一定的转角必然会使螺栓产生一定的轴向伸长及对连接件施加一定的压紧力。

2. 扭矩－转角控制法的误差与优缺点

图 1-12 展示了扭矩－转角控制法的扭矩与转角的关系曲线，从图中可见，摩擦阻力（图中以摩擦系数表示）的不同，仅影响测量转角的起点，并将其影响延续到最后。而在计算转角之后，摩擦阻力对其的影响就不复存在了，故其对螺栓轴向预紧力影响不大。因此，其精度比单纯的扭矩控制法高。

从图 1-12 可见，扭矩－转角控制法对螺栓轴向预紧力精度影响最大的是测量转角的起点扭矩值，即图中 T_S 所对应的 S_1（或 S_2）点。因此，为了获得较高的拧紧精度，应注意对 S 点的研究，并加以严格控制。

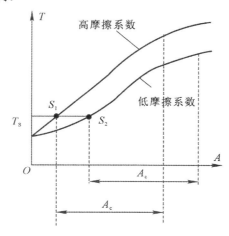

图 1-12　扭矩－转角控制法扭矩转角关系曲线

考虑到扭矩－转角控制法与扭矩控制法的控制量的不同，其实际应用中的控制点的设定或取值也不同，扭矩控制法由于其扭矩与实际要真正控制的预紧力 F 的散差较大，故通常将最大螺栓轴向预紧力限定在螺栓弹性极限的 **90%** 处，即图 1-13 中 Y 点处；而扭矩－转角控制法一般以 Y-M 区为标准，最理想的是控制在屈服点（即 M 点）偏后。

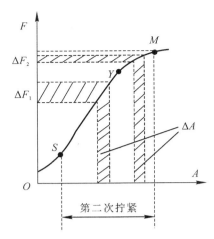

图 1-13 扭矩－转角控制法的控制点

扭矩－转角控制法螺栓轴向预紧力的精度是非常高的，通过图 1-13 即可看出，同样的转角误差（ΔA）在其塑性区的螺栓轴向预紧力误差 ΔF_2，比弹性区的螺栓轴向预紧力误差 ΔF_1 要小得多。

扭矩－转角控制法的优点是螺栓轴向预紧力精度高，可以获得较大的螺栓轴向预紧力，且其数值可集中分布在平均值附近。其缺点是控制系统较复杂，在拧紧过程中要实时监测、采集扭矩和转角两个参数，质量部门不易找出合适的方法对拧紧结果进行检查。

三、屈服点控制法（TG）

1. 屈服点控制法的基本原理

屈服点控制法是把螺栓拧紧至屈服点后，停止拧紧的一种方法。它是利用材料的屈服现象而发展起来的一种高精度的拧紧方法。这种控制方法，是通过对拧紧的扭矩－转角曲线斜率的连续计算和判断来确定屈服点的。

螺栓在拧紧的过程中，其扭矩－转角的变化曲线见图 1-14。真正的拧紧开始时（即到达贴合面后），斜率上升很快，之后经过简短的变缓后，其斜率保持恒定（$a \sim b$ 区间）。过 b 点后，其斜率经简短的缓慢下降后，又快速下降。当斜率下降到一定值时（一般定义当其斜率下降到最大值的二分之一时），说明已达到屈服点（即图 1-14 中的 Q 点），立即发出停止拧紧信号。

2. 屈服点控制法的误差与优缺点

屈服点控制法的拧紧精度是非常高的，其预紧力

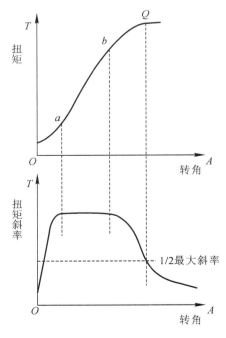

图 1-14 屈服点控制法的变化曲线

的误差可以控制在 ±4％以内，但其精度主要取决于螺栓本身的屈服强度。

屈服点控制法的优点是可获得很大的预紧力，能充分发挥材料的潜力。其缺点是控制系统硬件、软件较复杂，不仅要对扭矩和转角两个量进行实时测量，而且还需要对此两个量的比值进行实时的快速计算；此外，该控制法对螺栓一致性的要求较高，对螺栓和连接件表面的要求也较高，用以避免假屈服造成的误判。

四、落座点 – 转角控制法（SPA）

1. 落座点 – 转角控制法的基本原理

落座点 – 转角控制法是后来出现的一种控制方法，它是在 TA 法的基础上发展起来的。TA 法是以某一预扭矩 T_S 为转角的起点，而 SPA 法计算转角的起点，采用扭矩曲线的线性段的延长线与转角 A 坐标的交点 S（见图 1-15）。

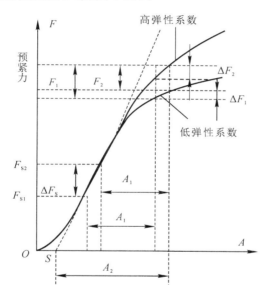

图 1-15　落座点 – 转角控制法变化曲线

2. 落座点 – 转角控制法的误差与优缺点

在图 1-15 中，F_1 是 TA 法最大螺栓轴向预紧力误差，F_2 是 SPA 法最大螺栓轴向预紧力误差。从图 1-15 可见，采用 TA 法时，有预扭矩 T_S 的误差（$\Delta T_S = T_{S2} - T_{S1}$，对应产生了螺栓轴向预紧力误差 ΔF_S），在不同的拧紧工况，其螺栓轴向预紧力误差为 F_1；即使弹性系数相等，由于 ΔT_S 的存在，也有一定的误差（见图 1-15 中的 ΔF_1、ΔF_2）。如若采用 SPA 法，均从落座点 S 开始转过 A_2 转角后，相对于两个弹性系数高、低不同的拧紧工况，其螺栓轴向预紧力误差为 F_2。显然 F_2 小于 F_1。而对于弹性系数相等的，由图可见，它将不存在误差。因此，落座点 – 转角控制法的拧紧精度高于扭矩 – 转角控制法。

采用 SPA 法，摩擦系数的大小对于螺栓轴向预紧力的影响几乎可以完全消除，图 1-16 为拧紧中不同摩擦系数所对应的扭矩 – 转角关系曲线。图中的摩擦系数：$\mu_1 > \mu_2 >$

μ_3。虽然不同的摩擦系数所对应的扭矩 - 转角关系曲线不同，但其落座点（曲线线性段的斜率与横轴的交点）相差不大。故从此点再拧一个角度 A_C，不同的摩擦系数对螺栓轴向预紧力的影响就基本可以消除了。为了更清楚地说明这个问题，我们把图 1-16 的横坐标换成预紧力，绘成图 1-17。

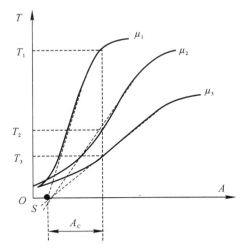 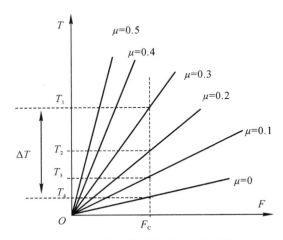

图 1-16　不同摩擦系数的落座点基本相同　　图 1-17　不同摩擦系数只对扭矩有影响

对比图 1-16 与图 1-17，就可以更清楚地看出 SPA 法摩擦系数的大小对于螺栓轴向预紧力的影响几乎可以完全消除。

SPA 法与 TA 法比较，其主要优点是能克服在 T_S 时已产生的扭矩误差，因此，可以进一步提高拧紧精度。

五、螺栓伸长控制法（QA）

1. 螺栓伸长控制法的基本原理

螺栓伸长控制法是通过测量螺栓的伸长量来确定是否达到屈服点的一种控制方法，虽然每一个螺栓的屈服强度不一致，也会给拧紧带来误差，但其误差一般都非常小。

螺栓伸长控制法所采取的是测量螺栓伸长量的方法，一般均采用超声波测量，超声波的回声频率随螺栓的伸长而加大，所以，一定的回声频率就代表了一定的伸长量。当测量所得的螺栓伸长量（即回声频率）达到设定值（即达到屈服点）时，立即停止拧紧。

2. 螺栓伸长控制法的误差与优缺点

图 1-18 所表示的是超声波频率与螺栓预紧力的关系特性，由于螺栓在拧紧与拧松时，用超声仪所测得的回声频率随螺栓的拧紧（伸长）和拧松（减小伸长量）而发生变化的曲线并不重合，同一螺栓轴向预紧力的上升频率低于下降频率。这点在测量螺栓的屈服点时应予以注意。

螺栓伸长法的优点是，对屈服点的测量准确，拧紧的精度高，对连接件的表面要求不高，可避免屈服点控制法中由于螺栓和连接件表面的不良而造成的假屈服问题。

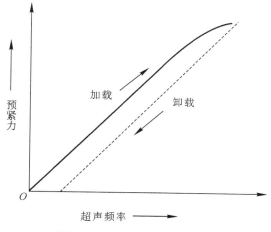

图 1-18　螺栓伸长法检测原理

第 3 节　不同控制法拧紧机的构成及原理

　　由于采用螺栓连接的方式可以拆卸并再行组装，又能承受很高的工作负荷，所以在整个工业装配中得到了广泛应用。

　　采用螺栓连接起来的零部件，其理想的连接效果应该犹如一个整体零件那样运转与移动。即连接起来的零部件必须能够抵抗运行中最大外力的作用，使被连接的零部件不产生任何的分离与松动。鉴于此，对于螺栓（或螺母）的拧紧，就应当是在对零部件的装配时把螺栓（或螺母）拧到最紧的程度。然而，这个"最紧"是一个非常模糊的概念，因为它是因人与工具而异的。

　　一台机器有几十或上百个零件、上百或上千个采用螺栓装配的紧固点，而这个装配在当今现代化大生产中又是由多数人在不同的工位、采用不同的工具、在不同的时间里完成的。如果均采用这个"最紧"来进行拧紧，那么"最紧"的离散度必将是很大的。因此，若采用传统的拧紧工具实施拧紧，用以确保被连接起来的零部件在运行中不产生任何的分离与松动是很难做到的。

　　为降低人工劳动强度，提高拧紧质量，拧紧工具经历了普通扳手、气扳机、定扭矩扳手、定扭矩气扳机、普通扳手或气扳机 + 定扭矩扳手（即先采用普通扳手或气扳机预紧后，再用具有扭矩预置功能的定扭矩扳手拧到目标扭矩值）进化的过程。后者的拧紧结果确实在一定程度上保证了拧紧时的目标扭矩值，然而，这种情况下零部件的拧紧难免还会受到其他因素（扭矩扳手的精度除外）的影响，例如：操作者用力的大小与速度、视觉误差（指针式）、多个螺栓之间相互的影响等。

　　拧紧机，尤其是电动拧紧机的出现，对有效地控制"拧紧"，并使其达到"最佳"成为可能。

一、拧紧常用的控制方法

1. 拧紧机按照控制方法的分类

在介绍拧紧机的控制方法之前，有必要对拧紧机按照其控制方法的分类做简要的说明。拧紧机按控制方法可分为扭矩控制法、拧紧－转角控制法和屈服点控制法的拧紧机；按其应用的动力源的不同，又可分为气动拧紧机和电动拧紧机。

2. 拧紧常用的控制方法

对于螺栓拧紧的控制方法，我们在上节共介绍了五种，但在当前的机械加工业中，应用较为广泛的只是其中的两种，它们就是扭矩控制法和扭矩－转角控制法。其中扭矩控制法通常应用在对拧紧精度的要求不高的场合，可以是气动拧紧机，也可以是电动拧紧机。本书所介绍的拧紧机除了特殊指出的外，均指电动拧紧机。

下面我们仅就扭矩控制法、拧紧－转角控制法这两种常用的拧紧控制方法拧紧机的基本构成、原理及检测控制原理进行介绍。

二、扭矩控制法拧紧机的构成及工作原理

由于扭矩控制法拧紧机控制简单，价格便宜，故在一些对拧紧精度要求不高的场合，得到了较为广泛的应用，如汽车发动机的油底壳、上罩盖、曲轴油封、飞轮、凸轮轴瓦盖、凸轮轴链轮中螺栓的拧紧，还有汽车变速箱、减速器、车桥、轮胎中螺栓的拧紧，高铁刹车盘、车轮等中的拧紧。

在实际应用中，扭矩控制法的拧紧机虽然也有气动类型的，但大多数均是采用电动类型的，其二者对于扭矩检测的原理及其方法基本相同。由于它们的主要区别是使用的能源与相应的拧紧执行的部件不同，故控制的方法上区别较大。本书虽然是针对电动拧紧机的，但由于气动拧紧机（配置扭矩传感器的）有些厂家还在应用，且电动拧紧机也是在此类气动拧紧机的基础之上发展起来的，故首先对配置有扭矩传感器的气动拧紧机的基本构成及工作原理做简单介绍。

1. 气动扭矩控制法拧紧机的构成及工作原理

（1）气动扭矩控制法拧紧机的构成。在这里，我们所说的气动拧紧机，严格地说，它应该属于气电一体化式拧紧机。因为在它的结构系统中，只是驱动拧紧的执行部件是气动马达，而拧紧扭矩的检测、目标扭矩的判定等均为电器部件。也正是因为驱动拧紧的执行部件是气动马达，即采用气动进行拧紧的，故我们也就把它划归于气动拧紧机（下同）。此类气动扭矩控制法拧紧机的构成原理框图如图 1-19（本图是取自美国英格索兰公司的气动拧紧机）所示，它主要由拧紧阀、快速截止阀、气动马达、扭矩传感器、主控单元、轴控单元、显示、输出轴等 8 个部分构成。图中的两个虚框中的部分，稳定气源与工件不属于拧紧机中的环节，只是为了确切地说明其工作原理而画进来的。此外，该系统还有两个信号，一个是输入的运行指令，另一个是输出的拧紧结果，这是拧紧机与外部控制系统的连接信号。

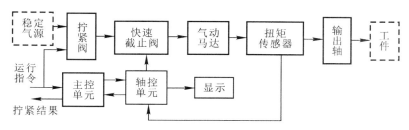

图 1-19　气动扭矩控制法拧紧机的构成原理框图

拧紧的执行部件为气动马达，控制气动马达运转的是一个快速截止阀，该阀平时（断电）常通，得电迅速断开（从通到断的时间不大于 6 毫秒），并保持其断开的状态，直到断开该阀的气源（即图中的拧紧阀断开）。

（2）气动扭矩控制法拧紧机的工作原理。当机床的控制系统发出拧紧的运行指令后，该指令分为两路进入拧紧控制系统，其中一路进入主控单元，使其产生复位控制信号，该信号直接进入轴控单元，使其复位。这里所说的复位，主要是指对前一次拧紧的结果（包括拧紧的数据与拧紧结果的状态）的复位；而另一路则用于控制拧紧阀，使其开通，把由稳定气源提供的压缩空气（压力值是已调定的）引入拧紧系统，并经过快速截止阀进入气动马达，使其旋转。气动马达的旋转扭矩由输出轴输出，即对工件进行拧紧操作，而拧紧过程中的扭矩，则由串接于气动马达与输出轴中间的扭矩传感器捡出，并送入轴控单元中。在拧紧的过程中，随着拧紧的进行，扭矩不断增大，当其达到设定的目标扭矩值时，轴控单元即刻发出控制信号，迅速关断快速截止阀，气动马达立即停止旋转，即完成本次的拧紧工作。

拧紧完成后，轴控单元对于拧紧的结果要发出两方面的信号，其中一方面是发出显示信号，而显示信号又分为两部分，一是实际拧紧的扭矩峰值（即拧紧结果的扭矩值），二是拧紧结果的实际状态（包括扭矩合格、扭矩高于上限值和扭矩低于下限值）；另一方面则是把拧紧结果的实际状态（主要是扭矩值合格或不合格），通过主控单元转换后送入外部（装配线）的控制系统，以便使外部的控制系统对下一步工作做出判断和选择（如果是工作在自动装配线中，通常是如果拧紧结果为合格，机床的控制系统便把此工件输送到下一个工位，并把前一个工位的工件输送到此拧紧工位，继续拧紧工作；而如果拧紧结果为不合格，则剔除此工件或停止工作，发出警报，等待操作人员处理）。

2．电动扭矩控制法拧紧机的构成及工作原理

（1）电动扭矩控制法拧紧机的构成。电动扭矩控制法拧紧机的构成原理框图如图 1-20 所示，其用于驱动拧紧的执行部件是伺服电机，其他的例如拧紧扭矩的检测、目标扭矩的判定等也均为电器部件。由图可见，它也是由 8 个部分构成，所不同的主要是这里的电源变换、电机驱动器和伺服电机三个部分分别替换了气动拧紧机中拧紧阀、快速截止阀和气动马达的位置。另外，由于气动拧紧机的执行部件采用的是气动马达，故其输入的驱动能源是压缩空气，所以需要稳定气源作为其能源；而电动拧紧机的驱动能源是电，故其驱动的能源为交流电源。其余部分与气动扭矩控制法拧紧机的构成完全一样。

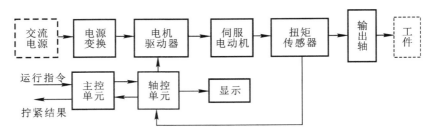

图 1-20　电动扭矩控制法拧紧机的构成原理框图

电动拧紧机的执行部件是伺服电机，而驱动伺服电机的是电机驱动器。伺服电机又有交流和直流之分，其中交流伺服电机的驱动器供电电源的性质是交流电，所以其电源变换部分的功能，只是把从交流电源输入的交流电，变换成适宜于电机驱动器与伺服电机正常工作所需要的电压值（即变压）即可；而对于直流伺服电机的驱动器，由于其供电电源的性质是直流电，所以其电源变换部分，除了要有如交流系统那样的电压值的改变外，还要把变压后的交流电进行整流而变换成直流电。然而不论是直流伺服电机还是交流伺服电机，其结构现均采用无刷（即没有电刷）的形式。

（2）电动扭矩控制法拧紧机的工作原理。当机床的控制系统发出拧紧的运行指令后，主控单元产生复位和启动控制信号，该信号直接进入轴控单元，一方面使其复位（复位的意义同前），另一方面给电机驱动器发出运转指令，使其运行。电机驱动器把输入的电源按不同的性质（直流或交流）与要求进行转换后输出，送入伺服电机，使其旋转。伺服电机的旋转扭矩由输出轴输出，即对工件进行拧紧操作，而拧紧过程中的扭矩，则由串接于伺服电机与输出轴中间的扭矩传感器捡出，并送入轴控单元中。在拧紧的过程中，随着拧紧的进行，扭矩不断增大，当其达到设定的目标扭矩值时，轴控单元即刻发出控制信号给电机驱动器，并在驱动器的控制下，伺服电机立即停止旋转，完成本次的拧紧工作。

拧紧完成后，轴控单元对于拧紧的结果与所要发出的信号及其作用，与气动拧紧机中叙述的基本相同，故不再复述。

三、扭矩－转角控制法拧紧机的构成及工作原理

由于扭矩－转角控制法拧紧机的控制较为复杂，价格相对要高一些，故通常均应用在对拧紧的要求较高的场合，如：汽车发动机装配中缸盖、皮带轮、曲轴主轴承瓦盖和连杆瓦盖等螺栓的拧紧，发动机零部件加工中曲轴主轴承瓦盖和连杆瓦盖等螺栓的拧紧。

在实际应用中，扭矩－转角控制法的拧紧机现在基本上是采用电动类型的，气动类型的虽少，但也有应用，二者对于扭矩和转角检测的原理及方法也基本相同。但二者的转角传感器所处的位置不同，气动的转角传感器是独立的一个部件，而电动的转角传感器是在伺服电机之内。

同扭矩控制法一样，它们的区别是使用的能源与相应的拧紧执行的部件不同，因而控制方法上区别也同样较大，下面我们就分别予以介绍。

1. 气动扭矩－转角控制法拧紧机的构成及工作原理

（1）气动扭矩－转角控制法拧紧机的构成。气动扭矩－转角控制法拧紧机的构成原理

框图如图 1-21 所示（此图也是取自美国英格索兰公司的气动拧紧机），同前面所述的气动扭矩控制法拧紧机一样，也是由于驱动拧紧的执行部件是气动马达，故把它划归于气动拧紧机。由图可见，它主要是由输出轴、拧紧阀、快速截止阀、气动马达、转角传感器、扭矩传感器、主控单元、轴控单元与显示等 9 个部分构成。与图 1-19 相比较，只是多了一个转角传感器，其他部分完全相同。

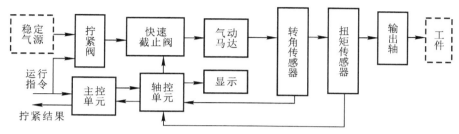

图 1-21　气动扭矩－转角控制法拧紧机的构成原理框图

（2）气动扭矩－转角控制法拧紧机的工作原理。当机床的控制系统发出拧紧的运行指令后，该指令分为二路进入拧紧控制系统，其中一路进入主控单元，使其产生复位控制信号，该信号直接进入轴控单元，使其复位；另一路则用于控制拧紧阀，使其开通，把由稳定气源提供的压缩空气引入拧紧系统，并经过快速截止阀进入气动马达，使其旋转。气动马达的旋转扭矩由输出轴输出，即对工件进行拧紧操作，拧紧过程中的扭矩，则由串接于气动马达与输出轴中间的扭矩传感器捡出，而拧紧过程中的转角，则由串接于气动马达与输出轴中间的转角传感器捡出，一并送入轴控单元中。

由于扭矩－转角控制法的拧紧方式是先把螺栓拧到一个设定的起始扭矩值后，再从此点开始，拧到设定的目标转角，所以，该种方式的拧紧过程是随着拧紧的进行，扭矩值不断增大，当其达到设定的起始扭矩值时，在轴控单元内部，即刻对转角计数器清"0"，并随即开始对转角进行计数，当其计数值达到设定的目标转角值时，轴控单元立即发出控制信号，迅速关断快速截止阀，气动马达立即停止旋转，完成本次的拧紧工作。

为了防止意外，如出现工件的螺孔小、堵塞或螺纹深度不够等问题，当拧紧的扭矩达到上限扭矩值时，虽然还没有到达设定的目标转角，但若还要继续拧紧，就极有可能会把螺栓拧断，从而造成不应有的损失。因此，对于扭矩－转角控制法的拧紧方式，还要设置一个最大扭矩的限制值，用于对出现这种意外的保护。即控制气动马达停止旋转有两个条件，其一是上面谈到的，达到设定的目标转角；其二就是达到或超过设定的上限扭矩值，即虽然未达到设定的目标转角值，但达到了设定的上限扭矩值时，也同样要求气动马达停止运转。而这个控制信号也是发自于轴控单元，即轴控单元控制气动马达停止运转的条件有两个，一个是达到设定的目标转角，一个是达到设定的上限扭矩，在这两个条件当中，只要满足其中一个，即停止拧紧。

拧紧完成后，轴控单元对于拧紧的结果要发出两方面的信号，其中一方面是发出显示信号，而显示信号又分为三部分，拧紧的实际扭矩峰值（即拧紧结果的扭矩值）、拧紧的实际转角值，拧紧结果的实际状态（包括合格、扭矩高于上限值、扭矩低于下限值、转角高于上限值和转角低于下限值）；另一方面则是把拧紧结果的实际状态（主要是拧紧值合格或不合格），通过主控单元转换后送入外部的控制系统，以便外部的控制系统对下一次拧紧工作做出判断和选择。

2．电动扭矩－转角控制法拧紧机的构成及工作原理

（1）电动扭矩－转角控制法拧紧机的构成。电动扭矩－转角控制法拧紧机的构成原理框图如图 1-22 所示，从外表上看，它由 8 个部分构成，而实际上也是由 9 个部分构成的，这主要是由于它的转角传感器是安装在伺服电机的内部，故从外表上看不到。与气动所不同的是，这里的电源变换、电机驱动器和伺服电机三个部分分别替换了气动拧紧机中拧紧阀、快速截止阀和气动马达的位置。另外，它同图 1-20 一样，拧紧机的执行部件采用的是伺服电机，故其输入的能源是交流电。其余部分与气动的扭矩－转角控制法拧紧机的构成完全一样。

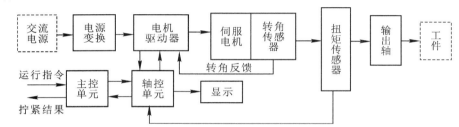

图 1-22　电动扭矩－转角控制法拧紧机的构成原理框图

（2）电动扭矩－转角控制法拧紧机的工作原理。当机床的控制系统发出拧紧的运行指令后，直接进入主控单元，使其分别产生复位和启动控制信号，该信号直接进入轴控单元，一方面使其复位，另一方面给电机驱动器发出运转指令，使其运行，并把输入的交流电源按不同的要求进行转换后输出，送入伺服电机，使其旋转。伺服电机的旋转扭矩由输出轴输出，即对工件进行拧紧操作，拧紧过程中的扭矩，则由串接于伺服电机与输出轴之间的扭矩传感器检出，并送入轴控单元中。而拧紧过程中的转角，则由伺服电机内部的转角传感器检出，并送入电机驱动器中，经转换后又送入轴控单元中。在拧紧的过程中，随着拧紧的进行，扭矩值不断增大，当其达到设定的转换扭矩值时，在轴控单元内部，即刻对转角计数器清"0"，并随即开始对转角进行计数，当其计数值达到设定的目标转角值时，轴控单元立即发出控制信号给电机驱动器，并在驱动器的控制下，伺服电机立即停止旋转，完成本次的拧紧工作。

拧紧完成后，轴控单元对于拧紧的结果与所要发出的信号及其作用，与气动拧紧机中叙述的基本相同，故不再复述。

第 4 节　对拧紧过程及拧紧结果的监测

为了使拧紧机对螺栓（螺母）拧紧达到预想的效果，则必须对其拧紧的过程与结果进行有效的监测与控制。而所谓监测，即拧紧机在拧紧的过程中，监测系统要实时监测并储存扭矩、转角等数据，在拧紧完成后，将这些数据与事先已设定的数据进行比较，用以确认本次的拧紧结果是否合格。而所谓的控制，则是拧紧机在拧紧的过程中，根据监测系统采集到的数据，与事先设定的控制参数进行实时比较，达到相应的控制参数时，即发出相应的控制信号，使拧紧机进入相应的控制状态。由此可见，控制与监测是密切相关的，其信号的发出与否，也是由监测系统获得信号的量值与设定值进行比较的结果来决定的，所以，监测在拧紧机中占有尤为重要的地位。

一、监测的目的

对于拧紧过程与拧紧结果的监测，实际上就是在扭矩与转角的平面上设置一个合格区，如拧紧的过程与结果在此区域内即为合格，否则为不合格。合格区的设置方法有两种：

（1）只对拧紧的最终结果设置合格区，只要最终的拧紧参数（如扭矩与转角）在此区域内即判定为合格，在此区域之外即判定为不合格。

（2）对整个拧紧过程（实际是拧紧曲线）设置合格区，即在拧紧过程中进入监测区域内的拧紧参数（即拧紧曲线）的任何点位，均在此区域即为合格，超出此区域即为不合格。这不仅是对拧紧的结果进行监测与判定，而且是对拧紧的过程（全过程或部分过程）进行监测与判定。

后者的优点是可以非常有效地发现有问题的螺栓与工件。但它需要监测系统有足够大的存储空间，并在拧紧完成后，将监测区域内的每一个数据都与所设定的极限值进行比较。故实际应用的较少，而前者的应用较为普遍。

二、监测的方法

对拧紧过程与拧紧结果监测的方法通常有五种：扭矩监测法、扭矩 - 转角监测法、扭矩率监测法、偏差监测法、综合监测法。

1. 扭矩监测法

扭矩监测法主要应用于扭矩控制法的拧紧机，它主要监测与控制的参数就是拧紧最终的目标扭矩，对其监测与控制的主要的要求是

（1）目标扭矩必须足够大，以确保被连接的工件不会产生松动。

（2）目标扭矩不能过大，以确保螺栓不会断裂或产生塑性变形。

由于对拧紧结果所要求的夹紧力与扭矩之间的比例系数 K 的数值受摩擦系数 μ 影响较大，并将会在一定的范围内波动，所以，为确保被连接的工件不会产生松动，并确保螺栓不会断裂或塑性变形，其扭矩的下限 T_L 应该是在最大的摩擦系数 μ_{max} 出现时，仍能保证具有确保被连接的工件不会产生松动的最小的夹紧力 F_{min}。其扭矩的上限 T_H 应该是在最小的摩擦系数 μ_{min} 出现时，仍能保证具有确保螺栓不会断裂或塑性变形的最大的夹紧力 F_{max}（见图 1-23）。

对于这种控制方法的拧紧机，拧紧的最终扭矩是唯一的监测参数，它并不监测拧紧的过程，如图 1-24 中的②与③两条曲线，由于其拧紧的最终扭矩均在 T_H（扭矩上限）与 T_L（扭矩下限）之间，故判定的结果均为合格。而①与④两条曲线，由于其拧紧的最终扭矩分别

在 T_H 以上与 T_L 以下,故判定的结果均为不合格。

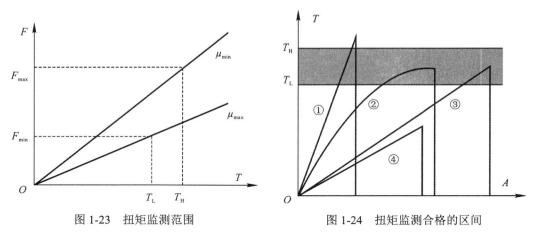

图 1-23　扭矩监测范围　　　　　　图 1-24　扭矩监测合格的区间

通过对扭矩的监测,既可以判定扭矩的最终值是否在合格的范围之内,同时也可以检查拧紧机的能力是否达到工艺的要求。

2. 扭矩－转角监测法

扭矩－转角监测法主要应用于扭矩－转角控制法的拧紧机,它主要监测与控制的参数是拧紧的扭矩与转角两项,对其扭矩与转角监测与控制的主要要求是:其最终的拧紧结果,既确保扭矩在其上、下限之间(即在 T_H 与 T_L 之间),又确保转角在其上、下限之间(即在 A_H 与 A_L 之间),也即在图 1-25 所示的实线方框的平面区间之内才为合格(如曲线②与③);处在其他区间(如曲线①与④)均为不合格。图中的曲线①与④的最终扭矩虽然均在 T_H 与 T_L 之间,但曲线①的最终转角低于 A_L(转角下限),曲线④的最终转角高于 A_H(转角上限),故也判定为不合格。

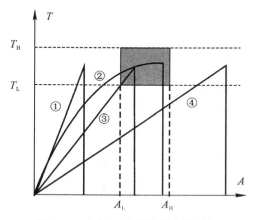

图 1-25　扭矩－转角检测合格区间

3. 扭矩率监测法

这种方法监测与控制的参数是扭矩率,即扭矩－转角曲线的斜率。扭矩率并不直接由测量获得,它是由系统把扭矩与转角这两个参数进行运算后获得的。在实际应用中,通常都是在拧紧的扭矩达到设定的扭矩率判点（图 1-26 中的扭矩 T_P）时，系统才开始进行扭矩率的判定。也即从此时才开始计算扭矩 – 转角曲线的斜率。扭矩率也设定在一定的区域内，而这个区域在扭矩 – 转角平面中的位置可以是不同的，但其形体与范围均是完全相同的。如图 1-26 所示中，5 个不同位置的相同阴影区域，它们虽然处在扭矩 – 转角平面中的不同位置，但它们均是合格区。这主要是因为它们各自所对应曲线判定的起点位置均在纵坐标上的 T_P 点，并在 T_P 点之后，5 个区域是完全相同的。合格区的位置之所以出现了不同，主要由于它们各自所到达 T_P 点的转角不同而造成的，而 T_P 点之前的拧紧曲线不在监测范围之内。

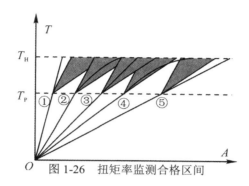

图 1-26　扭矩率监测合格区间

在图 1-26 中的曲线①、④与⑤都没有进入合格区域，故均为不合格；而曲线②与③均进入了合格区域，故均是合格的。

扭矩率监测法通常用于螺栓与螺孔性能质量的判别，如螺栓是否损坏或屈服，螺孔加工是否缺欠（偏小、偏大或深度不足），螺孔滑扣或孔内是否有杂物等。

4. 偏差监测法

这种方法监测与控制的参数是相对某一理想线段的偏差值（如图 1-27 中虚线两侧的区间）。与对扭矩与转角斜率的监测不同的是，它是相对于某一设定斜率线段偏差的监测。在实际应用中，通常均是当拧紧的扭矩达到设定的偏差判点（图 1-27 中的扭矩 T_P）时，系统才开始进行偏差的判定。图 1-27 中的曲线②、③、④均没有进入合格区域，故均为不合格，而只有曲线①进入了合格区域，故才是合格的。

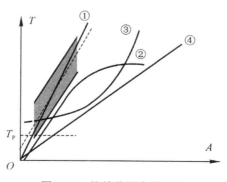

图 1-27　偏差监测合格区间

由图可见，其偏差判点比扭矩率监测法偏低，它通常用于拧紧的初始阶段，并以此来判别螺纹的毛刺与螺纹接触面间有无铁屑的问题。而由于扭矩率的判点较高，拧紧达到此点时，较小的毛刺与铁屑对扭矩率的影响已经不大了，故此处的曲线③在扭矩率监测法中有可能就是合格的了。

5. 综合监测法

在实际的应用中，有时是把上述的两种或两种以上的监测方法结合起来运用，称之为综合监测法。如图 1-28 所示的是把扭矩－转角监测法、扭矩率监测法与偏差监测法结合在一起的综合检测法。

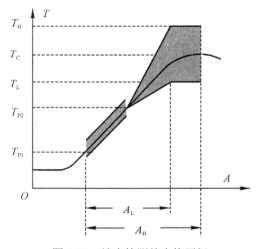

图 1-28　综合检测的合格区间

由图可见，在 T_{P1} 到 T_{P2} 区间应用的是偏差监测法，而在 T_{P2} 以后到拧紧结束之前的区间应用的是扭矩率监测法，而在拧紧结束及其之后的区间应用的是扭矩－转角监测法。

图中：T_H 是上限扭矩；T_C 是目标扭矩；T_L 是下限扭矩；T_{P1} 是启动偏差监测法与计算转角起始点扭矩；T_{P2} 是启动扭矩率监测法扭矩；A_L 是下限转角；A_H 是上限转角。

三、几种监测法的比较

在上述 5 种监测法中，扭矩监测法最为简单，综合监测法最为复杂。但事物都是两方面的，采用扭矩监测法控制的拧紧机，其拧紧结果的精度最低，而采用综合监测法控制的拧紧机，其拧紧结果的精度最高。

在当前应用的拧紧中，最为广泛应用的监测法实际上只有两种，那就是扭矩监测法与扭矩－转角监测法。我们分别从图 1-24 和图 1-25 也可以明显看出，扭矩监测法的合格范围是在直角坐标系中平行于横轴的一条带，而扭矩－转角监测法的合格范围只是这条带中的一个区间。从此也可以明显地看出，就此二者而言，采用扭矩-转角控制法拧紧合格的标准较高，故装配的质量也就更好。

第2章

电动拧紧机中的主要部件

为了便于对电动拧紧机的结构、原理以及性能等方面进行了解与掌握，首先要了解拧紧机中的检测系统部件、控制系统部件、执行部件等主要部件。

第1节　拧紧机中的检测系统部件

对于电动拧紧机，要求其对拧紧参数（如扭矩与转角）控制必须准确，首先必须是检测准确、反应快速，运行稳定；再有，驱动与执行部件也必须反应快速，运行稳定。由于螺栓（螺母）到达贴合面后，扭矩上升的速度非常快，故除了要求检测系统能迅速准确地检测到设定的控制参数的量值，使系统能及时发出相应的控制指令外，执行部件也必须能够跟随指令快速地完成相应的动作。所以，拧紧机对螺栓拧紧的结果与设定的工艺参数符合的程度主要取决于检测、控制与执行三方面的部件，它们分别是检测系统中的扭矩传感器与转角传感器，控制系统中的主控单元与轴控单元，伺服系统中的伺服驱动器与伺服电机，也就是说，拧紧机控制精度的高低、运行的可靠性与稳定性，主要是由这些部件的性能来决定的。本节主要是对检测系统中的扭矩传感器与转角传感器进行介绍。

一、扭矩传感器

检测系统中的部件主要是扭矩传感器与转角传感器，扭矩传感器的种类较多，但在拧紧机系统中应用的绝大多数均是应变式的。

1. 应变式扭矩传感器的基本结构

通用型的扭矩传感器的结构如图 2-1 所示，图中扭力轴为管状（空心）圆柱体，两端连接法兰，法兰圆周上分布有安装螺孔，用以分别与受力体和固定的刚性体相连。扭力轴采用特殊工艺制成，主要确保其表面应力的消除、良好的弹性和必要的刚性。

此处的扭力轴也称之为弹性体，弹性体是传感器的重要零件，它的结构形式、尺寸、材料的选择和加工工艺等，都是传感器最基本的同时也是最重要的部分。弹性体结构形式的多样性，是应变式传感器

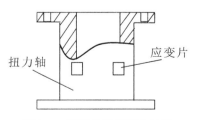

图 2-1　扭矩传感器基本结构

扭力轴

应变片

的重要特点，应变式传感器能够根据被测量的性质、大小、准确度的要求，还有安装空间以及工作条件等情况来进行设计制造，因而得到了广泛的应用。在拧紧机系统中应用的扭矩传感器的弹性体，绝大多数类似于图 2-1 所示，其他形式由于很少，故不在此讨论。

2. 应变式扭矩传感器的基本原理

由材料力学得知，圆柱体在受到扭转力矩 M 时，会在其轴向的 $\pm45°$ 方向上分别产生拉应力 F_{L} 和压应力 F_{Y}，且 $F_{\mathrm{L}} = F_{\mathrm{Y}}$，如图 2-2 所示。若扭转力矩 M 与图示方向相反，其产生的应力方向也随之改变（即现在拉应力方向变为压应力，压应力方向变为拉应力）。由于这应力的作用，圆柱体将产生形变，由于其形变非常小，又是应力作用的结果，故称之为微应变。微应变的大小与圆柱体的材料、截面积和扭矩 M 的大小有关，用公式表示为：

$$\varepsilon = kM \tag{2-1}$$

式中，ε 为微应变量；k 为应变系数；M 为扭矩。

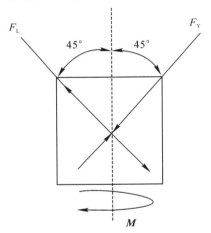

图 2-2　圆柱体扭转受力方向

当扭转力矩 M 取消后，其拉应力 F_{L} 和压应力 F_{Y} 也即同时降为零，圆柱体应恢复原状。但若扭转力矩 M 过大，圆柱体将不能恢复原状，即产生塑性变形，这是必须予以避免的。圆柱体受力后恢复原状的能力称为该物体的弹性。显然，作为扭矩传感器的基体，受力后恢复原状的能力越强越好，其弹性的好坏是非常重要的。

根据上述原理，用电阻应变片粘贴于弹性圆柱体（通常称之为扭力轴）上，即可检测出圆柱体所承受的扭矩大小。

应变片用胶粘贴在扭力轴的外表面上，一般为保证测量精度和提高灵敏度，均采用在扭力轴上粘贴 4 片应变片（即图 2-3 中的 R1、R2、R3、R4，在外表面上沿径向均匀分布），并连接成桥路，如图 2-3 所示。此 4 片应变片的电阻值相等，故在不受力作用时，桥路平衡。此时，对桥路施加供桥电压 U_{G}（设从 A、B 端输入），桥路的输出端（设为 C、D）电压 U_{T} 为零。

图 2-3 中应变片粘贴的方向为 R1 与 R4 方向相同，承受相同方向的力，R2 与 R3 方向相同，承受相同方向的力（但与 R1、R4 受力的方向相反）。设在扭转力矩 M 为正时，R1 与 R4 承受拉应力，如 F_1 实线箭头所示；而此时 R2 与 R3 承受压应力，如 F_2 实线箭头所示（参阅图 2-4）。若扭矩 M 为反方向时，F_1 和 F_2 受力方向就为虚线箭头所示。这样，

在受力方向 M 为正时时，R1 与 R4 承受的是拉应力，那么 R2 与 R3 承受的就是压应力，R1 与 R4 在拉应力的作用下伸长，截面减小，电阻值增大；而 R2 与 R3 在压应力的作用下缩短，截面增大，电阻值减小。此时，桥路将失去平衡，在有供桥电压 U_G 作用时，桥路便有电压 U_T 输出。由上可知，桥路输出电压 U_T 的大小与方向，将随扭矩 M 的大小与方向的不同而不同。这样，即可检测出圆柱体所承受的扭矩的大小与方向。

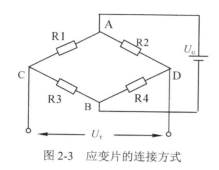

图 2-3　应变片的连接方式

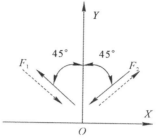

图 2-4　应变片的受力方向

二、转角传感器

在拧紧机中应用的转角传感器通常是光电式、霍尔式与电磁式的，下面分别介绍。

1. 光电式转角传感器

（1）光电式转角传感器基本原理。光电式传感器是将光量转换成电量的一种装置，实际应用时，常将被测物理量的变化转换成光量的变化，然后再通过传感器转换成电量的变化，以达到测量各种物理量的目的。

光电式传感器最突出的特点：频带宽、不受电磁干扰的影响和非接触的测量。

拧紧机中应用的光电式转角传感器主要由光源、聚光镜、圆光栅（也称码盘）和光电元件组成，常用的主要有两种，其区别主要是码盘的不同，一种是采用莫尔条纹原理制造的增量型码盘，其转角的分辨率较高，通常每周（360°）可发出数千个脉冲信号，其基本原理结构如图 2-5 所示。

此种编码器通常发出 6 路脉冲信号，分别为 A、$\overline{A}$、B、$\overline{B}$、Z、$\overline{Z}$。前 4 者为计数脉冲，且均为每周数千个，A（$\overline{A}$）与 B（$\overline{B}$）脉冲的形状相同，只是在相位上相差 90°，如图 2-6 所示。而 Z（$\overline{Z}$）脉冲为零位脉冲，每周（360°）只发出 1 个。

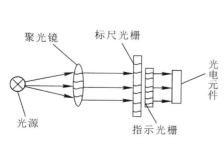

图 2-5　光电式转角传感器基本原理结构

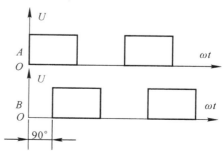

图 2-6　A、B 脉冲的相位差

另一种就是普通的透射式圆光栅,这圆光栅通常也有两种,一种是在透明的圆玻璃片上面刻制有等间距均匀分布的条纹,另一种是在圆金属码盘的圆周均匀上刻有 360 个间隔相等的长条槽孔,如图 2-7 所示。此种圆光栅每周(360°)发出 360 个脉冲,即 1° 发 1 个脉冲,没有零位脉冲。

图 2-7　透射式圆光栅

(2)实用的增量式脉冲编码器的结构。实用的增量式脉冲编码器的结构如图 2-8 所示,由图可见,它是由光源、圆光栅、指示光栅、光电元件、印刷电路板、轴、底座和护罩等部分构成。圆光栅的外表形状、基本结构与图 2-7 相似,指示光栅系扇面形,其上刻有与圆光栅等间距的透光栅条,但它的栅条分为 A 组、B 组,且彼此相差 1/4 节距。指示光栅固定在底座上,与圆光栅相对平行放置,二者间保持有一个很小的距离。在印刷电路板上焊装有脉冲处理与计数译码电路。

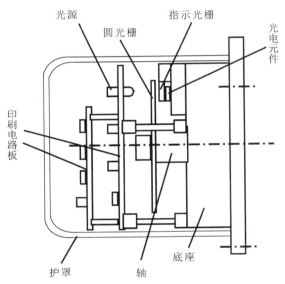

图 2-8　实用的增量式脉冲编码器结构

实用的的圆光栅除了如图 2-7 所示的圆周上均匀分布的栅条外,还有按照一定编码规律制作的多码道的圆光栅(略)。但不论哪种圆光栅,在其圆盘的相应位置上,都制作有一条透光的栅条,以作为一转脉冲,即圆光栅旋转一周,在相应的光电元件上发出一个脉冲,通常称之为 Z 脉冲。在拧紧机系统中,实用的增量式脉冲编码器中,除了有用于测量转角的脉冲外,还有用于检测伺服电机转子位置的信号(是安装在伺服电机中的光电编码器)。由于此处只介绍转角的检测,故这部分放在伺服驱动器中介绍。

(3)实用的增量式脉冲编码器的工作原理。实际应用时,编码器通过底座上的法兰盘固定在电动机的端面上,编码器的轴与电动机的一端输出轴(通常均是采用二端输出轴式的电动机)相连接。由于编码器的圆光栅是固定在电动机轴上的,故必然随着电动机旋转。而指示光栅是固定在电动机的底座上,即是固定不动的。当电动机旋转时,圆光栅随着旋转，二个光栅便产生了相对移动，光线即透过这二个光栅而形成明暗相间的条纹，由光电元件接收而形成相应的输出信号，该信号经电子电路板上的信号处理与计数译码电路处理后输出。

增量式脉冲编码器输出的脉冲信号通常有 6 组，它们分别是 A、$\overline{A}$、B、$\overline{B}$、Z、$\overline{Z}$，其中，脉冲 A 与 B 相位差为 90°。

2. 霍尔式转角传感器

（1）霍尔效应。霍尔传感器属于磁敏型传感器，它的核心部分是霍尔元件，而霍尔元件是利用霍尔效应制成的磁敏元件，其工作原理如下：

如图 2-9 所示，把一个半导体薄片垂直置于磁感应强度为 B 的磁场中，并在图示方向通一电流 I，那么在垂直于磁场和电流动的方向上，将产生电势 E_H，这个电势称为霍尔电势，这种现象称为霍尔效应。

（2）霍尔转角传感器。将霍尔元件、放大器、稳压电源等均做在一个芯片上，集成为一个不可分割的独立元件，这就成了集成霍尔传感器。

拧紧机中的霍尔转角传感器的原理结构如图 2-10 所示，在伺服电机转子的一端，其圆周安装有均匀间隔分布 N、S 磁极的永久磁铁。在其侧旁的定子上，安装有按照一定均匀间隔的 3 个霍尔传感器，当电机转子（磁铁）旋转时，3 个霍尔传感器中均有脉冲形的电势产生。此电势脉冲的数量（或者是间隔）即反映了旋转体的转角（在这里所检测的量值，实际上是伺服电机转子的位置）。再经过电子电路的处理，即可得到分辨率为 1° 的转角。美国英格索兰公司拧紧机的转角传感器就是这种结构。

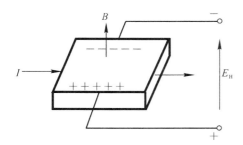

图 2-9　霍尔传感器工作原理

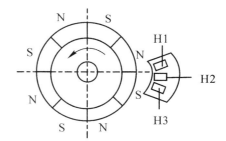

图 2-10　霍尔转角传感器原理

3. 电磁式转角传感器

电磁式转角传感器原理结构如图 2-11 所示，在旋转体（电动机转子）上安装周边有齿的铁磁圆盘体，并在其近旁安装绕有线圈的永久磁铁，当旋转体转动时，铁磁圆盘体随之旋转，其上凸出的齿每当经过绕有线圈的永久磁铁时，磁力线发生变化（接近时增加，离开时减小），在线圈中就会产生感应电动势 e。把该信号送入电子放大器进行放大整形后，再送入脉冲计数器，累计该脉冲数，便可得到转角值。该类传感器通常是 360 个齿，每一个脉冲表示 1° 的转角。

美国库柏公司的转角传感器中铁磁圆盘体的实际形式如图 2-12 所示，它是在圆形铁磁圆盘体的一侧盘面上，沿圆周均匀刻有 360 个细长沟槽。显然，每一沟槽表示 1° 的转角。

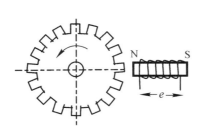

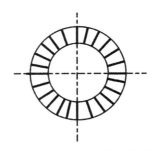

图 2-11　电磁式转角传感器原理　　　　图 2-12　铁磁圆盘式转角传感器

第 2 节　伺服电机

对于螺栓与螺母的拧紧最基本的需要是旋转，而最方便操作与控制的旋转执行部件就是电动机。而普通的电动机均有一定的惯性，不能快速准确地跟随控制指令动作，所以在拧紧机系统中应用的电动机均为伺服电机，由于伺服电机内部结构与性能的特殊性，故均与相应的伺服驱动器配套使用。本节主要是对伺服电机的基本知识进行介绍。

一、伺服电机的主要特点与种类

1. 伺服电机的主要特点

伺服电机最主要的特点就是随动性能好，反应迅速。而之所以随动性能好的主要原因就是它的转子惯性非常小。转子的惯量如下式所示：

$$J=KGD^2 \tag{2-2}$$

式中，K 是比例系数；G 是转子的质量；D 是转子的直径。

由式（2-2）可知，减小转子的质量与直径均可减小转子的惯量，而减小转子的直径对惯量的减小更为显著。再考虑到相对多轴拧紧机，其轴间距越小，应用的范围将越大，所以，在拧紧机中应用的伺服电机均为细长形的。

在当前，拧紧机系统中应用的伺服电机的另一个主要特点就是基本上都是永磁式的，我们说它是永磁的，即它的转子磁极均是采用永久磁铁制造的，这也就是说转子的磁极是固定的。由于转子的磁极是固定的，要使它能够旋转，那么定子的磁极就必须是有序变化的，以便产生旋转磁场。而这个有序的变化，靠的就是有序地改变定子绕组线圈的通电方式，或者说是有序地改变定子绕组线圈的通电顺序。

2. 伺服电机的种类

我们在这里所说的伺服电机的种类，主要是指在拧紧机系统中所应用的伺服电机的种类，并不是所有伺服电机的种类。在拧紧机系统中所应用的伺服电机种类如下：

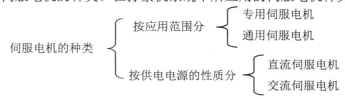

　　所谓专用伺服电机，指的是该伺服电机仅为该拧紧机制造商制造的拧紧机所专用，而通用伺服电机则是拧紧机制造商在伺服电机市场中选购的标准产品。通常欧美系厂商拧紧机应用的均是直流伺服电机，而中日系厂商拧紧机应用的大多是交流伺服电机。欧美与日本厂商的拧紧机应用的均是专用伺服电机，中国厂商的拧紧机大多应用的是通用伺服电机。

　　实际上，无论是直流伺服电机还是交流伺服电机，其伺服特性均很好，就其在拧紧机中的应用而言，没有谁优谁劣之分。这里需要注意的是，拧紧机中的伺服电机一定要无刷的（即没有电刷），有刷的伺服电机故障率较高，属于淘汰产品，现在已经极少见了。我们在下面所介绍的伺服电机，均是无刷伺服电机。

二、伺服电机的结构

1. 直流伺服电机的基本结构

　　直流无刷伺服电机是在有刷直流伺服电机的基础上发展起来的，它的电枢绕组是由"电子换相器"接到直流电源上去的。为了准确换相，确保其电磁转矩总是沿着给定方向不变，则必须设置位置传感器，以确认转子磁极与定子绕组之间的相对位置，进而发出符合电机正常运转的控制指令信号。另外，与普通直流电动机不同的是它的磁极（用永久磁铁制成）安放在转子上，而电枢绕组则安放在定子上。图 2-13 为直流无刷伺服电机的原理结构示意图。

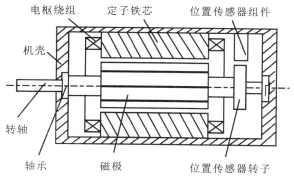

图 2-13　直流无刷伺服电机结构示意图

　　从结构示意图中可见，它的转子上主要有转轴、轴承、磁极与位置传感器转子。它的定子上主要有电枢绕组、定子铁芯与位置传感器组件。由此可见，位置传感器分为两部分，其一为转动部分，即转子，是固定在电机转子上，并随电机转子一同旋转；其二为传感器组件部分，固定在定子上。

　　在伺服电机中，位置传感器的形式主要有光电式和霍尔式两种，简单说，其中光电式的转动部分就是一块有条纹或码道的遮光板，组件部分是光电元件（包括光源和接收）；而霍尔式的转动部分是同转子上数量相同的磁极（也是永久磁铁），组件部分是霍尔集成元件。在直流伺服电机中，通常采用的是霍尔式的。

2. 交流伺服电机的基本结构

这里所说的交流伺服电机指的是永磁式无刷交流同步电动机，其结构与直流伺服电机大体相同，它们最主要的区别是直流伺服电机绕组中流过的是直流方波电流，而交流伺服电机绕组中流过的是正弦波电流。

交流伺服电机的结构如图 2-14 所示，从图可见，其基本结构与直流伺服电机并无大的区别，而它们的不同点主要如下：

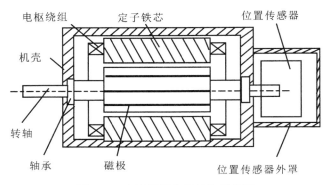

图 2-14　交流伺服电机结构示意图

（1）为使其永磁转子的磁场波形尽可能地为正弦波，交流伺服电机通常将磁极的表面做成某一特殊形状，以便构成不均匀气隙。

（2）交流伺服电机的电枢绕组一般均为三相的，不采用整距绕组，即节距不等于 1。不采用集中绕组，而采用分布绕组，这样可提高消除谐波的能力，使电枢的磁动势接近于正弦波。但在采用不均匀气隙后，对电枢磁动势波形的要求不是那么苛刻，故也有采用集中的三相绕组。

（3）由于其中流过的电流是正弦形的，故对位置传感器的分辨率及精度要求较高。一般的霍尔传感器已不能应用，通常采用光电编码器或旋转变压器。

三、伺服电机的工作原理

1. 直流电动机工作原理简述

为了便于对伺服电机工作原理的理解，在介绍伺服电机工作原理之前，我们首先对普通直流电动机的工作原理进行简述。

直流电动机之所以能够旋转，其基本的原理是通电导体在磁场中受磁力的作用而产生运动。我们可以用图 2-15（a）来说明。

由图 2-15（a）可知，当电流 I 从电源正极通过电刷 1、换向片 1 流入电枢绕组，再经过换向片 2、电刷 2 回到电源的负极，在电枢绕组中电流方向如图 2-15（a）所示。由于磁场与电流的相互作用，电枢绕组将受到电磁力的作用，根据左手定则可知，电枢绕组的上边框（在 N 极下）受到向右的作用力，而电枢绕组的下边框（在 S 极上）受到向左的作用力（见图 2-15（b）），电枢绕组便在这电磁力的作用下，开始向顺时针的方向旋转。当电枢绕组转到磁极的中性面，也即电刷脱离换向片时，绕组中电流为零，电磁力也等于零，但由于绕组受惯性力作用将继续旋转。当换向片 1 与电刷 2 接触，换向片 2 与电刷 1 接触，绕组中又有电流流通。但这时的电流 I 是从电源正极通过电刷 1、换向片 2 流入电枢绕组，再经过换向片 1、电刷 2 回到电源的负极，故绕组仍然顺时针旋转。

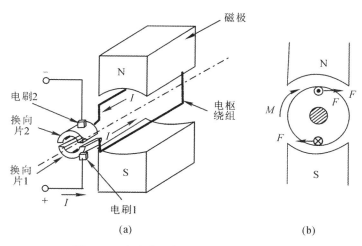

图 2-15　直流电动机基本结构与工作原理

由上可见，电枢绕组（即电动机转子，因为实际上普通直流电动机的电枢绕组是装在转子上的）要保持旋转，就必须有变换电枢绕组中电流方向的"换向"的功能，以确保旋转到 N 极与 S 极侧电枢绕组中的电流方向不变。这里的换向是由电刷和换向片执行的。

2. 永磁式直流无刷伺服电机的原理结构及其工作原理

在拧紧机系统中应用的直流无刷伺服电机均是永磁式无刷直流伺服电机，永磁式直流无刷伺服电机的原理结构如图 2-16（a）所示。由图可见，它的转子磁极是永久磁铁，即转子的磁极不是靠励磁产生的，磁性是长久存在的，而且其磁极的极性也是固定不变的，故在转子上没有也不需要换向片。它的电枢绕组是在定子上。其工作原理如图 2-16（b）所示。

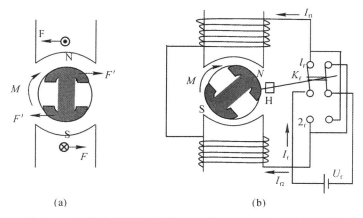

图 2-16　永磁式直流无刷伺服电机的原理结构与工作原理图

当电枢绕组中有电流流过时，其方向如图 2-16（b）所示，即上端流出纸面，下端流入纸面。由于转子的磁极上端为 N 极，下端为 S 极，根据左手定则可知，上端的导体承受向左的作用力 F，而下端的导体承受向右的作用力 F。由于电枢绕组是绕在定子铁心上，不能移动，故分别使转子上的磁极 N 产生向右、磁极 S 产生向左的反作用力 F'，转子便在这 F' 反作用力的作用下开始向顺时针的方向转动。

这里转子的磁极是固定的，再采用前述的结构来进行"换向"显然是行不通了。

由于这里的电枢绕组是安装在定子上的，即绕组在空间的位置是不动的，而要"换向"又必须要有换向器，而这个"换向"又必须与转子磁极的转动相同步，位置相对应，这样才能确保电动机的正常旋转。

换向的原理如图 2-16（b）所示，它的换向是由位置传感器与电子开关共同结合而构成的，称之为"电子换相器"。

永磁式直流无刷伺服电机的位置传感器分为两部分，一是转动部分，固定在转子上，随转子一同旋转；二是组件部分，固定在定子上。设开始旋转时电子开关 K 处在位置 1，电流 I_f 经过开关 K 后的方向为 I_{f1}，即从图示的上端流入，下端流出；当转子转过需要换向的位置时（如前述的中性面），传感器 H 即刻发出信号，使电子开关 K 转换到位置 2，电流 I_f 经过开关 K 后的方向为 I_{f2}，即从图示的下端流入，上端流出，这样就即实现了换向。

从上可见，永磁式直流无刷伺服电机与普通的电磁式直流电动机的工作原理是相同的，它们的主要区别有三点：一是永磁式直流无刷伺服电机转子的磁极是永磁的；二是它的定子上没有励磁绕组（只有电枢绕组），也不需要励磁电源，故不能采用改变励磁电流方向的方式来改变电动机的旋转方向；三是它的换向是采用电子换向器。

2. 交流伺服电机的工作原理

在拧紧机系统中应用的交流伺服电机均是永磁式无刷交流同步电动机，其基本结构前面已经介绍过了，这里不再复述。从图 2-14 可见，永磁式同步电动机定子的基本结构与异步感应式电动机大体相同，它们的区别主要是转子的结构上。永磁式同步伺服电机的转子上没有绕组，是由多块永久磁铁构成的磁极，并通过转子上的铁芯构成磁路。位置检测部件通常是光电编码器，安装在电动机的转轴上，在运行时，与电动机的转子同速旋转。

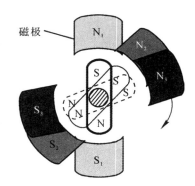

图 2-17 是二极永磁式同步电动机（即转子上只有 N、S 两个磁极）的原理示意图，二极永磁式同步电动机的工作原理简述如下：

图 2-17 二极永磁式同步伺服电机工作原理

当在电动机定子的三相绕组中有序的通入三相交流电源后，即会产生旋转磁场，并以 n_0 的转速旋转，而其转速为

$$n_0 = 60f \cdot P^{-1} \tag{2-3}$$

式中，f 是交流电源的频率；P 是电动机的磁极对数。

假设该旋转磁场是按顺时针方向旋转，如图 2-17 所示，即从初始状态下定子上的磁极

是 N_1 与 S_1，并按照顺时针的方向依次变换为 N_2 与 S_2、N_3 与 S_3，……，而转子上初始状态下的磁极如图中实线所示。由于磁级是同性相斥，异性相吸，所以，定子的旋转磁场与转子的固定磁极相吸引，即使转子随同旋转磁场而同步旋转起来。

为了使伺服电机的转速可以在宽范围内平滑地改变，通入永磁式同步电动机定子绕组中三相交流电源的频率是可以在较宽的范围内改变的，而定子中三相绕组的通电顺序和变换的频率就是由位置传感器与电子开关结合进行控制的。

3. 三相绕组的无刷伺服电机的换相工作原理

由于具有三相绕组的直流无刷伺服电机与交流无刷伺服电机的结构大体相同，其工作原理也无大的差异，所以在此仅以三相绕组的直流无刷伺服电机为例，对其换相的工作原理进行简介。

图 2-18 是采用光电式位置传感器的三相二极直流无刷伺服电机的工作原理示意图。图中的光电式位置传感器的三个光电元件（G_1、G_2、G_3）互差 120°，遮光板的透光部分也为 120°，因而三个光电元件及其所控制的三个大功率晶体管（V_1、V_2、V_3）也均相应导通。如当转子处于 0 ~ 120° 时，光电元件 G_1 受光而导通，使晶体管 V_1 同时导通，伺服电机的 A 相绕组通电。当转子处于 120° ~ 240° 时，光电元件 G_2 受光而导通，使晶体管 V_2 同时导通，伺服电机的 B 相绕组通电。当转子处于 240° ~ 360° 时，光电元件 G_3 受光而导通，使晶体管 V_3 同时导通，伺服电机的 C 相绕组通电。这样电机就旋转了一周，以后重复上述过程，电机便继续旋转下去。

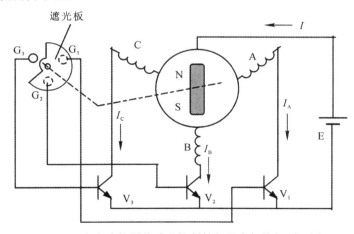

图 2-18　光电式位置传感器控制的伺服电机换相原理图

交流无刷伺服电机的三相绕组换相的基本结构、工作原理与之完全相同。

由上述工作原理可知，对于这种具有三相绕组的无刷伺服电机，为确保其正常运转，应随着转子的转动而转换接通另一相的电源。所以，我们就应该称之为"换相"，而不是"换向"了。而执行这种"换相"功能的主要部件就是光电式位置传感器（包括 G_1、G_2、G_3 三个光电元件与遮光板）与 V_1、V_2、V_3 三个大功率晶体管，统称之为电子换相器。

交流无刷伺服电机的三相绕组与三个位置传感器是一一对应的，不能弄错，如果错了，伺服电机便不能运转。

第3节 伺服驱动器

在介绍伺服驱动器之前,有必要先了解一下伺服电机的绕组及其连接方式。此后在本书中所述的伺服电机,均指无刷伺服电机,且不再前缀无刷二字。

一、伺服电机绕组

直流伺服电机的电枢绕组与普通直流电动机不同,而与交流伺服电机一样,都是多相的。其中不同的是交流伺服电机绕组的相数均是三相,而直流伺服电机绕组的相数却不只是三相,其有二相、三相、四相、五相,但当前在拧紧机中所应用的直流伺服电机,其绕组的相数基本上均为三相,故从绕组的连接方式上来讲,均是相同的。

1. 绕组的连接方式

从上述的伺服电机的工作原理与工作过程可见,直流伺服电机在运行中,其电枢绕组是"换相"(A、B、C 三相相序的转换),而并非普通直流电动机的"换向"(绕组中电流方向的变换),交流伺服电机的电枢绕组同样也是"换相"。故从这方面来讲,二者完全相同。且由于用于拧紧机系统中的交、直流伺服电机的绕组均为三相的,故其绕组的连接方式也都基本是一样的。

伺服电机三相绕组的连接方式有星形和角形,绕组与电子功率器件的连接方法有半桥式和全桥式二种,其中三相全桥式如图 2-19 所示(图 2-18 为三相半桥式)。

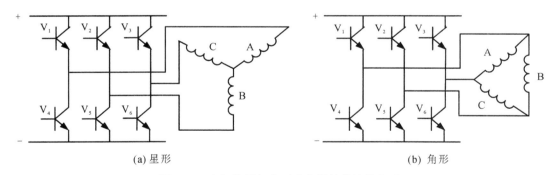

(a) 星形 (b) 角形

图 2-19 电枢绕组与电子功率器件的连接方式

2. 绕组的通电顺序

由图 2-19 可知,在采用角形连接时,所有的绕组均通电,绕组的利用率看起来好象很高,但是,实际上存在下述两个问题。

(1)同时通电的绕组并不是都产生同向扭矩,而通电时却都产生损耗。

(2)当电动势不平衡时会产生环流。

鉴于上述,在实际应用中很少采用角形连接。而应用三相全桥星形接法较为广泛,故下面仅对这种形式的通电顺序(即换相)做以介绍。

三相全桥星形接法时,各相绕组通电的顺序(换相)如表 2-1 所示。

表 2-1　三相全桥星形接法时绕组的通电顺序

通电顺序	正转（顺时针）					
导通角	0~60°	60°~120°	120°~180°	180°~240°	240°~300°	300°~360°
导通的晶体管	1、6	2、6	2、4	3、4	3、5	1、5
A 相	＋		－	－		＋
B 相		＋	＋		－	－
C 相	－			＋	＋	
通电顺序	反转（逆时针）					
导通角	360°~300°	300°~240°	240°~180°	180°~120°	120°~60°	60°~0
导通的晶体管	2、4	2、6	1、6	1、5	3、5	3、4
A 相	－		＋	＋		－
B 相	＋	＋		－		
C 相		－	－		＋	＋

注：表中"＋"表示绕组正向通电，"－"表示绕组反向通电。

为了保证伺服电机按设定的要求（正转或反转）正常运行，对各绕组的通电，就必须按照上述表中给出的转子位置、所对应的绕组以及顺序进行有效地控制。

二、伺服驱动器的工作原理原理

1. 伺服驱动器原理框图

图 2-20 是某一拧紧机制造厂商的伺服驱动器的原理框图（该驱动器实际的工作环节和输入输出信号均比此图多，此图只是选取了与描述原理有关的主要工作环节与信号，并略去了显示与报警部分），该伺服驱动器系直流伺服系统，即驱动的是直流伺服电机。

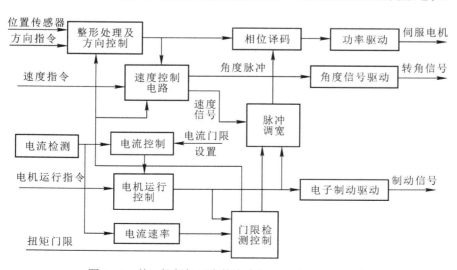

图 2-20　某一拧紧机厂商的直流伺服驱动器原理框图

2. 伺服驱动器原理简述

位置传感器的信号（即转子当前位置的检测信号）进入整形处理及方向控制环节进行整形处理后，并根据方向（正反转）的指令输出两路信号，其中一路输出相应的指令给相位译码环节进行译码，而相位译码环节是根据位置传感器的信号与方向的指令，译出按顺序通电的控制指令信号输出，进入功率驱动环节，使功率驱动环节中的相应功率管导通，用以驱动伺服电机正向或反向旋转。

整形处理及方向控制环节的另一路输出，进入速度控制电路，把位置传感器的信号经过处理后，输出角度脉冲信号，再进入角度信号驱动环节放大后，输出转角信号给拧紧轴控制单元，作为转角记录信号。

在速度控制电路中，经过处理后的位置传感器信号与转速指令信号相比较后，输出速度信号，作为转速指令进入脉冲调宽环节，该环节根据转速指令的大小输出相应的脉冲调宽信号给相位译码环节，用以改变相位译码环节输出脉冲（PWM）信号的宽度，进而改变功率驱动环节中选通的功率管导通的宽度，从而控制了伺服电机转速的大小。

电流检测环节输出的信号，一路进入电流控制环节，与设定的电流门限点（即过流的设定值）进行比较，如若达到即发出控制信号给电机运行控制环节，使电机运行控制环节发出关闭电机运行信号；电流检测环节的另一路输出信号，进入电流速率环节，当检测到的电流速率过大时，电流速率环节输出给门限控制环节，使门限检测控制环节根据电流速率的大小发出不同的控制信号给速度控制电路与脉冲调宽环节，对电机的转速进行相应的控制。

电机运行指令是控制电机启动与停止的信号，它进入电机运行控制环节，并与从电流控制环节输入的信号结合后，输出三路信号，其中一路是作为电机的启动信号进入脉冲调宽环节，启动电机运转。另外二路分别是

（1）作为电机停止信号进入门限控制环节，使之发出电机停止信号给脉冲调宽环节。

（2）作为启动电机制动信号进入电子制动驱动环节，当电机停止时，驱动电机制动系统工作，使电机进入制动状态，以达到快速停止的目的。

扭矩门限控制信号是对电机驱动器的保护信号，当输入到门限检测控制环节的拧紧力矩达到或超过保护值时，门限检测控制环节输出停止电机运转信号给脉冲调宽环节，以达到停止电机运转的目的。

三、伺服驱动器中的相位译码电路

由于伺服电机绕组的换相是由相位译码电路控制的，从表 2-1 可见，是每经过一定的转角（60°）进行一次换相，所以，要确保换相的实现，则必须有位置传感器，而位置传感器还必须与绕组的位置相对应。

1. 绕组和位置传感器的相对位置

为了与伺服电机各相绕组的位置相对应，对于位置传感器的位置就必须有相应的要求。为了与各相绕组中电动势相对应，对于位置传感器的输出波形也必须有一定的要求，从而正确地控制与各相绕组相连的大功率晶体管。

三相电动机必须设置三个位置传感器，彼此相差 120° 电气角。

2. 伺服驱动器功率输出部分的相位译码电路

伺服驱动器功率输出部分的相位译码电路的原理如图 2-21 所示，并以此图予以说明。

图中的 M_1 是与门电路，$M_2 \sim M_7$ 是与非门电路，而 U_1、U_2、U_3 是 74LS138 三八译码器，其真值表见表 2-2。

下面，我们就按表 2-2 对应图 2-21 所示电路进行分析。但考虑到相位译码电路的三个译码器的连接方式与外围电路相同，故在此仅对译码器 U_1 及其相关的外围电路进行分析，余下的读者可自行分析。

M_1 与门电路二个输入端分别是 PWM 信号与保护信号，其输出接到译码器的 G_1 使能端，而 G_2 使能端（包括 G_{2A} 与 G_{2B}）固定接地（即底电平），故在保护信号无效（高电平）的情况下，三个选择端 A、B、C 任意选择 $Y_0 \sim Y_7$ 这八个输出端的一个端输出，其输出的均为 PWM 信号。

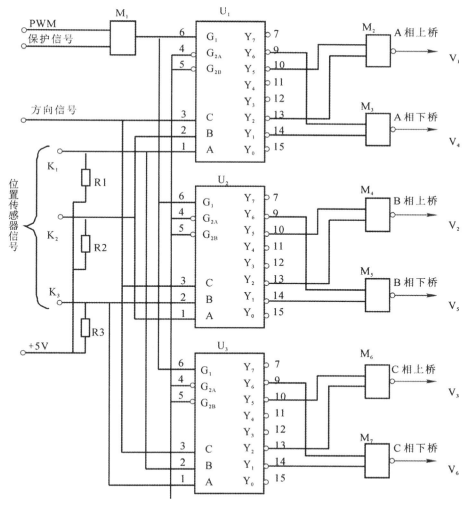

图 2-21　相位译码电路原理图

表 2-2　74LS138 三八译码器真值表

输　入		输　出
使　能	选　择	
G_1　G_2	A　B　C	Y_0　Y_1　Y_2　Y_3　Y_4　Y_5　Y_6　Y_7
X　H	X　X　X	H　H　H　H　H　H　H　H
L　X	X　X　X	H　H　H　H　H　H　H　H
H　L	L　L　L	L　H　H　H　H　H　H　H
H　L	H　L　L	H　L　H　H　H　H　H　H
H　L	L　H　L	H　H　L　H　H　H　H　H
H　L	H　H　L	H　H　H　L　H　H　H　H
H　L	L　L　H	H　H　H　H　L　H　H　H
H　L	H　L　H	H　H　H　H　H　L　H　H
H　L	L　H　H	H　H　H　H　H　H　L　H
H　L	H　H　H	H　H　H　H　H　H　H　L

三个选择端中的 C 端是方向控制信号,在使能有效的情况下,选择端 C 为低电平时,选择端 A、B 的状态不论如何,其结果只有 $Y_0 \sim Y_3$ 这四个输出端中的一个输出有效;而选择端 C 为高电平时,选择端 A、B 的状态不论如何,其结果只有 $Y_4 \sim Y_7$ 这四个输出端中的一个输出有效。

译码器 U_1 的选择端 A、B 的信号分别来自位置传感器的 K_1 与 K_2,这两个信号可变化的电平状态有 4 种,分别为 LL,HL,HH,LH,其中 L 表示低电平,H 表示高电平。

1. 当方向信号 C 端为低电平时

K_1 与 K_2 为 LL 和 HH 这两种状态时,其输出端分别是 Y_0 与 Y_3 有效。由图 2-21 可见,这两个输出端没有接任何器件,故为无用的"空"状态。

K_1 与 K_2 为 HL 状态时,其输出端是 Y_1 变为低电平而有效,与门 M3 的两个输入端中有一个变为了低电平,那么它的输出立即变为高电平,A 相下桥的功率晶体管 V_4 导通。

K_1 与 K_2 为 LH 状态时,其输出端是 Y_2 变为低电平而有效,与门 M_2 的两个输入端中有一个变为了低电平,那么它的输出立即变为高电平,A 相上桥的功率晶体管 V_1 导通。

2. 当方向信号 C 端为高电平时。

K_1 与 K_2 为 LL 和 HH 这两种状态时,其输出端分别是 Y_4 与 Y_7 有效。由图 2-21 可见,这两个输出端没有接任何器件,故为无用的"空"状态。

K_1 与 K_2 为 HL 状态时,其输出端是 Y_5 变为低电平而有效,与门 M_2 的两个输入端中有一个变为了低电平,那么它的输出立即变为高电平,A 相上桥的功率晶体管 V_4 导通。

K_1 与 K_2 为 LH 状态时,其输出端是 Y_6 变为低电平而有效,与门 M_3 的两个输入端中有一个变为了低电平,那么它的输出立即变为高电平,A 相下桥的功率晶体管 V_1 导通。

按表 2-2 对应图 2-21 所示电路分析,伺服电机正转与反转时信号的状态、电路的输出,以及选通的晶体管见表 2-3。

表 2-3　伺服电机正转与反转时信号的状态、电路的输出以及选通的晶体管

正转/反转	位置信号 K₁ K₂ K₃	U₁ A B C	输出	U₂ A B C	输出	U₃ A B C	输出	选通的晶体管
正转时的信号与输出	L H H	L H L	Y₂	H H L	Y₃	H L L	Y₁	V₁、V₆
	L L H	L L L	Y₀	L H L	Y₂	H L L	Y₁	V₂、V₆
	H L H	H L L	Y₁	L H L	Y₂	H H L	Y₃	V₂、V₄
	H L L	H L L	Y₁	L L L	Y₀	L H L	Y₂	V₃、V₄
	H H L	H H L	Y₃	H L L	Y₁	L H L	Y₂	V₃、V₅
	L H L	L H L	Y₂	H L L	Y₁	L L L	Y₀	V₁、V₅
反转时的信号与输出	L H L	L H H	Y₆	H L H	Y₅	L H H	Y₄	V₂、V₄
	H H L	H H H	Y₇	H L H	Y₅	L H H	Y₆	V₂、V₆
	H L L	H L H	Y₅	L L H	Y₄	L H H	Y₆	V₁、V₆
	H L H	H L H	Y₅	L H H	Y₆	H H H	Y₇	V₁、V₅
	L L H	L L H	Y₄	L H H	Y₆	H L H	Y₅	V₃、V₅
	L H H	L H H	Y₆	L H H	Y₇	H L H	Y₅	V₃、V₄

　　上述的译码电路及其工作原理虽然选录于某一直流伺服电机的控制系统，但也适用于交流伺服电机。

　　从上述工作原理可见，对于交流与直流伺服电机，主要的不同是其供电的电源是交流电还是直流电。然而它的驱动装置（变流器）主电路的结构基本上是相同的，从电动机的基本原理上来看，均属于交流同步电动机，因为它的转速变化及电枢绕组中电流的变化和变流器的工作频率相一致。

　　另外，由于直流无刷伺服电机绕组中流过的电流是以方波形式变化的，故也称为方波电流永磁伺服电机。由于它取消了电刷和换向器，可靠性和稳定性都得到了较大提高。但有如下两个问题，影响了性能，限制了使用：

　　（1）由于相与相之间的切换不会像有刷直流电动机那样多的次数，故在切换时会产生较大的转矩脉动。

　　（2）在相与相之间的切换中，电流在绕组中会产生跃变，而使 di/dt 过大，由此将会产生过电压。

　　再有，直流无刷伺服电机与交流无刷伺服电机一样，均无法单独工作，必须和相应的控制、驱动电路一起才能运行。无论是直流伺服电机还是交流伺服电机，其伺服驱动器与伺服电机都是配套使用的，各制造厂商的伺服电机只能是使用该制造厂商配置的伺服驱动器进行驱动。

四、永磁交流同步伺服电机系统

　　为了使读者对伺服电机控制系统有全面的概念，在此，对永磁交流同步伺服电机控制

系统的基本原理进行简介。

1. 永磁交流同步伺服电机控制系统的基本原理

永磁交流同步伺服电机的伺服控制系统的基本原理框图如图 2-22 所示。图中除了虚框之内的永磁交流伺服电机 M 与光电编码器 PG 之外，其余环节均在电机驱动器之中。

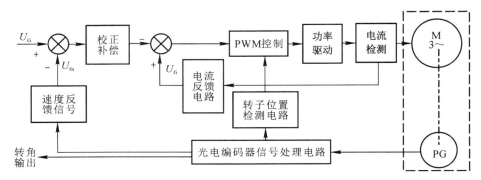

图 2-22　永磁交流电动机伺服控制系统原理框图

对于永磁交流同步伺服控制系统，除了框图给出的环节外，系统还包括以下部分：主电源、控制电源、保护电路、故障诊断及能量再生泄放等电路。由于这部分电路的有无并不影响对该伺服控制系统原理的介绍，而画上去又略显凌乱，还可能会对原理的了解与分析产生误导，故在此略去。

永磁交流同步伺服控制系统的输入输出信号，除了框图给出的外，实际上还有位置控制、顺时针与逆时针旋转控制、零速箝位、系统报警等信号，也是为了便于对原理的了解与分析，故在此略去。而对于图中从光电编码器信号处理电路中引出的"转角输出"信号的作用，主要是为了实现外部对电机转角的控制，我们将在后面的第 4 章第 4 节予以介绍。

由图 2-22 可见，这是一个典型的双闭环控制系统，电机的运行指令信号电压 U_G 施加于系统，并与速度反馈信号 U_{fn} 比较后，输出信号进入校正补偿环节进行校正与补偿，其输出作为电流指令信号再与电流反馈信号 U_{fi} 进行比较，其输出进入 PWM 控制环节，并在来自转子位置检测电路的转子位置信号的控制下，使功率驱动环节中相应的大功率晶体管导通，驱动电动机旋转。

其中的电流反馈信号来自电流检测环节，即检测的是由功率驱动环节输出的驱动伺服电机运转的电流；速度反馈信号与转子位置检测电路的信号均来自光电编码器传感器信号处理电路，而光电编码器传感器信号处理电路的信号是来自于光电编码器 PG。

2. 部分环节介绍

在此仅对功率驱动环节与光电编码器（PG）进行介绍

（1）功率驱动环节。这里的功率驱动环节是指从电网的三相电压输入始，经"交—直—交"的变换，一直到伺服电机的全部功率部分的电路，故也可以称之为主电路。它主要包括整流电路和变频电路（当然还必须有开关、启动器与电源变换等，此处略），其整流电路也就是这"交—直—交"变换系统前半部分的"交—直"变换，通常采用都是三相全桥式二极管整流器（D_{11}—D_{16}），把来自电网的交流电变为直流电。而其中后半部分的"直—交"变换（V_1—V_6），即把直流电再变为频率可变的交流电，也即变频电路。功率驱动环节的输出部分一般均采用三相全桥式电路，图 2-23 所示的是采用大功率晶体管构成的三相全桥式变频的主电路，电机绕组采用的是星形接法。

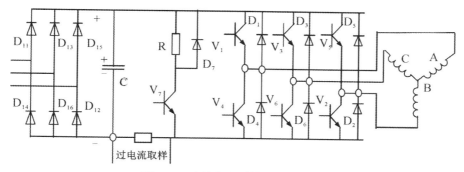

图 2-23　交流伺服系统主电路

与图 2-19（a）相比，此处由大功率晶体管构成的三相全桥电路中多出来 D_1—D_6 的 6 个二极管，其功能主要是为了释放电机绕组中的电感性滞后电流的。

晶体管 V_7 的作用如下。

由于此处经"交—直"变换后所得到的直流电源是由二极管整流器获得的，故能量只能是由电网向功率驱动部分（即 V_1～V_6 的桥路）方向流动，而不能反过来向电网反馈。所以，在电动机工作在发电制动状态时，电动机中反馈的能量将通过 D_1～D_6 向电容 C 充电，使 C 的电压升高。为了避免该电压过高，损坏桥路，故在直流侧接入了大功率晶体管 V_7 与放电电阻 R（也称制动电阻）。当直流电压升高到某一限定值时，检测控制电路（图中未画）驱使晶体管 V_7 导通，即将部分反馈能量消耗在电阻 R 上。这样，还可使电机实现发电回馈制动。

（2）位置与转速传感器及其输出信号。为了确保转速的精确与稳定，转速传感器是必须配置的。为了使伺服电机能够运转，转子位置传感器也同样是必须配置的。转速信号可由光电编码器（PG）直接获得（也可以由测速发动机获得），而转子的位置信号在这里也是从光电编码器（PG）中直接获取的。

这里对转速的检测与对转子位置的检测采用的是光电编码器（大多是这样）。光电编码器有增量式和绝对式，而永磁交流同步伺服电机中大多应用增量式的。为了适应长线的传输，所有信号均采用驱动器互补差分式输出。

增量式的编码器共有 12 路信号输出，它们是 a、$\bar{a}$、b、$\bar{b}$、z、$\bar{z}$、A、$\bar{A}$、B、$\bar{B}$、C、$\bar{C}$，其输出波形如图 2-24 所示。

一般信号 a、$\bar{a}$、b、$\bar{b}$ 每转有 1000～6000 个脉冲信号，z、$\bar{z}$ 每转仅有 1 个脉冲。a、$\bar{a}$、b、$\bar{b}$、z、$\bar{z}$ 信号

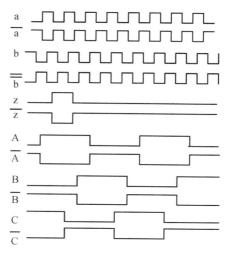

图 2-24　编码器输出波形图

构成增量编码。信号 a 与 b 之间相差 90° 电角度，信号 A、B、C 彼此相差 120° 电角度。此波形图是在顺时针（CCW）方向转动得到的，如转动方向相反，则波形顺序也随之改变（b 将超前 a 90° 电角度）。

在永磁交流同步伺服电机中，利用这 12 个信号完成下面任务：

① 用信号 A、B、C 测定转子位置，用以电枢绕组换相的需要。

② 用信号 a、b 测定转子精确的转角，并以 a、b 两个信号的超前或滞后来判定电动机的转动方向。

③ 用信号 z 可测定起始的转角，并可累计旋转的转数。

④ 根据编码器输出信号的频率来确定电动机的转速。

伺服驱动器是与伺服电机配套使用的，各厂商的伺服电机只能由该厂商的伺服驱动器进行驱动。

第 4 节　单片机简介

单片机是单片微型计算机的简称，是典型的嵌入式微控制器（Microcontroller Unit），常用英文字母缩写 MCU 表示单片机。它是把一个计算机系统集成到了一个芯片上，故它的功能强大，体积小、质量轻、价格便宜。由于单片机最早是被用在工业控制领域，故也称单片微控制器，在工业控制领域的应用非常广泛。在电动拧紧机控制系统中的主控制器与轴控制器均采用它作为核心控制器件，所以单片机技术对于电动拧紧机来说非常重要。有关单片机方面的书籍较多，故在此只对相关的概念做个简要介绍。

单片机是由 CPU 的专用处理器芯片发展而来的，其最早的设计理念是通过将大量外围设备和 CPU 集成在一个芯片中，使计算机系统更小，Intel 的 8080 是最早按照这种思想设计出来的处理器，当时的单片机都是 8 位或 4 位的。其中最成功的是 Intel 的 8051，此后在 8051 上发展出了 MCS51 系列单片机系统。因为简单可靠且性能好，故获得了较大的好评。尽管 2000 年以后 ARM 已经发展出了 32 位的，主频超过 300 MHz 的高端单片机，但直到现在，基于 8051 的单片机还在广泛使用。在很多方面单片机比专用处理器更适合应用于嵌入式系统。

现代人类生活中所用的几乎每件有电子器件的产品中都会集成有单片机。例如手机、电话、计算器、家用电器、电子玩具、掌上电脑、鼠标等电子产品中都含有单片机。汽车上一般配备 40 多片单片机，复杂的工业控制系统上甚至可能有数百片单片机在同时工作。单片机的数量不仅远超过 PC 机和其他计算机的总和，甚至比人类的数量还要多。

一、单片机的基本功能结构与特点

单片机是在一块集成电路芯片上装有 CPU 和程序存储器、数据存储器、输入 / 输出接口电路、定时 / 计数器、中断控制器、模 / 数转换器、数 / 模转换器、调制解调器以及其他部件的系统，相当于一个微型的计算机（最小系统）。而与计算机相比，单片机缺少了外围等设备。下面就以 51 系列单片机为列，简述其基本功能结构与特点。

1. 51 系列单片机的基本功能结构

51 系列单片机的内部功能结构如图 2-25 所示，它主要由 CPU、振荡器、程序存储器、数据存储器、定时/计数器、中断系统、内部总线、4 个并行 I/O 口和串行口构成。

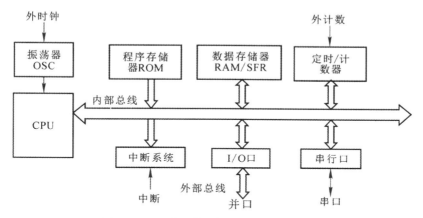

图 2-25　51 系列单片机的内部功能结构图

2. 51 系列单片机的特点

（1）程序存储器与数据存储器分开，寻址空间重叠。

（2）片内的内存容量如果不够用，还允许在片外扩展程序存储器与数据存储器。

（3）I/O 接口可一线多功能，且控制功能强。

（4）处理功能强，速度快。

（5）低电压，低功耗，便于生产便携式产品。

（6）系统结构简单，使用方便，实现模块化。

（7）环境适应能力强，可靠性高。

二、单片机的分类

单片机是计算机发展的一个重要分支领域，其分类大致如下。

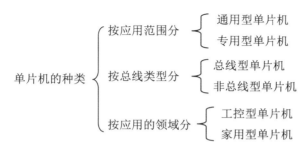

下面，分别予以介绍。

1. 通用型和专用型

单片机按应用范围可分为通用型和专用型单片机。例如，80C51 是通用型单片机，它并不是为了某种专门用途而设计制造的，应用的范围广泛。

专用型单片机是针对某一类产品甚至某一个产品而设计制造的，例如为了满足电子体温计的要求，在片内集成 ADC 接口等功能的温度测量控制电路，就是只用于温度测量的专用型单片机。

2. 总线型和非总线型

单片机按是否提供并行总线可分为总线型和非总线型单片机。总线型单片机普遍设置有并行地址总线、数据总线、控制总线，这些引脚也可用以扩展并行的外围器件，如外部程序存储器、外部数据存储器、I/O 口等。

非总线型单片机指的是把所需要的外围器件及外设接口集成在一个芯片之内，因此可以不要并行扩展总线，大大减少了芯片体积，并节省了封装成本，这类单片机即称为非总线型单片机。

3. 工控型和家电型

单片机按照大致应用的领域可分为工控型单片机和家电型单片机。一般而言，工控型单片机的寻址范围大，运算能力强；而用于家电的单片机多为专用型，通常封装小、价格低，外围器件和外设接口集成度较高。

上述分类并不是唯一和绝对的。例如，80C51 类单片机既是通用型又是总线型，还可以作工控用；而且也还有按照数据总线的位数来分的，可把单片机分为 4 位机、8 位机、16 位机和 32 位机，而在工业上应用最为广泛的还是 8 位机（51 系列）。

三、主要部件与功能

51 系列单片机的外形与管脚如图 2-26 所示，其主要部件如下。

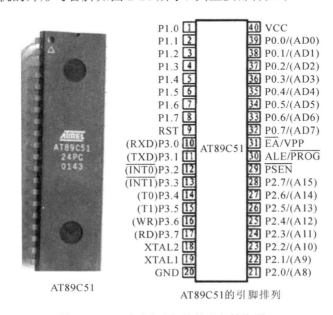

图 2-26　51 系列单片机的外形与管脚图

1. CPU

51 系列单片机中的 CPU 比较简单，主要有两大功能部件，一是运算器，二是控制器。

（1）运算器。运算器由运算部件——算术逻辑运算单元（ALU）、累加器、寄存器和布尔处理器等几部分组成。ALU 的作用是把传来的数据进行算术或逻辑运算。其算数运算可做：带进位和不带进位的加法运算，带借位的减法运算，两个 8 位无符号的乘法与除法运算；其逻辑运算可做："与""或""异或"的运算。即 ALU 可对分别来自累加器和数据寄存器的两个 8 位数据进行加、减、与、或、比较大小等操作，并把最后运算结果存入累加器。例如，两个数 6 和 8 相加，在相加之前，操作数 6 放在累加器中，8 放在数据寄存器中，当执行加法指令时，ALU 即把两个数相加，并把结果 14 存入累加器中，取代了累加器中原来的内容 6。

运算器所执行全部操作都是由控制器发出的控制信号来指挥的，并且一个算术操作产生一个运算结果，一个逻辑操作产生一个判决。

（2）控制器。控制器由程序计数器、指令寄存器、指令译码器、时序发生器和操作控制器等组成，是发布命令的"决策机构"，即协调和指挥整个微机系统的操作。其主要功能有：

① 从内存中取出一条指令，并指出下一条指令在内存中的位置。

② 对指令进行译码和测试，并产生相应的操作控制信号，以便于执行规定的动作。

③ 指挥并控制 CPU、内存和输入输出设备之间数据流动的方向。

微处理器内通过内部总线把 ALU、计数器、寄存器和控制部分互联，并通过外部总线与外部的存储器、输入输出接口电路联接。外部总线又称为系统总线，分为数据总线 DB、地址总线 AB 和控制总线 CB。通过输入输出接口电路，实现与各种外围设备连接。

2. 程序存储器

程序存储器主要用于存放程序及一些常数，片内片外合计有 64 KB 存储空间（片内 4 KB），初始化程序与中断服务程序均在其中。

3. 数据存储器

数据存储器主要用于存放数据，其中主要有内部数据存储器（暂存程序执行过程中需要经常存取的一些数据）、工作寄存器（存放中间运行结果，循环计数器、特殊功能寄存器），片外有 64 KB 存储空间，片内只有 256 B。

4. 内部总线

一个电气系统的电路总是由元器件通过电线连接而成的，在模拟电路中，各器件之间的连线并不是很多，故连线并不成为一个问题。但计算机系统的电路却不一样，它是以微处理器为核心，各器件都要与微处理器相连，各器件之间的工作又必须要相互协调，如果仍如同模拟电路一样，所需要的连线就很多，所以在微处理机中引入了总线的概念。

所谓总线，就是各个器件共同享用的连线。总线有数据总线、控制总线和地址总线。数据总线也就是所有器件与 CPU 相连接的一组公用的数据线，即相当于把各个器件并联起来了。因此还要通过控制线进行控制，使器件分时工作，任何时候只能有一个器件发送数据（可以有多个器件同时接收），以免有两个器件同时送出数据（如一个为 0，另一个为 1），而致使接收造成混乱。所以与 CPU 相连接的器件必须有控制线，器件所有的控制线被称为控制总线。在单片机内部或者外部存储器及其他器件中有存储单元，这些存储单元要被分配地址，才能使用，分配地址当然也是以电信号的形式给出的，由于存储单元比较多，所以，用于地址分配的线也较多，这些线就被称为地址总线。

5. 定时器 / 计数器

片内有两个 16 位的计数器 T_0 与 T_1，它们均可用于定时与计数外部事件。

6. 4 个并行 I/O 口

此 4 个 I/O 口中，每个口都有一个 8 位的口锁存器用来控制信号的输出，其中 P_0 口与 P_2 口有两种功能，一是作为地址 / 数据总线使用，二是作为通用的 I/O 口使用。P_1 口是一个准双工的 I/O 口，而 P_3 口是一个多用途端口，除了作为通用的 I/O 口外，还有另外一种功能，主要是串行输入 / 输出、外部中断、外部定时器、外部数据存储器读写选通。

7. 串行口

它是全双工的串行 I/O 口，通过异步通信方式，可与上位机、显示器、串行打印机等外设相连。

8. 中断控制

单片机有 5 个中断请求源，提供 2 个中断优先级，每个中断源均可通过编程为高级或低级中断。其中 2 个是外部中断源，3 个内部中断源。

9. 振荡器

内部振荡器，为单片机提供主频工作信号。

单片机与通用计算机一样，也是通过程序运行的，并且可以修改。可通过不同的程序实现不同的功能，尤其是一些特殊的、高智能的功能，目前，在单片机中的程序设计主要使用的还是汇编语言，它是二进制机器码以上的最低级语言了。

四、单片机在拧紧机中的应用

单片机在拧紧机中主要是作为各控制单元（包括主控单元、轴控单元、伺服驱动器）中的核心控制部件，它实际上就是一个在线式的实时控制计算机。

在主控单元中的核心部件是一套单片机系统，拧紧过程中所需的各种参数与程序均可通过面板上的触摸键与数字显示器的配合，进行输入、查阅与修改，并把相应的数据与控制指令传递给轴控单元，还要根据工艺的要求，协调多轴拧紧机各个拧紧轴的拧紧工作，以便使各轴控单元按照设定的程序与数据进行控制拧紧的正常进行，并在拧紧完成后，把各轴控单元中拧紧结果的状态信息在相应的显示器上显示出来。在配备上位机的系统中，还可把拧紧的结果传送给上位机。在此，主要是发挥了单片机的控制与通信的两方面作用。

在轴控制单元（或轴控制器）中的核心部件也是单片机系统，其主要用来接收主控制器的信息与指令，并根据拧紧过程中的拧紧状况（检测到的扭矩与转角），发出相应的控制指令给伺服驱动器，有效地控制伺服电机的运行，以确保拧紧的结果满足工艺的要求。拧紧过程中及其拧紧结束后的扭矩值与转角值、拧紧结果的状态均可通过单元上的数字显示器和状态显示器显示出来。并在拧紧结束后，把拧紧结果传送给主控单元。在此，虽然主要也是发挥了单片机的控制与通信两方面的作用，但其控制是闭环控制。

在伺服驱动器中的功能与轴控单元基本相同，其区别只是控制对象的不同。而现在许多厂商已经把轴控单元与伺服驱动器作为一体了。

第 5 节　拧紧机中的工控机

工控机的全称是工业控制计算机，它是专门为工业控制设计的计算机，主要用于对生产过程中使用的机器设备、生产流程、数据参数等进行监测与控制。由于工业现场的环境往往比较恶劣，如震动、烟尘、潮湿、电磁干扰等，所以工控机对数据的安全性要求很高。

在电动拧紧机的控制系统中，工控机通常是作为上位机或主控制器使用的，所以，工控机技术对于电动拧紧机来说，也是很重要的。

一、工控机的基本原理结构与主要特点

在当前工业自动化中较为广泛应用的工控机的主要类别有：IPC（PC 总线工业电脑）、PLC（可编程控制系统）、DCS（分散型控制系统）、FCS（现场总线系统）及 CNC（数控系统）等五种，但通常大家只是把 IPC 称为工控机，故本节也就仅对 IPC 做介绍。本节所述的工控机，实际上仅指 IPC，即基于 PC 总线的工业电脑。

1. 工控机的基本原理结构

当前，PC（personal computer）机已占到通用计算机的 95% 以上，因其价格低、质量高、产量大、软 / 硬件资源丰富，已被广大技术人员所熟悉和认可。IPC 是基于 PC 总线的工业电脑，其基本结构如图 2-27 所示。

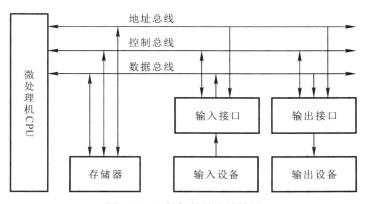

图 2-27　工控机的基本结构图

由图 2-27 可见，工控机的原理结构与 PC 机基本相同，而实际上它们的差异只是在输入、输出接口的形式，以及输入、输出设备上有所不同。PC 机的输入设备主要是键盘，鼠标、扫描仪等，输出设备主要是显示器、打印机、绘图仪等；而 IPC 的主要输入、输出设备除了键盘、鼠标、显示器等外，还有来自工业现场的各种具有发出与接收开关量与模拟量的控制信号与驱动源。

2. 工控机的主要特点

工控机是专门为工业现场而设计的计算机，工业现场一般会有强烈的震动，且灰尘特别多，有很高的电磁场力干扰，又连续作业。因此，工控机与普通计算机相比必须具有以下特点。

（1）可靠性。工业 PC 应具有在粉尘、烟雾、高 / 低温、潮湿、震动、腐蚀环境下可靠工作的能力，其 MTTF（Mean Time To Failure，平均无故障时间）在 10 万小时以上，而普通 PC 的 MTTF 仅为 10000～15000 小时。

（2）实时性。工业 PC 可对工业生产过程进行实时在线检测与控制，对工作状况的变化给予快速响应，及时进行采集和输出调节（看门狗功能，这是普通 PC 所不具有的），遇险自复位，保证系统的正常运行。

（3）扩充性。工业 PC 由于采用底板 +CPU 卡结构，因而具有很强的输入输出功能，最多可扩充 20 个板卡，能与工业现场的各种外设、板卡、控制器、视频监控系统、检测仪等相连，以完成各种任务。

（4）兼容性。工业 PC 能同时利用 ISA 与 PCI 及 PICMG 资源，并支持各种操作系统，多种语言汇编，多任务操作系统。

二、工控机分类

当前广泛应用的工控机的基本种类如下。

1. 机架式工控机

机架式工控机主机如图 2-28 所示，它是具有 19 英寸外形设计的灵活且功能强大的工业 PC，其极高的系统可用性，能够满足高性能的应用要求，适合水平安装，有利于完成各种各样的任务，如：对工业过程进行测量，以及开环和闭环控制；生产过程的可视化，图像处理等。在质量检测中的应

图 2-28　机架式工控机

用，数据的采集和管理；用于配方管理，智能能源管理等。它也适合于对系统性能与数据安全性能要求极高的工业服务器的应用。

此类工控机的高度一般为 4U（1U 的高度是 44 mm），即 176 mm。而其长度，按国际标准有两种，即 450 mm 与 505 mm。实际上根据客户的具体要求还可以扩分为其他长度。

机箱内部结构。机架式工控机主机机箱内部结构如图 2-29 所示，主要有硬盘架、光驱架、多插槽无源底板、工控电源等。

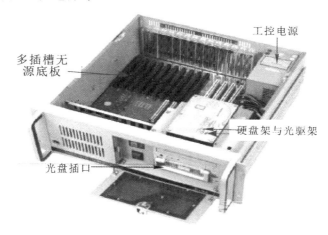

图 2-29 机架式工控机主机机箱内部结构图

多插槽无源底板的规格有多种，如 6 槽、8 槽、12 槽与 14 槽，常用的以 14 槽为主。工控机的主板卡与各种功能板卡可直接插入插槽中。板卡插入后，再用压卡条（图中未示出）把板卡压紧，以防工控机在运行中由于震动等原因致使板卡松动而造成故障。

2. 面板式工控机

面板式工控机如图 2-30 所示（触摸屏式），面板式工控机非常适合在苛刻的工业环境中使用。通过触摸屏或者薄膜键盘进行操作，即可满足此应用领域中的所有要求，坚固的前面板配备有不同尺寸的明亮显示屏。不同性能级别的面板式 PC 具有相同的安装尺寸，可随时灵活响应不同变化的要求。

图 2-30 面板式工控机

面板式工控机通常采用触摸式显示屏，显示屏尺寸以前常用的有 12 英寸、15 英寸与 17 英寸，当前大多采用 19 英寸的。最高的防护等级高达 IP65，故完全胜任在非常苛刻的工业环境中使用。

3. 箱式工控机

箱式工控机如图 2-31 所示，是一种结构极为坚固，性能十分可靠的紧凑型的工控机，能以通用的方式安装在机器的控制柜以及控制箱当中，也可以安装在控制柜的密闭空间或者直接安装在机器之中。安装的方式，既可安装在标准的导轨上，也可以侧面

图 2-31 箱式工控机

安装在立式底板或墙面上，故也被称为壁挂式工控机。

该类型工控机的特点是高性能、占用空间小，为实现便捷的安装与快捷的接线，所有的接口均设计在同一侧。

4．分体式工控机

分体式工控机即工控主机、键盘与显示器是分体的。

5．一体式工控机

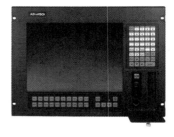

一体式工控机的工控主机、键盘与显示器是制成一体的，其键盘有两种，一是触摸屏（也称为软键盘）式的，如图 2-30 所示；二是薄膜键盘式的，如图 2-32 所示。当前，大多采用的是如图 2-30 所示的触摸屏式。

图 2-32　一体式工控机

三、工控机的主要部件及其功能

典型的工控机系统主要由工控机主机、显示器、输入接口模板、输出接口模板、通信接口模板、信号调理单元、远程采集模块、工控软件包等部分构成，另外，还有键盘、鼠标等附件。下面分别予以简介。

1．工控机主机

工控机主机主要包括工业机箱、主板、工控电源、无源多槽底板、硬盘、光驱等。

（1）工业机箱。工控机使用的环境一般比较恶劣，机箱的设计要考虑抗冲击、抗振动、散热性能、抗电磁干扰等因素，对产品的易维护性、散热、防尘、产品周期，甚至尺寸方面都有严格的要求。IPC 的机箱体基本上都是全钢的，机箱中包括工控电源、无源底板、风扇。内部安装有工控电源、硬盘、光驱与 PC-bus 兼容的无源底板，以及 CPU 卡、I/O 卡等。

工业机箱具有下述功能。

① 散热：散热结构是否合理关系到计算机能否稳定工作。

② 抗震：工控机箱在工作的时候，除了机箱内部的震动源，如光驱、硬盘、机箱里的多个风扇等外，还有来自工业现场的更大的震动，而震动很容易导致光盘读错和硬盘磁道损坏以至丢失数据，所以机箱的抗震性也是机箱的一个重要因素。

③ 电磁屏蔽：主机在工作时，主板、CPU、内存和各种板卡都会产生大量的电磁辐射，如果不加以防范也会对人体造成一定伤害。此外，来自外部（工业现场）的电磁干扰也会严重影响工控机的正常运行。所以，要求工业机箱必须具有良好的屏蔽性能，以确保有效的阻隔内、外部辐射干扰。

④ 散热：在机箱上必要的部分都有开孔，包括箱体侧板孔、抽气扇进风孔和排气扇排风孔等，所有孔的形状必须符合阻挡辐射的技术要求。机箱上的开孔要尽量小，而且要尽量采用阻隔辐射能力较强的圆孔。

另外，要注意各种指示灯和开关接线的电磁屏蔽。比较长的连接线需要设计成绞线，线两端裸露的焊接金属部分必需用胶套包裹，这样就避免了机箱内用电线路产生的电磁辐射。

（2）主板。工控机的主板（CPU 卡）如图 2-33 所示，其主板有多种，根据尺寸可分为长卡和半长卡，多采用的是桌面式系统处理器。主板用户可视自己的需要任意选配。其主要特点是工作温度 0～ 60 ℃；带有硬件"看门狗"计时器；也有部分要求低功耗的 CPU 卡采用的是嵌入式系列的 CPU。

图 2-33　工控机的主板

工控机主板是专为在高、低温特殊环境中长时间运行而设计的，在使用中所要注意的是在底板上插紧、插到位；不能带电插拔（内存条、板卡后面的鼠标、键盘等）；不能随便跳主板上的跳线。另外，应定时清洁主板的灰尘，保持主板上内存插槽的干净，无断脚、歪脚。

（3）工控电源。由于瞬时断电又突然来电，往往会产生一个瞬间极高的电压，很可能"烧"坏工控机，电压的波动（过低或过高）也会对工控机造成损伤。因此，工控机必须配备电源。工控机主要使用的是 AT 开关电源，平均无故障运行时间达到 250 000 小时。

（4）无源多槽底板。无源多槽底板是为各种板卡提供插槽的，一般是以总线结构形式（如 STD、ISA、PCI 总线等）设计成多插槽的底板，所有的电子组件均采用模块化设计，维修简便。无源底板的插槽由 ISA 和 PCI 总线的多个插槽组成，ISA 或 PCI 插槽的数量和位置根据需要有一定选择，一般为四层结构，中间两层分别为接地层和电源层，这种结构方式可以减弱板上逻辑信号的相互干扰和降低电源阻抗。底板可插接各种板卡，包括 CPU 卡、显示卡、控制卡、I/O 卡等，最多可扩展到 20 块板卡。

采用无源底板结构，而不是商用机的大板结构，提高了系统的可扩展性，降底了死机的概率，简化了查错过程。板卡插拔方便，快速修复时间短；升级更简便，使整个系统也更有效。

无源的槽底板日常维护要注意三点：①不能在底板带电的情况下拔插板卡，拔插板卡时不可用力过猛、过大，用酒精等清洗底板时，要注意防止工具划伤底板。②插槽内不能积灰尘，否则会导致接触不良，甚至短路。③插槽内的金属脚是否对齐、无弯曲，否则会影响板卡的运行，会出现开机不显示、板卡找不到、死机等各种现象。

（5）风扇。工控箱内的风扇是专门为工控机设计的，它是向机箱内吹风，降低机箱内温度。风扇外部的过滤网要定时清洗（每月一次），以防过多的灰尘进入机箱，禁止尖锐物品损坏风扇页片。

2. 接口模板

接口模板主要包括有模拟量输入输出模板，开关量输入输出模板，通信接口模板（RS232、RS422、RS485 等）与网络通信模板（ARCNET 网板或 Ethernet 网板）等。图 2-34 所示为模拟量输入模板，其他类型模板的外形与其相似。

（1）模拟量输入输出模板。所谓的模拟量信号，是指具有连续变化性能的信号。模拟量输入模板的主要功能是把外部输入的模拟量电信号转换为数字量，通常称之为

图 2-34　接口模板

A/D 转换，以提供给工控机内部的 CPU 进行相应的处理。而模拟量输出模板的主要功能是把工控机内部 CPU 输出的数字量信号转换为外部需要的模拟量，通常称之为 D/A 转换，以控制外部设备。

为了有效地抵抗在恶劣工业环境下的干扰，对于输入与输出信号大多都加入了光电隔离的措施。它们主要的技术参数有输入输出的通道数、输入输出的信号范围、转换时间、转换的分辨率（数字量的位数）等。

（2）开关量输入 / 输出模板。所谓的开关量信号，即只有开启与关闭两种状态的信号。开关量输入的主要功能是接收外部输入的开关量信号，并做相应的处理（符合工控机需要的电平）后，输入到工控机内部的 CPU。而开关量输出模板则是把工控机内部输出的开关量信号通过相应处理后输出。

为了有效地抵抗在恶劣工业环境下的干扰，开关量的输入与输出模板也加入了光电隔离措施。它们主要的技术参数有输入输出的路数、输入输出的信号规格、输出信号的形式与功率等。

3. 信号调理单元

信号调理单元是工控机很重要的一部分，信号调理单元对工业现场各类输入信号进行预处理，包括对输入信号的隔离、放大、多路转换、统一信号电平等处理，对输出信号进行隔离、驱动、电压转换等。

信号调理单元的输出信号连接到主机相应的输入模板上，主机输出接口的输出信号连接到信号调理单元输入模块或模板上。一般信号调理模块本身均带有与现场连接的接线端子，现场输入输出信号可直接连接到信号调理模块的端子上。

4. 远程采集模块

近几年发展了各类数字式智能远程采集模块。该模块体积小、功能强，可直接安装在现场一次变送器处，将现场信号直接就地处理，然后通过现场总线 Fieldbus 与工控机通信连接。目前采用较好的现场总线类型有 CAN 总线、LonWorks 总线、Profibus、CC Link 总线以及 RS485 串行通信总线等。

5. 工控软件包

工控软件包可提供数据采集、控制、监视、画面显示、趋势显示、报表、报警、通信等功能。工控机必须是具有相应功能的控制软件才能工作。这些控制软件有的是以 MS-DOS 操作系统为平台（现已基本不用），有的是以 Windows 操作系统为平台。

工业控制软件主要包括系统软件与应用软件，而应用软件主要是根据用户工业控制和管理的需求而生成的，因此具有专用性。从工控软件发展的历史和现状来看，工控软件具有如下五大主要特性。

（1）开放性：这也是现代控制系统和工程设计系统中一个至关重要的指标。开放性有助于各种系统的互连、兼容，它有利于设计、建立和应用为一体的工业思路形成与实现。

（2）实时性：工业生产过程的主要特性之一就是实时性，因此，具有较强的实时性的工控软件使工控机得到了广泛、快速的应用。

（3）网络集成化：促使工业过程控制和管理的自动化得到了极大提高。

（4）人机界面更加友好：方便了操作（包括设计和应用两个方面的人机界面）。

（5）多任务性：现代许多控制软件所面临的工业对象不再是单任务线，而是较复杂的多任务系统，工控机均能有效地控制和管理。

四、工控机在拧紧机中的应用以及注意事项

1. 工控机在拧紧机中的应用

由于基于 PC 总线的工控机的价格低、质量高、软 / 硬件资源丰富，技术人员容易熟悉与掌握，故受到极大的欢迎。而在主流配置结构的拧紧机中的应用主要是两种情况，一是只作为上位机使用，二是作为主控制器使用；在非主流配置结构的拧紧机中的应用，主要是与 PLC 二者相组合后作为主控制器使用；而在简化配置结构的拧紧机中的应用，主要是作为主控制器和轴控制器二者兼顾的功能来使用的。

2. 工控机在使用中的注意事项

工控机是为了适应特殊、恶劣环境下工作的一种工业计算机，它的电源、机箱、主板都是为了能适应长时间不间断运行而设计的。为了更好地使用它，让它始终保持良好的工作性能，在日常使用中必须注意以下几点。

（1）防尘：工厂内的原料在加工过程中不可避免地会产生粉尘，加上外界空气的流动，空气中必然含有大量的颗粒物质，致使工控机内容易积集大量黏糊状积尘，造成工控机内局部温度过高，致使硬件损坏。这种情况多发于 CPU、电源、硬盘、显卡等散热风扇周围。所以，对于积尘较轻的地方，在生产允许的情况下，可以定时吹尘。积尘较严重的地方，可在工控机箱透风处安置滤尘纱布，并做定期清理。

（2）加装稳压电源和 UPS 不间断电源：工厂的供电电压波动大，且有些地区容易出现供电不足、电压不稳、易停电的现象，造成工控系统经常重新启动，严重时，可能造成系统重要的日志文件丢失而导致无法正常启动。因此，工控机的工作环境、电源的稳定性关系到工控机能否正常工作。必要时，需要采用稳压电源和 UPS 不间断电源进行保护。

（3）要有良好的接地：工控机是由许多电子元件的集成电路构成的，其绝缘性能与环境湿度有很大关系。湿度过大，很容易造成电路板短路而烧毁；湿度过小，容易产生静电，也会击穿部分电子元件。良好的仪表接地是防护静电损坏工控机的有力措施。

（4）减少工控机环境震动：工厂生产中的电机转动、机器的位移运动等，不仅带来巨大的噪音，也会产生较大的震动，会给工控机磁盘、光驱、软驱带来巨大的损害。在长时间、高速度运转的磁盘，容易因磁盘震动，导致磁盘读写能力下降，磁头定位缓慢，甚至造成磁盘损坏，因此，应尽量减少工控机环境的震动。

第 6 节　拧紧机中的 PLC

可编程控制器（Programmable Controller）是专为工业控制应用而设计制造的。早期的可编程控制器称作可编程逻辑控制器（Programmable Logic Controller），简称为 PLC，它主

要用来代替继电器实现逻辑控制。随着技术的发展，这种装置的功能已大大超过逻辑控制的范围，因此，现在这种装置又称作可编程序控制器，简称 PC。但为了避免与个人计算机（Personal Computer）的简称（PC）相混淆，大多还是将可编程控制器简称为 PLC，本文中所说的 PLC 也均是指可编程序控制器。

在电动拧紧机的控制系统中，PLC 通常是作为逻辑控制器件用于辅助控制系统中。

一、PLC 的基本原理结构与特点

1. PLC 的基本原理结构

PLC 实质是一种专用于工业控制的计算机，也是工控机中的一员，其主要部件也是由中央处理单元（CPU）、存储器、输入输出接口构成。但由于它主要是为取代工业现场的继电器实现逻辑控制而设计的，故它的输入输出接口的形式，编程方式及其语言具有相应的特殊性。其基本原理结构如图 2-35 所示。

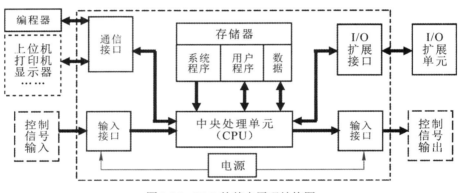

图 2-35　PLC 的基本原理结构图

2. PLC 的主要特点

PLC 的主要特点如下。

（1）可靠性高，抗干扰能力强。PLC 用软件代替了外接的大量中间继电器和时间继电器，只剩下与输入和输出有关的少量硬件，接线可减少到继电器控制系统的 1/10 ~ 1/100，因此由接线与触点的接触不良而造成的故障大大减少了。

PLC 由于采用现代大规模集成电路技术，采用严格的生产工艺制造，内部电路采取了先进的抗干扰技术，故具有很高的可靠性。

PLC 带有硬件故障自我检测功能，出现故障时可及时发出警报信息。在应用软件中，应用者还可以编入外围器件的故障自诊断程序，使系统中除 PLC 以外的电路及设备也获得故障自诊断保护。

（2）硬件配套齐全，功能完善，适用性强。PLC 有大、中、小各种规模的系列化产品，并且已经标准化、系列化、模块化，配备有品种齐全的各种硬件装置供用户选用，用户能灵活方便地进行系统配置，组成不同功能、不同规模的系统。

PLC 有较强的带负载能力，可直接驱动一般的电磁阀和交流接触器，可以用于各种规模的工业控制场合。

当前 PLC 的功能单元大量涌现，除了逻辑处理功能以外，现代 PLC 大多具有完善的数据运算能力，可用于各种数字控制领域，如工业控制中的位置控制、温度控制、CNC 等。加上 PLC 通信能力的增强及人机界面技术的发展，使用 PLC 组成各种控制系统变得非常容易。

（3）易学易用，深受工程技术人员欢迎。PLC 作为通用工业控制计算机，是面向工矿企业的工控设备。其梯形图语言的图形符号与表达方式与继电器电路图相当接近，只用 PLC 的少量开关量逻辑控制指令就可以方便地实现继电器电路的功能。为不熟悉电子电路、不懂计算机原理和计算机语言的人使用计算机从事工业控制打开了方便之门。

（4）容易改造。系统的设计、安装、调试工作量小，维护方便，容易改造。PLC 的梯形图程序一般采用顺序控制设计法。这种编程方法很有规律，很容易掌握。对于复杂的控制系统，梯形图的设计时间比设计继电器系统电路图的时间要少得多。

PLC 用存储逻辑代替接线逻辑，大大减少了控制设备外部的接线，使控制系统设计及建造的周期大为缩短，同时维护也变得容易起来。更重要的是，采用同一台设备，经过改变程序即可改变生产的控制过程，非常适用于多品种、小批量的生产场合。

（5）体积小、重量轻、能耗低。以超小型 PLC 为例，新近出产的品种底部尺寸小于 100 mm，仅相当于几个继电器的大小，因此可将开关柜的体积缩小到原来的 1/2 ～ 1/10。它的重量小于 150 g，功耗仅数瓦。由于体积小很容易装入机械内部，是实现机电一体化的理想控制器。

二、PLC 的分类与基本工作方式

1. PLC 的分类

PLC 有不同的分类方式，基本分类如下：

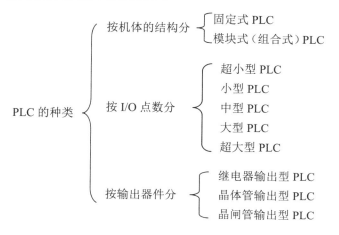

下面，对其各种类型分别予以简介。

固定式的 PLC 如图 2-36 所示，它的 CPU 板、I/O 板、显示面板、内存块、电源等部件是一体的，应用时不可拆卸。

模块式的 PLC 如图 2-37 所示，它包括 CPU 模块、I/O 模块、内存、电源模块、底板或机架，在实际应用中，这些模块可以根据不同的需要，按照一定规则组合与配置。

图 2-36　固定式 PLC　　　　　　　　图 2-37　模块式 PLC

PLC 中的 I/O 点数，所指的即是输入 / 输出点的数量。超小型 PLC 的 I/O 点数在 32 点以下，小型 PLC 的 I/O 点数在 256 点以内，中型 PLC 的 I/O 点数在 1024 点以内，大型 PLC 的 I/O 点数在 4096 点以内，超大型 PLC 的 I/O 点数在 8192 点以上。

继电器输出型的 PLC 是有触点的输出方式，适用于通断频率较低的交流与直流负载；晶体管输出型的 PLC 是无触点的输出方式，适用于通断频率较高的直流负载；晶闸管输出型的 PLC 也是无触点的输出方式，但由于其中的晶闸管通常都是双向晶闸管，故它适用于通断频率较高的交流负载。

2. PLC 的基本工作方式

虽然 PLC 所使用的阶梯图程序中使用了许多继电器、计时器与计数器等名称，但在 PLC 的内部并没有这些硬件，它们只是以内存与编程的方式来进行逻辑控制的程序，并由输出元件连接到外部机械装置进行控制，因此能大大减少控制器所需的硬件空间。

当 PLC 投入运行后，其工作过程主要分为三个阶段，即输入采样、用户程序执行和输出刷新三个阶段，在整个运行期间，PLC 的 CPU 以一定的扫描速度重复执行上述三个阶段（具体情况在第 4 章介绍）。

三、PLC 主要部件与功能

PLC 的主要部件有中央处理单元（CPU）、存储器、输入输出接口、通信接口、电源、底板或机架（组合式 PLC）等。

1. 中央处理单元（CPU）

中央处理单元（CPU）主要由运算器、控制器、寄存器及实现它们之间联系的数据、控制及状态总线构成，CPU 单元还包括外围芯片、总线接口及有关电路。内存主要用于存储程序及数据，是 PLC 不可缺少的组成单元，是 PLC 的控制中枢。CPU 按照 PLC 系统程序赋予的功能，接收并存储从编程器键入的用户程序和数据，检查电源、存储器、I/O 以及警戒定时器的状态，并能诊断用户程序中的语法错误。当 PLC 投入运行时，首先以扫描的方式接收现场各输入装置的状态和数据，并分别存入 I/O 映像区，然后从用户程序存储器中逐条读取用户程序，经过命令解释后，按指令的规定执行逻辑或算数运算，并将运算的结果送入 I/O 映像区或数据寄存器内。待所有的用户程序执行完毕之后，将 I/O 映像区的各输出状态或输出寄存器中的数据传送到相应的输出装置，并按指令规定的任务输出相应的控制信号，指挥有关的控制电路。如此循环运行，直到运行停止。

CPU 的速度和内存容量是 PLC 的重要参数，它们决定着 PLC 的工作速度、I/O 数量及软件容量等，也即限制着控制的规模。

为了进一步提高 PLC 的可靠性，近年来对大型的 PLC 还采用了双 CPU 构成冗余系统，或采用三 CPU 的表决式系统。这样，即使某个 CPU 出现故障，整个系统仍能正常运行。

2. 存储器

存储器分为系统程序存储器、用户程序存储器和数据存储器三种。

PLC 的软件系统由系统程序和用户程序两部分组成。系统程序（即系统软件）存放在系统存储器中。系统程序包括监控程序、编译程序、诊断程序等，主要用于管理全机、将程序语言翻译成机器语言、诊断机器故障等。系统软件由 PLC 厂家提供并已固化在 EPROM 中，不能直接存取和干预。

用户程序存储器是存放 PLC 用户程序的存储器，用户程序是用户根据现场控制的要求，用 PLC 的程序语言编制的应用程序，用来实现各种控制。

数据存储器是用来存储 PLC 程序执行时的中间状态与信息，它相当于 PC 机的内存。

3. 输入输出接口

PLC 与电气回路的接口，是通过输入输出（I/O）模块完成的。I/O 模块集成了 PLC 的 I/O 电路，输入（I）模块将来自现场的电信号变换成数字信号进入 PLC 系统，输出（O）模块相反，则是把 PLC 输出的数字信号变换成适应于现场应用的电信号。

I/O 分为开关量输入（DI）、开关量输出（DO）、模拟量输入（AI）、模拟量输出（AO）等模块。I/O 模块的外形请参阅图 2-38。

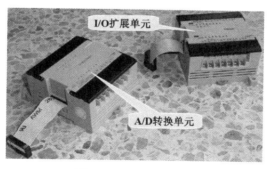

图 2-38　部分 I/O 模块

常用的 I/O 模块简介如下。

（1）开关量 I/O 模块。输入接口电路由光电耦合电路和输入信号的滤波、转换等电路构成，作用是为 PLC 与现场控制的接口界面提供输入通道。

输出接口电路由输出数据的转换和功率放大等电路组成，作用是通过现场输出接口电路向现场的执行部件输出相应的控制信号。

如果主机所配置的 I/O 接口不够，还可连接扩展单元。而连接扩展单元的能力与数量可查阅所选用的 PLC 说明书。

（2）模拟量 I/O 模块。输入接口电路主要是把输入的模拟量信号转换为数字量信号；而输出接口主要是把数字量信号转换为模拟量信号。按精度分，有 12 bit，14 bit，16 bit 等。

除了上述通用 I/O 外，还有特殊 I/O 模块，如热电阻、热电偶、脉冲等模块。

4. 通信接口

通信接口的主要作用是实现 PLC 与外部设备之间的数据交换（通信）。通信接口的形式多样，最基本的有 USB，RS-232，RS-422/RS-485 等标准的串行接口。可以通过多芯电缆，双绞线，同轴电缆，光缆等进行连接。还有如以太网、Profibus-DP 通信模块等。

5. 电源

PLC 的电源分为供电电源与内部工作电源，其中供电电源分为两种类型：一是交流电源，主要分为 220 VAC 与 110 VAC 两种；二是直流电源，常用的为 24 VDC。对于交流供电电源，一般情况下，当电网的交流电压波动在 ±10%（有的是 ±15%）范围内时，可以不采取措施，而将 PLC 直接连接上去；若超出此范围，则需要加装稳压器。

内部工作电源是用于为 PLC 各模块的集成电路提供工作电源，I/O 的输入口由内部提供。但也有另外的电源为输入电路提供 24 V 工作电源。I/O 的输出口的工作电源通常由外部提供。

6. 底板或机架

大多数模块式 PLC 使用底板或机架，其作用是在电气上实现各模块间的联系，使 CPU 能访问底板上的所有模块；在机械上实现各模块间的连接，使各模块构成一个整体。

7. PLC 系统的其他设备

（1）编程器。编程器是 PLC 开发应用、监测运行、检查维护不可缺少的器件，用于编程、对系统作一些设定、监控 PLC 及 PLC 所控制的系统的工作状况，但它不直接参与现场控制运行。小型的 PLC 编程器一般是手持型的编程器，如图 2-39 中左侧部件所示。目前，一般由计算机（也就是我们系统中的上位机）充当编程器。

（2）人机界面。最简单的人机界面是指示灯和按钮，目前液晶屏（或触摸屏）式的人机界面应用越来越广泛。

图 2-39　PLC 编程器

四、PLC 的应用范围与在拧紧机中的应用

1. PLC 的应用范围

早期的 PLC 称为可编程逻辑控制器，主要用来代替继电器实现逻辑控制，即只作为对开关量的逻辑控制。随着技术的发展，该装置的功能大大得到了扩展，当前，主要的应用范围如下。

（1）开关量的逻辑控制。这是 PLC 最基本、最广泛的应用领域，它取代传统的继电器电路，实现逻辑控制、顺序控制，既可用于单台设备的控制，也可用于多机群控及自动化流水线。

如组合机床、车床、钻床、铣床、磨床、注塑机、机械生产线、包装生产线、电镀流水线等。

（2）模拟量的控制。在工业生产过程当中，有许多连续变化的量，如温度、压力、扭矩、流量、液位和速度等，这些都是模拟量。由于 PLC 的内部运行与处理的均是数字量，为了使 PLC 能够有效控制这些模拟量，就必须配置与实现模拟量（Analog）和数字量（Digital）之间的转换。其中 A/D 转换用于输入端，D/A 转换用于输出端。

（3）运动量的控制。PLC 可用于圆周运动或直线运动的控制。从控制机构配置来说，早期的 PLC 是直接用开关量 I/O 模块来连接位置传感器和执行机构的，现在一般使用专用的运动控制模块。如可驱动步进电机或伺服电机的单轴或多轴位置控制模块。各主要 PLC 厂家的产品都有运动控制功能，并广泛应用于各种机械、机床、机器人、电梯等场合。

（4）过程控制。过程控制是指对温度、压力、流量等模拟量的闭环控制，在冶金、化工、热处理、锅炉控制等场合均有着非常广泛应用。作为工业控制计算机，PLC 能编制各种各样的控制算法程序，完成闭环控制。PID 调节是一般闭环控制系统中用得较多的调节方法，而在 PLC 中的 PID 处理一般运行的是专用的 PID 子程序。具有过程控制功能的大中型 PLC 都有专用的 PID 功能模块，目前许多小型 PLC 也具有此功能模块。

（5）数据处理。现代 PLC 具有数学运算（含矩阵运算、函数运算、逻辑运算）、数据传送、数据转换、排序、查表、位操作等功能，可以完成数据的采集、分析及处理。这些数据可以与存储在存储器中的参考值比较，完成一定的控制操作，也可以利用通信功能传送到别的智能装置，或将它们打印制表。数据处理一般用于大型控制系统，如无人控制的柔性制造系统；也可用于过程控制系统，如造纸、冶金、食品工业中的一些大型控制系统。

（6）通信及联网。PLC 具有通信联网的功能，而且具有通用性强、使用方便、适应面广、可靠性高、抗干扰能力强、编程简单等特点。它使 PLC 与 PLC 之间、PLC 与上位计算机，以及其他智能设备之间能够交换信息，形成一个统一的整体，实现分散集中控制。多数 PLC 具有 RS-232 接口，还有一些内置有支持各自通信协议的接口。PLC 的通信现在主要采用通过多点接口（MPI）的数据通信、PROFIBUS 或工业以太网进行联网。

2. PLC 在拧紧机中的应用

PLC 在拧紧机中主要是作为开关量的逻辑控制方面的应用，但根据拧紧机的配置结构的不同，其应用也有不同程度的区别。

在主流配置结构的拧紧机中，作为开关量的逻辑控制，只用于拧紧机辅助控制方面，如拧紧机操作体的上升（退回）、下降（向前）、启动、停止等类似的动作的控制。在非主流配置结构的拧紧机中，虽然也是作为开关量的逻辑控制，但除了用于拧紧机辅助控制方面外，还用于多轴拧紧机中的各轴间的协调。而在简化配置结构的拧紧机中即做开关量的逻辑控制又做模拟量的控制。

第 7 节　拧紧机的主控制器

拧紧机控制系统的主控部件即主控制器，也有称之为主控单元。二者只是由于制造商的不同而名称不同而已。它是拧紧机系统的核心控制部件，拧紧的程序、参数都由它传输，多轴拧紧机运行中各轴间的协调控制指令也是由它发出去,所有轴拧紧的最终结果也都会集中到它这里,除了显示外,还可通过它与外部进行联络与通信。

一、主控制器的主要功能与种类

1. 主控制器的主要功能

主控制器(或称主控单元)的主要功能是输入、查阅、修改拧紧过程中所需的各种参数与程序,协调各轴控单元对整个系统拧紧动作的控制,显示、存储、处理并上传拧紧结果的状态与数据,监测系统的正常运行。

2. 主控制器的种类

纵观国内外的拧紧机,主控制器的功能虽然相差不大,但其结构却由于厂家的不同而有所差异,主要有如下几种。

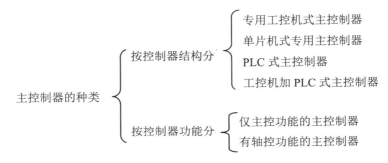

专用工控机式的主控制器,是由专用的一体式工控机与专用的软件构成;单片机式的专用主控制器,是由单片机系统与专用软件构成;PLC 式的主控制器是由通信模块与通用PLC 构成;而工控机加 PLC 式的主控制器则是由通用工控机与通用 PLC 共同构成。

专用工控机式的主控制器与单片机式的专用主控制器均是专用的主控制器,是近年来国际上主流拧紧机厂家的主控制器的基本结构。而且由于它们是专用于拧紧机的,故在此方面的功能强大,在功能的扩展与产品的升级方面相对也方便。

PLC 式主控制器是国外 20 世纪 80 年代的产品,属于淘汰产品,现在虽然还有应用,但在市场上已极为少见。而工控机加 PLC 式主控制器则是在 PLC 式主控制器基础上的一个改进,这个改进也只是把原来处在系统之外的计算机加了进来,输入、查阅与修改拧紧的程序与参数就不再另找计算机了。不过,由于采用的均是通用部件,故其在功能的扩展与产品的升级方面还是不如前二者好。但由于采用的均是通用部件,故价格相对便宜,经济性好。

3. 具有轴控功能的主控制器及其种类

除了上述只具有主控功能而没有轴控功能的主控制器外,还有三种兼备轴控和主控两种功能的控制器,而由于这三种控制器除了具备主控制器的基本功能外,还兼备了轴控单元的功能,故从严格意义上来说,称之为主控制器并不合适。但由于它具有主控制器的功能,我们就暂称之为具有轴控功能的主控制器。其基本构成如下:

（1）主控制器与轴控制器装于一体，外形虽是一体，但各自的功能均是独立的。故实际上，它是一个把主控制器与轴控制器安装在一个控制盒中的双功能控制器。由于其中的主控制器及其功能也是由单片机构成并实现的，故在下面介绍的"各类主控制器的基本结构与功能"中，不单列一项，而归结为单片机式专用主控制器之中。

（2）由通用工控机及其 A/D 与 D/A 转换板、相应软件构成，我们暂称之为通用工控机式具有轴控功能的主控制器。

（3）由通用 PLC 及其 A/D 与 D/A 转换模块、相应软件构成，我们暂称之为通用 PLC 式具有轴控功能的主控制器。

二、各类主控制器的基本结构与功能

1. 专用工控机式主控制器

专用工控机式主控制器的基本结构如图 2-40 所示，它是专用的一体式工控机，带有触摸屏式液晶显示器。拧紧过程中所需的各种参数与程序，均可通过触摸屏输入、查阅与修改。拧紧结果的状态与数据，也均可通过触摸屏按照设定的方式与格式显示出来。与轴控单元（或称轴控制器）相连接的信号有专用的数据接口和 I/O 接口，用以把相应的数据与控制指令传递给轴控单元，以便使各轴控单元按照设定的程序与数据进行控制拧紧的正常进行，并在拧紧完成后，把各轴控单元中拧紧结果的数字与信息收集并显示出来。拧紧结果的数据可以存储起来，并通过数据接口传输给上位机。数据口有串行口，也有并行口。拧紧机的操作与状态显示部分是通过 I/O 接口进入与输出的。

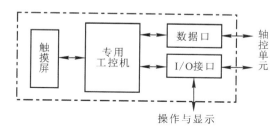

图 2-40　专用工控机式主控制器

2. 单片机式专用主控制器

单片机式专用主控制器的基本结构如图 2-41 所示，它的核心部件是一套 8 位或 16 位单片机系统，外部面板上设置有触摸键，还有数字与状态显示器。拧紧过程中所需的各种参数与程序，均可通过该触摸键与数字显示器的配合，进行输入、查阅与修改（也可由本机所配置的通用工控机进行）。与轴控单元（或称轴控制器）相连接的信号有专用的数据接口和 I/O 接口，这样，就可以把相应的数据与控制指令传递给轴控单元，并协调各轴控单元按照设定的程序与数据进行控制拧紧的正常进行。在拧紧完成后，把各轴控单元中拧紧结果的数字与状态信息显示出来。数据口是并行口。拧紧机的操作与状态显示部分也是通过 I/O 接口进入与输出的。拧紧结果的数据也可以存储起来（存储量不大），并通过数据接口传输给上位机。

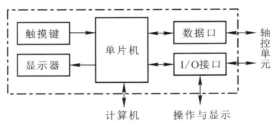

图 2-41 单片机式专用主控制器

3. 通用 PLC 式主控制器

通用 PLC 式主控制器的基本结构如图 2-42 所示，它的主控制器是由通信模块和 PLC 二者共同构成的，其中的 PLC 是用于对各轴控单元传递控制指令，并协调各轴控单元按照设定的程序控制拧紧的正常进行。在拧紧完成后，把各轴控单元中拧紧结果的状态信息反馈给显示系统。其中的通信模块用于传递计算机对轴控单元在拧紧过程中所需的各种参数与程序的输

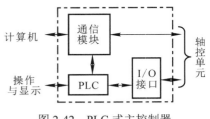

图 2-42 PLC 式主控制器

入、查阅与修改，并在拧紧完成后，把各轴控单元中拧紧结果的数字与状态信息传递给计算机（另配）。对拧紧的结果数据没有存储的功能，而要存储，需通过数据接口传输给另外配置的计算机。

4. 通用工控机加通用 PLC 式主控制器

通用工控机加通用 PLC 式主控制器的基本结构如图 2-43 所示，它的主控制器是由通用工控机与通用 PLC 二者共同构成的。实际上，它就是把图 2-43 中需要另外配置的工控机加进来了。其中的 PLC 是用于对各轴控单元传递控制指令，并协调使各轴控单元按照设定的程序控制拧紧的正常运行，并在拧紧完成后，各轴控单元中拧紧结果的状态反馈给 PLC。其中的计算机（与键盘、显示器配合）用于对拧紧过程中所需的各种参数与程序的输入、查阅与修改。在拧紧完成后，各轴控单元中拧紧结果的数字与状态信息可由显示器显示出来。拧紧结果的数字与状态信息可存储在工控机中，也可以通过工控机输送给上位机。

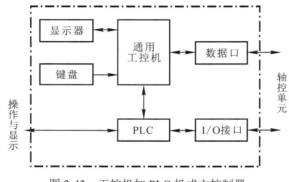

图 2-43 工控机加 PLC 机式主控制器

三、具有轴控功能的主控制器的结构与功能

"主控制器与轴控制器装于一体"的是具有轴控功能的主控制器,这里所介绍的具有轴控功能的主控制器不包括这种控制器。

1. 通用工控机式具有轴控功能的主控制器

通用工控机式具有轴控功能的主控制器的基本结构如图 2-44 所示,它是一台通用的分体式工控机,带有键盘与液晶显示器。拧紧过程中所需的各种参数与程序均可通过键盘与液晶显示器输入、查阅与修改,拧紧结果的状态与数字也均可通过液晶显示器按照设定的方式与格式显示出来。

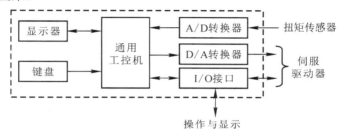

图 2-44　工控机式具有轴控功能的主控制器

该类主控制器由于具有轴控功能,所以在应用它的系统中没有轴控单元,严格说是没有真正意义的轴控单元(也即没有专用轴控功能)。来自各拧紧轴的扭矩传感器信号均通过 A/D 转换器进入工控机,对各拧紧轴伺服驱动器的控制信号,均是通过 D/A 转换器与 I/O 接口进入伺服驱动器。协调各轴控单元按照设定的程序控制拧紧的功能,也是由这台通用工控机来完成的。即该通用工控机既承担主控的功能,又承担该拧紧机中全部拧紧轴的控制功能。

2. 通用 PLC 式具有轴控功能的主控制器

通用 PLC 式具有轴控功能的主控制器的基本结构如图 2-45 所示,它是一台通用的 PLC,并附有 A/D 与 D/A 转换器,在拧紧过程中所需的各种参数与程序均可采用 PLC 的编程器或装有 PLC 编程软件的计算机进行输入、查阅与修改,拧紧结果的状态与数据可通过系统配置的显示器显示出来,也可配置工控机,并由工控机对 PLC 进行编程,并用来输入、查阅与修改各种参数与程序,由工控机所配置的显示器显示拧紧结果的状态与数据。

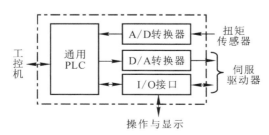

图 2-45　PLC 式具有轴控功能的主控制器

同工控机式具有轴控功能的主控制器一样，在应用该类主控制器的系统中没有轴控单元，来自各拧紧轴的扭矩传感器信号，均通过 A/D 转换器进入 PLC，对各拧紧轴伺服驱动器的控制信号，均是通过 D/A 转换器与 I/O 口进入伺服驱动器。协调各轴控单元按照设定的程序控制拧紧的功能，也是由这台通用 PLC 来完成的（即也没有专用轴控功能）。即该通用的 PLC 也是既承担主控的功能，又承担了该拧紧机中所有拧紧轴的控制功能。

对于上述具有轴控功能的主控制器，看起来功能是增强了，但在实际应用中却有一个严重的缺陷，那就是拧紧的精度较低，而且是所控制的拧紧轴的数量越多，精度越低。其原因我们将在第 4 章中分析介绍。

第 8 节　拧紧机的轴控制器及其他部件

拧紧机的主要部件除了上述几种外，还有轴控制器与减速器。轴控制器也称之为轴控部件或轴控单元。根据应用现场以及要求的不同，轴控制器还须配置不同的辅助控制系统。

一、轴 控 制 器

1. 轴控制器的主要功能

轴控制器（或称轴控单元）的主要功能是接收主控单元传输过来的程序，并按照主控单元的指令，控制所对应拧紧轴的拧紧工作；接收扭矩传感器与转角传感器传送来的扭矩与转角信号，分别进行放大、整形、转换和相应的处理，并实时与设定的各控制值（扭矩与转角）相比较，控制拧紧的全过程；拧紧完成后，判别拧紧的结果，并把拧紧结果（包括数值、合格与否的信息）显示出来，同时上传送给主控单元。

2. 轴控制器的种类

无论是国内还是国外的拧紧机，其轴控制器均是专用的，其主要功能与结构也基本相同，所谓的差异，只不过是由于电子技术的发展，有些厂家把轴控制器与伺服驱动器制成了一体，但还仍称之为轴控制器，却不再称之为轴控单元了（以前此二者是混称的）。作者认为，把这种"轴控"与"驱动"合为一体的控制器称之为轴控制驱动器更为合适，因为它是轴控制器与伺服驱动器（或者说是轴驱动器）二者的结合。由于已经包含有了功率器件，而从功率的概念上来讲，"驱动"让人感觉更为贴切并易于理解，而且也便于与原来传统的轴控制器相区别。鉴于此，我们就可以把轴控制器分为如下两种。

（1）轴控单元：只具有拧紧轴控制功能的传统的轴控制器。

（2）轴控制驱动器：具有传统的轴控制器与伺服驱动器二者功能的轴控制器。

在此需要说明的是，国内有些拧紧机制造厂商，把伺服驱动器称之为轴控制器。实际上，单就称呼来讲，这并没有什么，问题是绝大多数的业内人士均已称其为伺服驱动器，况且对轴控制器也另有所指了，如若再把它称之为轴控制器容易造成称呼中的混乱，就不太合适了。所以，对于这种"轴控制器"我们还称其为伺服驱动器，而这里所说的轴控制器的种类中就不将其列进去了。

3. 轴控制器的基本结构与功能

上面已经说明，虽然当前的轴控制器主要分为两种，但其中的一种是轴控与驱动二者的结合。也就是说，在"轴控"部分的结构与功能上，二者是基本相同的。而"驱动"部分的结构与功能在伺服驱动器一节中已经做过介绍了。所以，在此我们要介绍的轴控制器的基本结构与功能，所指的仅是其中"轴控"部分的基本结构与功能。故而，虽然我们把轴控制器分列为两种，但在介绍其基本结构与功能时也就只有一种。

轴控制器的基本结构如图 2-46 所示，它的核心部件是一套单片机系统，外部面板上设置有数字显示器（LED 数码管或 LCD 显示器）和状态显示器（LED 信号灯）。拧紧过程中及其拧紧结束后的扭矩值与转角值、拧紧结果的状态（合格与不合格等）均可通过数字显示器和状态显示器显示出来。它与主控制器的信息及指令的传递，通常由二者间连接的总线执行；发出伺服电机启动与停止的指令由 I/O 口输出；而对转速高低的控制信号经由 D/A 转换器输出。从伺服驱动器反馈来的拧紧转角信号也由 I/O 口输入，在轴控制器中进行整形处理后，进入单片机系统。来自扭矩传感器的拧紧扭矩信号（模拟）直接进入轴控制器中的放大电路放大后，再结过 A/D 转换器转换成数字信号后，进入单片机系统。在拧紧过程中，拧紧的扭矩与转角实时在单片机中与相应的设定值相比较，达到相应的设定值，单片机即发出相应的控制指令给伺服驱动器，控制拧紧轴按照设定的程序步骤进行拧紧与终止拧紧。

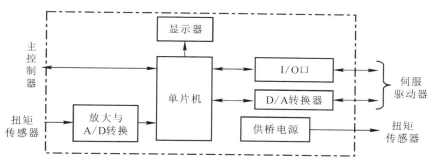

图 2-46　轴控制器的基本结构

在国际主流配置结构的拧紧机中，轴控制器与拧紧轴是一对一的独立控制系统，如图 2-47 所示。其扭矩检测信号是直接进入轴控制器的，其转角检测信号虽然是先经过电机驱动器之后才进入轴控制器，但进入轴控制器的转角信号在电机驱动器之中，只是对转角检测信号进行了适应于轴控制器的必要处理。这也就是说，它的每个拧紧轴均是独立的闭环拧紧控制系统，所以，它的拧紧精度较高，且运行稳定。

在自动控制系统中所说的闭环控制系统，通常要求系统的运行状态都是稳定的运行在某一给定值上；而工作在拧紧机中的闭环控制系统，其运行的要求是达到相应的给定值（即前面所说的设定值）即进行相应的控制转换或停止。

拧紧完成后，轴控制器即判别拧紧的结果，并把拧紧结果

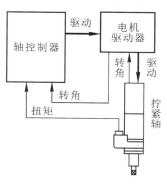

图 2-47　拧紧轴闭环控制系统

（包括数值、合格与否的状态信息）显示出来。

此外，轴控制器内部有一电源模块，为扭矩传感器提供了一个稳定的供桥直流电源。

二、行星减速器

在拧紧机中的主要部件，除了上面所介绍的扭矩传感器、转角传感器、伺服电机、伺服驱动器、主控制器、轴控制器外，还有减速器，减速器也是专用的，各厂家的均不能互换，即便是同一厂家的减速器，不同规格拧紧轴的减速器也是不能通用的。它们的结构基本相同的，都是行星减速器。

1. 行星减速器的基本结构

行星减速器，顾名思义，就是说它的结构就好像是行星围绕恒星（太阳）转动一样，其实际结构如图 2-48 所示，这是一套有三个行星轮围绕一个太阳轮旋转的行星减速器。减速器为全密封方式，故在整个使用期内无需添加润滑脂。

太阳轮

图 2-48　行星减速器的基本结构

由图 2-48 可见，行星减速器主要由外齿圈、太阳轮与行星轮构成。其中的太阳轮通常是主动轮，外齿圈是被动轮，行星轮是固定的。

2. 行星减速器的特点

行星减速器的主要特点：

（1）体积小、重量轻。

（2）承载能力高，输出扭矩大，使用寿命长。

（3）运转平稳，噪声低、性能安全。

（4）传输效率高，单级的传输效率可达 97% ～ 98%。

（5）精度高，单级可做到 1 弧分以内。

（6）减速机为全密封的方式，故在整个使用期内无需添加润滑脂，因此也被称为终身免维护。

此外，因为结构原因，行星减速器的单级减速比最小为 3，最大不超过 10，减速器的级数，一般不宜超过 3 级。

3. 行星减速器的输出扭矩

行星减速器扭矩可按下式计算：

$$T = \frac{9550 \times P_M}{n} \times k \times \eta \qquad (2\text{-}3)$$

式中，P_M 为电动机功率（W）；n 为电动机转速（r/min）；k 为行星减速器的速比；η 为行星减速器的效率（95%）。

三、辅助控制与状态显示

辅助控制部分主要是控制拧紧机操作体（即安装拧紧轴的机体）的移动，如：上下、前后、左右的运行。如果有自动变位、变距等功能的要求，就再附加相应功能的控制。如果是在自动线上，并要求有自动控制拧紧的操作，那么就再增加工件到位、定位、松开等功能。总之，这些功能基本上均是开关信号，动作相对也比较简单。

对于辅助控制部分应用什么控制器件，没有严格要求，通常均是根据控制量的多少而定。对于控制量较少的，如悬挂式拧紧机，当对拧紧机操作体的控制要求如若只有上下运动，采用通用的继电器就可以了；而在自动线上的滑台式拧紧机，且要求自动控制拧紧的操作，控制信号相对多一些，采用通用的 PLC 即可。

鉴于拧紧机在辅助控制方面的控制，不论是采用继电器还是采用 PLC，其控制系统均比较简单，在此就不赘述了。

状态显示主要是指拧紧机系统上电时的电源显示，拧紧完成后对拧紧结果的判别，如：合格、不合格，均采用信号灯显示。主要是用来告知操作者，本次拧紧的最终状况。

第3章

拧紧机的工作原理及其配置结构

前两章从总体上简要介绍了拧紧机的基础知识，其目的是使读者对螺栓拧紧及拧紧机的基本原理与主要部件有个初步概念。为了使读者对拧紧机有进一步的了解，建立整体的概念与形象，本章将以实际应用的拧紧机为例，较为详细地介绍实用电动拧紧机的构成、工作原理及其各类配置结构。

第1节　实用电动拧紧机的构成与辅助控制系统

一、实用拧紧机的构成

1. 实用拧紧机的构成

图 3-1 所示为一台实用的 8 轴悬挂式拧紧机，从外表上来看，主要分为 4 大部分，控制电箱、操作体、悬挂装置、电缆。控制电箱中装有显示器、拧紧机控制单元、工控机、伺服驱动器、辅助控制系统和电源（电源在本图中由于被遮挡而看不到）。操作体中安装有拧紧轴（具有变位功能的还有变位装置）、操作把手、自动拧紧的操作开关。操作体之上安装了操作盒，此操作盒中装有手动操作开关、拧紧结果的状态（合格与不合格）显示信号灯、蜂鸣器等。悬挂装置主要有导柱、导套、气缸、平衡吊等。

拧紧机的控制单元，主要有主

图 3-1　实用的悬挂式拧紧机

控单元（或称主控制器）、轴控单元（或称轴控制器）；辅助控制系统主要有启动器、继电器（或 PLC）。

另外，在电源部分中（图中未表示出来），主要有电源开关与电源变换装置。其中的电源变换装置是根据直流或交流拧紧机的不同而分别为直流变换装置或交流变换装置。

2. 拧紧轴的构成与分类

（1）拧紧轴的构成。由图 3-2 可见，拧紧轴的主要构成部件有伺服电机、扭矩传感器、减速器、电缆插座盒，前支架与输出轴。

电缆插座的作用是接入通过电缆输入的伺服电机的动力电源，并把来自扭矩传感器的扭矩检测信号与伺服电机内部的转角检测信号（包括转子的位置信号）通过电缆反馈给拧紧轴的控制

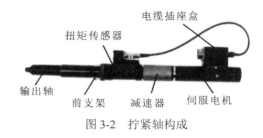

图 3-2　拧紧轴构成

系统。前支架用于固定拧紧轴，并为输出轴伸缩运动进行导向，以确保拧紧轴拧紧的稳定运行。

（2）拧紧轴的分类。实际应用的拧紧轴按其轴的外表形状可分为直轴、偏置轴与 U 形轴 3 种（手持式的除外），图 3-2 所示是其中的直轴。偏置轴的结构如图 3-3（a）所示，U 形轴的结构如图 3-3（b）所示。偏置轴主要是应用在螺栓间距小于拧紧轴轴距的多轴拧紧机系统中，而 U 形轴主要应用在轴向空间较小的拧紧机系统中。

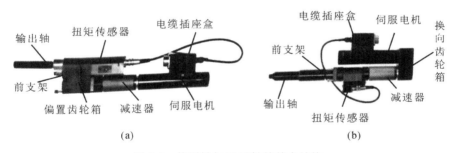

（a）　　　　　　　　　　　　（b）

图 3-3　偏置轴与 U 形轴的基本结构

二、辅助控制部件及控制系统的功能

1. 辅助控制部件

拧紧机的主要部件，如：主控制器（或称主控单元）、轴控制器（或称轴控单元）、工控机、PLC、拧紧轴等我们在前面已介绍过，为了使读者对拧紧机有个整体的印象，下面我们就其辅助部件，如：电源、显示器、辅助控制中的主要部件，辅助控制系统的构成及其工作原理等再做简介。

（1）电源。电源主要包括三种部件，电源开关、电源变换装置、启动器，它们在电路中的位置如图 3-4 所示。电源开关就是通常应用的空气开关，其中主电路的电源开关（总电

源开关与伺服电源开关）是三相的，轴控制器与辅助电源的电源开关是单相的。

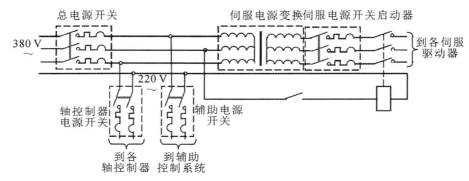

图 3-4　电源部分原理电路

　　图中的伺服电源变换环节主要作用是把来自电网的交流电源变换成与拧紧机伺服驱动器相符合的电源。由于拧紧机有直流拧紧机与交流拧紧机之分，故为拧紧机供电的电源也必须有与其对应的直流电源或交流电源。我们国内的供电电网通常均是三相 380 V 交流电源，故对于直流拧紧机就需要把这交流变换成与拧紧机供电系统相符合的直流电；而交流拧紧机的电压通常也有与我国电网不相符合的，故也需要变换成与交流拧紧机供电系统相符合的交流电。拧紧机系统中的伺服电源变换装置就是为达此目的而设置的。

　　交流电源变换装置的构成环节主要就是变压，用以得到符合交流伺服驱动器所需要的交流电源；而直流电源变换装置的构成环节主要是变压与整流，以得到符合直流伺服驱动器所需要的直流电。前者的实现，仅需变压器（见图 3-4 中伺服电源变换）；而后者只要在变压器之后再增加个整流器（即在图 3-4 所示的伺服电源变换后增加个整流器），并把此后的伺服电源开关改为单相的开关，启动器的触点也相应减少即可，故不赘述。

　　（2）显示器。这里所配置的显示器是指有图形显示功能的大屏幕显示器，当前绝大多数均是彩色液晶显示器，主要是配合工控机拧紧程序与参数的输入、查询、修改过程中的人机对话，以及在校准与检定期间对拧紧机精度调整时等方面的人机对话，还有拧紧数据与曲线的查询，拧紧结果的数值与状态的显示等。

　　（3）辅助控制系统中的主要部件。辅助控制系统中的主要部件有按钮开关、行程开关、蜂鸣器、信号灯、电磁阀与气缸等，还有 PLC 或继电器。在辅助控制系统中的逻辑顺序的控制方面，是采用 PLC 还是继电器，可以根据系统的复杂程度或用户的意愿而定。

2. 辅助控制系统的功能

　　拧紧机中的辅助控制系统，主要指的是除了电源与对拧紧控制之外的控制系统，不同拧紧机的辅助控制系统都是根据各自的工艺要求与拧紧机的具体情况而设计的，如：工艺要求的拧紧过程是手动拧紧还是自动拧紧，若是自动，那是全自动还是半自动，拧紧机是悬挂式还是滑台式的，还有，拧紧的过程是一次拧紧，还是分几次拧紧等等，均有所不同。例如：

　　（1）悬挂式拧紧机。拧紧轴数不多的小型悬挂式拧紧机，手动拉拽就可轻松移动拧紧机的操作体并进行拧紧（见图 3-1），由于没有（因为不需要）拧紧机操作体的行走控制，故其控制系统就非常简单，只需配置开闭伺服动力电源的启动器，控制电路的空气开关，操作盒中的信号灯、蜂鸣器，操作把手上的启动复位按钮开关即可。大一些的拧紧机，由于配置了操作体上升下降的气缸，故在控制电路中增加了相应的按钮开关和电磁阀，也有少数的，还配置有对操作体前后与左右行走的控制。

（2）滑台式拧紧机。滑台式拧紧机还需要有工件的定位、夹紧（也有不需要夹紧的），滑台的上升与下降。

以上这些功能均需要由辅助控制系统来实现。

三、辅助控制系统的构成与基本工作原理

1. 悬挂式拧紧机的辅助控制系统的构成与基本工作原理

图 3-5 所示（右侧虚框内的部分除外）就是悬挂式拧紧机的辅助控制系统，图中的辅助电源变换，大多是把输入的 220 V 交流电变换为 24 V 直流电；急停、启动与复位是输入主控制器的信号，分别用于紧急事态的停止拧紧、启动拧紧与系统复位；报警、合格与不合格是由主控制器输出的信号，其中报警是通过蜂鸣器发出的，当发生拧紧不合格或故障时声控报警；全部拧紧（即该拧紧机全部拧紧轴的拧紧结果）合格时，合格信号灯（绿色，每台拧紧机只一个）点亮。不合格时，所对应拧紧轴的不合格信号灯（红色，图中虽然只画二个，而实际上是有多少个拧紧轴就有多少个不合格的信号灯）点亮。为了调整与单轴操作的需要，设置了手动单轴拧紧，主要是正转（拧紧）与反转（拧松），每个拧紧轴均可以实现此功能（图中只画了 1 个拧紧轴控制器，其他相同），此信号直接输入到轴控制器。操作体的上升与下降通常只有手动功能，按下相应的按钮开关，通过逻辑顺序控制电路输出，带动相应的电磁阀动作，进而驱动气缸而使操作体上升或下降。

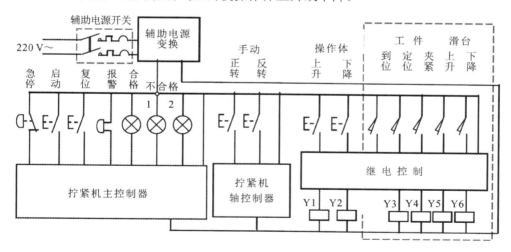

图 3-5　拧紧机辅助控制系统电气原理简图

2. 滑台式拧紧机的辅助控制系统的构成与基本工作原理

把图 3-5 中虚框内的元器件加入，操作体的上升与下降的电磁铁 Y1 和 Y2 取消。并为调整时方便，可把操作上升与下降的按钮开关改为滑台的手动上升与下降，再加入手动控

制的工件定位与夹紧按钮开关（此部分在图中并没有画出），这样即可成为滑台式拧紧机的辅助控制系统电路了。由于悬挂式拧紧机的拧紧轴是安装在操作体中的，而滑台式拧紧机的拧紧轴是安装在滑台上的，所以此处有了滑台的上升与下降的电磁铁 Y5 和 Y6，那么操作体上升与下降的电磁铁 Y1 和 Y2 就是多余的了。

在图 3-5 的虚框中，输入到逻辑顺序控制环节中的信号均是经过行程开关控制的，这主要用于自动控制。如果不需要自动控制，从控制原理与功能上来讲，可取消行程开关，而保留相应的按钮开关（即保证所需要的操作，有相应的按钮开关）。但从实际应用上来说，必要的极限位置保护开关还是需要的（即可保留行程开关）。

第 2 节　直流电动拧紧机

上一节我们简要介绍了实用电动拧紧机的基本构成、辅助部件及辅助控制系统，下面将着重介绍电动拧紧机及其配制结构。

电动拧紧机按其执行部件电源的性质可分为直流拧紧机和交流拧紧机，这也是当前国际上拧紧机的两大系列。欧美系的拧紧机厂商提供的基本为直流拧紧机，而日本系的拧紧机厂商提供的基本是交流拧紧机，我们国内的拧紧机厂商提供的大多也是交流拧紧机。本节主要对直流电动拧紧机进行较为详细地介绍，交流拧紧机我们在下一节介绍。

一、直流电动拧紧机系统结构简介

在拧紧机控制及检测系统中主要有电源、逻辑控制（即前面所说的辅助控制）、电机驱动器、伺服电机、扭矩传感器、扭矩（或扭矩－转角）控制器等几大部分。直流拧紧机和交流拧紧机主要的不同就在于采用的是直流伺服系统（主要是伺服电机、电机驱动器及其电源）还是交流伺服系统，其他并无什么差异，本节只介绍直流拧紧机。

1. 直流拧紧机系统构成

美国英格索兰（INGERSOLL-RAND）公司是一家老牌的拧紧机制造商，该公司的电动拧紧机一直采用直流系统，下面就以该公司的电动拧紧机为例进行介绍。

在介绍之前，首先需要声明的是，下面介绍的拧紧机系统是英格索兰公司的早期产品，而当前新产品的结构与其已有所不同，主要是扭矩控制器（即轴控单元）与电机驱动器已合为一体，输入输出转换与编程器也被专用工控机式主控制器所取代。但基本原理没有改变，且以早期产品的结构为例更便于对拧紧机工作原理进行介绍。

英格索兰公司的直流拧紧机系统的构成及各单元主要的输入输出信号如图 3-6 所示。由图可见，它主要由三相变压器、单相变压器、整流滤波、电机驱动器、$N+1$ 模块、扭矩控制器（即轴控单元）、逻辑顺序控制系统（即辅助控制系统）、拧紧轴（包括直流无刷电机、减速器、扭矩传感器与输出轴）等构成。其中三相变压器、单相变压器和整流滤波电路构成拧紧机的电源，直流无刷电机、减速器、扭矩传感器与输出轴构成拧紧轴。图中的编程器只是在输入、修改、查阅有关参数时应用，平时不用，故以虚框示之。

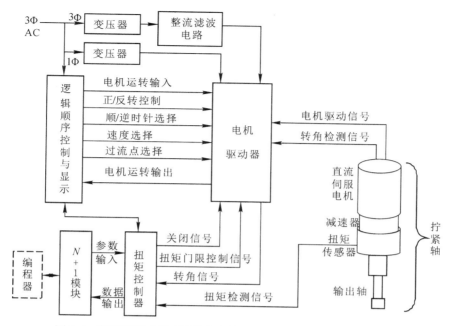

图 3-6　美国英格索兰直流拧紧机的基本构成及主要输入输出信号

2. 各部分的主要功能

（1）电源。电源部分主要包括三相变压器、单相变压器和三相全波整流滤波电路。其中三相变压器及三相全波整流和滤波电路保证输出 90～100 V 的直流电压，供给电机驱动器，作为直流伺服电机的主电源。单相变压器输出 120 V 交流电压，供给电机驱动器，作为直流伺服电机的辅助电源。

（2）电机驱动器。电机驱动器是英格索兰公司的标准产品，它的主要功能是接受逻辑控制电路和扭矩控制器的控制信号，驱动直流伺服电机以设定的转速运转或停止。它是与拧紧轴中的伺服电机配套使用的，一个电机驱动器只能驱动一台与其规格相符合的伺服电机。

（3）扭矩控制器（M-TAS）。扭矩控制器即轴控单元，它是独立的一套单板机控制系统，采用 Intel 公司的 8088 微处理器，有 24 K ROM 只读存储器和 8 K RAM 随机存储器。它的主要功能是根据输入的工艺参数和所接收到的扭矩、转角信号，监视和控制电机驱动器按所设定的拧紧程序与参数工作，拧紧完成后，显示出拧紧结果的有关状态（如：扭矩的高低，转角的大小等），把有关拧紧结果的数据输出，并对有关信号进行相应的处理。一个扭矩控制器只能控制一个电机驱动器。

（4）逻辑顺序控制与显示。逻辑顺序控制与显示（即辅助控制系统）采用的是美国 AB 公司的 PLC，它的主要功能是发出各项指令，控制拧紧机的全部运行动作与顺序，并对拧紧过程中的故障予以报警。在多轴拧紧机的系统中，协调各轴间的拧紧工作。

（5）N+1 模块。N+1 模块实际上是一个数据通信模块，主要担负编程器（或计算机）与扭矩控制器间的通信，把由编程器输入的各种参数传送到相应的扭矩控制器，并把要查阅的相关参数从相应的扭矩控制器调出，再传送到编程器（或计算机）中。也可以连接串口打印机，对输出的拧紧结果进行打印。

（6）编程器。编程器用于对扭矩控制器的工艺参数进行人工输入、修改与查阅。

（7）拧紧轴。拧紧轴是英格索兰公司标准产品，该部分主要包括直流伺服电机、减速器、扭矩传感器与输出轴，它是实施螺栓拧紧的执行部件。

二、主要部件的输入输出信号

拧紧机的主要部件有：逻辑顺序控制系统、电机驱动器、扭矩控制器和拧紧轴，而至于它们的输入输出信号，由图 3-6 可见，只要弄清电机驱动器和扭矩控制器二者的信号即可。

1. 电机驱动器的输入输出信号

（1）与逻辑顺序控制电路有关的信号。

① 电机运转输入：是电机运转指令信号，实际应用时作为启动信号，有效（低电平）时，驱动器输出，驱动直流无刷伺服电机运转。

② 正 / 反转控制：是决定电机正反转（即拧紧和松开）运转的信号，高电平时，电机正转（拧紧）；低电平时，电机反转（松开）。

③ 顺 / 逆时针选择：是决定电机顺时针还是逆时针旋转的信号，高电平时，电机顺时针旋转；低电平时，电机逆时针旋转。在实际应用中，一般将其设置为固定电位，而用正 / 反转控制来改变电机的旋转方向。

④ 速度选择：用于选择电机正常工作时的转速，该驱动器正常工作时，可提供两种转速供外电路选择或转换。高电平时，第一种速度有效；低电平时，第二种速度有效。

⑤ 过流点选择：用于选择电机正常工作时电流的过流点，达到或超过该过流点，驱动器断开输出。该驱动器正常工作时，可提供两个过流点供外电路选择或转换。高电平时，第一个过流点有效；低电平时，第二个过流点有效。

⑥ 电机运转输出：是表明伺服电机运转而由驱动器输出的信号，可作为驱动器对自动线的应答信号。

（2）与扭矩控制器有关的信号。

① 关闭信号：是当 M-TAS 控制器检测到拧紧力矩或转角达到或超过控制的目标值时，对电机驱动器发出的关闭驱动器输出、停止拧紧的控制信号。

② 扭矩门限控制信号：是对电机驱动器的保护信号，当 M-TAS 控制器检测到拧紧力矩达到或超过保护值时，对电机驱动器发出关闭驱动器输出、停止拧紧的控制信号。

③ 转角信号：是由电机驱动器送入 M-TAS 控制器的反映拧紧电机旋转角度的信号。该信号来自伺服电机，并在电机驱动器中处理整形后输出。它在扭矩－转角控制中作为拧紧角度的计量信号。

（3）与伺服电机有关的信号。

① 三相电机驱动信号：是由电机驱动器输出给伺服电机（直流无刷电机）的电源驱动信号，输出的是直流脉宽调制（PWM）信号。

② 转角检测信号：实际上它是由伺服电机输送给电机驱动器的反应伺服电机转子位置的检测信号，该信号有两个作用，一是把转子当前位置输送到电机驱动器中的相位译码环节进行译码，进而使功率驱动环节中的相应功率管导通，用以驱动伺服电机正向或反向旋转；二是在电机驱动器中整形处理后，输出转角信号给拧紧轴控制单元，作为转角检测信号。

（4）驱动器面板上的显示及调整信号。电机驱动器面板元件位置如图 3-7 所示，其中的显示元件均为发光二极管，调节元件均为电位器。各元件意义及作用如下。

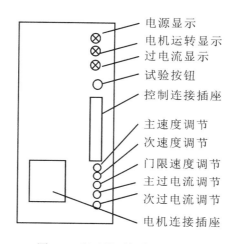

图 3-7 驱动器面板上元件位置

① 电源显示：电机驱动器接通电源，该指示灯亮。

② 电机运转显示：电机驱动器对电机有输出，该指示灯亮。

③ 过电流显示：当电机驱动器发生过电流时，该指示灯亮，同时切断对电机的输出。

④ 试验按钮：一般用于手动调整或试验，该按钮按下时，电机运转，松开时，停转。

⑤ 主速度调节：用于电机主速度（第一速度）值的调节设定。

⑥ 次速度调节：用于电机次速度值（即第二速度）的调节设定。

⑦ 门限速度调节：用于电机门限速度（即拧紧速度）的调节设定。

⑧ 主过电流调节：用于电机主过电流值的调节设定。

⑨ 次过电流调节：用于电机次过电流值（特殊需要的）的调节设定。

上面内容中五个调节功能，一般是在设备初次安装调试时使用，之后的日常运行无须调整。此外，面板上还有两个插座，一个是控制电缆插座，用于连接对电机的控制信号；另一个是电机电缆插座，用于连接驱动电机的功率信号和编码器信号。

2. 扭矩控制器的输入输出信号

（1）传输信号。

① 扭矩信号：是直接接受扭矩传感器的信号（毫伏级）并加以放大，再经过 A/D 转换器，进入 CPU。

② 转角信号：是由直流无刷伺服电机引入到电机驱动器，再经整形处理后接入的脉冲

数字信号，后经过缓冲器，进入 CPU。

③ 工艺参数输入信号：工艺参数是用手持编程器，经 RS-232 串行口输入的，主要的工艺参数有拧紧方式、扭矩范围、预停扭矩、起始扭矩、目标扭矩、上限扭矩、下限扭矩、目标角度、上限角度、下限角度等。

④ 检测数据输出：输出各种检测数据（各拧紧头拧紧结果的扭矩、角度）到 N+1 模块中进行转换处理后，送到电箱左侧的矩型插座上（可接串口打印机）。

（2）面板上的显示信号。扭矩控制器面板元件位置如图 3-8 所示，其中的显示元件均为发光二极管，调节元件均为电位器。各元件意义及作用如下。

① 状态显示：状态显示采用矩形发光二极管，其位置在控制器模块的正面由上往下排列（见图 3-8），分别为循环、高扭矩、低扭矩、高转角、低转角、传感器故障、编码器故障、CPU 故障等。

② 数字显示：数字显示采用两个四位 LED 显示器，其位置在控制器模块的正面的最上部。最上面的四位 LED 显示器用于扭矩显示，其下面的四位 LED 显示器用于转角显示。

③ 故障信息显示：故障信息主要有以下几个。

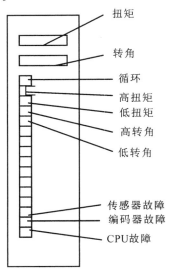

图 3-8　控制器面板元件位置

- HELP 0002：随机存储器已清零，需重新输入工艺参数。
- HELP 0003：随机存储器故障，若重新开机显示"HELP 0002"，可按该信息处理方法处理；否则，需更换控制器。
- HELP 0007：同上。
- HELP xxxx：只读存储器故障。需要停电后，取下控制器模块，把其后部的复位开关拨向复位后再拨回，把模块插回原插槽后送电，若故障仍未消失，需更换控制器。
- 模块无显示：程序中止或程序错误。可重新启动，若无效，更换控制器。

三、拧紧轴中的主要部件及编程器简介

1. 直流无刷伺服电机

直流无刷伺服电机属于直流伺服电机的一种，主要功能是在电机驱动器的驱动下旋转或停止，通过行星减速器提高扭矩，带动输出轴和套筒对螺栓进行设定的拧紧，它还可完成对电机转角和转速的检测，其结构和原理如下。

（1）旋转功能，普通的直流电机换向是机械式的，换向的主要部件是换向器（俗称整流子）和电刷。直流电机的换向是利用换向器和电刷变换转子上电枢绕组通电的极性和顺序来改变转子磁极的极性的，并与固定的定子磁极相互作用产生转矩而旋转；而直流无刷伺服电机采用电子换相，其转子是用永久磁铁制成的固定磁极，电枢绕组在定子上，定子为电磁铁。通过电子开关（电子换相器）的开闭，变换电磁铁上电枢绕组通电的顺序，可以改变定子磁极，进而产生转矩使转子旋转的（详见第 2 章第 2 节）。

（2）检测功能，该直流无刷伺服电机转子的尾部，装有多片磁铁，而定子线圈后端装有三个霍耳效应片（传感器组件）。当电机旋转时，相对于霍耳效应片，这装在转子上的多片磁铁将发出不断变化的磁场，感应霍耳效应片，使三个霍耳效应片上的感应电压也随之产生相续的变化，从而得到了电机转子的位置信号（用于控制电子换相器）。此感应电压在电机驱动器内经处理后，又可得到电机的转角和转速信号。

2. 减速器

该减速器为专用的行星减速器，它的功能是降低拧紧轴的输出转速，并增加其输出扭矩。

3. 扭矩传感器

扭矩传感器的功能是检测拧紧过程中的扭矩，它的结构是在一个经过特殊工艺加工的扭力轴上，按要求粘贴上四片电阻应变片，并接成桥路。其供桥电压在本系统中为直流 20 V，在不受力时，桥路输出电压为零；而当对扭力轴施加扭力时（即拧紧时），桥路有电压输出，其输出电压的大小随拧紧过程中扭矩的大小而改变。

4. 输出轴

输出轴用于传递经减速器转换后的电机输出扭矩，输出轴在轴向的长度上有一定的伸缩量（通常 40 ～ 50 mm），以适应拧紧过程中螺栓长度的变化。

5. 编程器

该拧紧机配置了一个手持编程器，用于对 M-TAS 模块输入拧紧的工艺参数，主要包括以下几项。

TR：传感器量程，如 2604 与 1356，则分别代表 260.4 nm 与 135.6 nm。

TD：在扭矩数值中设置的小数点的位数。如设置为 1，则 2604 这个数值即表示是 260.4 nm；如设置为 2，则 2604 这个数值即表示是 26.04 nm。

ASC：角度参量，根据不同的电机减速器而定，如：436 与 511，则分别代表了伺服电机所配置的是这两种不同变速比的减速器。

CM：拧紧的控制方式，设置为 1 是扭矩控制方式，设置为 2 是扭矩–转角控制方式。

TT：起始扭矩，即达到开始进行转角计算的扭矩值。

TP：预停扭矩，开始拧紧达到此值暂停拧紧，待其他拧紧轴均达到此值后再同时拧紧的扭矩值。

TC：目标扭矩，设定的拧紧最终应该达到的扭矩值。

TH：上限扭矩，设定的拧紧最终不能超过的扭矩的上限值。

TL：下限扭矩，设定的拧紧最终不能再低的扭矩的下限值。

AC：目标转角，设定的拧紧最终应该达到的转角值。

AH：上限转角，设定的拧紧最终不能超过的转角的上限值。

AL：下限转角，设定的拧紧最终不能再低的转角的下限值。

具体工艺参数设置值，则根据工艺要求对不同的拧紧机进行分别设置。

第3节 交流电动拧紧机

一、交流电动拧紧机系统结构简介

1. 交流拧紧机系统构成

我国大连德欣新技术工程有限公司（以下简称大连德欣）于20世纪90年代中期从美国引进了电动拧紧机的生产制造技术，开始在国内制造电动拧紧机，当前已形成一定的规模，并已经为国内外汽车及非汽车行业230多家用户提供电动螺栓拧紧机1000多台，在国内一些大型的汽车厂均有该厂的产品，如：一汽、东风、北汽、上汽、吉利、长城、长安等。该公司生产的拧紧机采用的就是交流伺服电机，我们就以该公司的拧紧机为例来介绍。

大连德欣交流拧紧机的系统构成及各单元主要的输入输出信号如图3-9所示。由图可见，它主要由逻辑顺序控制及显示系统（即辅助控制系统）、三相变压器、主控单元、轴控单元、电机驱动器、拧紧轴（包括交流伺服电机、减速器、扭矩传感器与输出轴）等构成。

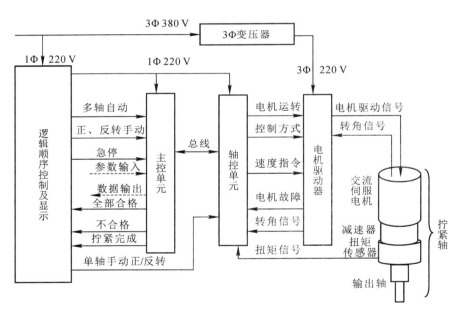

图3-9　大连德欣交流拧紧机的基本构成及主要输入输出信号

2. 各部分的主要功能

（1）三相变压器。由于交流伺服驱动器所用电源为三相交流200V电压，故须把电网的三相380V电压，通过三相变压器变为三相200V的。

（2）主控单元。主控单元的主要功能是控制、协调各轴控单元来实现整个系统拧紧动

作的协调控制，并提供输入、查阅、修改拧紧过程所需的各种参数

（3）轴控单元。轴控单元的主要功能是接受主控单元的指令，并按指令控制各拧紧轴的拧紧工作。

（4）逻辑顺序控制与显示。逻辑顺序控制与显示（即辅助控制）系统的功能与直流拧紧机中的逻辑顺序控制系统相仿，主要也是发出各项指令，控制拧紧机的全部运行动作顺序。只是英格索兰公司采用的是 PLC，大连德欣则是根据系统复杂程度的不同而采用 PLC 或继电器。

电机驱动器与拧紧轴的功能与直流拧紧机中的功能相同，不再赘述。

二、主要部件的输入输出信号

1. 主控单元的输入输出信号

（1）与逻辑顺序控制及显示电路有关的信号。

① 多轴自动：这是从逻辑顺序控制电路中发出的自动拧紧指令信号，即正常工作的指令信号。主控单元接受此信号后，该拧紧机的全部拧紧轴（即多轴）即开始按设定的程序和参数进行拧紧工作。

② 正、反转手动：这是从逻辑顺序控制电路中发出的手动正转（拧紧）和手动反转（松开）指令信号（这两个信号是分别给出的），主要用于装试或工作中的调整。主控单元接受此信号后，该拧紧机的全部拧紧轴即开始正转或反转运行。在拆卸螺栓时，可应用手动反转（松开）指令信号。

③ 急停：这是从逻辑顺序控制电路中发出的手动停止指令信号，主控单元接受此信号后，该拧紧机的全部拧紧轴即进入紧急停止状态。

④ 全部合格：这是发到显示电路和逻辑顺序控制电路反应拧紧结果的信号，当该拧紧机全部拧紧轴的拧紧结果均为合格时，主控单元发出此信号。

⑤ 不合格：这是发到显示电路和逻辑顺序控制电路反应拧紧结果的信号，当该拧紧机的拧紧轴中有拧紧结果为不合格时，主控单元即发出相应轴的不合格信号。

⑥ 拧紧完成：这是发向逻辑顺序控制电路的反应本次拧紧工作完成的信号，本次拧紧的结果不论合格与否，此信号均应正常发出。

（2）与轴控单元有关的信号。

与轴控单元相连的就是总线，而总线包括数据总线、地址总线和控制总线，下面分别予以简要予以介绍。

① 数据总线：数据总线共八根（即八位数据），主要用于向轴控单元传送控制参数和工艺参数，控制参数主要有认帽速度、认帽转角、拧紧速度、拧紧转角、卸荷速度、卸荷转角、总限时间、拧紧方式等；工艺参数主要有起始扭矩、目标扭矩、上限扭矩、下限扭矩、目标转角、上限转角、下限转角等。该总线是双向的，从轴控单元传送回来的不合格、结束等信息也是由该总线传送。

② 地址总线：地址总线共四根，可以访问 16 个轴控单元。

③ 控制总线：控制总线主要是用于传送各拧紧轴拧紧工作的控制信号和反馈拧紧状

态的应答信号，用以协调各拧紧轴间的拧紧工作。

（3）参数的输入（参阅图 3-10）。各种参数的输入，可以通过本单元面板上的六个按键来进行，它们的功能如下。

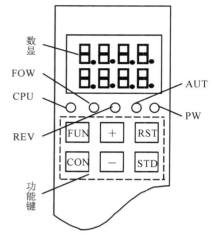

图 3-10　主控单元面板

① FUN：功能切换键，使系统从空闲待命状态切换到其他状态。

② CON：确认键，确认当前参数的输入或修改，并自动转入下一个参数，以便进行希望的输入或修改。

③ ＋：数字增加健，在参数修改状态下，用来对当前参数进行加操作。

④ －：数字减少健，在参数修改状态下，用来对当前参数进行减操作。

⑤ STD：终止键，在参数输入、查询与修改完成后，实现返回空闲待命状态的功能。

⑥ RST：系统复位键，使整个系统复位，其作用等同于重新上电操作。

（4）数据的输出。拧紧结果数据的输出，主要靠单元后面板上的两个矩形插座，它们分别如下。

① 打印机接口（15 针）：可接标准并行口打印机，打印拧紧结果的数据。

② 串行通信口（9 针）：这是一个标准的 RS-232C 接口，故可通过连接的工控机对拧紧结果的数据进行不同处理，以满足用户的多种需要。

若此部分功能不需要可不接，不影响正常拧紧工作（标准产品仅提供上述两个标准接口）。

（5）数字显示部分（参阅图 3-10）。主控单元面板的上部有两排 4 位 LED 显示器，用来显示系统的各种信息（包括各种参数和故障代码）。

①总产量：其中包括总产量、总合格产量、总不合格产量（这里的各种总量值，均指的是到目前为止系统拧紧结果相对的总次数）。通常，上电时数显即处于此状态下。

②班产量：其中包括班产量、班不合格产量，上电首次拧紧开始后即处于此状态下。

③功能状态：当进入校准、工艺参数、控制参数的操作时，显示各相应状态及参数。

④故障代码：故障状态下，显示故障代码。

（6）信号灯指示部分（参阅图 3-10）。显示器下方有五个 LED 信号灯，用来指示系统所处的状态。

① CPU 灯（绿色）：系统上电正常工作时，此灯点亮。

② FOW 灯（红色）：多轴正转时，此灯点亮。

③ REV 灯（红色）：多轴反转时，此灯点亮。

④ AUT 灯（红色）：自动拧紧过程中时，此灯点亮。

⑤ PW 灯（红色）：电源指示灯。

2. 轴控单元的输入输出信号

（1）与电机驱动器有关的信号。

① 电机运转：这是一个使能信号，其输出为低电平时，禁止电机旋转。输出为高电平时，允许电机旋转。

② 控制方式：这是一个设置电机运行方式的信号，其输出为低电平时，设置驱动器使电机按第一种方式运转。输出为高电平时，设置驱动器使电机按第二种方式运转（具体内容请参阅驱动器使用说明书）。本拧紧机应用中均设置为低电平（速度控制方式）。

③ 速度指令：这是一个 $-10\,\mathrm{V} \sim 10\,\mathrm{V}$ 的模拟电压信号，输出为 $-10\,\mathrm{V}$ 时，设置驱动器使电机为反转最高转速旋转；输出为 $10\,\mathrm{V}$ 时，设置驱动器使电机为正转最高转速旋转（本拧紧机中电机最高转速为 4095 r/min）。

④ 电机故障：这是从电机驱动器输入的信号，当电机或电机驱动器发生故障时，该信号为低电平。而具体故障内容，可在电机驱动器侧查找。

⑤ 转角信号：这是由伺服电机内的光电编码器发出的，并经过电机驱动器整形并相应处理后输入的脉冲信号。由于电机每旋转一周，该转角传感器就会发出 2500 个脉冲信号，故拧紧轴每旋转 $1°$，光电编码器就会发出将近 7 个脉冲信号。

⑥ 电机运转：这是一个使能信号，其输出为低电平时，禁止电机旋转。输出为高电平时，允许电机旋转。

（2）与拧紧轴连接的信号。

①供桥电源：是从轴控单元输出的 $\pm12\,\mathrm{V}$ 直流稳定电压，给拧紧头中的扭矩传感器与前置放大板提供工作电源。

②扭矩检测信号：是从拧紧轴中扭矩传感器的前置放大板输出的当前扭矩检测信号。

（3）数字显示部分（参阅图 3-11）。各拧紧轴的轴控单元面板的上部有两排 4 位 LED 显示器，用来显示系统的各种信息（包括各种参数和故障代码）。

①上排显示器：上电初始化后，系统未进行拧紧操作前及在校准状态下，显示该轴控单元所控轴的轴号。拧紧开始后，显示本次拧紧的实时转角值，并锁存最终转角值。

②下排显示器：正常拧紧时，显示本次拧紧的实时拧矩值，并锁存最终扭矩值。在发生故障时，显示故障的代码。

（4）信号灯指示部分（参阅图 3-11）。显示器下方有五个 LED 信号灯，用来指示系统所处的状态。

①CPU 灯（绿色）：系统上电，工作正常时，此灯点亮。

②L 灯（红色）：当拧紧结束后，本次拧紧的扭矩或转角低于系统设定的扭矩或转角下限值时，此灯点亮（表示本次拧紧不合格）。

③P 灯（绿色）：当拧紧结束后，本次拧紧的扭矩、转角均符合设定的要求值时，此灯点亮（表示本次拧紧合格）。

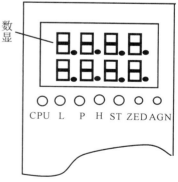

图 3-11　轴控单元面板

④H 灯（红色）：当拧紧结束后，本次拧紧的扭矩或转角高于系统设定的扭矩或转角上限值时，此灯点亮（表示本次拧紧不合格）。

⑤ST 灯（三色）：此灯用来指示本轴的各种拧紧状态。

● 当本轴点动正转时，此灯为红色。

- 当本轴点动反转时，此灯为绿色。
- 当本轴处于自动拧紧状态时，此灯为簧色。
- 当本轴处于空闲状态时，此灯熄灭。

（5）调整部分（参阅图 3-11）。在五个 LED 指示灯右侧有两个电位器的调整孔，可用小型螺丝刀通过此两个通孔来分别调整扭矩信号的零点和增益。

①ZED 电位器：放大器的零点调整电位器，左旋零点增加，右旋零点减小。

②AGN 电位器：放大器的增益调整电位器，左旋增益增加，右旋增益减小。

3. 电机驱动器

电动机驱动器采用日本松下的标准产品，并与该公司的伺服电机配套使用。该电机驱动器实际上是一个功能非常强大的交流伺服控制装置，其应用的功能及其控制参数可通过面板上的操作键选择和设定。它的电源为交流三相 200 V，其输入与输出如下（与轴控单元连接的信号在上面已经介绍过了，此处不再复述）。

①功率输入：由三相变压器次级输入的三相 200 V 交流电压，作为电机驱动器的功率输入，并经驱动器变换后输出。

②功率输出：电机驱动器的输出为三相调频调压的交流电压，用以驱动交流伺服电机按设定的工况运转。

③转角信号输入：来自交流伺服电机内的光电编码器，实际上它是由伺服电机输送给电机驱动器的反应伺服电机转子位置和转角的两种检测信号（参见第 2 章第 3 节），主要用作检测电机转子的当前位置与电机的转速和转角。

三、拧紧轴中的主要部件简介

拧紧轴的结构如图 3-12 所示，各部分的功能及相关说明如下。

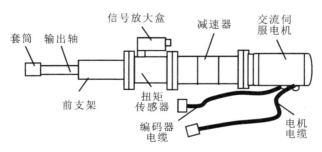

图 3-12　拧紧轴结构图

1. 交流伺服电机

该电机为三相交流伺服电机，系日本松下的标准产品。内部包含有用于检测转角的光电编码器，每转一周可发出 2500 个脉冲信号。实际应用时，通常与电机驱动器配套使用。并通过连接电缆与电机驱动器间的连接如下。

①通过电机电缆，输入交流三相调频调压电压。

②通过编码器电缆输入 5 V 直流稳定电压，作为编码器电源。

③ 通过编码器电缆输出转子位置与转角信号，回送给电机驱动器。

2. 减速器

该减速器通常为三级（也有二级的）行星齿轮减速器，其功能是把从交流伺服电机输入的高速低扭矩转换成低速高扭矩输出，以便有效的驱动负载。

3. 扭矩传感器

扭矩传感器的功能是对拧紧工作中的扭矩检测，主要由空心扭力轴和电阻应变片构成，每只传感器上粘贴有 4 只电阻应变片，并接成桥路。它的输入输出信号是

① 由扭矩前置放大板输入的 6 V 直流稳定电压作为其应变桥的供桥电源。

② 由应变桥输出的扭矩检测信号（直流毫伏级），送入扭矩前置放大板进行放大。

4. 信号放大盒

信号放大盒内装有扭矩前置放大板和连接插件。前置放大板包含有

① 放大电路，对扭矩检测信号进行两级直流放大。

② 直流电压变换电路，把从电机驱动器送入的 ±12 V 直流稳定电压变换为 ±6 V 直流稳定电压，用以作为传感器和扭矩前置放大电路的电源。

5. 前支架

前支架主要用于固定拧紧轴、护罩输出轴，它与输出轴之间装有轴承，可对输出轴起一个滑动与导向的作用。

6. 输出轴

输出轴用于传递经减速器转换后的电机输出扭矩。为了适应拧紧过程中螺栓长度的变化，该输出轴在轴向的长度上有一定的伸缩量（40 ～ 50 mm）。

7. 套筒

套筒是把作用于输出轴上的扭矩传递给螺栓。

第 4 节　拧紧机的基本工作程序流程

当前国际上主流配置结构的电动拧紧机中的拧紧控制系统，主要采用的还是单片机，而且是每个轴控系统均为独立的单片机闭环控制系统。当然，在控制系统中也有采用了工控机的，但主要是作为主控单元来使用，也有相当数量的厂家只是把它作为选配件，仅用于对拧紧数据的采集、存储、统计、分析制表等功能。然而，其控制系统不论采用的是单片机还是工控机，其控制原理都是相同的，其工作程序的流程也均相同。如果说有什么不同，那只不过是对其控制过程程序的编制采用了不同的编程语言而已。另外，有的厂家虽然是把主控单元与轴控单元制造成为了一体，但从控制上来讲它们还是分别独立的系统。

为了加深读者对拧紧机的拧紧过程及其工作原理的认识，下面将对主控单元与轴控单元的工作原理结合程序流程图进行介绍。

一、主控单元的控制程序流程

主控单元的控制程序流程图见图 3-13，其工作过程及原理如下。

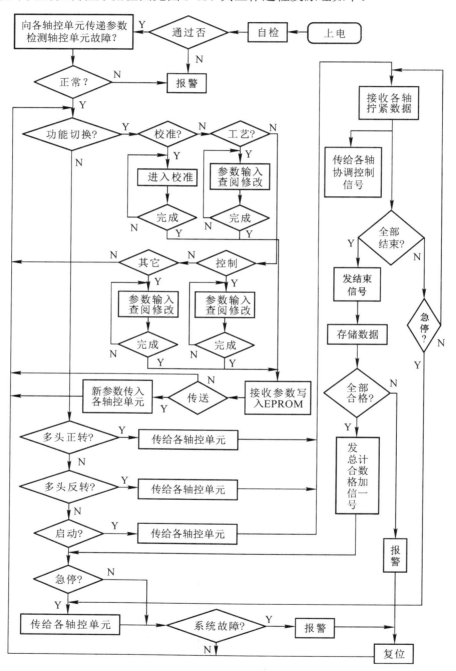

图 3-13   主控单元的控制程序流程图

拧紧机上电，主控单元即进行"自检"，这里的"自检"，主要是检验本身系统、与上位机通信、与轴控单元通信、有无非法参数等。若有上述问题，则在主控单元面板的数显表上显示出相应代码，即"报警"，系统即停止在此状态下，等待处理。系统若无问题，"自检"通过，即进行"向各轴控单元传递参数"，并检测各轴控单元有无故障。其中的传递参数，主要是对工艺参数和控制参数的传递；而检测有无故障，主要是检测参数传递是否正常，轴控单元是否正常。若有问题即报警，若正常即进入"功能切换"的判别，而进入哪一种功能，实际上是手动切换的。如果没有"校准""工艺""控制""其他"功能操作的选择，系统即进入到是否"多头正转"的判别。而若有其一，则进入相应的程序。如：假若是"校准"，即可进行校准操作。这里的"校准"，主要是对相应的检测信号（扭矩与转角）的校准操作。当校准"完成"后，系统把校准后的参数存入 EPROM，随后再将这新参数传送到相应的轴控单元。若是"工艺"，即进行工艺参数的输入、修改或查阅；而若是"控制"，则进行控制参数的输入、修改或查阅。而若是"其他"（实际拧紧机的参数中没有"其他"参数这项，这里用其他主要是用来泛指除了工艺与控制参数以外的其他参数，如内部参数、顺序参数等），则进行其他参数的输入、修改或查阅。同"校准"一样，这些参数的输入、修改或查阅工作完成后，系统均会把修改或输入的新参数，依次存入主控单元的 EPROM 中，并在得到传送指令后，把新参数传送到相应的轴控单元。参数传送完成后，返回"功能切换"判别的状态。

如果修改或输入的新参数没有得到传送指令，那么，这些新参数也只是留存于主控单元的 EPROM 之中，而不能传送到轴控单元，此后的拧紧仍然是按照原来的参数运行。

在进入"多轴正转""多轴反转""启动""急停"的判别时，系统即根据判别的结果，把当前工作状态下的有关参数传送给各轴控单元。其中，若为启动，有关参数传送给各轴控单元后，即开始拧紧并"接收各轴的拧紧数据"，再根据接收到的各轴的拧紧数据进行协调各拧紧轴的拧紧进程（即流程图中的"传给各轴协调控制信号"），并判别拧紧是否"全部结束"。若没有结束，再判别有否"急停"（即急停按钮按下否），若为否，继续"接收各轴的拧紧数据"。若为拧紧结束，即发出拧紧结束信号，存储各轴的拧紧结果数据，随后进行拧紧是否"全部合格"的判别，若为否，即进行相应的报警（如：是扭矩还是转角？小于低限还是大于高限？）；若为合格，则点亮合格信号灯，发出合格信号。

二、轴控单元的控制程序流程

轴控单元的控制程序流程图如图 3-14 所示，图中是以扭矩-转角控制法的拧紧机为例绘制的，其工作过程及原理如下：拧紧机上电，轴控单元即进行"自检"，这里的"自检"是检验轴控单元本身系统、系统与主控单元通信、扭矩传感器断线、电机驱动器故障等。若有上述故障，即"自检"不通过，则在轴控单元面板的数显表上显示出相应代码，也即"报警"。这里的报警分为两个方面，一是在轴控单元上显示故障的代码，二是把故障的轴控单元号传送给主控单元，而在主控单元上将显示出故障的轴控单元号码，系统即停止在此状态下等待处理。

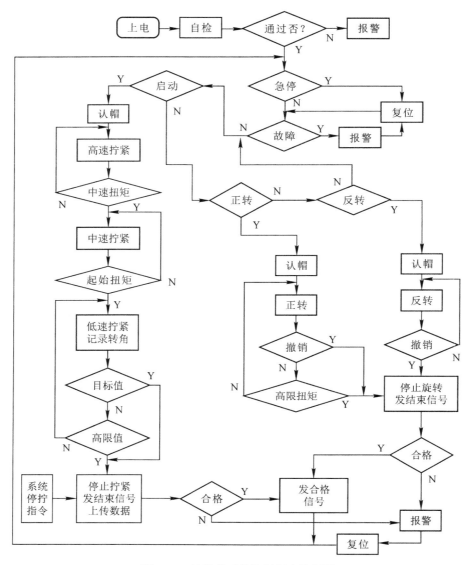

图 3-14　轴控单元的控制程序流程图

系统若无故障，则"自检"通过，即进入有否"急停"。若有，查明原因，并解决后则进行"复位"解除；若没有，即进入是否"故障"的判别，若有，则进行"报警"，故障处理完后，"复位"解除。若没有，即进入是否"启动"的判别，即启动按钮是否按下。

如若启动按钮按下，则首先进行"认帽"（认帽是使电动机缓慢旋转，以便使套筒稳定地套入螺栓头的一个过渡动作，认帽的旋转角度通常是 60º），随后控制伺服电机进入"高速拧紧"，并实时检测"中速扭矩"是否达到。所谓的中速扭矩，实际上就是判别被拧紧的螺栓头（或螺母）有否拧到"贴合面"（即螺栓头是否接触的被紧固件的表面），若达到，即进行"中速拧紧"。之后，再进行"起始扭矩"是否达到的判别，若达到，即进行"低速拧紧"，并开始计算与记录拧紧的转角。之所以称之为起始扭矩，就是说要从这里开始计算与

记录转角。这里需要说明的是

（1）所谓的低速拧紧，其转速通常均为 10 r/min 左右，这样可以确保拧紧结果的精度。

（2）达到"起始扭矩"后，先对原转角计数器进行清"0"，之后即开始计算与记录转角。

在此"低速拧紧"的过程中，系统实时检测判别：拧紧的转角是否达到，拧紧的高限扭矩是否达到。在此二者当中，只要有一个数值达到，系统即刻发出停止拧紧的控制信号，用以停止伺服电机的运转，同时发出拧紧结束信号，并把拧紧结果的数据传送给主控单元。之后进行对拧紧结果的合格与否的判别，若合格，则发合格信号；若不合格，则发出相应的报警信号。

如若启动按钮没有按下，则进入是否"正转"（这里是指手动正转）的判别。是正转（手动正转按钮按下），则进行正转的工作；不是正转，则进入是否"反转"（这里是指手动反转）的判别。是反转（手动反转按钮按下），则进行反转的工作。不论是正转还是反转，均先进行"认帽"，随后再进行正转（拧紧）或反转（松开）的运行，并实时判别有否"撤销"正反转的运行，若有，则立即停止；若没有，则继续运转。

在手动正转的运行中，当拧紧的扭矩达到高限扭矩时（这是对于扭矩－转角控制法的拧紧机；若是扭矩控制法的拧紧机，则是达到目标扭矩时），虽未撤销正转，伺服电机也立即停止运转，随后发出结束信号，并进行合格与否的判别，再根据判别的结果，分别发出合格与否的信号。

这里需要说明的是

（1）由于手动拧紧通常用于设备的调整，所以，其拧紧结果的数据不上传到主控单元。

（2）在手动拧紧时，也有高速—中速—低速这样的转速变化过程，并在任一速度下，得到"撤销"指令，拧紧轴即停止旋转（无论是正转还是反转）。而这个"撤销"指令的发出，实际上就是手动操作的按钮松开。这也就是说，在进行手动正转或反转时，相应的按钮保持按下的状态，相应的运转才能保持运行，松开则立即停止。

图中的"系统停拧指令"是指在拧紧的过程中，除了达到或超过设定的目标值与上限值之外的可使拧紧机停止拧紧的指令信号，如：急停、达到总限时间等指令信号。这里所说的总限时间是指从"启动"拧紧开始到拧紧结束所限定的最长时间，用以使拧紧运行的时间达到限定的总限时间后，不论目标值是否达到，均即行停止。设置这个时间的目的是防止在空拧（即没有螺栓）或滑扣等情况出现时，无法达到目标扭矩或目标转角而不能停止拧紧所设置的时间限定。

轴控单元传送给主控单元的数据信号是通过总线传送的。这些信号包含有扭矩与转角的合格与否，其中的不合格又分为是小于低限还是大于高限；拧紧结果的数据，如拧紧的最终扭矩值、最终转角值等。

在轴控单元上对拧紧结果的显示分为两部分：一是状态显示信号，即在轴控单元的状态显示器上显示出来（相应的发光二极管）合格与否、不合格的原因（扭矩或转角是小于低限还是大于高限）；二是数字显示信号，即拧紧结果的最终扭矩值、最终转角值等。

如果拧紧的最终结果是不合格，即会发出不合格的报警信号。而出现不合格的报警后，必须进行复位操作后，才可进行下一次的拧紧操作。

第5节 拧紧机的配置结构

当前国内市场上的电动拧紧机按配置结构来分类,可分为国际上主流配置结构的拧紧机、非主流配置结构的拧紧机与简化配置结构的拧紧机。简化配置结构的拧紧机主要有两种:一是没有专用轴控单元的拧紧机;二是没有扭矩传感器的拧紧机。国内拧紧机市场上主要是没有专用轴控单元的拧紧机。这种结构的拧紧机在 20 世纪的 70—80 年代初期,国外曾有应用,但由于拧紧精度较低,误差较大,早已被淘汰。然而在国内,由于其价格便宜,故对诸如:对拧紧精度要求不高的场合,对拧紧机知识了解欠缺的部分用户等来讲,这种结构的拧紧机还具有一定的吸引力,所以在国内也有一定的市场。而没有扭矩传感器的拧紧机,通常称之为电流控制型,在单轴与枪式拧紧机中占有较大的比例。用于它的扭矩是从检出的电枢电流转换而得到的,故其精度相对较低,但由于价格便宜,在对拧紧精度要求不高的场合还是可以采用的。

一、国际上主流配置结构拧紧机

1. 国际上主流配置拧紧机的基本结构

当前国际上主流配置拧紧机的结构均是模块化分布式控制结构,如瑞典的阿特拉斯、德国的博世、美国的库柏、法国的马头等公司的主流产品均是这样的。还有,如美国的英格索兰,日本的 ESTIC、DDK、技研等公司,包括我国大连德欣公司的拧紧机也都是如此。其基本原理结构如图 3-15 所示。

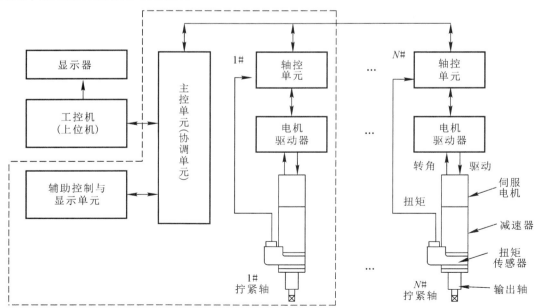

图 3-15 国际主流配置结构拧紧机的基本原理结构框图

由图 3-15 可见，该结构主要由上位机（包括显示器）、辅助控制与显示单元、主控单元、轴控单元、电机驱动器与拧紧轴总成构成，而拧紧轴总成又由伺服电机、减速器、扭矩传感器与输出轴等构成。每根拧紧轴则是由各自的轴控单元与电机驱动器来进行控制，从而使各拧紧轴的控制系统均成为相互独立的控制系统。而每增加或减少一根拧紧轴，就需要增加或减少包括轴控单元、电机驱动器与拧紧轴总成这样的一套系统。一个主控单元通常最多可控制 32 ～ 36 根拧紧轴，所以，对不足 36 根拧紧轴的拧紧机，其主控单元只需配置一个即可。而轴控单元与电机驱动器则根据拧紧轴数的多少而有若干个。

在本章的第 2 节与第 3 节分别介绍了直流电动拧紧机与交流电动拧紧机的基本构成，把图 3-15 同这两节所述的直流电动拧紧机的基本构成（见图 3-6）与交流电动拧紧机的基本构成（见图 3-9）相比较可见，图 3-15 所示虚框内的部分与该二者相比，只是各部件之间连接信号的表示繁简的不同，其他并无差异，所以可以说它们相同。

图 3-15 虚框内的部分、图 3-6 与图 3-9 所示的是单轴拧紧机的构成，而整个图 3-15 所示的是多轴拧紧机的构成。把这多轴与单轴拧紧机的构成框图相比较可见，多轴系统就是在单轴系统的基础上，每增加一个拧紧轴，也就再增加包含有轴控单元、电机驱动器和拧紧轴这样一套的"标准配置"即可。类似于积木，每增加一个拧紧轴，就添加一套"标准配置"，这样一套一套的往上添加，满足所需要的轴数即可。

在这各自的"标准配置"中，各自的电机驱动器与其拧紧轴中的伺服电机，均是分别独立的、标准的拧紧伺服系统。而由于每个拧紧轴的扭矩检出信号分别直接进入各自的轴控单元，这就组成了各自独立的扭矩闭环控制系统，因而就确保了扭矩控制的精度及其稳定性。况且这种结构中的轴控单元，是一套以单片机为核心并附加其他外围电路等构成的专用控制系统，由于它的存在，使每根拧紧轴均成为一套完整独立的数据采集、计算、存储、控制系统，在拧紧的过程中，可直接对各自拧紧轴拧紧过程中的扭矩、转角进行独立、实时地检测与控制，从而确保了各个拧紧轴的拧紧精度及其稳定性。

2. 主流配置结构拧紧机的其他结构形式

图 3-15 所示为国际上拧紧机的主流配置结构，也是其基本的原理结构形式，而随着生产制造业的社会化、专业化及集成电路的高度集成化，当前实际上应用的主流配置结构的拧紧机，其基本结构虽然没有改变，但外观结构（指主要部件）却有所变化，与之不同的部分主要如下：

（1）轴控单元与电机驱动器组合为一体，作为一个部件，通常称为拧紧轴控制驱动器。

（2）主控单元（协调单元）与工控机组合为一体，作为一个部件，通常称为主控制器。

这种主流配置结构拧紧机的基本原理结构如图 3-16 所示。

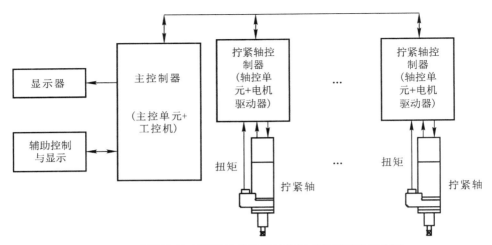

图 3-16 国际主流配置结构拧紧机其他形式的原理结构框图

二、非主流配置结构拧紧机的基本原理结构

图 3-17 所示的即为非主流配置结构拧紧机的基本原理结构，它的主要特点是没有专用的主控单元（或专用的主控制器），其主控的功能是采用通用的工控机与通用的 PLC 两者的组合共同完成的，主控中的输入、查阅、修改拧紧过程所需的各种参数等类似方面的功能，由工控机执行；控制、协调各轴控单元来实现对整个系统拧紧动作的协调控制方面的功能由 PLC 来执行；而辅助控制的功能也由 PLC 执行。从外观上来看，部件一点儿也不比主流配置结构的少，而且极其相像。

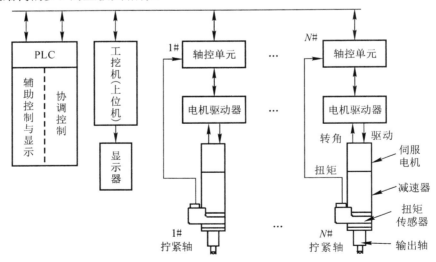

图 3-17 非主流配置结构拧紧机的基本原理结构框图

三、简化配置结构的拧紧机

上面我们介绍了主流配置结构与非主流配置结构的拧紧机，然而还有一些是针对于拧

紧精度要求不高而设计的简化配置结构的拧紧机，这些拧紧机主要有下述两种。

1. 没有轴控单元的拧紧机

没有轴控单元拧紧机的原理结构如图 3-18 所示，由图可见，这种拧紧机没有轴控单元，所有拧紧轴的扭矩检测信号均需通过 A/D 转换器输入到主控制器。其中的主控制器是由工控机和 PLC 二者共同构成（早期也有只是由工控机或 PLC 其中之一构成的），拧紧过程中每个拧紧轴的扭矩与转角是否达到各设定值的判定均由这个主控制器来执行。故从对螺栓拧紧的控制来讲，实际上是集中控制，而不是分布式控制。

2. 没有扭矩传感器的拧紧机

这种拧紧机的拧紧轴没有扭矩传感器，而拧紧过程中扭矩信号的获得，是靠采集检测伺服电机中的电枢电流而间接计算获得的。由于电动机的扭矩与电枢电流的关系为

$$M = C_e \varphi I \qquad\qquad (3-1)$$

式中，C_e 为电机常数；φ 为磁通；I 为电机电枢电流。

但由于电动机中的 φ 是非线性的，故 M 与 I 的关系也是非线性的，所以用检测到的电枢电流 I 来间接地表示扭矩 M 并不准确，故它的精度相对也较低，而在要求不高的场合还是可以使用的。

这种方式的拧紧机不仅没有轴控单元，而且也没有扭矩传感器。所配置的部件比没有轴控单元的拧紧机还要少，所以价格也更为便宜。也正因为所用的元器件少，重量轻，故在手持式拧紧机中应用较为广泛。

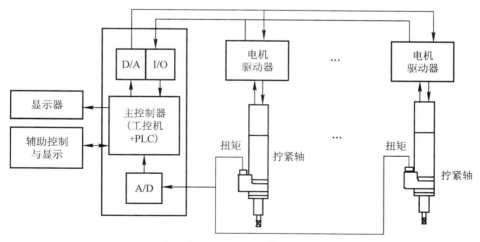

图 3-18　没有轴控制单元拧紧机的原理结构框图

第 6 节　国际主流配置结构拧紧机特点与实例

随着汽车装备制造业的高速发展与人们对产品质量要求的提高，螺栓（母）拧紧机的应用也日益广泛了。在此，作者根据个人了解的情况，对拧紧机的配置结构以及配置结构

与拧紧精度方面相关知识做以简述。

一、国际主流配置结构拧紧机的特点

上一节已讲到，电动拧紧机的配置结构可分为国际上主流配置结构、非主流配置结构与简化配置结构。从严格意义上来讲，简化配置结构也应属于非主流配置结构，这里把它另列为一种，只是为了便于区分和介绍。

那么，什么是国际上主流配置结构的电动拧紧机呢？它应具备以下四个基本特点。

（1）模块化分布式控制结构。

（2）具有专用的主控单元（或专用的主控制器）与专用的轴控单元（或专用的轴控制器）。

（3）采用无刷伺服电机。

（4）具有专用于检测转角与专用于检测扭矩的传感器。

当前国际上主流配置拧紧机的结构均具备上述的四个主要特点，其基本原理结构可参见图3-15与图3-16。下面以国内市场有代表性的厂商的产品为例，对其主要部件（主控单元、轴控单元、拧紧轴），以及各主流配置结构拧紧机及其功能进行简介。

二、大连德欣公司的拧紧机

1. 基本结构

大连德欣（大连德欣新技术工程有限公司）结合国内企业产品的特点、科技的发展以及工艺、维修、操作人员的要求，不断开发和完善产品，形成了具有自己特点与自主知识产权的拧紧机系列产品。其电动拧紧机的基本结构如图3-19所示。

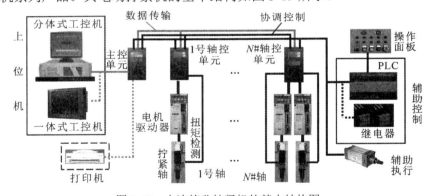

图3-19　大连德欣拧紧机的基本结构图

它的基本结构有主控单元、轴控单元、电机驱动器、拧紧轴、辅助控制、辅助执行与操作面板，而打印机是选配部件。上位机可由用户选择，可以采用一体式工控机或者是分体式工控机，也可以不要。上位机的有无均不影响拧紧机的正常运行，包括拧紧程序与拧紧参数的输入、查阅与修改。

由图3-19可见，它的各个控制部件均为模块化，除了主控单元外，各拧紧轴及其控制装置（包括轴控单元、电机驱动器与拧紧轴）均为独立的闭环（扭矩与转角）控制系统。拧紧轴配置的数量可根据实际的需要，像积木一样增减相应的标准配置（每一标准配置包括轴控单元、电机驱动器与拧紧轴,可看做一个模块模块)。这样的结构我们称之为模块化分布式控制结构。

2. 主要部件功能简介

(1)主控单元。它的主控单元是专用于拧紧机的中心控制部件,与各拧紧轴的轴控单元相连接的有两类信号,一是数据传输信号,二是对各拧紧轴的协调控制信号。主控单元实际上是一套单片机控制系统,或者说就是一台没有图形显示器的专用于拧紧机的小型工控机,完全可以在没有工控机的情况下确保拧紧机的正常工作,并具有除了图形显示之外的拧紧机对工控机所需要的全部功能,其主要功能如下:

① 编制、修改、查询拧紧系统的各种参数(工艺参数、控制参数、内部参数)与相关拧紧程序(同时拧紧、顺序拧紧、异步拧紧、拧紧中工艺参数的自动转换等)。

② 通过控制、协调各轴控单元来实现对整个系统拧紧动作的协调与控制。

③ 保存拧紧过程所需的各种参数,并提供用户修改参数的界面。

④ 统计拧紧产量及拧紧结果,并加以保留,以便显示或打印。

⑤ 对拧紧结果进行判断,并发出合格、不合格、拧紧完成的控制信号。

⑥ 判别工艺参数的合理性,有非法参数则报警。

⑦ 对与之有关的硬件进行检测,如有故障,自动报警。

⑧ 附有相应的预留接口,可与上位机、打印机直接连接(配置了上位机后,打印机通常是与上位机连接)。

(2)轴控单元。它的轴控单元是专用于对拧紧轴的控制部件,每个拧紧轴配置一个,核心也是由 51 系列单片机组成的系统,其主要功能是

① 接受主控单元的指令,并按指令控制各所对应的拧紧轴的工作。

② 接受控制系统中的单轴操作指令,完成所对应的单轴操作。

③ 接受拧紧轴中扭矩传感器传送来的扭矩信号,进行放大和转换。

④ 判别拧紧结果,并给出合格与否的指示。

⑤ 将拧紧结果传送给主控单元。

各拧紧轴的轴控单元面板的上部均装有两排 4 位 LED 显示器,用来显示系统的各种信息(包括各种参数和故障代码)。

(3)电机驱动器。它的电机驱动器采用的是日本松下的标准产品,与该公司的伺服电机配套使用。其电源电压为交流三相 200 V,其主要功能如下:

① 输入、保存拧紧过程所需的各种参数,并提供用户修改参数的界面。

② 按轴控单元发出的指令,输出功率,驱动伺服电机旋转。

③ 按拧紧系统的要求,处理转换转角信号。

④ 监视伺服电机的运行状况,并发出相应的显示信息。

电机驱动器面板的上部装有一排 6 位 LED 显示器,用来显示系统的各种信息(包括各种参数和故障代码)。

各种参数(控制方式、扭矩限制值、速度扭矩增益、加减速时间等)的输入、查阅或修改,可以通过本单元面板上的 5 个功能键来进行。

（4）拧紧轴。主要包含有：交流伺服电机、减速器（行星齿轮减速器）、扭矩传感器（电阻应变式）、输出轴、套筒等部件。

其中电动机为三相交流无刷伺服电机，内部配置有转角传感器，在实际应用时，通常与电机驱动器配套使用。其主要功能是

① 把由电机驱动器输入的电能转换成旋转的机械能输出以驱动负载。

② 把电动机旋转的转角信号输出送给驱动器。

扭矩传感器用于检测拧紧过程中对于螺栓（或螺母）拧紧的扭矩；而该扭矩由输出轴传递输出。

（5）辅助控制与辅助执行系统。辅助控制部分是独立的装置，其主要功能是发出各项指令，完成对拧紧机进行的逻辑顺序控制，其中主要是控制拧紧机的手动操作、控制拧紧机辅助执行系统部件的手动与自动运行。辅助控制部分或采用的是 PLC，或采用的是继电器（图中PLC 与继电器的连线分别采用实线与虚线，即表示此意），主要是根据具体拧紧机所需的辅助执行部件的多少与功能的复杂程度及用户的要求而定。

拧紧机辅助系统的执行部件通常采用气缸，因为该系统执行的工作大多是拧紧轴的上升、下降、移位、变位，工件的定位、抬起、落下等，而这些动作由气缸驱动将是极为方便的。

（6）操作面板。在操作面板上安装的是拧紧机操作系统的指令器件与拧紧结果状态的显示器件，它的主要功能是操作拧紧机的运行与查看拧紧结果的状态。

（7）上位机及虚框内其他部件。上位机的主要功能是数据的管理、统计、分析、汇总制表，以及对拧紧结果（主要是拧紧过程的图形）的显示等。而对于拧紧程序与参数的输入、修改，对拧紧结果（拧紧的数据）的显示等，虽然工控机完全胜任，但由于主控单元已经具备了这些功能。所以，这里的上位机可以作为选配件，因为有没有上位机拧紧机均可正常运行。该上位机可以是分体机，也可以是一体机（图中分别采用实线与虚线连接，即表示此意）。虚框内的打印机是选配件（所以采用虚线连接），而打印机则用于对拧紧结果数据的打印。

三、瑞典阿特拉斯公司的拧紧机

1. 基本结构

瑞典阿特拉斯的电动拧紧机是国际上第一品牌，其基本结构如图 3-20 所示。

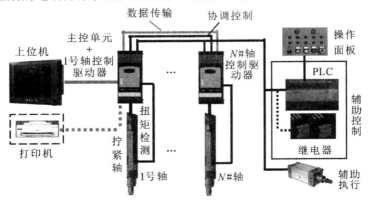

图 3-20　阿特拉斯拧紧机的基本结构

它的基本结构有主控单元、拧紧轴控制驱动器、拧紧轴、辅助控制、辅助执行与操作面板。上位机与打印机也可作为选配部件，有无均不影响拧紧机的正常运行。

2. 主要部件功能简介

它的基本结构与图 3-19 相比较，主要有以下不同：

（1）图 3-20 中的 1 号拧紧轴控制器与主控单元二者制作成为一体。但这里的主控单元的功能仅能完成图 3-19 中主控单元中的"通过控制、协调各轴控单元来实现对拧紧机系统拧紧动作的控制"的功能。作者认为把它称作协调单元可能更为合适。

（2）图 3-20 中的拧紧轴控制驱动器则是图 3-19 中的轴控单元与电机驱动器二者合制成为一体的部件，故其具有二者的全部功能。

（3）拧紧轴中的电机是直流无刷伺服电机（在欧美系的拧紧机中均为直流无刷电动机）。

其他各部件的功能与图 3-19 所示的相同，它的主控单元与其他拧紧轴控制驱动器间连接的也同样有数据传输和对各拧紧轴协调控制两类信号，而其辅助控制部分也是独立的。

四、美国库柏公司的拧紧机

1. 基本结构

美国库柏公司拧紧机的基本结构如图 3-21 所示，它的基本结构有主控制器、轴控制驱动器、拧紧轴、辅助控制、辅助执行与操作面板，打印机是选配部件。

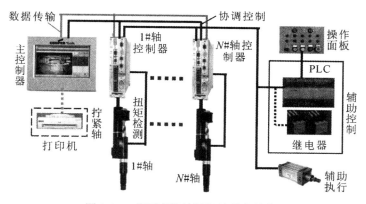

图 3-21　美国库柏拧紧机的基本结构

2. 主要部件功能简介

它的基本结构与图 3-19 相比较，主要有以下不同：

（1）图 3-21 中的轴控制驱动器与图 3-20 所示的一样，也是图 3-19 中的轴控单元与电机驱动器两者合制成为一体的部件，故其具有两者的全部功能。

（2）图 3-21 中的主控制器实际上是一台专用的工控机，所以它具有图 3-19 所示的主控单元与上位机二者的全部功能。也可以说，它是一台具有图形显示器的专用主控单元。

（3）拧紧轴中的电机是直流无刷伺服电机。

其他各部件的功能与图 3-19 所示的相同，它的主控制器与各拧紧轴控制驱动器间连接的也同样有数据传输和对各拧紧轴协调控制的两类信号，而其辅助控制部分也是独立的。

综上可见，上述三种拧紧机的配置结构完全满足国际主流配置结构拧紧机的四个基本条件。

第 7 节　非主流配置与简化配置结构拧紧机

主流配置结构的拧紧机是当前国际上电动拧紧机的主要结构形式，凡是具有技术实力的拧紧机制造厂商当前的主导产品均是主流配置结构的，如前所述的大连德欣、阿特拉斯、库柏，还有诸如：德国的博世、美国的英格索兰、法国的马头、日本的 DDK 等也均是如此。然而在当前国内市场上也还有部分非主流配置结构与简化配置结构的拧紧机，其性能与精度虽然与主流配置结构的拧紧机有一定或较大的差距，但其还占有一定的市场（如对拧紧精度要求不高的场合）。下面就对这两种拧紧机的结构进行简介。

一、非主流配置结构拧紧机

在当前市场上的非主流配置结构拧紧机的结构特点，主要是没有专用的主控单元（或专用的主控制器），而是采用通用的工控机与通用的 PLC 二者的组合共同完成拧紧机的主控功能。所以从外观上来看，部件不比主流配置结构的少，而且极其相像。故对于拧紧机了解不深的用户，可能一时还看不出它与主流配置结构的区别。

下面仅就国内的某一厂商近年来投入生产的非主流配置结构的拧紧机做以简介，而对于此厂商暂以 FZP（分别取自非主配三个字汉语拼音的第一个字母）公司代之。

1. FZP 公司的拧紧机

（1）基本结构。FZP 公司制造的非主流配置结构的拧紧机是近年来投入市场的，该拧紧机的结构如图 3-22 所示。

其基本结构主要有工控机、PLC、轴控单元、电机驱动器、拧紧轴、辅助控制、辅助执行与操作面板。

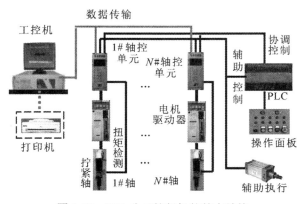

图 3-22　FZP 公司拧紧机的基本结构

（2）主要部件功能简介。其基本结构与图 3-19 相比较，主要有如下不同。

① 图 3-22 没有专用的主控单元（或专用的主控制器），其中的主控功能是由通用的工控机与 PLC 二者共同完成。

② 图 3-22 中的 PLC 主要用来完成两项工作，一是仅完成图 3-19 所示主控单元的"通过控制、协调各轴控单元来实现对拧紧机系统拧紧动作的控制"；二是完成图 3-19 所示的辅助控制操作。

③ 图 3-22 中的通用工控机，主要用来完成图 3-19 所示主控单元的"编辑、保存、修改拧紧过程所需的各种参数，统计、存储、显示拧紧产量及拧紧结果"及上位机的操作。在没有这些要求的拧紧工作时，工控机可暂停不用。

由上可见，它的结构中没有专用的主控单元（或专用的主控制器），因此属于非主流配置结构的拧紧机。另外，由于它的辅助控制信号是由承担主控功能中的通用 PLC 发出的，即它的辅助控制部分也不像主流配置结构那样是独立的。

2. 美国英格索兰 20 世纪 80 年代的拧紧机

（1）基本结构。图 3-23 所示是美国英格索兰公司 20 世纪 80 年代初期拧紧机的配置结构，在 90 年代中期就已经淘汰了。由图可见，它的基本结构有 PLC、$N+1$ 通信模块、程序设置接口、轴控单元、电机驱动器、拧紧轴、辅助控制、辅助执行系统、编程器与操作面板。图中虚框所示的计算机与打印机不在配置结构之中，因为在 20 世纪 80 年代，微型计算机的价格还较高，故当时的拧紧机基本都没有配置计算机，如果需要存储处理数据、修改拧紧参数与程序、观看拧紧曲线等时，可通过 $N+1$ 通信模块接入计算机。在需要打印拧紧的数据时，也可接入打印机，把拧紧的结果（扭矩与转角）按规定的格式打印出来。

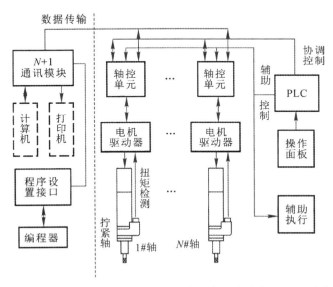

图 3-23　英格索兰公司 20 世纪 80 年代初期拧紧机的配置结构

编程器可用来修改、查看拧紧的工艺参数与控制参数。故当拧紧机在现场应用期间，如果仅要查看或修改工艺参数与控制参数时，不必搬来计算机，采用此编程器即可。

（2）功能。把图 3-23 与图 3-22 对比可见，图 3-23 中点划线右侧部分的结构与图 3-22 的相应部分结构完全相同，点划线的左侧的结构看起来虽然不同，但略微分析即可发现，其主要区别只是图 3-22 实际的配置结构中有计算机（即工控机），而图 3-23 的计算机不在配置之中，需要时通过 N+1 通信模块从外部接入。然而在拧紧机的实际运行中，二者完全一样，在不需要"编辑、保存、修改拧紧过程所需的各种参数，而只是单纯地执行拧紧操作时，计算机均不需要。而对拧紧轴的协调控制及对辅助执行系统的控制也都是采用同一个 PLC。所以，可以说图 3-22 与图 3-23 两者基本没有区别。而图 3-23 则是美国英格索兰公司在 20 世纪 90 年代就已淘汰的拧紧机的配置结构，因此，我们完全可以得出这样的结论：图 3-22 所示的拧紧机的配置结构是一种落后的配置结构。

二、简化配置结构拧紧机

当前市场上的简化配置结构的拧紧机，如若按扭矩检测信号的来源分，主要有两种：一是有扭矩传感器的拧紧机，二是没有扭矩传感器的拧紧机。前者的扭矩信号直接由传感器检测得到，而后者的扭矩信号则是由检测伺服电机电流转换后得到。前者的特点主要是没有专用的轴控单元，其轴控功能是采用通用的工控机或通用的 PLC 来完成的。在国内市场上，简化配置结构拧紧机主要是上述两种，一种我们暂以字母 JP1（分别取自简配二个字汉语拼音的第一个字母）代之，另一种我们暂以字母 JP2 代之。由检测电机电流转换后得到的扭矩信号的拧紧机，在当前国内市场上，主要是国外知名拧紧机制造商提供的多种产品中的一种，且在手持式拧紧机中应用较多。下面我们就分别予以介绍。

1. JP1 型拧紧机

（1）基本结构。JP1 型拧紧机的基本结构如图 3-24 所示，它的基本结构有工控机（他们称之为主控制器）、电机驱动器（它们称之为轴控单元）、辅助控制、辅助执行、拧紧轴与操作面板，打印机也是选配部件。

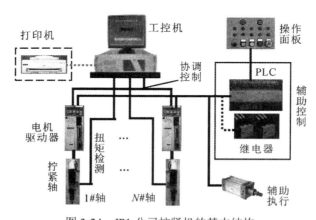

图 3-24　JP1 公司拧紧机的基本结构

（2）主要部件功能简介。它的基本结构与图 3-19 相比较，主要有两点不同：

① 没有专用的主控单元或主控制器，它们所称之的主控制器实际上是一台带有 A/D

转换与 D/A 转换模板的通用工控机。这也就是说实际上是用通用的工控机来作为主控单元使用的。

② 没有专用的轴控单元，所谓的轴控单元实际上是伺服电机驱动器，它的轴控功能实际上也是由工控机来完成的。

由上可知，这里的工控机承担着主控与轴控双重功能。从图 3-24 的结构图中可以看到，拧紧轴的扭矩检测信号直接反馈到了工控机中，各拧紧轴的协调控制也是由工控机发出的。这也就是说，各拧紧轴在拧紧过程中的扭矩信号均需在工控机中进行处理，各拧紧轴在拧紧过程中的拧紧协调也均需由工控机进行控制。

它的辅助控制部分是独立的，而主控与轴控却是合二为一的。其他各部件的功能与图 3-19 所示相同。

2. JP2 型拧紧机

（1）基本结构。JP2 型的简化配置结构拧紧机如图 3-25 所示，它的基本结构有工控机、PLC、A/D 转换模块、D/A 转换模块、电机驱动器、拧紧轴、辅助执行与操作面板。

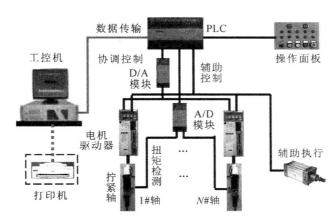

图 3-25　JP2 公司拧紧机的基本结构

（2）主要部件功能简介。它的基本结构与图 3-19 相比较，主要有如下不同：

① 没有专用的主控单元或主控制器，JP2 型中所称之的主控制器实际上是一台可以扩展配置 A/D 转换模块与 D/A 转换模块的通用的 PLC，其只能完成图 3-19 所示的主控单元中的"控制、协调各轴控单元来实现对整个系统拧紧动作的协调与控制"及与上位机的通信功能。

② 没有专用的轴控单元，JP2 型中所称之的轴控单元实际上常常是与 PLC 相匹配的 A/D 转换模块，它的轴控功能实际上也是由 PLC 来完成的。

③ 工控机既作为上位机及数据存储、图形显示等功能使用，又可用来完成主控单元的编辑、保存、修改拧紧过程所需的各种参数，还可完成主控单元与轴控单元对拧紧产量、拧紧结果以及故障状态的显示等功能。

④ 这里的 PLC 既作为主控制器承担着对各拧紧轴的协调控制功能，还承担着对各拧紧轴的轴控功能及辅助控制的功能，已经是"合三为一"了。

其他各部件的功能与图 3-19 所示的相同。

3. 国外部分知名厂商的电流控制式拧紧机

（1）基本结构。电流控制式拧紧机的基本结构如图 3-26 所示。由图可见，它的基本结构有工控机、PLC、拧紧轴控制驱动器、拧紧轴、辅助控制、辅助执行与操作面板。上位机与打印机也可作为选配部件，有无均不影响拧紧机的正常运行。

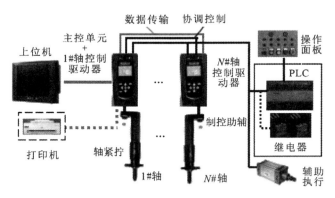

图 3-26 电流控制式拧紧机的基本结构

（2）主要部件功能简介。它的基本结构与图 3-20 较相似，所不同的只是拧紧轴中没有扭矩传感器，故拧紧轴与轴控制驱动器之间没有扭矩信号传输的电缆。该系统对扭矩检测的功能是靠检测伺服电机的电流，再由电流转换而获得的。其他部分与图 3-20 相同。

这种没有扭矩传感器的拧紧机的外形结构，主要应用在手持式枪式拧紧机中，手持式拧紧机我们将在本书的第 5 章中介绍。

第4章

对不同配置结构拧紧机的比较

在第 3 章中，我们介绍了电动拧紧机的基本原理与配置结构，由此我们知道了电动拧紧机有不同的配置结构，而各相同配置结构拧紧机的实际结构也还有所不同。在本章中，我们将对各种不同配置结构的拧紧机进行比较，以便读者了解与选用拧紧机时参考。

第 1 节 各种配置结构拧紧机在结构方面的比较

本节将对 3 种主流配置结构拧紧机、主流配置结构与非主流配置结构拧紧机、主流配置结构与简化配置结构拧紧机的结构进行比较。

一、3 种主流配置结构拧紧机的相互比较

1. 控制部件的数量不同

从对结构图的说明中可知，图 3-19（大连德欣）、图 3-20（阿特拉斯）、图 3-21（库柏）所示的拧紧机的基本结构是相同的，不同的只是其部件的数量，具体如下。

（1）图 3-19 所示的主控单元与轴控单元是分开的两个部件，而图 3-20 所示的主控单元与 1# 轴控制器则是合二为一的 1 个部件。

（2）图 3-19 所示的轴控单元与电机驱动器是分开的两个部件，而图 3-20 与图 3-21 所示的则是合二为一的 1 个部件。

（3）图 3-20 所示的主控单元是与 1# 轴控制器合二为一的，而图 3-21 所示的主控单元是与上位机合二为一的。

2. 各自的优缺点

（1）图 3-19 与图 3-20 虽然均有主控单元，但图 3-19 中主控的功能远强于图 3-20 的主控（详见第 2 章第 7 节）。当前的拧紧机，不论国外还是国内的，主控单元能有图 3-19 中所介绍的全部功能的也只有大连德欣公司的产品，别无他家。也就是说，当前的拧紧机，只有大连德欣的拧紧机可以完全不用工控机（包括专用工控机式的主控制器与上位机）或其他编程工具，即可以进行编辑、保存、修改拧紧过程所需的各种参数及拧紧程序，控制、协调各轴控单元对系统拧紧的控制，并发出相应的显示与控制信号。其关键就是这个独特的

主控单元。对于具有如此强大功能的主控单元，即使我们把它称之为"没有图形显示器的专用工控机"也不为过。

（2）图3-20与图3-21所示的轴控单元与电机驱动器为一体的结构与图3-19相比较，其主要优点是减少了部件的数量，因而减小了安装的面积与占用的空间，同时也相应地降低了制造的成本，提高了经济性。其缺点是会增加用户的运行成本，原因是按照图3-19的结构，轴控单元与电机驱动器均是独立的分体部件，发生故障，只更换其中故障的部件即可。而按照图3-20与图3-21所示的结构，二者为一体，任一部分发生故障，均需要整体更换。再从经验上来讲，在通常情况下功率部件发生故障的概率相对较大，故作为功率部件来讲，还是相对独立的为好，而电机驱动器是功率部件。因此，作者认为把电机驱动器与轴控单元合为一体，还有待商榷。

（3）图3-21所示的主流配置结构中的主控，实际上是把图3-19、图3-20所示的主控与上位机做成了一体，它是一个具有拧紧机主控与上位机功能的专用部件，是一个只适用于该公司拧紧机的专用主控部件。主控单元与上位机作为一体的结构与图3-19和图3-20相比较，其主要缺点与轴控与电机驱动器作为一体的情况相同，即任一部分发生故障，均需要整体更换。另外，对于图3-19和图3-20所示的拧紧机来讲，上位机在运行期间只用作所有拧紧轴的拧紧结果数据的收集、存储，并按要求进行相应的统计分析、转存并生成相应的表格，不参与运行过程中的控制，因而上位机发生故障并不影响拧紧机的拧紧工作。所以，即使是非常繁忙的生产现场，也不必购买上位机作为备件。而图3-21所示的主控制器是上位机与主控单元为一体的专用工控机，该工控机发生故障，就会影响拧紧机的工作，因而，对于较为繁忙的生产现场，就必须购买一个主控器作为备件，而这种主控器由于都是专用的，各个厂家又均不相同，因此价格通常非常高。

二、主流配置结构拧紧机与非主流配置结构拧紧机的比较

本书中所列举的非主流配置结构的拧紧机（简化配置结构的除外）也即图3-22所示的拧紧机，该拧紧机主要特点是没有专用的主控单元，而其主控工作由通用的工控机与PLC两者共同承担（具体见第3章第7节）。这也就是说，在主流配置结构中1个部件所做的工作，在这里却要由两个部件来完成，而其中的PLC只能承担主流配置结构中主控单元"对拧紧机系统拧紧动作的协调与控制"的功能，主控单元的其他功能由工控机完成。这种配置结构与主流配置结构相比较的情况如下。

1. PLC作为主控的功能比专用主控单元的功能低

PLC作为主控的功能与专用主控单元的功能并不相同，尤其是在拧紧机系统中，它远远达不到专用主控单元的功能。图3-19中的主控单元完全可以在没有工控机的情况下确保拧紧机的正常工作，并具有除了图形显示之外的拧紧机对工控机所需的全部功能，为便于比对，把图3-19所示的主控单元的主要功能复录如下。

① 编制、修改、查询拧紧系统的各种参数（工艺参数、控制参数、内部参数）与相关拧紧程序（同时拧紧、顺序拧紧、异步拧紧、拧紧中工艺参数自动转换等）。

② 通过控制、协调各轴控单元来实现对整个系统拧紧动作的协调与控制。

③ 保存拧紧过程所需的各种参数，并提供用户修改参数的界面。

④ 统计拧紧产量及拧紧结果，并加以保留，以便显示或打印。

⑤ 对拧紧结果进行判断，并发出合格、不合格、拧紧完成的控制信号。

⑥ 判别工艺参数的合理性，如有非法参数，则报警。

⑦ 对与之有关的硬件进行检测，如有故障，则自动报警。

⑧ 附有相应的预留接口，可与上位机、打印机直接连接（配置了上位机后，打印机通常与上位机连接）。

PLC 作为主控只能完成上述②、⑤中的功能与⑥、⑦、⑧中的部分功能，如果没有工控机或工控机出现故障，其他工作便无法完成。也就是说，要想确保正常使用中的全部功能，就必须购买一台工控机作为备件。

2. 专用的设备采用专用的控制系统

专用的主控单元（或专用的主控制器）是专门为适应拧紧机需要而制造的智能控制单元，基本上均是单片机或微机控制系统，故功能强大，操作方便，变换灵活、快捷，运行稳定，适应性强，尤其是在多轴拧紧工况下对各拧紧轴间的协调控制，其速度远超 PLC。另外，由于图 3-22 所示拧紧机的主控是由通用工控机与 PLC 共同构成的，二者均是通用部件，因此相对于一个专用控制系统，通用部件无论如何也不如专用部件更为方便与适用。

三、主流配置结构拧紧机与简化配置结构拧紧机的比较

1. 与没有专用轴控单元配置结构的比较

如图 3-24（JP1 型）与图 3-25（JP2 型）所示的简化配置结构的拧紧机，其最主要的特点是其配置结构中不仅没有专用的主控单元，而且没有专用轴控单元。虽然获得的扭矩信号也来自扭矩传感器，但由于没有专用轴控单元，故其控制精度较低，而且是轴数越多误差越大，原因如下：

①主流配置结构的拧紧机具有专用的轴控单元，在拧紧过程中的每个拧紧轴的扭矩检出信号分别直接进入各自的轴控单元，这就组成了各自独立的扭矩闭环控制系统，就确保了扭矩控制的精度及其稳定性。况且这种结构中的轴控单元，是一套以单片机为主要核心并附加其他外围电路等构成的专用控制系统。由于它的存在，每根拧紧轴均成为一套完整独立的数据采集、计算、存储、控制系统，在实施拧紧过程中，可直接对每根拧紧轴拧紧过程中的扭矩、转角进行独立、实时的检测与控制，从而确保了各个拧紧轴的拧紧精度及其稳定性。

②简化配置结构的拧紧机没有专用轴控单元，而轴控功能是由一台通用的工控机或通用的 PLC 完成的。众所周知，工控机或 PLC 的主机只有一个 CPU，无法对多个拧紧轴的扭矩与转角信号进行同时采集与处理，必须循环采集，分步处理。因此对于一台拧紧机来说，拧紧轴数越多，采集与处理的时间越长，根本无法满足多轴拧紧过程中的扭矩、角度信号实时采集与处理，所以，拧紧的精度也就无法保证，拧紧轴数越多，拧紧的精度也就越低了。

③采用 PLC 作为控制器比采用工控机做控制器的拧紧精度还要低，因为 PLC 主要是针对工业生产中的逻辑顺序控制而设计的，虽然加入 A/D 与 D/A 转换模块后，可以进行一

些智能控制，但其转换与处理的速度较低，大多是适用于例如变化较为缓慢的温度、压力、流量等无需高速处理的信号。而拧紧轴在拧紧过程中，对于硬性连接与部分中性连接（大部分的拧紧处于此状态）的拧紧，当螺栓到达贴合面后，扭矩便急速上升，贴合面到目标扭矩之间的时间非常暂短，在此期间内，采用PLC去对每个拧紧轴进行循环式的采集与处理，再加上缓慢速度的A/D与D/A的转换，愈加不能满足。因此，较大的误差也就不可避免了。

类似图3-24与图3-25所示的简化配置结构的拧紧机，在国内只有极少数公司生产。

需要注意的是，个别简化配置结构拧紧机的供应商在对拧紧机的配置结构介绍中，都明确地标称有轴控单元，然而他们的轴控单元实际上却是电机驱动器或者是PLC中的A/D转换器。

2. 与电流控制型配置结构的比较

从图3-26可见，电流控制型拧紧机与主流配置结构拧紧机相比较，主要区别就是没有扭矩传感器，其扭矩信号是由伺服电机电流转换而来的。在第3章第5节中已经介绍过，电动机中的扭矩与电流的关系是非线性的，所以用检测到的电机电流来间接检测的扭矩并不准确，故它的精度相对也较低。

3. 简化配置结构拧紧机的应用场合

没有专用轴控单元的拧紧机在20世纪70至80年代初期，国外曾有应用，但由于拧紧精度较低，误差相对较大，早已被淘汰。然而在国内，由于其价格便宜，故对诸如：对拧紧精度要求不高的场合，对于拧紧机知识了解欠缺的部分用户等来讲，这种结构的拧紧机还是具有一定吸引力的，所以在国内还有一定的市场。况且这种结构的拧紧机由于缺少了专用轴控单元，使用的部件又均为市场上的标准部件，故不仅价格较为便宜，而且开发的周期短，对于技术开发能力不强的拧紧机制造商来讲，也确实是个捷径的开发方案。而对于用户来讲，由于其价格便宜，故对于那些对拧紧精度要求不高的场合也还是可以采用的（比如用户要求精度可以在≤±10%）。因为它毕竟也是电动拧紧机，被用于取代风动工具这种噪音大的普通工具来讲也还算是不错的选择。

对于电流控制型拧紧机，当前在国外的一些知名拧紧机供应商大多也都有产品，这主要是提供给对拧紧精度要求不高的场合下使用的。

第2节 主流与简化配置结构拧紧机的实际精度比较

前面我们只是从原理方面说明了简化配置结构拧紧机的精度较低，而实际上到底是不是真低？对于电流型的拧紧机，读者容易理解，但对于没有专用轴控单元而有扭矩传感器的拧紧机，读者可能会产生疑问，因为都是采用扭矩传感器检测的扭矩信号。只有实测的数据对于精度高低的定论才是最有说服力的。

在某一汽车制造厂内一条装配线的两侧，分别安装了主流配置（有轴控单元）与简化配置（没有轴控单元）两种配置结构的拧紧机。而这两种配置结构的拧紧机均为国内品牌，且均为4轴。分别安装在同一装配线的两侧，对分布于同一工件两侧的相同螺栓进行相同的拧紧。而该装配线实施的是对两种规格的同类产品进行装配，在此工位，对两种规格螺栓拧紧的目标扭矩分别为 256 N·m 和 440 N·m。拧紧轴的额定扭矩均为 500 N·m。在 2011 年 3 月，该厂的技术人员、质量保证人员采用阿特拉斯公司生产的扭矩检定仪，共同对这两种配置结构的拧紧机分别进行了扭矩精度的检测。这两种配置的拧紧机均是由生产厂家在 1 个月之前在现场使用自带的扭矩检定仪检定过的。下面，我们就列出该检测数据，并对其进行分析。

一、简化配置结构拧紧机的检测数据

1. 简化配置结构拧紧机的单轴检测数据

该厂简化配置结构的拧紧机是国内某一拧紧机制造厂商提供的，其主控制器选用的是通用的工控机加 PLC，没有轴控单元，将其电机驱动器称之为轴控制器。在对此拧紧机实施检测时，装配线上装配的工件实施拧紧的目标扭矩是 256 N·m，其重复性检测数据见表 4-1。

表 4-1　没有轴控单元的拧紧机的重复性检测数据（扭矩单位：N·m；拧紧轴额定扭矩：500 N·m）

检测项目	检测次数					重复差值
	1	2	3	4	5	
检定仪检测的数据 /N·m	236	230.8	225.8	245.4	229.4	19.6
拧紧机显示的数据 /N·m	256.4	256.9	256.2	256.2	255.4	1.5
二者差值 /N·m	20.4	26.1	30.4	10.8	26	18.1
示值相对误差 /%	7.96	10.16	11.87	4.2	10.18	7
满度相对误差 /%	4.08	5.22	6.08	2.16	5.2	3.62
控制误差 /%	−7.81	−9.84	−11.8	−4.14	−10	—

注：1. 示值相对误差：以拧紧机当前的扭矩显示值为基准所计算出来的误差。

　　2. 满度相对误差：以拧紧轴的额定扭矩值为基准所计算出来的误差。

　　3. 控制误差：以当前的目标扭矩值为基准所计算出来的误差。

表 4-1 中的重复性检测数据，是对这台拧紧机 4 个轴中的 1 根拧紧轴（随意选取的 3# 轴）做的，检测的方法是把检定仪的传感器串接于拧紧机的输出轴与套筒之间，而且是在拧紧轴对被拧紧的螺栓进行正常拧紧操作时进行的。这样，检定仪的传感器与拧紧轴中的传感器承受的就是相同的扭矩了，而且由于是在正常拧紧操作下进行的，故检定仪所得数据也更为真切。

从此数据可见，在该拧紧机上显示的扭矩与用户工艺要求设定的目标扭矩（256 N·m）的差值不超过 1 N·m，重复的差值也才 1.5 N·m，重复性可谓相当好。而扭矩检定仪上显示的扭矩值与其拧紧机本身显示的扭矩值却最大相差 30.4 N·m，示值相对误差（也称测量结果误差）为 11.87%，满度相对误差为 6.08%，控制误差为 11.8%。最小相差 10.8 N·m，示值相对误差为 4.2%，满度相对误差为 2.16%，控制误差为 4.14%。5 次检测中拧紧机的差值是 1.5 N·m，而校准仪的差值却为 19.6 N·m，二者的差值（即重复差值之差）为 18.1 N·m。如果以这个 18.1 N·m 作为差值计算所得的示值相对误差为 7%，满度相对误差为 3.92%。

鉴于此，我们可以肯定地说，拧紧机显示的扭矩值不是真实的，而拧紧机的扭矩精度也是比较差的。

由表 4-1 可见，控制误差与示值相对误差的绝对值几乎相等，只是符号相反，这主要是与它们的表达式和计算的基准值有关（具体见附录中的《电动拧紧机检定规程》）。由于拧紧机的目标扭矩与拧紧最终结果在拧紧机显示器上的显示值，在实际拧紧机的运行中通常均相差很小，所以在以下描述中，除特别需要外，在列出示值相对误差之处，就不再罗列，同时也不提及控制误差了。

2. 简化配置拧紧机的多轴检测数据

我们又对该拧紧机的 4 个拧紧轴的准确性分别进行了检测，检测的方法是对每根轴连续检测两次（由于生产紧张，不允许多次的重复性检测），分别对比每次拧紧机与检定仪二者的检测值，检测数据见表 4-2。

从表 4-2 中所示数据可见，相对于各单根拧紧轴来讲，检定仪与拧紧机两者之间最大的示值相对误差为 8.83%，最大的满度相对误差为 4.52%；而相对于 4 根拧紧轴来讲，检定仪对这 4 个拧紧轴检测的数据最大相差 35.9 N·m（第一次），而对应的拧紧机上显示的最大相差才 0.7 N·m，二者相差 35.2 N·m。若从这个角度来计算的话，其示值相对误差已高达 13.75%，而满度相对误差也已经 7% 了。

表 4-2 没有轴控单元的拧紧机的准确性检测数据（扭矩单位：N·m；拧紧轴额定扭矩：500 N·m）

检测次数与项目		拧紧轴的轴号				4 个轴的差值
		1	2	3	4	
第一次	拧紧机显示的数据 /N·m	255.4	256.1	256	255.5	0.7
	检定仪检测的数据 /N·m	272.1	237.6	236.2	268.2	35.9
	二者差值 /N·m	−16.7	18.5	19.8	−12.7	—
	示值相对误差 /%	−6.52	7.22	7.73	−4.96	—
	满度相对误差 /%	−3.34	3.7	3.96	−2.55	—
第二次	拧紧机显示的数据 /N·m	255.3	255.5	255.5	256.6	1.3
	检定仪检测的数据 /N·m	262.8	244.2	232.9	259.3	29.9
	差值 /N·m	−7.5	11.3	22.6	−2.7	—
	示值相对误差 /%	−2.93	4.41	8.83	−1.05	—
	满度相对误差 /%	−1.5	2.26	4.52	−0.5	—
拧紧机二次的重复差值 /N·m		0.1	0.6	0.5	−1.1	1.7
检定仪二次的重复差值 /N·m		9.3	−6.6	3.3	8.9	15.9

二、主流配置结构拧紧机的检测数据

该厂主流配置结构的拧紧机是国内另一拧紧机制造厂商提供的，其上位机选用的是工控机，并配置有专用的主控单元与轴控单元。其准确性检测数据见表 4-3（扭矩单位：N·m）。

由于在对具有轴控单元的拧紧机进行检测时，现场产品的品种更换了，故虽然同在一条装配线并是对同一类产品的拧紧，但由于品种的更换，目标扭矩值也相应改变。上面（见表 4-1 与表 4-2）品种的目标扭矩设定值是 256 N·m，而下面（见表 4-3）品种的目标扭矩值是 440 N·m。

表 4-3　主流配置结构拧紧机的准确性检测数据（扭矩单位：N·m；拧紧轴额定扭矩：500 N·m）

检测次数与项目		拧紧轴的轴号				4 个轴的差值
		1	2	3	4	
第一次	拧紧机显示的数据 /N·m	439	440	440	440	1
	检定仪检测的数据 /N·m	434.5	441	439.5	438.6	6.5
	二者差值 /N·m	4.5	−1	0.5	1.4	—
	示值相对误差 /%	1.02	−0.22	0.11	0.32	—
	满度相对误差 /%	0.9	−0.2	0.1	0.28	—
第二次	拧紧机显示的数据 /N·m	440	441	439	440	2
	检定仪检测的数据 /N·m	435.4	442	440	439	6.6
	二者差值 /N·m	4.6	−1	−1	1	—
	示值相对误差 /%	1.05	−0.22	−0.22	0.22	—
	满度相对误差 /%	0.92	−0.2	−0.2	0.2	—
拧紧机二次的重复差值 /N·m		−1	−1	1	0	2
检定仪二次的重复差值 /N·m		−0.9	−1	−0.5	−0.4	0.6

从上述数据可见，相对于单根拧紧轴来讲，检定仪与拧紧机两者之间最大的示值相对误差只有 1.05%，最大的满度相对误差为 0.92%；而相对于 4 根拧紧轴来讲，检定仪对这 4 个拧紧轴检测的数据最大相差 6.6 N·m（第二次），而对应的拧紧机上显示的最大相差为 2 N·m，二者相差仅 4.6 N·m。即便是第一次检定仪与拧紧机的此项数据相差是 5.5 N·m，并从这个角度来计算，其示值相对误差也只有 1.25%，而满度相对误差也只有 1.1%。

三、对两种配置结构拧紧机检测数据对比后的初步结论

从上面的实际检测数据来看，没有轴控单元拧紧机的精度确实较低，而我们选取的实例只是 4 个拧紧轴的，其误差就已经如此大，若是一台为 6 轴、8 轴、10 轴，乃至更多轴的拧紧机，误差必然会更大了！

这里简化配置拧紧机的主控制器采用的是工控机加 PLC，没有轴控单元，各拧紧轴拧紧过程中的扭矩检测信号均需在 PLC 中处理。而 PLC 对现场扭矩信号的采集、转换与运算处理的速度均较低，这也就是其精度较低的根本原因。

四、主流配置结构拧紧机的长期稳定性与可靠性

为更有说服力，下面以国内某公司生产的拧紧机为例，来说明主流配置结构拧紧机的长期稳定性与可靠性。

1. 近两年没经任何校准与维护的发动机装配线上的拧紧机，精度仍在指标范围内

该公司为某汽车制造厂提供的 2 轴拧紧机，用在汽车发动机研发的手动装配线上，所要说明的是，由于是研发装配线，故即使是装配同一品牌的发动机，它也不只是对一种螺栓进行拧紧；而且从研发的角度考虑，拧紧轴的额定扭矩是按照计划可能研发的发动机来配置的，故与当前所使用的拧紧扭矩差值较大（拧紧轴的额定扭矩是 200 N·m，而当前拧紧的最大扭矩均在 100 N·m 之内）。2010 年 6 月交付使用（当时在现场安装后并未检定），2013 年 4 月检定，期间未经过任何校准与维护，其数据如表 4-4 所示。

在列表前需要说明的是，前面所述的拧紧机的控制方式均为扭矩控制法，即是以设定的目标扭矩为控制量。而此处所述的拧紧机的控制方式则是扭矩－转角控制法，即最终是以设定的目标转角为控制量（即转角应该为定值），而其最终拧紧的扭矩只作为监视值，并将分布在一定的范围内。所以下面列表中的扭矩差值，只能是在同一次拧紧中的拧紧机显示值与校准仪显示值两者的比较，且没有扭矩的重复性指标。而实施检定的拧紧机检定仪只有扭矩检定的功能，故无法对转角进行检定。

表 4-4　拧紧机的检测数据与误差（扭矩单位：N·m；拧紧轴的额定扭矩：200N·m）

次数	1# 轴扭矩		调整后 2# 轴扭矩		调整前 2# 轴扭矩	
	拧紧机	检定仪	拧紧机	检定仪	拧紧机	检定仪
1	90	88.95	85	83.39	89	89.61
2	73	72.94	71	70.93	70	70.55
3	89	86.52	55	54.82	75	77.06
4	75	75.54	90	89.19	90	89.98
5	62	63.13	58	57.85	90	89.24
6	66	65.64	49	49.75	73	73.29
7	90	87.86	48	48.04	55	58.43
拧紧机与校准仪极差值	2.48		1.61		3.43	
示值相对误差 /%	2.79		1.9		6.2	
满度相对误差 /%	1.24		0.8		1.72	

这里仅 2# 轴在没有调整前的第 7 次拧紧的误差较大，是 3.43 N·m，造成示值相对误差达到 6.2%（而满度相对误差是 1.72%），但这是 200 N·m 的拧紧轴在拧紧扭矩为 55 N·m 时的结果，是运行了近两年而未经过任何校准与维护，且在当年的现场安装后又没有做检定（在厂家预验收时做过检定）。此外的示值相对误差均小于 3%，满度相对误差均小于 2%。此轴经过校准调整后，示值相对误差已在 2% 以内了（见调整后的 2# 轴数据），满度相对误差 2 个轴均小于 1.5%。半年后（2013 年 10 月）的再次检定显示，2 根拧紧轴的误差几乎没有变化。

另外，这里需要说明的是，当拧紧机用于扭矩－转角控制法拧紧时，螺栓的质量非常重要（影响螺栓质量的因素比较多，有材料、热处理方法、精度、工艺等，我们在此不讨论）。

2. 多年没有校准与检定的差速器拧紧机，精度仍在指标范围内

原一汽轻型车厂的车桥生产车间有 3 台大连德欣公司的拧紧机，自 2004 年投入使用以来从未进行过精度的校准与检定。拧紧机于 2010 年从原厂址搬到一汽本部，并于 2011

年 10 月由一汽检测中心对其进行检定，其数据如表 4-5 所示（选取其中扭矩偏差最大的一台，该拧紧轴的额定扭矩是 300 N·m，目标扭矩是 260 N·m）。

表 4-5　差速器壳拧紧机 2011 年 10 月检定数据（扭矩单位：N·m；拧紧轴额定扭矩：300 N·m）

检测项目与次数		1# 轴调整后		2 个轴的差值	1# 轴调整前	
		1# 轴	2# 轴		1# 轴	2# 轴
扭矩检定仪检测的数据	第 1 次	262	258	4	252.5	257
	第 2 次	261.4	257.5	3.9	—	—
	重复差值	-0.6	-0.5	0.1	—	—
拧紧机显示的数据	第 1 次	260	260	0	260	259
	第 2 次	260	259	1	—	—
	重复差值	0	-1	1	—	—
拧紧机与扭矩仪的极差值		-2	2	4	7.5	2
示值相对误差 /%		0.77	0.77	1.54	2.88	0.77
满度相对误差 /%		0.67	0.67	1.33	2.5	0.67

对于表 4-5 数据说明如下。

在开始检定所得到的检测数据（即表中 1 号轴调整前栏中的数据）中，由于 1# 轴的偏差稍大，拧紧机显示是 260 N·m，而检定仪显示是 252.5 N·m，相差 7.5 N·m，故做了调整；而 2# 轴二者仅差 2 N·m，没有调整。1# 轴调整后的检定数据作为本次检定结果的数据，表中 2 个轴的差值与重复性差值，也均是以此结果计算的。

由表 4-5 可见，历经 7 年没有任何校准与检定，最大偏差的一根轴（1# 轴），其偏差扭矩为 7.5 N·m（见表中 1# 轴调整前栏中的 1# 轴数据），示值相对误差为 2.88%，满度相对误差为 2.5%。经校准调整后，其偏差扭矩为 2 N·m，示值相对误差为 0.77%，满度相对误差为 0.67%。

2012 年 4 月一汽检测中心对其进行第二次检定，其数据如表 4-6 所示。

表 4-6 差速器壳拧紧机 2012 年 4 月检定数据（扭矩单位：N·m；拧紧轴额定扭矩：300 N·m）

检测项目与次数		拧紧轴的轴号		2 个轴的差值	备注
		1# 轴	2# 轴		
扭矩检定仪检测的数据	第 1 次	262.5	259	3.5	
	第 2 次	261	258.5	2.5	
	重复差值	-1.5	-0.5	1	
拧紧机显示的数据	第 1 次	260	260	0	没有调整
	第 2 次	260	259	1	
	重复差值	0	1	1	
拧紧机与扭矩仪的极差值		-2.5	1	3.5	
示值相对误差 /%		-0.96	0.38	1.35	
满度相对误差 /%		-0.83	0.33	1.12	

从表 4-6 可见，与第一次检定相差半年后的再次检定（此期间内没有经过任何调整），相对于单根拧紧轴来讲，其示值相对误差与满度相对误差的最大值，分别只有 0.96% 与 0.83%。

3. 应用 10 年的拧紧机的再利用

自 1995 年起到 1998 年止，大连德欣总计有 8 台拧紧机（42 根拧紧轴）先后进入并运行在一汽轿车公司发动机厂（即现在的一汽轿车公司发动机传动器制造中心）的 CA488 发动机生产线上。在 CA488 发动机停止生产后的 2007 年，虽然这些拧紧机已稳定地运行了 10 年左右，但经检验，其各项技术性能与指标仍在当前拧紧机的出厂指标范围之内（扭矩 ≤ ±3%），故于 2007 年，这些拧紧轴经过重新组合，又投入到了该厂新安装的大发发动机的装配线上！

据此经验，一汽解放汽车有限公司卡车厂对由于产品更新而停用多年的该公司拧紧机（20 根拧紧轴），也由其分别在 2010 年与 2011 年重新组合，又作为轮胎拧紧机，并以崭新的面貌投入并稳定地运行在该厂的整车装配线上。

第 3 节　扭矩上升时间与简化配置拧紧机的扭矩检测系统

前面我们只是定性地讲述了没有专用轴控单元的拧紧机的精度较低，并列举了来自现场实际的检测数据，证明了其精度确实低，但并没有深入地从理论上分析配置结构与精度的关系。为对此问题分析得更切合于实际，我们截取了生产现场的一种典型拧紧机在拧紧过程中的扭矩－时间上升曲线，并以用 PLC 做主控制器，而没有专用轴控单元的简化配置的拧紧机为例，来对其精度低下的原因进行分析。

为对此分析的有理有据，在本节，我们首先对所截取的扭矩－时间上升曲线进行介绍分析，之后再对简化配置拧紧机中的扭矩检测系统的有关部件（PLC、A/D 转换器、D/A 转换器等）的性能进行介绍。而对其精度低下的具体分析则在下一节中介绍。

一、扭矩的上升时间

1. 螺栓（螺母）贴合（即到达贴合面）后扭矩上升的时间

扭矩的上升时间虽然可以根据拧紧轴最终拧紧的转速 n 与拧紧期间扭矩从零到目标值的转角 A 计算得出，但其中的转角 A 通常是一个未知数，因为当前拧紧的控制方法通常是扭矩控制法和扭矩－转角控制法，其中后者的转角虽然已知，但这个转角是在拧紧到一个起始扭矩之后的转角，即这个转角并不是从贴合面开始记录的；在实施扭矩控制法中虽然也有对转角的监测，但这个转角同样也是从起始扭矩（类似于扭矩－转角控制法中的起始扭矩）开始计算的。

在大多数拧紧的过程中（软性连接例外），当螺栓（母）贴合后扭矩即急速上升，贴合到目标扭矩之间的时间非常暂短，尤其是相对于硬性连接的工件，其扭矩从零到目标值的转角 $A \leq 30°$。假设最终拧紧的转速 n 为 10 r/min（实际转速通常是在 8 ～ 12 r/min），那么旋转 30º 的时间也只需 0.5 s。即便是 90º，也不过只是需要 1.5 s。由此可见，扭矩上升的时间确实很暂短。

　　然而在实际拧紧的对象中，真正的硬性连接并不多，因为即便是刚性较大的连接件，在很多情况下，或是需要在连接件中串入弹性垫，或是有隐形弹性体（螺栓与被连接体本身的材料性质等产生的不可忽视的弹性），还有随着连接件受压部分长度的增大（参见图 1-7）等这些因素均会造成其拧紧扭矩从零到目标值的转角大于 30º。所以，要得到确切的扭矩上升时间还应以实际测量为准，而实际测量以波形图法最为方便，即录取拧紧过程中扭矩－时间的波形图。如若想知道该拧紧是属于什么性质的连接，可同时录取拧紧过程中扭矩－转角的波形图。但在这里，我们仅关注的是扭矩的上升时间，而不是软性连接还是硬性连接。

　　图 4-1 所示的扭矩上升的波形图，就是取自某汽车整车厂的一台拧紧机中一个拧紧轴的拧紧记录，图中左侧是扭矩－转角上升的波形图，右侧是扭矩－时间上升的波形图。波峰扭矩值即目标扭矩是 490 N·m。从波形图中测得扭矩从零上升到 490 N·m 的时间约为 1.2 s（把右侧波形图中的 0～10 s 放大后，划分为 16 等分后所得），且线性很好。这就是该拧紧机拧紧过程中的螺栓（螺母）从贴合面开始的扭矩上升的时间。

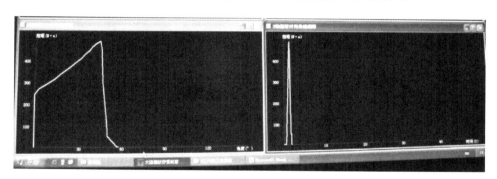

图 4-1　实际拧紧中的扭矩上升波形图

　　当然，实际螺栓拧紧过程中扭矩上升的波形图并不是完全相同的，也并不存在一个统一的标准，它会因拧紧的对象（包括工件、螺栓及其他等）的不同而不同。图 4-1 所示的扭矩上升的波形图只是其中的一个实例，并作为本分析的依据。

　　从扭矩－转角的波形图中可见，开始记录角度的扭矩（即前面所说的起始扭矩）是 250 N·m，从 250 N·m 上升到 490 N·m 的峰值（目标）扭矩时旋转的角度约为 45º。而从扭矩－时间波形图来看，由于其整个线段的线性很好，故由此可得，从零到峰值（目标）扭矩的转角约为 90º，也即 45º 的拧紧所花费的时间约为 0.6 s。

2. 各阶段扭矩的上升时间

　　此拧紧机的拧紧，采用的是扭矩控制，转角监测，其拧紧的方式是"开始是全部拧紧轴同时拧紧，当任一拧紧轴的拧紧达到起始扭矩值时即停止，并等待，直到全部拧紧轴拧紧的扭矩均达到起始扭矩后，再同时拧紧到目标扭矩，且同时记录其拧紧的角度。"这里有两个问题：

（1）对于扭矩的检测与控制主要有两步（即两个阶段），一是预拧紧，在此期间，控制系统实时检测各自拧紧轴的拧紧是否达到起始扭矩值，对达到起始扭矩的立即控制其停止拧紧，并等待；二是同时拧紧，在此期间，控制系统要实时检测各自拧紧轴的拧紧是否达到目标扭矩，对达到的立即控制其停止拧紧。

（2）同时拧紧开始时，即进入了转角的监测，转角的计算与记录均是从此时开始的。图 4-1 所示的扭矩－时间的波形图中没有等待的时间，主要是此轴在这次拧紧中是最后到达起始扭矩值的。之所以选取此种波形，主要是为了便于分析拧紧扭矩的上升时间。

3. 同一拧紧机对同类不同规格工件拧紧时的扭矩上升时间

图 4-2 所示的扭矩－时间波形图，其拧紧的目标扭矩是 180 N·m。从该扭矩－时间的波形图可见，其扭矩上升时间也是 1.2 s 左右。图 4-2 所示的扭矩－时间波形图与图 4-1 所示的扭矩上升波形图取自同一台拧紧机，拧紧的是同一类工件（均是汽车轮胎），只不过规格不同，但二者实际扭矩上升的时间却基本相同。

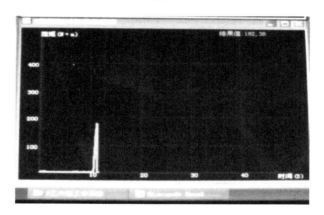

图 4-2　实际拧紧中的扭矩－时间波形图

490 N·m 与 180 N·m 的上升时间均为 1.2 s 左右，确实有点让人难以理解，但事实就是如此，其原因如下：

（1）在第 3 章第 4 节中所介绍的拧紧机的轴控单元控制流程图中已经指出，拧紧机在拧紧过程中的转速是随着达到了一定的扭矩值（如从高速转换到中速运转的扭矩，为方便叙述，此后暂称之为换速扭矩）而进行转换的，而这换速扭矩值均是按照目标扭矩值的一定的百分比来设定的。

（2）上面提出的起始扭矩也是按照目标扭矩值的一定的百分比来设定的。

（3）二者是工作在同一装配线上的同一台拧紧机，拧的是同一类工件，各类扭矩值（换速扭矩、起始扭矩）均是按各自目标扭矩的相同的百分比设定的。

实际上二者的上升时间应该有些差异，不过由于上述原因，故差异很小，所以在这种分度的波形图中显现不出来。也正因为二者上升时间的差异很小，故为分析与计算的方便，下述均以相同视之。

二、PLC 与多通道 A/D 转换器的工作原理

从图 3-25 可见，这种简化配置结构拧紧机的主控制器是由工控机和 PLC 共同组成的，且没有专用的轴控单元，轴控功能是由 PLC 承担的，各个拧紧轴在拧紧过程中所检测出来的实时扭矩信号，均需要经过 A/D 转换器，输入到 PLC 中进行相应的处理。而控制伺服电机的运转与停止的信号，由 PLC 输出后，还需要经过 D/A 转换器，再分别控制各个伺服电机的运行。为了弄清该类拧紧机拧紧精度低下的原因，下面就以采用 PLC 作为主控制器的简化配置结构拧紧机为例，对其中主要部件的工作原理、转换速度等进行深入分析。

1. PLC 的工作原理

PLC 的工作方式与微机有很大不同。尤其是在处理外界条件时，微机一般采用查询等待命令的工作方式（如果无跳转指令），而 PLC 则是采用循环扫描的工作方式，即对每个程序，CPU 从第一条指令开始执行，按指令步序号做周期性的程序循环扫描，如果无跳转指令，则从第一条指令开始逐条执行用户程序，直至遇到结束符后又返回第一条指令，如此周而复始不断循环，每一个循环称为一个扫描周期。在每一个扫描周期中，主要是做如下几项工作（也称为阶段）。

（1）输入采样阶段。在输入采样阶段，PLC 以扫描方式，依次读入所有的输入状态和数据，并将它们存入 I/O 映象区中相应的存储单元内。输入采样结束后，才能转入后面的用户程序执行和输出刷新阶段。而在这两个阶段中，即使输入状态和数据发生了变化，I/O 映象区中的相应单元的状态和数据也不会改变。因此，如果输入是脉冲信号，则该脉冲信号的宽度必须大于一个扫描周期，才能保证在任何情况下，该输入均能被读入。

（2）用户程序执行阶段。在用户程序执行阶段，PLC 总是按由上而下的顺序依次地扫描用户程序（梯形图）。在扫描每一条梯形图时，又总是先扫描梯形图左边的由各触点构成的控制线路，并按先左后右、先上后下的顺序对由触点构成的控制线路进行逻辑运算，然后根据逻辑运算的结果，刷新该逻辑线圈在系统 RAM 存储区中所对应位的状态，或者刷新该输出线圈在 I/O 映象区中所对应位的状态，或者确定是否要执行该梯形图所规定的特殊功能指令。

即：在用户程序执行过程中，只有输入点存储在 I/O 映象区内的状态和数据不会发生变化，而其他输出点和软设备在 I/O 映象区或系统 RAM 存储区内的状态和数据都有可能发生变化，而且排在上面的梯形图，其程序执行结果会对排在下面的凡是用到这些线圈或数据的梯形图起作用；相反，排在下面的梯形图，其被刷新的逻辑线圈的状态或数据只能到下一个扫描周期才能对排在其上面的程序起作用。

（3）输出刷新阶段。当所有指令执行完毕后，PLC 就进入输出刷新阶段。在此期间，CPU 按照 I/O 映象区内对应的状态和数据，刷新所有的输出锁存电路，再经输出电路驱动相应的外设。这时，才是 PLC 的真正输出。

实际上，除了执行程序和 I/O 刷新外，PLC 还要进行对各种错误的检测（自诊断功能）并与编程工具、计算机等通信，这些操作统称为"监视服务"，一般在程序执行之后进行。因此，PLC 的工作过程实际上主要有如图 4-3 所示 5 个阶段。

由于每个扫描周期只进行一次 I/O 刷新，即每一个扫描周期 PLC 只对输入与输出的状态寄存器更新一次。所以，系统存在输入与输出的滞后问题，这必然在一定程度上降低了系统的响应速度。

图 4-3　PLC 工作过程的 5 个阶段

PLC 扫描周期的长短主要取决于程序的长短。扫描周期越长，响应速度越慢。

2. 多通道 A/D 转换器及 D/A 转换器的工作原理

（1）多通道 A/D 转换器的工作原理。A/D 转换器是把模拟量信号转换成数字量信号的电子器件。多通道 A/D 转换器的原理框图如图 4-4 所示。

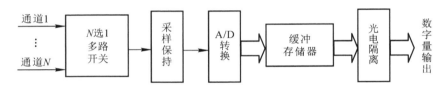

图 4-4　多通道 A/D 转换器的原理框图

由图可见，它主要是由 N 选 1 多路（即多通道）开关、采样保持、A/D 转换、缓冲存储器构成。输入到此转换器中的多个模拟量，首先是要经过 N 选 1 多路开关来逐个、分时的接入 A/D 转换器进行逐个、分时地转换，转换的结果存入相应的缓冲存储器中。如果首先是多路开关把通道 1 的模拟信号接入采样保持单元进行采样并保持，随即对该信号进行 A/D 转换，转换完成后把转换的结果存入程序设定的缓冲存储器中。之后，多路开关再把通道 2 的模拟信号接入采样保持单元……如此直到把通道 N 的输入信号转换完，并存入程序设定的缓冲存储器中。该转换的时间主要取决于采样保持、A/D 转换与转换的通道数。

（2）多通道 D/A 转换器的工作原理。D/A 转换器是把数字量信号转换成模拟量信号的电子器件。多通道 D/A 转换器的原理框图如图 4-5 所示。

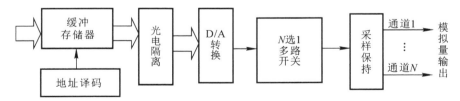

图 4-5　D/A 转换器原理框图

由图 4-5 可见，输入到此转换器中的多个数字量在地址译码器的引导下，存入到相应的缓冲存储器中，经光电隔离、D/A 转换后，再经过 N 选 1 多路开关、采样保持电路送入到对应的模拟量控制通道。

该转换的时间主要取决于采样保持与转换的性能通道数等。

三、计算机系统中的数字滤波

由于传感器在工业现场中采集的信息常常会受到各种干扰，故为了提高采集的可靠性，减小虚假信号的影响，通常采用滤波的方法，而滤波主要分为模拟滤波与数字滤波。由于数字滤波只用程序来实现，灵活性好，且不需要增加任何硬件设备，也不存在阻抗匹配问题，还可以多通道共用，故在计算机系统中常被采用。

数字滤波方式有多种，而在工业现场中，较多被采用的是防脉冲干扰平均值滤波，其滤波的工作方式如图 4-6 所示。

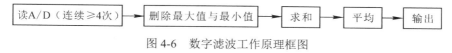

读 A/D（连续 ≥ 4 次）→ 删除最大值与最小值 → 求和 → 平均 → 输出

图 4-6　数字滤波工作原理框图

数字滤波的基本方式是对输入的模拟量连续进行最少 4 次数据采样，去掉其中的最大值与最小值，然后对余下次数的数据求和，再对此和计算出平均值后输出。PLC 中应用的 A/D 转换器转换后的信号通常均采用此方式滤波。

第 4 节　对简化配置结构拧紧机精度低下的分析

上一节我们介绍了扭矩的上升时间、用 PLC 做主控制器的简化配置结构拧紧机（即没有专用轴控单元的）的扭矩检测系统的有关部件及其工作原理，下面我们就对其精度低下的原因进行分析。在分析之前，我们首先对用 PLC 作为主控制器而没有专用轴控单元拧紧机的扭矩检测控制系统的原理做简要介绍。由于前面我们曾录取了两种配置结构的四轴拧紧机的实际检测数据，故我们就以这四轴拧紧机为例。

图 4-7 所示是用 PLC 作为主控制器而没有专用轴控单元的拧紧机扭矩检测控制系统的原理框图，图中虚框之内的部件均包含在拧紧轴之中。由此框图可见，拧紧过程中由扭矩传感器检测而得到的扭矩（模拟量），要经过 A/D 转换器转换成数字量后输入到 PLC 之中，经 PLC 处理后，如果达到或超过设定的目标值，一方面是送入显示器显示拧紧结果的扭矩值，另一方面是送入 D/A 转换器，转换成模拟量的停止拧紧指令信号，再送入电机驱动器，控制伺服电机的停转，使拧紧轴停止拧紧。

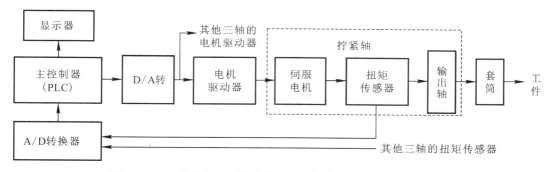

图 4-7　PLC 作为主控制器的拧紧机扭矩检测控制系统原理框图

一、扭矩转换所需要的时间

根据上一节所述及图 4-7 所示，拧紧机在拧紧过程中的扭矩信号从其检出到控制伺服电机信号的输出（以 1 号拧紧轴的扭矩信号为例），主要需经过如图 4-8 所示的过程。

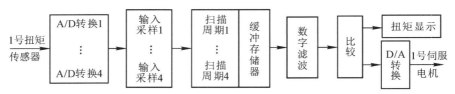

图 4-8　扭矩信号及其控制信号传输过程框图

1 号拧紧轴在拧紧的过程中，由扭矩传感器检测到的扭矩信号送入 A/D 转换器，由于数字滤波需要至少连续采集 4 个扭矩信号，所以 A/D 转换和输入采样这两个环节，均需要连续 4 次的，同一个扭矩传感器的扭矩检测信号。而这连续 4 次的扭矩信号又需要在 PLC 的 4 个扫描周期后才能获取（一个扫描周期只能获取一个扭矩检测信号的数据）。经数字滤波后得到的有效数据与设定的目标值进行比较，当达到或超过目标值时，一方面进入扭矩显示器进行显示，另一方面送入 D/A 转换器转换成模拟量后，发出对伺服电机的停转指令。

为了使我们的分析更切合实际，下面就以作者所见到的，采用 PLC 作为主控制器而没有专用轴控单元的拧紧机的实际配置为例，粗略地计算一下一个拧紧轴在拧紧过程中，扭矩传感器的检测信号，从进入 A/D 转换器开始，一直到控制伺服电机动作信号（即停转信号）的输出所耗费的时间。

为了简便，在下面的计算中，我们忽略了其中一些相对数值较小的信号传递延迟时间，诸如：A/D 转换输入信号滤波的延迟时间、数字滤波的时间、D/A 转换输出到拧紧轴停止拧紧的延迟时间等。

1. 各主要环节所耗费的时间

该系统采用的 PLC 是日本三菱 FX2N 系列，A/D 转换器是 FX-4AD，D/A 转换器是 FX-2DA。按照此系统的配置，扭矩检测信号在各部件中传递所需要的时间主要如下。

（1）PLC 的扫描周期。前面已经提到，PLC 的扫描周期取决于程序的长短，需要对程序指令逐条计算，比较烦琐，通常为十几到几十毫秒。由于拧紧机中的程序并不复杂，我们就取一个较短的数值，即首先取 15 ms 为一个扫描周期（由于此例中实际应用的 A/D 转换时间是 15 ms，故这已经是最小值了），即 1 秒钟 PLC 可以进行 66 个周期的扫描。如果 PLC 的扫描周期大于 15 ms，那么根据下述的分析可知，其扭矩检测信号经 A/D 转换器转换的时间会更长，拧紧的精度也就会更低了。

（2）A/D 转换时间。查看三菱 PLC 的说明书，FX-4AD 是 4 通道 A/D 转换器，一个通道的转换时间分为正常速度是 15 ms；高速是 6 ms（需要尽可能少地使用 FROM/TO 指令才行）。由于此处需要频繁地使用 FROM/TO 指令，故其转换速度只能是 15 ms。

（3）D/A 转换时间。查看三菱 PLC 的说明书，FX-2DA 是双通道 D/A 转换器，一个通道的转换时间是 4 ms。

（4）数字滤波时间。由于采用的是防脉冲干扰平均值滤波，故对一个信号最少要连续进行 4 次的数据采集。这也就是在图 4-8 中把 A/D 转换、输入采样、扫描周期三者均填写为 4 次的原因。

2. 从扭矩检测输入到控制信号输出的延迟时间

我们在这里所说的从扭矩检测信号的输入到控制信号输出的延迟时间，特指的是由扭矩传感器检测到的目标扭矩信号，从进入 A/D 转换开始到 D/A 转换输出后控制信号输出所耗费的时间。它与下述时间相关：

（1）一个扭矩传感器的有效信号传输所耗费的时间。这里所说的 1 个扭矩传感器的有效信号传输所耗费的时间是指一个拧紧轴在拧紧的过程中，从由扭矩传感器检测的信号到达目标扭矩并输入到 A/D 转换器开始，到 D/A 转换后控制伺服电机停转的有效信号指令输出的全部时间。它主要由下述时间构成：

① 一个有效的扭矩检测信号的 A/D 转换所需要的时间。由于数字滤波的需要，一个有效的扭矩检测信号最少需要提供连续 4 次的采样数据，这也就是说，若完成一个有效的数据，输入的采样最少需要 4 次。由于 PLC 是循环扫描的工作方式，每个扫描周期只能对输入信号进行一次采样，所以要得到连续 4 次的采样数据，其最少的时间需要 4 个扫描周期。由于 PLC 的一个扫描周期是 15 ms（若 PLC 的扫描周期小于 15 ms，将造成在 PLC 的一个扫描周期内，A/D 转换器一个数据还没有转换完，那只能等待下一个扫描周期了，所以这里取 PLC 的扫描周期为 15 ms 是耗费最少的时间），因此有效的扭矩检测信号转换所需要的最少时间是 60 ms（数字滤波的时间略）。

② 一个控制信号输出所需要的时间。一个控制信号输出所需要的时间，实际上就是 D/A 转换器的一个通道的转换时间，也就是前面已经查到的 4 ms。

③ 一个扭矩传感器的有效信号传输所耗费的时间。由上述得知，一个有效的扭矩检测信号转换所需要的最少时间是 60 ms，PLC 输出的信号还需要进行 D/A 转换，而 D/A 的转换的时间是一个通道 4 ms。这样，一个有效的扭矩检测信号从 A/D 转换开始到 D/A 转换后，对伺服电机发出控制指令信号所耗费的时间最少应该为 64 ms（略去了扭矩输入信号的滤波延时、PLC 输出到 D/A 的时间等）。这也就相当于它在控制方面的延迟时间。在极端的情况下，也可能会出现 PLC 在第一个扫描周期中，当对输入信号进行采样时，A/D 转换尚未完成，这个我们先不讨论。

当然，输入的扭矩检测信号经过数字滤波后，还要进行必要的处理，即分别进行扭矩值的显示与比较判别，看是否达到工艺设定的要求等，这些工作也同样需要时间。由于此阶段耗费的时间相对非常短，为了分析方便，也略去了。

对于显示信号，由于它不需要 D/A 转换，故其所耗费（或者称之为延迟）的时间就不应包含 D/A 转换的时间，再忽略 PLC 输出到显示器显示的延迟时间，那么它的延迟时间也就是一个有效的扭矩检测信号转换所需要的最少时间，即为 60 ms。

（2）四个扭矩传感器的有效信号传输所耗费的时间。由于拧紧机的每个拧紧轴都有自己的扭矩传感器，各传感器输出的扭矩检测信号均需要由各自通道的 A/D 转换器进行 A/D 转换。所以，对于四轴拧紧机来讲就有四个扭矩传感器，与其相应的也就需要有四个通道的 A/D 转换器来对扭矩信号进行 A/D 转换。由上面的分析得知，一个有效的扭矩信号进行 A/D 转换所需要的时间最少是 60 ms，一个控制信号输出所需要的时间（即一个通道 D/A 转换器的转换时间）是 4 ms。只计算这两个时间，一个扭矩传感器的有效信号传输所耗费的时间就是 64 ms，而由于 A/D 转换与 D/A 转换均是依次进行的，那么对于四个扭矩传感器的有效信号传输所耗费的时间是否就可以认为是 64×4 =256 ms 呢？回答是否定的。因为 A/D 转换与 D/A 转换虽然均是依次进行的，但 A/D 转换与 D/A 转换是分别进行的，且前三个输出控制信号的 D/A 转换与后三个扭矩信号 A/D 转换的时间是重叠的（如第一个通道 D/A 转换时，第二个通道的 A/D 转换也已经同时开始了），故四个通道所耗费的时间应该是对四个通道的数据采集时间再加上一个通道的 D/A 转换时间，即为 4×60+4 =244 ms。

3. 四轴拧紧机的扭矩有效信号的最大与最小延迟时间

我们所说的四轴拧紧机的扭矩有效信号的最大与最小延迟时间，指的是从检测到的扭矩有效信号输入开始，到控制信号输出的最大与最小延迟时间。对于四轴拧紧机来讲，一个通道扭矩传感器的有效信号所耗费的时间实际就是它的最小延迟时间，而四个通道扭矩传感器的有效信号所耗费的时间则是它的最大延迟时间。比如 PLC 在采集 1 通道扭矩时，1 通道正好刚刚达到目标扭矩值，那么，它的延迟时间也就是一个通道的延迟时间（64 ms），即它的最小的延迟时间。而如若 PLC 在采集 1 通道扭矩时，它的扭矩尚未达到目标扭矩值，而在刚刚采集结束后，转而去采集 2 通道的扭矩时，1 通道的扭矩却达到了目标扭矩值，也即此目标扭矩值并没有被采集进去。而紧接 2 通道之后，PLC 却是要去依次采集 3、4 通道，直到 2、3、4 通道均采集完成后，才能再次回来采集 1 通道，也即只能在这转了一圈又回来时，1 通道的目标扭矩值才被采集进去。这样，它的延迟时间也就必然成为 244 ms。

由以上分析可知，对于此配置结构的四轴拧紧机的扭矩有效信号的最大延迟时间是 244 ms，最小延迟时间是 64 ms。

4. 拧紧过程中的实际延迟时间

对于此配置结构的四轴拧紧机，在拧紧过程中的实际延迟时间是无法确定的，但延迟时间的范围是可以确定的，其范围也就是在一个通道与四个通道的延迟时间之内，即其最小延迟时间是 64 ms，最大延迟时间是 244 ms，而最大与最小延迟时间的差值，即其延迟时间的范围，是 180 ms。

二、扭矩转换的时间对控制精度的影响

1. 一个通道的延迟时间对控制精度的影响

（1）关于"目标扭矩"。从前面的拧紧机工作原理得知，在拧紧机上检测达到的"目标扭矩"，还要经 A/D 转换、PLC 处理后才能通过 D/A 转换输出，并发出伺服电机停转的指令，拧紧才能停止。而在拧紧没有停止之前，扭矩还在上升，拧紧轴上扭矩传感器的检测也照样进行。这也就是说，从在拧紧机上检测达到"目标扭矩"开始，到拧紧机停止拧紧为止，之间还

存在一个延迟的时间，在这个延迟时间内，拧紧还在进行，扭矩还在上升。而我们要求的是拧紧机拧紧达到的最终扭矩才应该是我们在程序中设置的目标扭矩。这也就是说，在拧紧机上检测达到的"目标扭矩"与拧紧完成所达到"目标扭矩"实际上并不是一个值，在它们之间还有一个差值。而该差值的大小，主要取决于延迟时间的长短与扭矩随时间上升的速度（即扭矩－时间曲线的斜率）。当然，还应该包含有伺服电机反应的速度（此处略）。

检定校准用的扭矩传感器是安装在输出轴与套筒之间（见图4-9）的，故它是与拧紧轴上的扭矩传感器相串联的。所以，它所检测到的扭矩峰值，实际上就是拧紧轴拧紧最终的真实的扭矩值。而这个扭矩值，在正常的情况下，也应该是我们在程序中设置的目标扭矩值，拧紧机显示器上显示的也应该是这个程序中设置的目标扭矩值。但正如上所述，拧紧机检测到目标扭矩到拧紧的停止，还有个延迟时间，并由于这个延迟时间而使这两个目标扭矩之间实际上存在有一个差值。这也就是说，校准仪上显示的扭矩值与在拧紧机上检测的达到"目标扭矩"之间也存在一个差值，存在一个取决于延迟时间的大小与扭矩随时间上升速度密切相关的差值。

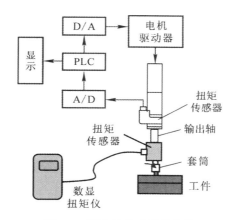

图4-9 校准时传感器的串接

（2）不同扭矩上升时间造成的扭矩控制误差。从使用拧紧机的角度来讲，我们的要求是，拧紧结果的最终扭矩与我们设置的目标扭矩应该是同一个数值。然而，由于有上述差值的存在，就必然会出现由此而产生的误差。而这个误差到底有多大呢？

在对误差分析之前，首先予以说明的是，下面分析所选取的目标扭矩为两个，一是图4-1所示的490 N·m，二是本章第2节中简化配置结构拧紧机的256 N·m。之所以选取这两个扭矩是因为：490 N·m是我们从现场实际录取了扭矩上升波形的目标扭矩，而256 N·m是取自于我们认定为精度低下的简化配置结构拧紧机的目标扭矩，且有实际检测的数据。这也就是说，在下面分析所得的结果中，目标扭矩为256 N·m的误差，就是对我们在本章第2节中所介绍的简化配置结构拧紧机的误差；而目标扭矩为490 N·m的误差，是假如这种简化配置结构拧紧机的目标扭矩为490 N·m时所应该具有的误差。

按照图4-1的扭矩－时间上升波形，扭矩从0上升到490 N·m的时间为1.2 s，那么10 ms的上升值就约为4.1 N·m（按线性计）。由于从图4-2的扭矩－时间上升波形可见，扭矩从 0 上升到 180 N·m 的时间也基本相同，故我们也可大致认为其扭矩从 0 上升到 256 N·m 的时间也是 1.2 s，那么 10 ms 就约为 2.1 N·m（也按线性计）。

由上述已知，在 PLC 的扫描时间为 15 ms 的情况下，1 个通道的延迟时间是 64 ms，相对于 490 N·m 与 256 N·m 的目标扭矩，在整个拧紧的上升时间均为 1.2 s 时，每 64 ms 会分别上升 26.2 N·m 与 13.4 N·m。实际上，这是系统在控制上造成的误差，而这个误差会随着不同的扭矩上升时间而不同。若扭矩从 0 上升到目标扭矩的时间分别为 1.2 s、1.5 s、2 s，期间内的扭矩上升值与该误差将如表 4-7 所示。

表 4-7　在 PLC 的扫描时间为 15 ms 的情况下，不同的扭矩上升时间所造成的扭矩差值

项目	扭矩上升时间						不同上升时间的扭矩极差值	
	1.2 s		1.5 s		2 s			
目标扭矩 /N·m	490	256	490	256	490	256	490	256
64ms 的扭矩上升值 /N·m	26.24	13.44	20.9	10.92	15.68	8.19	10.56	5.25
控制上造成的误差 /%	5.36	5.25	4.3	4.3	3.2	3.2	2.16	2.05

由此表可见，当扭矩上升时间为 1.2 s，目标扭矩为 490 N·m 时，控制上造成的误差为 5.36%，而当目标扭矩为 256 N·m 时，控制上造成的误差为 5.25%。由于两者的误差值相差较小，故也可以说其误差均是 5.3% 左右。而扭矩上升时间为 2 s，目标扭矩分别为 490 N·m 和 256 N·m 时，控制上造成的误差均为 3.2%。即扭矩上升的时间延长了 0.8 s，其在控制上造成的误差降低了约 2%。这也就是说，扭矩上升的时间越长，其控制精度会越高。

（3）不同 PLC 的扫描周期造成的扭矩控制误差。上述的误差，是我们以 PLC 的扫描周期和 A/D 转换器 1 个通道的转换时间（均为 15 ms），并参照实测的扭矩－时间上升波形，并予以适当的延伸（即从实测的 1.2 s 延伸到 2 s）的情况下通过计算得到的。假若应用的 PLC 不是我们前面所说的日本三菱 FX2N，A/D 转换器也不是 FX-4AD，而是扫描周期为 10 ms，甚至是 6 ms 的 PLC，并假设 A/D 转换器 1 个通道的转换时间也小于或等于 6 ms。这时，扭矩从 0 上升到目标扭矩的时间也分别为 1.2 s、1.5 s、2 s 时，经计算，期间内的扭矩上升值与误差如表 4-8 所示（表中的 44 ms 与 28 ms 分别是 PLC 的扫描为 10 ms 与 6 ms 时 1 个通道的延迟时间）。

表 4-8　在 PLC 的扫描时间为 10 ms 与 6 ms 的情况下，不同的扭矩上升时间所造成的扭矩差值

项目	扭矩上升时间						不同上升时间的扭矩极差值	
	1.2 s		1.5 s		2 s			
目标扭矩 /N·m	490	256	490	256	490	256	490	256
44 ms 的扭矩上升值 /N·m	18.04	9.24	14.39	7.48	10.78	5.63	7.26	3.61
控制误差 /%	3.68	3.6	2.94	2.92	2.2	2.2	1.48	1.41
28 ms 的扭矩上升值 /N·m	11.48	5.88	9.16	4.76	6.86	3.58	4.62	2.3
控制上造成的误差 %	2.34	2.23	1.87	1.86	1.4	1.4	0.94	0.9

由表4-8可见，当PLC的扫描时间分别为10 ms（对应44 ms的扭矩上升值）与6 ms（对应28 ms的扭矩上升值）时，对于不同的扭矩上升时间，1个通道的延迟时间分别为

①当扭矩上升时间为1.2 s，目标扭矩为490 N·m时，控制上造成的误差为2.34%，而当目标扭矩为256 N·m时，控制上造成的误差为2.23%；

②当扭矩上升时间为2 s，目标扭矩为490 N·m和256 N·m时，控制上造成的误差均为1.4%。

上述便是一个通道的延迟时间对扭矩控制精度的影响，这也就是相对于单轴拧紧机的拧紧中在控制上造成的误差。在对拧紧机校准时，如果其校准的状态只是一个轴工作，此种情况下拧紧机也就同样具有一个通道的延迟时间，同样存在从拧紧机上检测所达到的"目标扭矩"与拧紧完成所达到"目标扭矩"不同的问题，但这是属于控制上的问题，且只能尽量缩小，而不能完全解决。

2. 检定与校准对控制误差的作用

检定与校准的目的是要使拧紧机的显示值与真值（扭矩仪）相符合，拧紧机上的扭矩显示值来自拧紧机上扭矩传感器的检测所得，扭矩仪的扭矩值来自扭矩仪中扭矩传感器的检测所得。检定时两个传感器是串联的（参见图4-9），承受相同的扭矩，故检测所得的扭矩必然均是最终拧紧完成所达到的"目标扭矩"。然而，如前所述，扭矩仪上的这个"目标扭矩"与拧紧机内部判定所达到的"目标扭矩"之间存在着一定的差值。这也就是说，拧紧机内部判定并据此所发出的达到了的"目标扭矩"，实际上是小于最终拧紧结果的真实（扭矩仪）的"目标扭矩"。然而这个差值（包括拧紧机显示器的显示误差）我们完全可以通过检定与校准中的"调整"予以消除。也即在检定与校准过程中，调整拧紧机显示器上的显示值，使其与扭矩仪上的扭矩值相符即可。从表4-7或表4-8可见，校准的工况与实际拧紧的工况如果相同（即扭矩上升时间相同），这个差值是完全可以消除的。而若有差异（扭矩上升时间不同），将会由于差异的不同而出现不同的误差。这也就是我们为什么对拧紧机的检定与校准时，要求尽量与实际工况相符合的原因。

3. 四个通道的延迟时间对扭矩控制精度的影响

从上述可见，一个通道的延迟时间（即一个拧紧轴）对控制精度的影响并不大，而四个通道（即四个拧紧轴）的延迟时间对控制精度的影响如何呢？

在上面的讨论中已经说过，拧紧机在检定与校准时，已经把一个通道的延迟时间的影响基本排除了（如果扭矩上升时间相同的话）。所以，我们在讨论延迟时间对扭矩控制精度的影响时，只讨论四轴拧紧机在拧紧过程中，对扭矩采集的最大与最小延迟时间之差对其控制精度的影响。

四轴拧紧机需要四个通道的数据，四个通道的最大与最小的延迟时间之差为180 ms（PLC扫描时间为15 ms时），相对于目标扭矩为490 N·m和256 N·m的拧紧机来讲，这180 ms期间内的扭矩最大变化量分别可达73.8 N·m和37.8 N·m。而如果扫描周期为10 ms，或者说就是6 ms（假设A/D转换器一个通道的转换时间小于或等于6 ms），经计算，在扭矩上升期间内的扭矩上升值与误差如表4-9所示。

表 4-9 扭矩上升时间为 1.2 s 时不同扫描周期的最大与最小延迟时间差所造成的最大控制误差

扫描周期 /ms	最大最小延迟时间差 /ms	扭矩上升时间 /s	目标扭矩为 490/ N·m		目标扭矩为 256/ N·m	
			扭矩上升值 /N·m	最大控制误差 /%	扭矩上升值 /N·m	最大控制误差 /%
6	72	1.2	29.52	6.1	15.12	5.9
10	80	1.2	32.8	6.7	16.8	6.6
15	180	1.2	73.8	15.1	37.8	14.8

由此表可见，当扭矩上升为 1.2 ms 时，其在控制上造成的误差最大可达 15%（扫描周期为 15 ms 时），最小也约为 6%（扫描时间为 6 ms 时）。

而假若扭矩从 0 上升的 490 N·m 与 256 N·m 的时间为 1.5 s 与 2 s，其扭矩上升值与误差如表 4-10 所示。

表 4-10 扭矩上升时间为 1.5 s 和 2 s 不同扫描周期的最大与最小延迟时间差所造成的最大控制误差

扫描周期 /ms	最大最小延迟时间差 /ms	扭矩上升时间 /s	目标扭矩为 490 N·m		目标扭矩为 256 N·m	
			扭矩上升值 /N·m	最大控制误差 /%	扭矩上升值 /N·m	最大控制误差 /%
6	72	1.5	23.52	4.8	12.24	4.8
		2	17.64	3.6	9.22	3.6
10	80	1.5	26, 13	5.3	13.6	5.3
		2	19.6	4	10.24	4
15	180	1.5	58.8	12	30.6	12
		2	44.1	9	23.04	9

由此表可见，当扭矩上升时间为 1.5 ms 和 2 ms 时，其在控制上造成的误差均有所降低，尤其是 2 ms 时，最大为 9%（扫描周期为 15 ms 时），最小为 3.6%（扫描时间为 6 ms 时）。表 4-9 与表 4-10 中的数据表示的是相对于不同的扫描时间，在不同的扭矩上升时间内，所能产生的控制误差的最大值，即误差变化的范围，也就是说在拧紧的过程中，拧紧扭矩的误差可能是其中任一值。

4. 采用 PLC 作为主控制器，而没有专用轴控单元的拧紧机的误差

上面所论述的只是四轴拧紧机的误差，如果是六轴、八轴、十轴、……，其误差必然会随着轴数的增加而增大。因此，我们完全可以得到这样的结论：这种结构拧紧机的误差较大，而且是轴数越多其误差越大。

综上可见，采用 PLC 作为主控制器，而没有专用轴控单元的拧紧机的误差确实很大，而该误差主要来自我们上面所说的延迟时间。而由于这个延迟时间主要是由 PLC 工作方式与扫描周期的时间造成的，所以这种结构的拧紧机，其精度的低下是"天生"的，必然

的，也是难以解决的。

三、具有专用轴控单元拧紧机的延迟时间

具有专用轴控单元拧紧机的控制系统，与上述的以 PLC 作为主控制器而没有专用轴控单元拧紧机的控制系统，在延迟时间上的主要区别与原因如下。

1. 专用轴控单元的核心是一套单片机控制系统

在本书第 2 章第 8 节中我们就介绍了，专用轴控单元的核心是一套单片机控制系统，而单片机的工作方式，在对监测的输入信号通常采用的是查询方式，而不是周期扫描。并在不间断的查询过程中，只要发现监测的输入信号达到设定值，就会立即发出相关的信息命令，即转入相应的子程序运行。所以，不存在像 PLC 那样扫描周期的延迟时间。

单片机系统采用的 A/D 转换器基本均是转换芯片，通常采用的是 AD574 或同类芯片，转换时间是 25 μs（12 位，或小于 25 μs）。其数字滤波也是采用防脉冲干扰平均值滤波，而它对一个信号连续进行 4 次数据采样的时间只有 100 μs，因为 A/D 转换所造成的延迟时间只有 0.1 ms。D/A 转换器的转换时间仅几微妙，故具有专用轴控单元的拧紧机，从 A/D 转换到 D/A 转换后控制信号的输出几乎没有延迟。

2. 具有专用轴控单元拧紧机的扭矩与转角的检测与控制系统均是相互独立的

最重要的一点是，具有专用轴控单元拧紧机的扭矩与转角的检测与控制，相对于各个拧紧轴之间均是相互独立的，每个拧紧轴在拧紧过程中，通过扭矩传感器与转角传感器检测得到的扭矩与转角信号均反馈到各自的轴控单元中，其检测与控制的原理框图如图 4-10 所示。

我们在第 2 章第 2 节中就已经介绍过了，伺服电机实际上由电动机与转角传感器两部分构成（不论是直流伺服电机还是交流伺服电机均如此），其中的转角传感器是把电动机旋转的角度信号送入电机驱动器进行处理，处理后的转角信号主要分为两部分，一是在电机驱动器内部，作为转子的位置信号，以确保换相的顺利进行，还可参与对电动机的转速控制；二是从驱动器输出转角反馈信号，以实现外部对电机的转角控制。

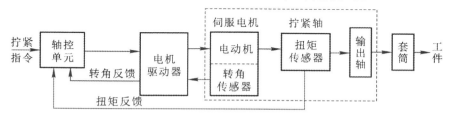

图 4-10　具有专用轴控单元拧紧机的扭矩与转角检测控制系统原理框图

由图 4-10 可见，这是一个典型的扭矩与转角的闭环控制系统，而且每根拧紧轴均是这样一整套的并相互独立的闭环控制系统；而以 PLC 作为主控制器而没有专用轴控单元拧紧机的控制系统（该系统没有转角检测与控制），所有拧紧轴的扭矩检测信号全都由一个 A/D 转换器转换，而转换之后又全都由一个 PLC 来循环扫描处理。

　　该系统的拧紧指令来自主控单元，其中包含有拧紧启动与扭矩和转角的设定值（实际上，扭矩与转角的设定值是在控制系统上电或设定值修改并确认后即输入轴控单元），拧紧过程中检出的拧紧扭矩与转角信号均进入了轴控单元，而各轴控单元均是独立的单片机系统，这就组成了独立的扭矩或转角的闭环控制系统。由于它的存在，每根拧紧轴均成为一套完整独立的数据采集、计算、存储、控制系统，在拧紧过程中，每根轴均可独立地直接对本轴的扭矩、转角进行独立、实时地检测与控制，从而确保了各个拧紧轴的拧紧精度及其稳定性。

　　如系统运行在扭矩控制方式时，由于扭矩反馈信号在轴控单元内部，从 A/D 转换到 D/A 转换后控制信号的输出几乎没有延迟，故由于时间的延迟所造成的扭矩误差也就微乎其微。即便是这微小的延迟时间造成了微小的误差，也会在对拧紧机的检定校准时得到有效的修正。

　　当系统运行在转角控制方式时，进入到轴控单元的转角的反馈信号本身就是数字信号，用不到再次转换，即可直接进行比较控制，故几乎没有延迟。

第5章

各类拧紧机及校准部件

电动拧紧机的分类方式有多种，按照不同的分类方式可以分成不同的类别，当前，主要的分类方式及其类别如下：

电动拧紧机的分类
- 按操作体装配形式
  - 滑台式拧紧机
  - 悬挂式拧紧机
  - 助力机械臂式拧紧机
  - 移动小车式拧紧机
  - 手持式拧紧机
  - 机器人式拧紧机
- 按拧紧轴移动方向
  - 立式拧紧机
  - 卧式拧紧机
  - 斜式拧紧机
- 按人工参与的程度
  - 手动拧紧机
  - 自动拧紧机
  - 半自动拧紧机
- 按拧紧机的功能
  - 基本功能拧紧机
  - 附加功能拧紧机
  - 扩展功能拧紧机
- 按拧紧轴的数量
  - 单轴拧紧机
  - 多轴拧紧机
- 按拧紧机配置结构
  - 国际主流配置结构拧紧机
  - 非主流配置结构拧紧机
  - 简化配置结构拧紧机
- 按拧紧机能源性质
  - 直流拧紧机
  - 交流拧紧机
- 按拧紧机制造商的地域
  - 欧美系拧紧机
  - 日系拧紧机
  - 国产拧紧机

本章,我们按照操作体装配形式分类,对实际应用的电动拧紧机进行介绍。

第1节　滑台式拧紧机

所谓滑台式拧紧机就是其操作体安装在类似如机床床身的滑台上的拧紧机,由于其整体结构类似机床,故也有称其为机床式拧紧机。这种拧紧机根据滑台的运行方向又可分为立式滑台式拧紧机、卧式滑台式拧紧机与斜卧式滑台式拧紧机,下面分别做以介绍。

一、滑台式拧紧机的基本结构与作用

1. 滑台式拧紧机机体部分的基本结构

滑台式拧紧机的机体一般由机床底座、床身、滑台、操作体、平衡升降机构、定位夹具以及安全防护等基本部件构成。

2. 滑台式拧紧机机体主要部件的作用

机床底座是整个设备的基础,一般为焊接结构件,并经时效处理、必要的机械加工和表面喷漆处理而成。

床身部分一般也是焊接件(早期也有铸铁的),是平衡升降滑台的轨道支撑;轨道一般选用直线导轨,以保证升降移动的精度和平稳度。

滑台是拧紧机构的实际承载体,它与平衡升降机构联动,实现拧紧机构与工件的对接和脱离动作。

平衡升降机构的驱动一般有气动和电动两种。即气缸驱动或是伺服电机驱动。

一般举升物重量较大时,可以附加配重铁平衡配重或是平衡气缸配重,这样可以减小驱动机构的功率并使升降更平稳、安全。另外,从安全角度来讲,垂直移动的部件无论气缸驱动还是伺服驱动均应附加安全锁机构。

自动滑台式拧紧机实现自动拧紧的前提是工件必须有准确的定位,所以这类设备的使用必须有工件的定位夹具配合。

实际上,滑台式拧紧机还可以分为在线形式的和离线形式的(线外的独立机床)。

离线形式的滑台式拧紧机,机床必须配有工件定位夹具。当然,定位夹具形式很多,需要根据工件的实际情况来设计。但原则只有一个,就是通过尽量简单的机构实现工件上的被拧紧螺栓与拧紧机的各拧紧轴输出头实现准确的对正;对于单轴拧紧情况,还必须保证拧紧过程中工件不会产生旋转动作(即夹具将工件锁定能够承受拧紧所产生的反作用力)。

对于在线形式的拧紧机,一般工件会放在托盘上输送到拧紧工位,拧紧前,必须对托盘(实际是对工件)进行抬起定位,以便达到拧紧所需要的位置精度要求。这种情况下,实际对于线体上的托盘以及托盘与工件的定位要求有较好的一致性,一般定位偏差不应超过 ±0.5 mm,否则自动拧紧的可靠性会受到较大影响。

为了安全起见,在汽车行业,滑台式自动拧紧机通常均需设置安全防护系统。安全防护系统是为了保证操作人员的安全所设,其防护通常包含铝型材防护框架、金属防护网、安全门锁以及安全光幕等。原则上，设备在工作过程中，是不允许任何人进入防护区域的，否则一旦有人体进入该区域，则安全防护系统动作，驱使设备立即停止工作，达到安全防护的作用。

二、实用的滑台式拧紧机

滑台式拧紧机所拧紧的工件，通常位置都是固定的，并且对位置的精度有一定要求。因为安装在滑台上的拧紧轴在驱动装置的驱动下运行的轨迹是确定的，工件在拧紧工位的位置如果偏离，那就无法对正螺栓头了。

滑台式拧紧机按照操作体（或拧紧轴）在拧紧过程中行进的方向来分，可分为立式滑台式（又分为立式向下和立式向上两种）、卧式滑台式与斜卧式滑台式拧紧机，其基本结构形式有如下几种。

1. 立式滑台式拧紧机

立式滑台式拧紧机如图 5-1 所示，它的拧紧机操作体是安装在滑台上，由气缸（图上看不到）带动，沿着滑台导向柱上下移动。此类拧紧机如果是多轴（2 轴以上），其工件只需定位准确，而不一定需要夹具的夹紧。因为对多轴来讲，由于拧紧产生的反作用力有相互相抵的作用，故在拧紧的过程中工件不会随拧紧而转动。而对于单轴，可根据工件的具体情况，只要确保被拧紧的工件不随拧紧转动即可。其拧紧工作的过程如下。

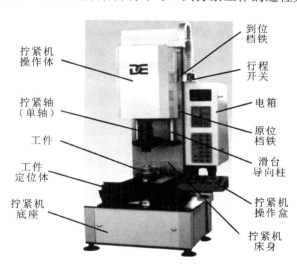

图 5-1　立式滑台式拧紧机

自动拧紧机通常都会有三种工作状态，即自动状态、手动状态和空循环状态。其中"手动"状态一般用于设备的调试和校准操作；而"空循环"用于对设备工作循环以及稳定性的动态考察。通常这类设备的常态应该是"自动"工作状态。所以，我们先假定拧紧机处在自动状态，拧紧轴以及各运动部件均在原位，即设备处于准备就绪状态。

在此状态下：操作者将要拧紧的工件放入夹具中，并定位夹紧后，只要按工作台上的"启动"按钮，拧紧机操作体便会自动下降，下降到位与工件对接后，系统会自动启动"自动拧紧"程序：即自动进行认帽→高速拧紧→贴合→预拧→终拧→合格。之后，自动卸荷，

电动拧紧机结构原理及其应用

退出自动拧紧过程。在拧紧完成后，如果合格，固定在床身侧面的操作面板上的"合格"信号灯（绿色）会点亮，操作体也会自动抬起到机床原位。随后，夹具自动松开，传输系统把此拧紧完成的工件送出拧紧工位，并把下一个待拧紧的工件送入拧紧工位，定位、夹紧、拧紧机操作体自动下降、对接、拧紧……

其间如果需要终止自动拧紧可以通过按"复位"按钮使拧紧动作停止。

拧紧后若有不合格，则操作面板上的"不合格"信号灯（红色）点亮，同时，蜂鸣器会发出报警，提醒操作者。而拧紧机操作体则停止在拧紧的位置不动，等待人工处理。

当然，系统还可以设置（通过拧紧参数设定）为"当拧紧不合格时，自动松开再拧紧一次"，这样当拧紧不合格时，系统会自动将不合格的螺栓松开，并再拧紧一次，如果还是不合格，则点亮"不合格"信号灯/并报警。

对于不合格情况，也可以由人工来处理，即可以按住操作盒上的"复位/反转"按钮，将本次拧紧的全部螺栓均进行反转松开，或者通过操作盒上的手动正/反转开关，单独对不合格的进行松开再拧紧。

如果工件质量不存在问题，通常这类设备的拧紧合格率都是100%。

2. 卧式滑台式拧紧机

卧式滑台式拧紧机如图5-2所示，该拧紧机操作体安装在水平滑台的底板上，并设置有操作盒。此操作盒上的操作按钮除了"急停"以外，一般都在手动操作时使用，如前进、后退、启动、复位、轴选、单轴正/反转，以及参数选择等；同时，设有合格（绿色）不合格（红色）信号灯和报警蜂鸣器。

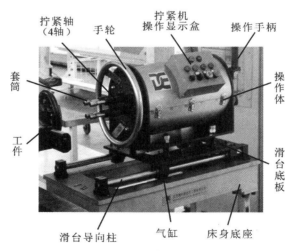

图5-2 卧式滑台式拧紧机

图5-2所示的是一台4轴拧紧机，用于对在同一分度圆上的8个等间距螺栓的拧紧。其拧紧工作过程如下。

按下操作体"前进"按钮，气缸带动操作体向前，并手动轮回转操作体，使在前进到位时确保与工件的对接，即套筒对正螺栓头，并使花键轴产生一定压缩量。按下"启动"按钮，启动自动拧紧过程。首先对第一组（4个螺栓）进行拧紧，拧紧完成后，拧紧机自动退出，人工转动手轮 45°，再按"前进"按钮，拧紧机再次向前，实现与第二组螺栓的准确对接后，再次按"启动"按钮，即可自动完成第二组（4 个螺栓）的拧紧。第二组拧紧完成，拧紧机自动退出，即完成一个工件的全部拧紧。

在拧紧的过程中，如果有一个拧紧轴发生拧紧不合格，拧紧机操作显示盒上所对应的不合格信号灯（红色，共 4 个，每个拧紧轴 1 个）点亮，蜂鸣器鸣叫，等待人工处理。如果4 个轴均合格，拧紧机操作显示盒上的合格信号灯（绿色）点亮（合格信号灯只 1 个）。

由于此类设备的拧紧过程需要人工干预，所以应该算半自动设备。而相对于图 5-2 所示的设备，如若使其实现全自动的功能，则需要做如下改进。

（1）装设工件到位与定位开关，并在工件到位并定位后，定位开关发出信号给拧紧机控制系统，以作为操作体向前的指令信号，其功能相当于人工按下操作体"前进"按钮。

（2）装设操作体向前到位开关，并在操作体向前到位后，到位开关发出信号给拧紧机控制系统，以作为拧紧的启动信号，其功能相当于人工按下"启动"按钮。

（3）装设操作体旋转控制装置，在第一组 4 个螺栓拧紧完成（合格），并自动退出后，操作体自动旋转 45°，以便对第二组 4 个螺栓拧紧；且在第二组 4 个螺栓拧紧完成，并自动退出后，操作体自动回转 45°，即回到原位。对于操作体反复旋转 45° 的控制信号可取自拧紧机的原位与拧紧合格信号，且只有二者同时满足，才能旋转。原因是如果拧紧有不合格的，则需要重复拧紧，故操作体不能旋转变位；如果没有退回原位，则套筒可能没有与螺栓头分离，故操作体也不能旋转变位。

（4）保留原手动旋转操作体变位的功能，以备调整或其他情况下使用。

3. 斜卧式滑台式拧紧机

斜卧式滑台式拧紧机是斜式拧紧机中的一种，它的结构如图 5-3 所示，其结构与图 5-1 所示的立式滑台式拧紧机基本相同，也可以称之为机床式拧紧机。与图 5-1 所不同的是

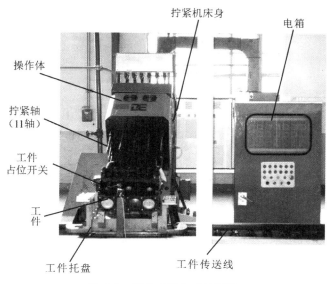

图 5-3　斜卧式滑台式拧紧机

（1）其运行的轨迹及操作体均与水平面倾斜一定的角度。

（2）它是一台多轴的拧紧机，而图 5-1 所示的是一台单轴拧紧机。

（3）它是安装在自动传送线上的全自动拧紧机（在线形式的）。

其工作过程如下。

放置在托盘上的工件由传送带传送到拧紧工位，压上工件到位行程开关，抬起装置自动将托盘抬起并定位，同时工件占位开关也检测到有工件后，气缸驱动操作体向斜下方（向前）移动→向前到位→拧紧轴旋转→认帽→高速拧紧→贴合→预拧→终拧，拧紧完成后，如果全部合格（所有拧紧轴），合格信号灯（绿色）点亮，操作体自动退回，等待下一个工件的到来。如果有不合格的（1 个或几个拧紧轴），对应的不合格信号灯（红色）点亮，操作体停止在拧紧结束的位置不动，蜂鸣器鸣叫，等待人工处理。

由图可见，合格与不合格信号灯均安装在电箱门上，操作者过来后，可根据不合格信号灯序号查看对应的轴控单元，并根据轴控单元上的显示（扭矩高还是扭矩低等），对对应的螺栓与螺孔进行检查，并做出相应的处理。处理完成后，手动退回操作体，等待下一个工件的到来，重复上述的拧紧过程。

如果由传送带传送到拧紧工位的托盘上没有工件，托盘定位后，经工件占位开关检测没有工件，操作体不动，拧紧不进行。

三、滑台式拧紧机的安装

滑台式拧紧机无论是在线形式还是离线形式的，一般均可以实现自动与半自动的拧紧；而实现自动拧紧的前提就是拧紧机构与工件必须有良好的定位关系。所以，这类拧紧机设备安装步骤及注意事项如下（通常出厂前装配时已经将设备本身的各项精度指标调整好了，所以到现场安装，主要是完成恢复原始的装配精度以及与现场机构的配合精度的调校）。

（1）设备拆箱、就位。即将运输时包装好的设备包装打开，使用吊车或者叉车将设备安置到需要的位置上去。

（2）就位后，首先摆正机床，然后调校机床底座的水平姿态，可以使用水平仪调校，注意 X、Y 两个方向都要检查。

（3）解除滑台在运输时所做的安全防护机构。

（4）夹具恢复以及调整工件夹具与拧紧机构的对位精度，一般出厂时会配备检棒等辅助工具，安装时对中精度要高于 ±0.2 mm。

（5）由于滑台式拧紧机基本结构与机床相同，故其具体的安装方法与注意事项可参照 GB50231—2009《机械设备安装工程施工及验收通用规范》国家标准的相关条款进行。

（6）设备安装完成后，即先接通设备的气源，检查气压是否满足要求（注意此时控制系统还没有工作，气源报警机构暂时未起作用，所以最好人工先判断一下气源的状态，并调整到设备要求的气源压力值：一般为 0.4 MPa）。

（7）先通过手动控制方式（人工按压气阀）初步试验拧紧机各部位动作是否正常，确认运输中没有造成损坏现象。

（8）为设备连接电源，将动力电源接入设备控制柜的电源端子上；注意区分零（N）线，连接好安全地线，并确认三相电源的各相电源电压在允许范围内。

（9）试通电。通电前先人工将各运动部件调整到原位（正常待命的位置），然后，接通控制系统电源。注意接通电源时，应该一步一步分步接通（先总电源，后分支电源），并且每步都需要确认电压。

（10）通电正常后，可以先将设备切换到"手动状态"，然后分步进行手动控制试车；按照操作说明，检查机床各部件是否受系统控制，并且动作正确，如电机旋转方向、气缸动作方向等。注意：伺服电机的正反转不是像三相异步电机那样，可以通过改变电源相序来改变，而是通过伺服驱动器的参数来设置的。

（11）手动动作没有问题时，即可进行实际拧紧试验。注意：对于手动的拧紧试验，首先还是在手动状态下分步进行为好。

（12）自动试车。将工作状态选择开关选择为"自动"状态，然后就可以进行自动试车了。

（13）还要注意有安全防护的机床，安全防护机构要求进行调整，如安装光幕的调校，以及安全门锁调校。

（14）如果需要与其他系统实现信号传递，则还需连接与其他系统的接口连线。

整个安装、调试过程中，一定要注意对人和设备的安全保护与防护。

第 2 节　悬挂式拧紧机

所谓悬挂式拧紧机，就是把其操作体悬挂在某一种类的钢结构体上的拧紧机，这种拧紧机根据操作体的运行方向可分为立式悬挂式拧紧机、卧式悬挂式拧紧机，而根据其钢结构的不同，又可分为单臂悬挂式拧紧机、轨道悬挂式拧紧机，而单臂悬挂式根据其臂是否可以围绕立柱回转，又分为单臂固定式与悬臂式，轨道悬挂式的根据轨道的支撑与敷设体的不同，又可分为倒 L 形、门式（或称框架式）与梁式（即轨道敷设在钢梁上的）的悬挂式拧紧机，下面分别介绍。由于单臂固定式钢结构实际上就是一个单个的倒 L 形钢结构，故单臂固定式钢结构不做单独介绍。

一、钢结构的基本结构与作用

1. 悬臂的基本结构与作用

悬臂实际上属于轻型工作强度的起重设备，其基本结构如图 5-4 所示。由图可见，它主要由立柱、底座、转轴座、回转悬臂及滑车组成，由于此处是用于吊挂拧紧机的操作体，故没有起重用的吊具（如电葫芦与吊钩等）。

回转悬臂的一端为不产生轴向与垂直方向的位移，并可转动的转轴，另一端为自由端，可以在外力的作用下，做环绕立柱的有限运动（通常均有限位装置）。而回转悬臂的结构主要包括有转轴、主梁与主梁拉杆。图中的滑车是用于吊挂的操作体在主梁上的移动，对其移动的范围通常也设缓冲限位装置。电缆则是用于对操作体上用电装置电气信号与能量

的传输 。

立柱下端的底座用于悬臂体的固定,并通过地脚螺栓固定在混凝土基础上。

2. 倒 L 形钢结构的基本结构与作用

倒 L 形钢结构的基本结构如图 5-5 所示。由图可见,它主要由立柱、底座、主梁、主梁拉杆、纵向轨道、横向轨道及滑车组成(电缆略)。图中所示的立柱与主梁是两个,而实际应用中的立柱与主梁可能有多个,也可能只有一个,这主要是根据拧紧机在纵向移动的距离而定。从图 5-5 可见,一个单个的倒 L 形钢结构,实际上也就是单臂固定式的钢结构。

由于倒 L 形钢结构中有纵向轨道和横向轨道,故拧紧机的操作体可以方便地在一定的平面区间内移动。

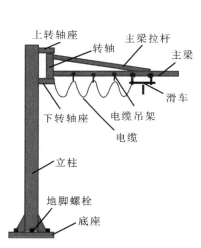

图 5-4 悬臂的基本结构图

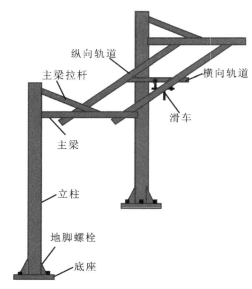

图 5-5 倒 L 形钢结构的基本结构示意图

3. 门式钢结构的基本结构与作用

门式(或称框架式)钢结构,通俗地说就是一根横梁连接两个支腿与地面紧固组成的像门框一样的结构,它的基本结构如图 5-6 所示。由图可见,它主要由立柱、底座、主梁、纵向轨道、横向轨道及滑车组成,其中两个立柱与一个主梁构成一个门式的框架。图中所示的立柱与主梁组成的门框是两套,而实际应用中的可能有多套,这主要是根据拧紧机在纵向移动的距离而定 。与倒 L 形钢结构一样,由于有纵向轨道和横向轨道,故拧紧机的操作体可以方便地在一定的平面区间内运行。与倒 L 形钢结构不同的是它是双支撑结构,故相对于单支撑的倒 L 形和悬臂式结构来说,它的承受负载大,结构稳定。倒 L 形钢结构与门式钢结构移动的范围通常也均设有缓冲限位装置。

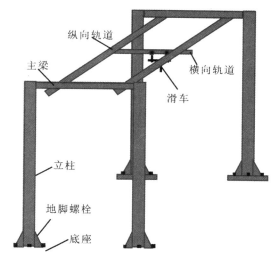

图 5-6　门式钢结构的基本结构示意图

二、悬挂式拧紧机

所谓的悬挂式指的是操作体悬挂在某一种类的钢结构体上。悬挂式拧紧机按照操作体（或拧紧轴）在拧紧过程中行进的方向来分，可分为立式悬挂式拧紧机与卧式悬挂式拧紧机。当前在拧紧机系统中应用的钢结构主要有单臂式悬挂、倒 L 形悬挂、梁式悬挂与门式（或称框架式）悬挂。下面我们结合立式悬挂式拧紧机与卧式悬挂式拧紧机分别予以介绍。但需要说明的是，无论是立式还是卧式悬挂式的拧紧机，其所指只是操作体在拧紧过程中行进的方向，而与悬挂在什么形式的钢结构上无关，即它们均可悬挂在相同结构的钢结构上。在下面，我们结合现场实际应用的拧紧机，顺带对这两种钢结构进行简要介绍。

1. 立式悬挂式拧紧机

立式悬挂式拧紧机如图 5-7 所示，这是一台 4 轴拧紧机，钢结构采用的是悬臂式。它的操作体通过吊架、吊杆、下托板、螺杆，上托板与气缸杆端相连，气缸杆的伸出与缩回驱动了操作体的下降与上升。

两个平衡器作为操作体升降的助力，分居左右两侧，其上端挂接在小车上，下端吊挂在上托板上。上下托板通过四个螺杆连接，其目的是调节操作体的初始高度，以适应操作者对工件拧紧的操作。

平衡器和气缸的上端与行走小车相连，行走小车吊挂在立柱式悬臂吊的悬臂上，小车可以沿着悬臂行走，悬臂可以在一定的角度内摆动，气缸可以驱动操作体上下移动，故在此范围内的螺栓均可轻松对正并拧紧。

拧紧操作时，操作者双手把持操作体下面左右两侧的两个手柄，置操作体于工件上对应螺栓的上端，用拇指按下手柄上的"下降"按钮（操作体的上升与下降按钮在一侧的手柄上），气缸杆伸出，驱动操作体下降到接触螺母（此案实际拧紧的是螺母）并对正后，用另一侧拇指按下手柄上的"启动"按钮（拧紧轴的启动与复位按钮在一侧手柄上），拧紧轴旋转，拧紧开始。拧紧完成后，用拇指按下手柄上的"上升"按钮，气缸上升，即完成了一次拧紧的操作。

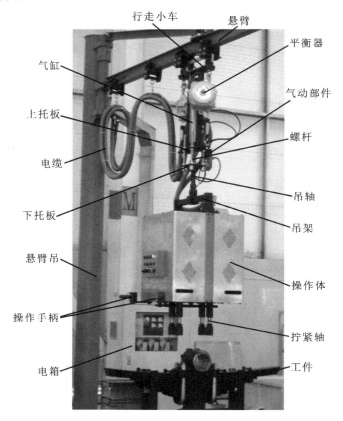

图 5-7　采用悬臂的悬挂式拧紧机

拧紧的结果如果全部合格，合格信号灯（绿色）点亮；而如果有不合格的，对应的不合格信号灯（红色）点亮，蜂鸣器鸣叫。

2. 卧式悬挂式拧紧机

卧式悬挂式拧紧机如图 5-8 所示，这是一台 5 轴拧紧机，钢结构采用的是梁式悬挂，并配置有 KBK 轨道。它的操作体也是通过吊架、吊杆、下托板、螺杆、上托板与气缸杆端相连，气缸杆的伸出与缩回，驱动操作体的下降与上升。

气缸与平衡器部分的结构如图 5-9 所示。由图可见，气缸与导向套（2 个）固定在气缸安装底板上，连接杆（4 个）支撑在小车吊架底板与气缸安装板之间，两个平衡器的上端吊挂在小车吊架底板上，下端吊挂着上托板。上托板与下托板之间采用 4 个螺杆支撑，可以用来调节操作体的初始高度。当气缸杆伸出时，上托板下降，吊轴随之下降，由于吊轴的下端与操作体相连，故操作体也随之下降；气缸杆缩回，吊轴与操作体上升。气缸的伸出与缩回时，两侧的导向柱在导向套中向下与向上滑动，加之平衡器的作用，保证了移动的平稳性。此部分结构和作用与上面介绍的立式悬挂式拧紧机的相同，而与其所不同的是

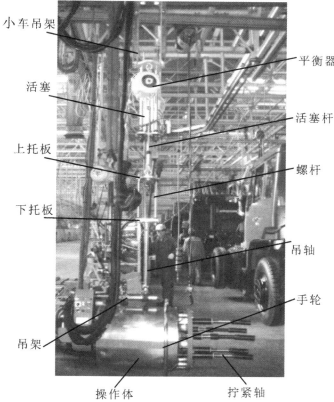

图 5-8　采用梁式悬挂的卧式悬挂式拧紧机

图中标注：小车吊架、活塞、上托板、下托板、吊架、操作体、平衡器、活塞杆、螺杆、吊轴、手轮、拧紧轴

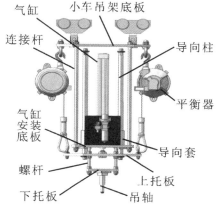

图 5-9　气缸与平衡器部分结构图

图中标注：气缸、连接杆、气缸安装底板、螺杆、下托板、小车吊架底板、导向柱、平衡器、导向套、上托板、吊轴

（1）这里操作体的吊架是倒 L 形的，这主要是为了便于手轮的转动操作。因为这台 5 轴拧紧机是用于同一分度圆上等间距的 10 个螺栓的拧紧，即需要进行两次拧紧，而在第二次拧紧时，需要用手轮旋转操作体一个角度。

（2）行走小车的上端挂接在横向 KBK 导轨上，行走小车就可以在该导轨中左右（横向）平滑移动，而此 KBK 导轨又通过滚轮挂接在上端的纵向 KBK 轨道上，即又可前后（纵向）平滑移动，如图 5-10 所示。

由上可见，该类悬挂式拧紧机也完全可以在前后、左右、上下各方向上平滑移动，故在此范围内的螺栓均可轻松对正并拧紧，其拧紧的操作其过程同上。

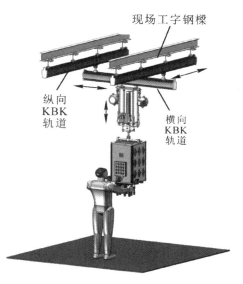

图 5-10　梁式悬挂式拧紧机的钢结构

图中标注：现场工字钢樑、纵向 KBK 轨道、横向 KBK 轨道

3. 倒 L 形和门式悬挂钢结构的拧紧机

上述两个实例分别是立柱式悬臂吊与梁式悬挂钢结构的拧紧机，倒 L 形和门式（或称

框架式）悬挂钢结构拧紧机的实例分别如图 5-11 与图 5-12 所示。

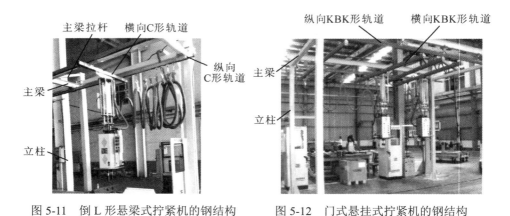

图 5-11　倒 L 形悬梁式拧紧机的钢结构　　图 5-12　门式悬挂式拧紧机的钢结构

三、悬挂式拧紧机的安装

悬挂式拧紧机通常均是半自动拧紧；即需要人工操作对正螺栓头或螺母，之后按下启动按钮即可完成一次拧紧操作。这类拧紧机设备安装步骤及注意事项如下。

（1）设备拆箱、就位。即将运输时包装好的设备包装打开，检查设备，应无变形、损伤及腐蚀现象，使用吊车或者叉车将设备放置到需要的位置。

（2）对于有立柱的钢结构（悬臂式、倒 L 形、龙门框架式），首先应该根据工作的范围确定立柱的安装位置，并按照立柱底座打地脚螺栓的安装孔。

（3）对地脚螺栓安装孔的要求是地脚螺栓的下端不得碰到孔的底部，螺栓埋入的长度为 20 倍螺栓直径，螺栓到孔壁各个侧面的距离不能少于 15 mm。螺栓露出地面的高度应为不低于立柱底板的的厚度 +2 个螺母的厚度 +1/3 螺栓的直径。

（3）对地脚螺栓的要求是地脚螺栓应采用 T 形、L 形或弯钩等形状。且地脚螺栓在敷设前，应将地脚螺栓上的锈垢、油质等清除干净，但螺纹部分要涂上油脂，然后检查与螺母的配合是否良好，敷设地脚螺栓的过程中，应防止杂物掉入螺栓孔内，以保证灌浆的质量。

（4）地脚螺栓安装时应垂直，无倾斜。

（5）为保证埋设地脚螺栓位置的准确，可按照立柱地脚孔的分布制作相应的模板，在埋设螺栓时把螺栓穿入模板孔中，并戴上螺母（注意模板与螺母要涂上油脂）。

（6）在预留孔内混凝土达到其设计强度的 75% 以上时，方可进行立柱的安装。安装立柱时应采用相应的起重设备（汽车吊或现场的樑式吊车等），使地脚螺栓稳妥地穿入立柱的地脚螺栓孔中，戴上螺母进行拧紧，各螺母拧紧的拧紧力应均匀；拧紧后，再戴入第二个用于防松的螺母背紧。背紧后螺栓露出的长度宜为螺栓直径的 1/3 到 2/3。

（7）立柱安装完成后，即可依次对悬臂（或固定臂，或梁）、轨道、滑车、操作体进行安装。其安装方法与注意事项请参照 GB50278—2010《起重机设备安装工程施工及验收规范》国家标准的相关条款进行。

（8）接通设备的气源，检查气压是否满足要求，并调整到设备要求的气源压力值：一般为 0.4 MPa。

（9）先通过手动控制方式（人工按压气阀）初步试验拧紧机各部位动作是否正常，确认运输中没有造成损坏。

（10）连接电源，将动力电源接入设备的控制柜电源端子；注意区分零（N）线，连接好安全地线，并确认三相电源的各相电源电压在允许范围内。

（11）试通电。通电前先人工将各运动部件调整到原位，然后接通控制系统电源。注意接通电源时，应该一步一步分步接通（先总电源，后分支电源），并且每步都需要确认电压正确性。

（12）通电正常后，可以先将设备切换到"手动状态"，然后分步进行手动控制试车；按照操作说明，检查机床各部件是否受系统控制，并且动作正确，如：电机旋转方向、气缸动作方向等。

（13）手动动作没有问题时，即可进行实际拧紧试验。

（14）如果需要与其他系统实现信号传递，则还需要连接与其他系统的接口连线。

（15）整个安装、调试过程中，一定要注意对人、对设备的安全保护与防护。

第 3 节　助力机械臂式与移动小车式拧紧机

通过上节的介绍，我们对滑台式与悬挂式拧紧机已经有了一定的了解，并且从它们各自的结构特点可知，滑台式拧紧机要求工件位置确定，并且有一定的定位精度要求。悬挂式拧紧机的上空必须有一定的空间，以安置悬挂装置与操作体。而对于上空空间较小，且工件位置定位不准或者说是不确定的，这两种结构形式的拧紧机显然都不适用，在这种情况下，助力机械臂式与小车移动式拧紧机就大有用武之地了。

一、助力机械臂式拧紧机

1. 助力机械臂

助力机械臂巧妙地应用力的平衡原理，使操作者对重物进行相应的推拉，就可在空间内平衡移动和定位。重物在提升或下降时形成浮动状态，靠气路保证零操作力（实际情况因为加工工艺及设计成本控制，操作力以小于 3 kg 为判断标准），操作力不受工件重量影响，无需熟练的点动操作，操作者用手推拉重物，就可以把重物正确地放到空间中的任何位置。

（1）助力机械臂的类型。助力机械臂（也称助力机械手）是一种新颖的、用于物料搬运及安装时省力操作的助力设备。其类型按其工作原理的不同，可分为硬臂式和软索式；按其动力源不同，可分为气动式和电动式；按其采用基座（或安装形式）的不同，可分为落地固定式、落地移动式、悬挂固定式、悬挂移动式、附墙式等。在拧紧机中应用的助力机械臂主要形式有两种，一种是安装在地上的落地固定式的，一种是安装在上空钢梁上的悬挂固定式的。但从动力源和工作原理上来讲，均是气动硬臂式的。

（2）助力机械臂的作用。我们这里所说的作用，主要是指在拧紧机系统中的作用。它在拧紧机系统中的主要作用是夹持拧紧轴对螺栓进行拧紧，并对拧紧过程中的反作用力进行有效平衡。在此应用了助力机械臂，不仅可以轻松自如地提升、下降和移动拧紧轴，将其放到最佳的工作位置。而且操作工人只需花最少的力气，就可以克服拧紧轴在拧紧过程中的反作用力，极大地降低了操作者的劳动强度，提高了劳动效率。

（3）助力机械臂的特点。

① 省时：全程平衡、运动顺滑，使得操作者可以很便捷地实现对物件的搬运、定位、装配等操作，为繁重而复杂的工作节省了时间。

② 省力：劳累的工作能轻松完成，不管妇女还是儿童都可以随心所欲地驾驭，大大降低了劳动强度，从而提高了生产效率，同时也保障了产品品质。

③ 安全：助力机械臂通常均内置各种安全装置。承载物在漂浮状态下，即使操作者误操作也不会释放，直到承载物依托重力后才能释放。在突然断气时，会自动启用安全保压系统，防止手臂突然下降，同时可以锁住三个旋转关节，防止手臂随意旋转。能自动识别物体的重量，只起吊限重范围内的物体。配有刹车装置，操作者可在操作过程中随时中断机械手的运动。操作按钮都集成在机械手的控制面板上，控制器、指示灯、指示器等均按人体学原理布置，便于操作及紧急情况的处理。

在拧紧机中应用的助力机械臂主要形式是安装在地上的落地固定式和安装在上空钢梁上的悬挂固定式，下面仅就这两种助力机械臂式拧紧机进行介绍。

2. 助力机械臂式拧紧机

（1）落地固定式助力机械臂式拧紧机。落地固定式助力机械臂式拧紧机的结构如图 5-13 所示，由图可见，它有两个关节与两个关节臂，可以轻松平稳地转动到需要的位置。有两个回转的关节，并在两个关节的上方均设置有相应的制动盘，用于关节轴的锁定，以确保机械臂闲置时，能锁定关节于安全位置。在第二个关节臂的尾部安装了拧紧轴与操作手柄。

图 5-13 落地固定式助力机械臂式拧紧机

图 5-13 所示是一套单轴拧紧系统，它将控制驱动和拧紧结果的显示部分设置为一体，安装在一个方形的电箱中。由于电箱的体积不大，通常就固定在机械臂的立柱上。平衡气缸用来平衡拧紧轴上升与下降的力，以保证升降运动轻松平稳。

拧紧机工作时，操作者双手把持图中左右两侧的两个手柄，置拧紧轴于工件上对应螺栓的上端，用拇指按下把手上的"启动"按钮，拧紧轴旋转，双手拖动拧紧轴下降到套筒套入螺栓头时，拧紧开始。拧紧完成后，双手轻轻向上，拧紧轴抬起，即完成了一次拧紧的操作。

拧紧的结果如果合格，合格信号灯（绿色）点亮；而如果有不合格的，不合格信号灯（红色）点亮。此部分显示均在小方形电箱的前面板上。

（2）悬挂固定式助力机械臂式拧紧机。悬挂固定式助力机械臂式拧紧机的结构如图5-14 所示，它的基本结构与图 5-13 相同，只是图 5-13 中安装在地上的立柱，在这里变成了安装在上空钢梁上的吊柱了。再有一点不同的是，这里多了一个工艺臂，工艺臂与第二关节臂之间没有可转动的关节，在工艺臂的尾端安装拧紧轴，这部分的结构如图 5-15 所示。多了的工艺臂并不是悬挂固定式助力机械臂式拧紧机所必须的，只是由于在这里实际应用的需要而配置的。

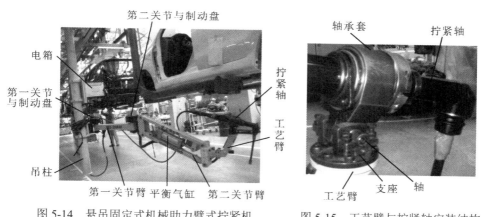

图 5-14　悬吊固定式机械助力臂式拧紧机　　图 5-15　工艺臂与拧紧轴安装结构

从图 5-15 可见，在工艺臂尾端安装一个支座，支座与轴承套间靠一根轴相连，而拧紧轴安装在轴承套中。轴承套可以在图示的左右方向上有一定范围的转动，而拧紧轴还可以在轴承套中转动方向，这样的结合，拧紧轴就可以在较大的范围内（包括长度与角度）移动，以适应不同方向上螺栓的拧紧。

3. 助力机械臂式拧紧机的安装

（1）落地固定式机械助力臂式拧紧机的安装。落地固定式机械助力臂式拧紧机的工作使用范围是以立柱为圆心的圆环，适用于工作覆盖范围要求不高、地面有足够安装空间的场合。对于它的安装，首先要做的就是立柱与地面的连接，即把立柱底座用地脚螺栓紧固在工作现场的地面上，由于这点与悬臂吊悬挂式拧紧机相同，故其安装方法可参阅悬挂式拧紧机的安装。

（2）悬挂固定式助力机械臂式拧紧机的安装。悬挂固定式助力机械臂式拧紧机通常是安装在厂房上方的钢结构上，由于此种安装方式对地面设备有很好的避让性，故主要应用于地面设备有干涉的场合。这里需要注意的是，对于被安装的钢结构必须能够承载机械手与工件的重量及抵抗偏心力臂所产生的扭矩。

二、移动小车式拧紧机

移动小车式拧紧机的基本结构就是把操作体安装在移动小车上的拧紧机，应用较多的有两种，分别是箱式移动小车式拧紧机与框架式移动小车式拧紧机。

1. 箱式移动小车式拧紧机

箱式移动小车式拧紧机如图 5-16 所示，它的控制与显示系统均安装于控制箱中，其中包括电源变换、主控单元、轴控单元、电机驱动器，以及辅助控制系统等，显示屏安装在控制箱门上，拧紧结果的状态与数据均可在显示屏上显示。操作体安装在控制箱之上，拧紧轴在操作体之中。而由于它的控制与显示系统均安装于在小车上的控制箱中，拧紧轴也安装在一个箱式的操作体中。为了与其他小车式拧紧机区别，我们就称之为箱式移动小车式拧紧机了。

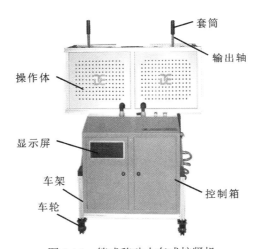

图 5-16　箱式移动小车式拧紧机

另外，由于该拧紧机拧紧轴运行的方向是由下往上，故输出轴从操作体的上端伸出。但由于其拧紧轴的拧紧工作也是上下运行的，故按拧紧轴移动方向来分，它又属于立式拧紧机。

小车的下端有四个车轮（图中可见到的是两个，通常均为万向车轮），应用时，人工推动到拧紧位置，不用时，再由人工推离拧紧位置。

2. 框架式移动小车式拧紧机

与箱式移动小车式拧紧机相对应的是框架式移动小车式拧紧机，其实际形式如图 5-17 所示，整体均是框架式的结构，由于没有箱式的操作体，故拧紧轴裸露在外。该拧紧机有三个拧紧轴,由图可见,这三个拧紧轴的主体与输出轴呈直角状态,这主要是为了方便操作而设计的。

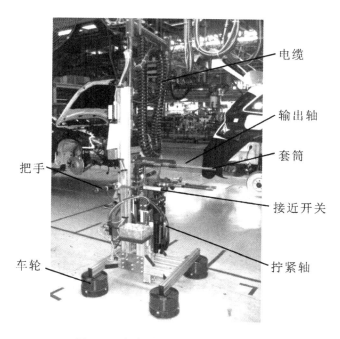

电缆

输出轴

套筒

把手

接近开关

车轮

拧紧轴

图 5-17 框架式移动小车式拧紧机

它的操作开关(按钮)在把手上,也就是说,该拧紧机的拧紧轴与操作开关均安装在此框架式的小车上,所以,我们称之为框架式移动小车式拧紧机。

它的控制与显示系统均不在小车上,而是安装在附件的钢柱上(图中没有表现出来),所以其外接电缆较多。

如图 5-17 所示的拧紧机是用于轿车前端支架螺栓的拧紧,由于该螺栓所处的位置特殊,螺栓周边的空间窄小且深,手伸不进去,故对螺栓的放置,只能是先把螺栓插在套筒上,推动小车,使套筒带着螺栓进入(3 个轴的相对位置已调定),待螺栓接近拧紧位置时,接近开关(实际是左右各一个)发出到位信号。如此时把手上的启动按钮按下,拧紧轴启动旋转,开始拧紧操作。即此接近开关和把手上的启动信号是相"与"的逻辑关系,二者同时有效,拧紧轴才启动旋转。如此可见,设置这两个接近开关的目的就是对启动拧紧位置的控制。如果没有这个控制,螺栓没到相应的位置时拧紧轴旋转,可能致使螺栓从套筒中甩出而无法正常拧紧。而由于设置了此接近开关,对启动拧紧的位置有了控制,螺栓也就不会从套筒中被甩出来了。

第 4 节 手持式拧紧机

顾名思义,手持式拧紧机就是可以让操作者用手拿着操作的拧紧机,此拧紧机通常都只有一个拧紧轴。由于在操作手持式拧紧机时,拧紧过程中的反作用扭矩完全作用于操作者了,考虑到操作者的体力与连续工作的疲劳程度,故此类拧紧机的扭矩通常都不大,从连续工作的疲劳程度来考虑,作者认为以不超过 60 N·m 为好。然而这种拧紧机也有接近 500 N·m 的,通常用于非连续工作,或安装在某些设备上,而并非人工直接手持式操作。有的即便是人工手持操作,但均安装有反力装置。

一、手持式拧紧机的分类

手持式拧紧机的分类方式如下。

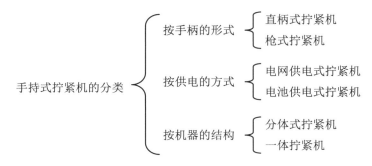

分体式是拧紧轴与控制驱动部分的电箱各为一体(见图 5-16),二者之间由电缆相连。而一体式的是拧紧轴与控制驱动部分制作为一体,外部只引出一根电源电缆,插接在相应的电源上即可。一体式的扭矩较小,通常在 60 N·m 以下(但不是绝对的),而分体式的相对扭矩较大一些。

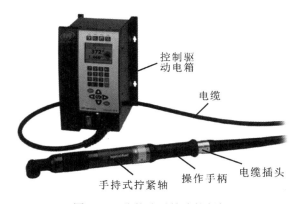

图 5-16　分体式手持式拧紧机

二、实用的分体式手持式拧紧机

实用的分体式手持式拧紧机的实际形式如图 5-17 所示,它的拧紧轴不需要安装在物体上,不工作时只是通过吊挂环箍吊挂起来,而当工作时,从吊钩上摘下,手握拧紧轴,使套筒对正螺栓头,按下手柄上的"启动"开关,即可拧紧。拧紧结束后,拧紧的最终扭矩值合格与否在电箱面板的显示器上可显示出来。

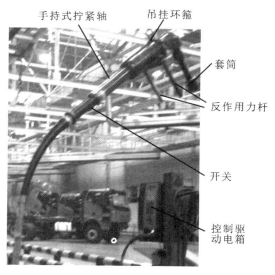

图 5-17　实用的分体式手持式拧紧机

由于此拧紧机是用于拧汽车方向盘螺栓的,为了防止拧紧过程中方向盘的转动,在拧紧轴的前端附加了一套反力装置——两根反作用力杆。在拧紧时两根反作用力杆插入方向盘中,拧紧过程中的反作用力作用到了方向盘上,既阻止了方向盘的转动,同时也减轻了操作者的劳动强度。

在图 5-14 中所标注的拧紧轴,实际上就是一台安装在助力机械臂上应用的手持式拧紧机,由于它拧紧工作的目标扭矩较大（180 N·m）,且不便于安装反作用力装置,故安装在助力机械臂上对螺栓进行拧紧,拧紧过程中的反作用力由助力机械臂进行平衡了。

三、一体式手持式拧紧机

这种一体式手持式拧紧机通常均称之为便携式拧紧机,下面以德国 CP 公司生产的 EAP/EDP 型便携手持式拧紧机为例做以介绍。该拧紧机的结构如图 5-18（剖视图）所示,在它的机体内部配有伺服电机及其控制驱动器、减速器、角度传感器、扭矩传感器等单元,可直接执行高精度的拧紧控制。

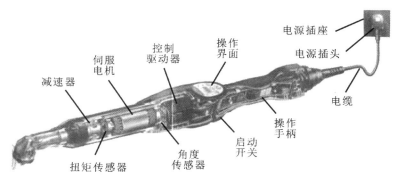

图 5-18　一体式手持式拧紧机

1. 该工具优点

（1）无需安装，就像普通的电动工具（如手电钻）那样，可直接由 220 V 单相交流电源驱动。且重量轻，整体重量只有 2 kg 左右，完全可直接手持操作，或简单地吊挂一个平衡器即可使用。

（2）操作简便，可直接使用该工具上的一个显示键和三个参数设定键，来设定主要参数（扭矩、角度、速度）。也可以通过与 PDA（称之为个人数字助理的小型 PC 机）之间的无线连接来更全面地设定工具和保存参数。

（3）可使用学习功能来设计或优化所有的拧紧参数，包括可通过 PDA 访问的参数（中间扭矩、角度公差等）。

（4）可以使用已安装 CVIPPocket 软件（随机软件）的 PDA 来读取、修改和保存所有工具参数，并在工具中创建新的拧紧设计程序，以及从中下载设计程序。而且，凭借 CVIPPocket 软件，还可以从工具中读取拧紧结果。工具与 PDA 之间的无线通信由蓝牙协议实现。

（5）速度从慢到快可以设置 10 个级别，每个速度级别都对应一个中间速度和一个最终拧紧速度。

（6）操作人员可通过位于该工具上部和两侧的 LED（绿色、黄色和红色）查看拧紧结果（在紧固过程中，它处于关闭状态，而在紧固结束后，它会自动打开），绿色表示扭矩和角度都在设计的限制范围之内；黄色表示扭矩还低于最小扭矩值，拧紧操作过早停止，操作者可再次执行拧紧操作；红色表示扭矩已达到或超过最高限制值，或扭矩适当，而角度大于最大角度。

（7）拧紧结束后还可以通过蜂鸣器的声音得知紧固结果的状态，其中一声"嘟嘟"为紧固正确，二声"嘟嘟"为紧固不正确或操作错误，三声"嘟嘟"为紧固序列结束（仅适用于"数据传输装置"）。

（8）出现工具操作错误时，有错误操作代码显示，方便操作者查找错误。

（9）当工具连接到"数据传输装置"时，拧紧结果会被发送并储存在该控制器内。它可以储存 10 000 条结果。这些结果可根据请求、随时在 Ethernet 网络上传送。

（10）拧紧控制的精度高，与国际上通用的拧紧机一样，为 ≤ ±3% FS。

2. 规格范围

（1）拧紧方式分为扭矩控制与扭矩加转角控制两种。

（2）输出头形式分为弯头与直头两种。

（3）扭矩范围：弯头的 3 ～ 65 N·m，共计分为 7 个规格；直头的 3 ～ 43 N·m，共计分为 4 个规格。

四、枪式与电池供电的手持式拧紧机

1. 枪式拧紧机

上述的手持式拧紧机中的拧紧轴，按照手持的手柄形状来分，均属于直柄式拧紧轴，而还有一种抢柄式拧紧轴的，通常称为拧紧枪，连同控制驱动装置一起，可统称为枪式拧紧机。枪式拧紧机也分为分体式与一体式的。分体式的如图 5-19 所示，它主要由控制驱动电箱与拧紧枪构成，二者之间由电缆连接。而一体式的，在当前应用较为广泛的基本上是电池供电式的。枪式拧紧机拧紧的最大扭矩在 40 N·m 左右（脉冲式的除外）。

图 5-19　分体式枪式拧紧机

2. 电池供电的手持式拧紧机

电池供电的手持式拧紧机大多是没有扭矩传感器的，其拧紧过程中目标扭矩到达后的停止拧紧是靠断开精密离合器来完成的，所以，其拧紧的精度相对要低一些。电池供电的手持式拧紧机按形状也可分为直柄式与枪柄式两种，图 5-20 所示的就是电池供电的直柄式手持式拧紧机，其直接连接套筒并驱动拧紧的头部有直头与弯头两种。

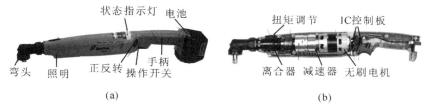

图 5-20　电池供电的直柄弯头式拧紧机

图 5-21 所示的就是电池供电的枪式拧紧机。由图可见，直柄式与枪式两种拧紧机的基本结构相同，其差别只是手柄的不同。

图 5-20 与图 5-21 所示的电池供电的拧紧机均为日本三研的产品，其基本性能如下。

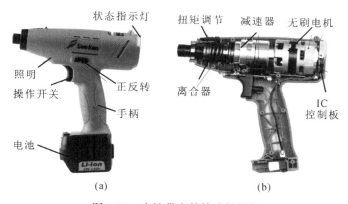

图 5-21　电池供电的枪式拧紧机

（1）由 IC 控制板控制无刷电机的运行。

（2）由扭矩调节来设定目标扭矩，使离合器在拧紧达到目标扭矩时快速动作。

（3）电机为免维护的无刷直流电动机，寿命大于 100 万次。

（4）可以在光线不好的场合下，利用前端的 LED 照明灯，查看工具拧紧的状况。

（5）精密的离合器，当拧紧的扭矩达到设定（利用扭矩调节来设定）的目标扭矩时，快速断开，确保拧紧扭矩的精度。当拧紧扭矩的公差为 ±10% 时，其 CPK ≥ 1.67。

（6）充满电的电池，工作在工具扭矩范围的中值，对于拧紧的转角在 140°～180° 中性连接的螺栓，可拧的数量大于 2000 个。

（7）LED 指示灯按不同的颜色，提醒操作者工具所处的工作状态：

- 黄色常亮表示工具处于反转状态。
- 绿色常亮表示拧紧完成，并拧紧合格。
- 红色常亮并伴随一声长鸣，表示没有拧紧到设定的扭矩，需要重新拧紧。
- 黄色闪烁，并伴随五声短鸣，表示电池即将没电，提醒操作者准备充电。
- 黄色闪烁，并伴随一声短鸣，表示电池即将没电，此时工具已无法运行，需要更换电池。

上面介绍的电池供电式拧紧机虽然是日本三研的产品，但国际上知名厂商的电池供电式拧紧机的性能与精度均大致相同，具体情况可参看所关注各厂商的产品说明书。

第 5 节　机器人式拧紧机

机器人式拧紧机就是把拧紧轴安装在工业机器人的手臂上，拧紧过程中的拧紧工作还是由拧紧轴及其控制系统进行操作与控制的，而拧紧前及其拧紧完成后的动作，如拧紧轴的落下、抬起、螺栓（或螺母）的对正、拧紧的启动等均由机器人驱动与控制。因此，完全可以说，这就是由工业机器人进行操作的拧紧机。

一、工业机器人简介

工业机器人技术是当代先进制造技术的代表，毋容置疑，要想跟上未来工业的发展，首要任务就是要提高工业机器人的智能化技术，开发和拓展机器人的应用。

1. 工业机器人的定义

工业机器人实际上就是自动执行工作的机器装置，是具有独立机械机构和控制系统，能够自主控制、运动复杂、工作自由度多、操作程序可变，并可任意定位的自动化操作机器。它既可以接受人类指挥，又可以运行预先编排的程序，也可以根据以人工智能技术制定的原则纲领行动。它的任务是协助或取代人类的工作，例如工业生产、建筑业，或危险的工作。ISO8373 对工业机器人的解释："机器人具备自动控制及可再编程、多用途功能，机器人操作机具有三个或三个以上的可编程轴，在工业自动化应用中，机器人的底座可固定也可移动"。

2. 工业机器人基本结构

工业机器人（以下简称机器人）通常主要由主体、驱动系统和控制系统三个基本部分组成。出于拟人化的考虑，常将机器人主体的有关部位分别称为基座、腰部、臂部、腕部和手部（夹持器或末端执行器）等，有的机器人还有行走机构（行走部）。其中基座是机器人的基础部分，起支撑作用。腰部是机器人手臂的支承部分。手臂是连接机身和手腕的部分，是执行结构中的主要运动部件，亦称主轴，用于改变手腕和末端执行器的空间位置。手腕是连接末端执行器和手臂的部分，亦称次轴，用于改变末端执行器的空间姿态。

　　大多数工业机器人有 3 ～ 6 个运动自由度，其中腕部通常有 1 ～ 3 个运动自由度；驱动系统包括动力装置和传动机构，用以使执行机构产生相应的动作；控制系统是按照输入的程序对驱动系统和执行机构发出指令信号，并进行控制。

　　自由度通常作为机器人的技术指标，反映机器人动作的灵活性，可用轴的直线移动、摆动或旋转动作的数目来表示。机器人机构能够独立运动的关节数目，称为机器人机构的运动自由度，简称自由度（Degree of Freedom）。

　　（1）机器人的主体结构。目前在工业领域中以六轴机器人应用最为广泛，其主体结构如图 5-22 所示。这是个具有六个关节的工业机器人，与人类的手臂极为相似，它具有相当于肩膀、肩关节、大臂、小臂、肘关节和腕部等的部位，它的肩膀通过腰关节安装在一个固定的基座上。人类手臂的作用是把手移动到需要的位置，以拿取或放置相应的物件；而六轴机器人的作用则是把末端执行器（即手部）移动到需要的位置，以便完成抓取或放置相应物件的工

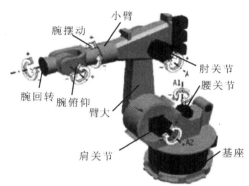

图 5-22　工业机器人主体结构图

作。所以，一个真正实用的机器人，除了有如图 5-22 所示的结构外，还应该添加手部，这也就是需要在机械臂末端（即腕部）安装适用于特定应用场景的各种执行器，如夹持器、拧紧轴、焊枪、焊钳或其他作业工具，以便完成不同的工作任务。

　　（2）机器人的驱动系统。机器人的驱动系统是驱使执行机构运动的机构，按照控制系统发出的指令信号，借助动力元件使机器人进行相应的动作。它输入的是电信号，输出的是线、角位移量。在机器人中的驱动系统主要是电力驱动装置，如步进电机、伺服电机等，此外也有采用液压、气动等驱动装置的。

　　（3）机器人的控制系统。机器人的控制系统主要由微型计算机来承担，由于有了微型计算机这个发达的"大脑"，所以才能达到"拟人"的功效。

　　在当前应用较为广泛的机器人主要由上述三个部分构成，但实际上也少不了检测器件，而之所以没有把它单独按系统列出，只是由于当前应用较为广泛的机器人中检测器件的数量较少，有的甚至没有，难以成为系统，故把它规划到了控制系统之中。但近年来，由于智能机器人的大量涌现，对诸多检测功能的需求，促使检测器件的增加，故在机器人的组成中，又增加了检测系统。

　　机器人的检测系统是实时检测机器人的运动及工作情况的，根据需要反馈给控制系统，在与设定信息进行比较后，对执行机构进行控制，以保证机器人的动作符合设定的要求，从而提高机器人的工作性能与精度。

二、机器人式拧紧机的应用

1. 风电轮毂螺栓的拧紧概况

我们所说的风电轮毂螺栓的拧紧，指的是对风电的轮毂与回转支撑连接螺栓的拧紧，该螺栓数量多、力矩大，且对拧紧的要求高（需要采用顺序对称拧紧、多次拧紧／复紧），此处螺栓拧紧质量直接关系到风机的变浆功能是否能够正确、可靠地实现。如果拧紧连接不好，还会直接影响到机组的安全性，这一点尤其重要。

目前，国内风电设备厂家一般采用气动工具预拧紧，人工终拧紧；或采用液压扳手终拧紧。这样做的问题是

（1）劳动强度大，这种螺栓的扭矩一般都超过 1000 N·m，大的有 2500 N·m，甚至更大，所以人工操作劳动强度太大，并且需要多人配合才能做到。

（2）因为要拧紧的螺栓数量多（一般每个工件都在 200 颗以上），又要求按照顺序拧紧，所以往往会出现错拧、漏拧的问题。

（3）效率较低，无论人工拧紧还是用液压扳手拧紧，拧紧效率都比较低；产量大时，只能通过增加人员或延长劳动时间来应付。

（4）最关键的是拧紧精度不能保证，无论人工拧紧还是用液压扳手拧紧，拧紧的精度都不高，且不稳定，并且与操作者和操作过程有关，产品的可靠性很难保证。

（5）不易实现数字化装配，不易实现装配信息化管理，也不易实现可追溯性。

2. 风电轮毂螺栓拧紧机（机器人式拧紧机）的构成与说明

如图 5-23 所示的风电轮毂螺栓拧紧机就是一台典型的机器人式拧紧机，由图可见，这是一台由机器人操作的二轴拧紧机，其主要构成与相关说明如下。

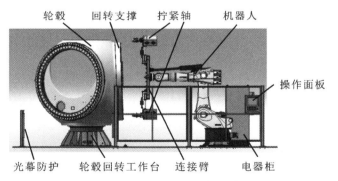

图 5-23　风电轮毂螺栓拧紧机示意图

（1）设备整体采用轮毂回转工作台＋机器人＋拧紧系统形式。

（2）回转工作台、机器人与拧紧机的电气控制系统均安装在电器柜内。

（3）轮毂吊装在回转工作台上，采用止口和端面定位。

（4）轮毂回转工作台回转，带动轮毂回转至预定工作姿态（该姿态由设置在地面上的测量传感器大致确定）。

（5）在风电轮毂上需要拧紧的螺栓均匀地分布在 A、B、C 的三个工作面上（见图 5-24）。

（6）在二轴拧紧机连接臂的中间装设了视觉识别传感器（见图 5-24），用以配合螺栓的对正与拧紧机的拧紧启动。

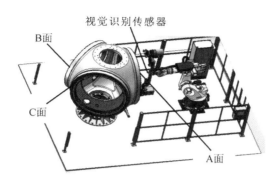

图 5-24　A、B、C 工作面及视觉传感器位置图

（7）风电轮毂螺栓拧紧机的控制系统原理结构如图 5-25 所示。

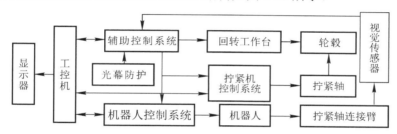

图 5-25　风电轮毂螺栓拧紧机控制系统原理结构框图

3. 风电轮毂螺栓拧紧机的工作过程

（1）人工通过吊车将预装配好的轮毂吊装到设备的自动回转底座上并固定好。

（2）将系统切换到"自动"工作状态；待"就绪"灯亮后，按"启动"按钮。

（3）机器人动作，首先由视觉传感器（见图 5-24）确定机器人与轮毂间的工作位置关系（包括设备与轮毂 A 面第一组螺栓位置的确定与对正）。

（4）拧紧机启动，机器人手持两根电动拧紧轴的连接臂，按照工艺要求顺序逐一拧紧轮毂 A 面上各螺栓。A 面的螺栓全部拧紧完成后手臂收回，脱离工件，并为工件回转留出空间。

（5）工作台回转 120°，重复步骤（3）、（4），完成轮毂 B 面螺栓的拧紧，机器人退回。

（6）工作台再回转 120°，重复步骤（3）、（4），完成轮毂 C 面螺栓的拧紧，机器人退回。

至此，一个工件的拧紧全部完成。

这里需要说明的是，在拧紧过程中，系统自动按照预先设定的"扭矩、顺序、拧紧次数（包括拧紧和复紧）"将整个工件上三个面的全部螺栓拧紧完成，并且把拧紧数据记录在电脑中，整个工作完成后，设备即自动回复到设备的"原位"，拧紧"完成"以及"合格"灯自动点亮，并有蜂鸣器提示操作者取走拧紧完成的工件，等待新的工件。

如果在整个拧紧过程中出现异常情况，如拧紧不合格或设备出现故障等，设备即自动停止并发出报警给操作者，提醒操作者来处理。

拧紧区域设置安全防护，设置有防护栏和安全光栅，可以防止拧紧过程中人或其他异物进入拧紧区域。

现在，我们可以给电动拧紧机下定义了：电动拧紧机是一种由主体电动拧紧轴，并辅以机体、拧紧轴箱、电控与显示系统，以及相应的装置和器具构成的，可连续完成对螺栓（螺母）进行设定的拧紧循环，并对整个拧紧过程和终值的扭矩以及拧紧的转角进行测量，还可以对从拧紧开始到终止的各控制点进行方便设定与有效控制的机械。

第6节　拧紧机校准仪及校准辅具

拧紧机在厂家制造与用户安装完成后，均需对其拧紧控制的参数（扭矩与转角）进行校准或检定。从严格意义上来讲，应该说是检定，而考虑到当前国内大多的用户并没有把拧紧机纳入计量管理的范畴，故还是用校准称之。而校准就必须使用专用的仪器，但有些场合只使用专用的仪器并不能满足校准的要求，故还需要制造或配置部分专用的辅助工具。

一、拧紧机校准仪

拧紧机校准仪主要由仪表与传感器构成，按结构可分为一体式与分体式两种，按功能可分为扭矩型和扭矩／转角型两种。

1. 一体式拧紧机校准仪

所谓一体式拧紧机校准仪，就是把扭矩传感器、信号放大与转换电路、电源（电池）与显示器全部组装为一体，如图5-26所示。从外表上看，主要由传感器本体、外壳、LCD显示器、轴承、内四方孔和外四方头构成，而这内四方孔和外四方头实际上是芯轴（即扭力轴）的两个端部，本体与芯轴中间装有轴承。检测桥路粘贴于扭力轴上、信号放大转换电路、电池等均安装在传感器本体上，封闭在外壳之内。电池为传感器的检测桥路、信号放大与转换电路和LCD显示器提供工作电源。

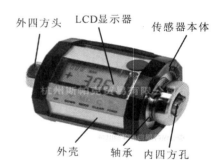

图 5-26　一体式拧紧机校准仪

使用时，传感器芯轴两端的内四方孔与拧紧机输出轴的四方头相连接，外四方头与套筒相连接，即把校准仪的传感器串接于拧紧机的输出轴与被拧紧的螺栓（或螺母）之间，如图5-27所示。操作拧紧机对螺栓拧紧，校准仪的传感器随其旋转（实际上是传感器的芯轴转，而本体并不转）。当被拧紧的螺栓（或螺母）产生扭矩时，该扭矩即被校准仪的传感器检测到，经放大转换后，其扭矩值即可在LCD显示器上显示出来。

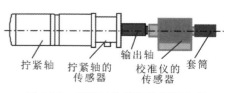

图 5-27　校准时传感器的串接方式

2. 分体式拧紧机校准仪

所谓分体式拧紧机校准仪，就是其扭矩传感器与仪表是分开的，二者之间由电缆连接，如图 5-28 所示。

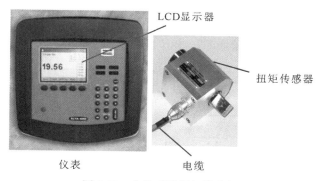

图 5-28　分体式拧紧机校准仪

此类传感器在运行中只有扭力轴随拧紧轴旋转，在扭力轴的两端分别加工有内四方孔和外四方头，在使用时分别与拧紧机输出轴的四方头、套筒相连接，与图 5-27 所示的一样，即把传感器串接于拧紧机的输出轴与套筒之间，操作拧紧机对螺栓拧紧时，传感器内部的扭力轴随其旋转。当被拧紧的螺栓（或螺母）产生扭矩时，即被传感器检测到，该信号通过电缆输送到仪表中，并在仪表内放大转换后，由仪表面板上的 LCD 显示器显示出来。

3. 扭矩型与扭矩 / 转角型拧紧机校准仪的基本结构及原理

（1）扭矩型拧紧机校准仪的基本结构及原理。由于最初的拧紧只是对拧紧的扭矩有要求，且当前大多数拧紧机的用户也还停留在对拧紧扭矩控制的要求上，所以，对于拧紧机的校准通常只是针对扭矩进行的。仅能实现对拧紧扭矩校准的校准仪就是扭矩型拧紧机校准仪。

扭矩型拧紧机校准仪的基本结构如图 5-29 所示，其检测部分只有扭矩传感器，在对拧紧机检定校准期间，把实时检测到的扭矩信号经信号放大环节放大与转换后，不断地送入峰值保持环节。由于到达贴合面后，扭矩即急速上升，这急速上升的扭矩值就由扭矩显示器显示出来。当拧紧停止时，最终拧紧的扭矩峰值由峰值保持环节保持住，并分别送入存储环节存储和扭矩显示器上进行显示，拧紧机上显示的扭矩值即按此值予以修正。

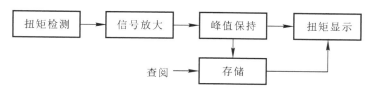

图 5-29　扭矩型拧紧机校准仪基本结构图

扭矩仪中的存储器可以存储一定数量的检测数据，对于存储的数据（扭矩）可随时输入查阅指令进行查阅。

（2）扭矩 / 转角型拧紧机校准仪的基本结构及原理。扭矩 / 转角型拧紧机校准仪可以实施对拧紧的扭矩与转角两种参数的校准，它主要用于对具有扭矩/转角的拧紧工艺的拧紧机的校准与检定，基本结构如图 5-30 所示。由图可见，其检测部分除了扭矩传感器外，还有检测转角的传感器。对扭矩检定校准的工作原理同上，不再复述。其转角的检测信号通常都是数字脉冲，经过放大整形后送到计数器，计数允许信号生效后，计数器开始对转角进行计数，直至拧紧结束，对拧紧转角计数的结果分别送入存储环节存储和转角显示器上进行显示，拧紧机上显示的转角值即按此值予以修正。

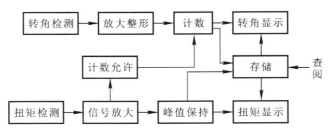

图 5-30　扭矩/转角型拧紧机校准仪基本结构图

对于转角计数，当拧紧的扭矩达到设置的起始扭矩值时，计数允许信号生效，转角计数首先清零，并随即开始计数。此后，扭矩信号仍然有效，直至拧紧结束，最终拧紧扭矩与转角的结果在所对应的显示器上显示出来。

同扭矩型拧紧机校准仪一样，它也可以存储一定数量的检测数据，并可随时输入查阅指令进行查阅。

二、拧紧机校准辅具

在拧紧轴对被拧紧的螺栓（或螺母）进行拧紧操作时，校准仪的传感器与拧紧轴中的传感器承受着相同的扭矩，此时，拧紧轴中扭矩传感器的检测值与真值（校准仪的扭矩值）的扭矩偏差，即可根据校准仪的传感器检测出来的标准数值（即真值）进行修正，也即校准。但在实际使用时常常遇到下述几种情况。

（1）单轴悬挂式拧紧机虽然有反力装置，但在校准时由于在输出轴与套筒间串入了扭矩传感器，原配置的反力装置将不再适用。

（2）多轴悬挂式拧紧机通常没有反力装置，而在校准时如若只有做校准的一个轴拧紧（当前的校准通常是如此），其反力没有平衡。

（3）传感器的四方孔和四方头与拧紧轴输出轴的四方头和套筒四方孔不符。

（4）拧紧机的校准与检定，拧紧的对象通常都是工件，而按照精益生产方式，正式生产时才有工件。因此，对于多轴拧紧机的校准，为了将对生产的影响降到最小，多轴拧紧机在校准时最好是多轴同时拧紧。

（5）校准与检定在生产期间进行，即便采用所有轴同时拧紧，因为每根轴都需要拧紧 N 次，故无论如何也会影响生产。

对于上述的第 1 种情况，将根据不同情况重新配置反力装置；而后的 4 种情况，需要配置不同的校准辅具，校准辅具的情况大体如下。

1. 传感器的四方头和四方孔不符时需要的辅具

由图 5-27 可知，在对拧紧机校准时，校准仪的传感器是串接于拧紧机的输出轴与套筒之间的，而传感器上的四方头和四方孔既是标准的，又是根据传感器的规格大小而不同的。因而，工作在生产现场的拧紧轴输出轴上的四方头是不可能与其完全相同的，因而就需要根据二者的不同差异来配置不同的转换接头，这也就是我们所说的校准辅具中的一种。

（1）校准仪传感器的四方头和四方孔大于拧紧轴输出轴上的四方头。当校准仪传感器的四方头和四方孔大于拧紧轴输出轴上的四方头时，就需要在传感器的两头分别配置图5-31 所示的两种转换接头，即左侧的转换接头是其内四方通孔与输出轴的四方头相匹配；外四方头与传感器的内四方盲孔相匹配。而右侧的转换接头是其内四方盲孔与传感器的四方头相匹配；外四方头与套筒的内四方孔相匹配。用以使传感器分别和拧紧轴的输出轴及套筒有效地对接。

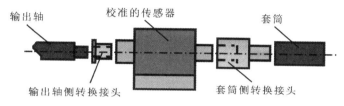

图 5-31　校准仪传感器二侧的转换接头及其串接方式

（2）校准仪传感器的四方头和四方孔小于拧紧轴输出轴上的四方头。当校准仪传感器的四方头和四方孔小于拧紧轴输出轴上的四方头时，则在传感器的两头分别配置的两种转换接头与图 5-31 形式相同，只是位置相互调换了，如图 5-32 中所示。

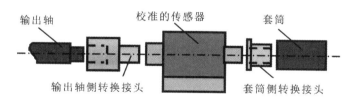

图 5-32　校准仪传感器二侧的转换接头及其串接方式

2. 多轴悬挂式拧紧机需要的校准辅具

多轴悬挂式拧紧机通常没有反力装置，在校准时，由于被校准的输出轴与套筒间串入了扭矩传感器，其他拧紧轴的套筒与螺栓头就离开了此传感器长度的距离，故在此拧紧轴进行拧紧操作（即校准）时，其他拧紧轴均处于悬空状态，这将使拧紧过程中的反力作用在操作者身上，增加了操作者的劳动强度，而若扭矩较大，将使校准无法进行，甚至还可能发生人身或设备事故。为此，至少需要在不连接传感器的其他任一拧紧轴上加装一根延长杆（其余的拧紧轴均加装延长

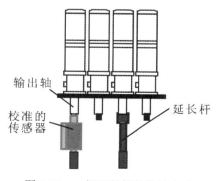

图 5-33　一根延长杆的装接方式

杆更好），如图 5-33 所示。此延长杆的上端加工有四方孔，下端加工有四方头，分别与输出轴的四方头和套筒的四方孔相连接。校准时这个套筒套入对应的螺栓头（或螺母）中，工作在校准状态下拧紧轴产生的作用力即可由此予以平衡。

3. 多轴拧紧机为降低对生产的影响时需要的校准辅具

对于拧紧机进行的校准，通常均使用一套校准仪（包括一个传感器）操作，故只能一根轴一根轴地依次进行，而每根轴还都需要进行 N 次（评价重复性精度的需要，有的还需要线性精度的评价）拧紧操作。这样对于多轴拧紧机而言，有多少根拧紧轴就需要多少倍 N 次的校准操作才能完成。而由于校准时拧紧的对象通常都是工件，按照精益生产方式，只有正式生产时才能有工件。因此，对于多轴拧紧机的校准，为了不影响生产，在校准时也应该多轴同时拧紧。为此，采用如图 5-34 所示的方式即可，也就是对于不装校准扭矩传感器的其余拧紧轴，均加装延长杆即可。

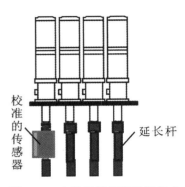

图 5-34　全装延长杆的装接方式

第7节　模拟工件与校准小车的应用

一、模 拟 工 件

能否在不生产且没有工件的情况下进行拧紧机的校准与检定呢？答案是可以的，但必须配置模拟工件。所谓的模拟工件，其整体形状不一定与被拧紧的工件完全相同，也可能相差较大，但必须确保其外形的结构完全满足拧紧工位的定位（不需要定位的除外），而且对其拧紧的操作完全与实际被拧紧的工件相同或相适应。按照此要求，在现场实际应用的模拟工件有如下几种。

1. 单轴拧紧机校准用的模拟工件

对于单轴拧紧机校准用的模拟工件通常可分为两大类：一是没有反作用力装置类；二是具有反作用力装置类。

（1）没有反作用力装置的模拟工件。本章第 1 节中图 5-1 所示的立式滑台式拧紧机，即没有反作用力装置，其工件的定位体示意图如图 5-35 所示。由于是单轴拧紧机，只拧一个螺栓，故模拟工件上只有一个螺孔即可。该螺孔通常与工件的螺孔相同，所配置螺栓的头部尺寸最好也是与该工件使用的螺栓头尺寸一样。对照工件定位体的形状，模拟工件的底部（定位部）做成图 5-36 所示的形状。图中中间凸出部分的宽度 L_M 应该略小于图 5-35 所示工件定位体的 U 形槽宽度 L_D，以确保模拟工件在工件定位体中前后的顺畅滑动。对拧紧机进行校准或检定时，把此模拟工件放入工件定位体上，此模拟工件底面的凸出部分嵌入定位体的槽口中，并推动模拟工件，使之与定位体的后部（圆弧处）靠紧。而模拟工件上螺栓的位置，要确保在模拟工件与定位体后部靠紧时正好与拧紧轴的套筒对正。

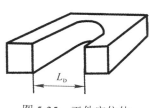

图 5-35　工件定位体

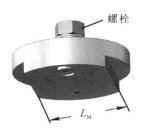

图 5-36　模拟工件

（2）有反作用力装置的模拟工件。我们以汽车减速器凸缘螺母拧紧机为例，简述该拧紧机中的反作用装置及其模拟工件的基本结构。具有反作用力装置的凸缘螺母拧紧机的基本结构如图 5-37 所示，其中的反作用力杆底座与反作用力杆的组合构成反作用力装置，该拧紧机的反力装置与拧紧轴的前支架紧固在一起。汽车减速器的凸缘与凸缘螺母部分的结构如图 5-38 所示，由此图可见，凸缘上有 4 个处在同一分度圆上的螺孔，拧紧机上的两个反作用力杆的间距与凸缘上对角线上的两个螺孔的孔间距相等。在正常拧紧工作时，套筒套入凸缘螺母，两个反作用力杆插入凸缘对角线上的两个螺孔中，确保了对螺母拧紧的过程中凸缘不随之转动，拧紧的反作用力也就被拧紧的凸缘相平衡了。

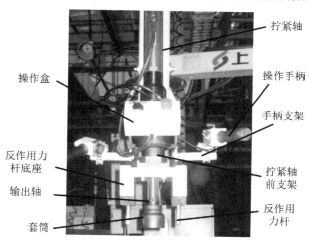

图 5-37　有反作用力装置的凸缘螺母拧紧机

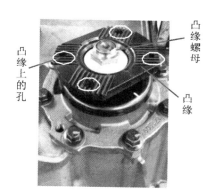

图 5-38　凸缘螺母相关部分图

此种模拟工件可以做成图 5-39 所示的结构形式，其中的反作用杆套相关尺寸如下：

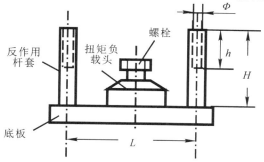

图 5-39　有反作用力装置的模拟工件

两个反作用杆套间的中心距离 L 与拧紧机上的两个反作用力杆的中心间距相等；两个杆套盲孔的直径 Φ 略大于反作用杆的直径；盲孔的深度 h 略大于反作用杆的长度；杆套的总长度 H：保证在串入扭矩传感器，反作用力杆插入反作用力杆套且靠紧后，套筒能套入模拟工件中的螺栓头，并进行可靠地拧紧。

由上述两个案例可见，用于拧紧机校准的模拟工件并不需要其形状和材料与工件相同，而只是要求拧紧的状态和规范要与工件相同。所以，在这里所说的"模拟"，实际上是指对拧紧状态与过程的"模拟"。

2. 多轴拧紧机校准的模拟工件

由于多轴拧紧机没有反作用力装置，故用于多轴拧紧机校准的模拟工件的结构相对要简单一些。其最简单的结构可以是一块有一定厚度的钢板，并在其上面按照拧紧轴的分布情况加工与拧紧轴数量相应的螺孔（也可以只加工 2 个螺孔，其孔距与工件分度圆的直径相等），作为扭矩负载板，并配置与套筒相匹配的螺栓（也可采用工件使用的螺栓）。负载板下端的形状没有特殊要求，也不一定与工件完全相同，能够保证校准检定时的稳定操作即可。

对于不方便放在生产线或校准检定工位上的模拟工件，也可做成如图 5-40 所示的形式。此模拟工件主要由一个扭矩负载板、两个支杆和两个定位块构成，但两个定位块的形状并不完全相同，其中一个（右侧的）开有两个圆孔，分别与支杆和拧紧轴的输出轴套接；另一个（左侧的）开一个圆孔和一个 U 形的开口，其中的圆孔与支杆套接，U 形的开口与拧紧轴的输出轴套接，这里的 U 形开口是为了适应不同轴距（通常用在轴距相差不大的场合）的要求。在进行校准检定操作时，在右（左）侧的输出轴与套筒（图中套筒未画）间串入扭矩传感器，左（右）侧的输出轴串入加长的套筒（该套筒的长度等于右侧的套筒和传感器长度之和）。这样，在进行校准检定操作时，左（右）侧的支杆和开口定位块也就起到了反作用力臂的作用。

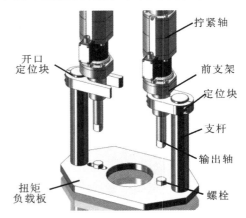

图 5-40　多轴拧紧机模拟工件及其连接方式

二、校准小车及其应用

如果用户在用的拧紧机的数量与形式较多，对拧紧机的校准与检定所需要的模拟工件以及其他辅具的种类也相应较多，人力搬取将极不方便，由此提出了拧紧机校准小车的概念。

众所周知，小车是承载运输的工具，所以，我们可以将校准所需物品统统放在其上，就有效地解决了人力搬取不便的问题。

1. 校准小车的主要构成及其说明

拧紧机校准小车的结构如按图 5-41 所示，在其车体的左侧面配置的主要有模拟工件、模拟工件底板、可翻转的工作台面及其升降调整机构。在其水平台面上配置的主要有模拟工件、模拟工件底板、反作用力臂。此外，还配置一套扭矩扳手校准机构。小车的车体主要由框架、推拉把手、水平台面、工具柜、抽屉与滚轮构成。滚轮还有锁止机构，移动到地方后可以锁定小车，以便校准受力时小车不会移动。

　　小车上配置的模拟工件可适用于卧式拧紧机和立式拧紧机的检定与校准，且由于该小车的特殊结构，还可以满足那些对模拟工件没有支撑的拧紧机的校准。

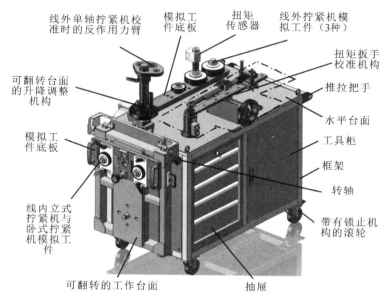

图 5-41　拧紧机校准小车结构示意图

2. 可翻转的工作台面

　　可翻转的工作台面结构如图 5-42 所示（向上翻转 90°后的状态），当此工作台面绕转轴翻转 90°与水平台面平行后，其下端有一个可伸缩折叠的支腿，该支腿平时收起（图中圆弧箭头方向），处于工作台面下部的槽中（图中未画出），使用时拉出，并可沿直线箭头方向推移。支腿的下端立足于输送线体的顶面（或线体上的其他部件）上，以支撑翻转后的工作台面。由于该支腿的长度是可伸缩的，故与可翻转的工作台的升降调整机构配合，能适应高度范围较大的不同输送线中立式拧紧机的检定校准操作。

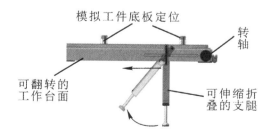

图 5-42　可翻转的工作台面结构

可翻转工作台面处于如图 5-41 所示的位置时，可实施对卧式拧紧机进行检定校准操作，通过调整可翻转工作台的升降调整机构，即可适应高度范围较大的卧式拧紧机的检定校准操作。

3. 校准操作简介

在小车上部的水平台面上，设置有适用于线外和输送线不高于台面的立式拧紧机校准用的模拟试件和手动扳手校准机构，其中模拟工件按照扭矩值的大小分为大、中、小三种（具体情况根据使用的需要确定）。在对多轴拧紧机校准时，可以根据扭矩值的大小，在模拟工件底板安置两个相同的模拟工件，其中一个作为模拟工件，另一个作为反力装置。在对单轴拧紧机校准时，可以根据扭矩值的大小，在模拟工件底板上安置一个适当的模拟工件，拧紧过程中的反力可由"用于线外单轴拧紧机校准时的反作用力臂"来平衡。

这里所说的线外（包括下面的线内）中的线，指的是生产装配过程中工件的输送线（主要是指与地面有一定高度的输送线）。线外就是在输送线之外，线内就是在输送线之内。而线外拧紧机就是在输送线外运行的拧紧机，而线内拧紧机就是只能在输送线内运行的拧紧机。

由于绝大多数的输送线的上端面与地面均有一定的高度，小车是不方便推上去的，所以，在对只能在输送线内运行的拧紧机的模拟工件，将其安置在一个可翻转的台面上，平常此台面翻转向下，垂直于地面（如图 5-41 所示位置）。当对处于输送线内的立式拧紧机（输送线高于地面的大多是立式拧紧机）校准时，台面翻转（90°）抬起致此台面与地面平行，人工推动小车，到台面位于生产输送线的上方，再调整模拟工件的位置与小车的位置（前后与左右调整模拟工件与移动小车的位置，高低用升降调整机构来实现），使生产输送线上的两个拧紧轴的套筒（分别是串入扭矩传感器与串入加长杆后的）与两个模拟工件上的螺栓头均对正后，即可进行对该立式拧紧轴的检定校准操作。

小车设置了工具柜与抽屉，柜内可以存放仪器与辅具（如加长杆、转换头等）或模拟试件；抽屉可以存放工具与校准记录等。

另外，这里之所以配置了扭矩扳手校准机构，主要是因为应用拧紧机的场合通常均有一定数量的扭矩扳手，为了方便这些扭矩扳手的校准，附加了此机构。其基本结构如图 5-43 所示，当需要对扭矩扳手进行校准时，可把欲校准的扭矩扳手按图示放置到扭矩扳手校准机构上，人工旋转施力手轮，施力支架带动扭矩扳手转动，其扭矩的大小分别在扭矩扳手及与扭矩传感器所连接的扭矩仪上显示出来，且根据扭矩扳手显示值与扭矩仪显示值之差即可得知该扭矩扳手的误差，再根据此误差对扭矩扳手予以修正。

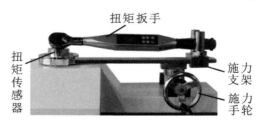

图 5-43　扭矩扳手校准机构

第6章

附加功能拧紧机

螺栓拧紧机刚开始使用时，只作为螺栓或螺母的拧紧，而且是一台拧紧机只对应一种工件的螺栓或螺母。随着拧紧机的普及与用户现场实际的需求，对拧紧机的要求也越来越高，其中不仅仅是精度和稳定性的要求，而且提出了诸如：一机多用、附加功能等要求。为了满足用户的要求与市场的需要，具有附加功能的拧紧机也就应运而生。

这些附加的功能主要有扭矩轴的轴距可变的拧紧机，具有喷标功能的拧紧机，具有对孔功能的拧紧机，具有 ABC 检测功能的拧紧机，带有回转变位功能的拧紧机，附加拆取桶盖功能的拧紧机，等等。

第1节　轴距可变的拧紧机

变距的方式分为手动变距、半自动变距与自动变距。应用较多的是手动变距与半自动变距。

一、手动变距拧紧机

1. 手动变距的基本结构

图 6-1 所示的是一台四轴拧紧机的手动轴距可变部分结构示意图，它的 4 个拧紧轴分别固定在 1# ～ 4# 轴的座板上。此外，还有两个纵向对称的托板，每个托板上有两个拧紧轴，分别是 2# 与 3# 轴在一个托板上（设为 A 托板），1# 与 4# 轴在另一个托板上（设为 B 托板）；纵向轴距的调整主要靠一根两侧分别加工了正反扣螺纹的螺杆，横向轴距的调整也是靠两侧分别加工了正反扣螺纹的螺杆（横向轴距调整螺杆实际是 2 个，此是示意图，只画了 1 个）。

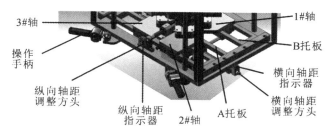

图 6-1　手动变距拧紧机变距结构示意图

2. 轴距的调整

如需要调整拧紧轴的纵向轴距时，用扳手转动纵向轴距调整方头，螺杆旋转，A、B 两个托板沿着纵向导轨带动相应的拧紧轴产生相反或相对的方向移动，即改变了纵向轴距的大小；如需要调整改变横向轴距时，用调整扳手转动横向轴距调整方头时，2# 与 3# 轴在 A 托板上沿着横向导轨分别向相反或相对的方向移动，而 1# 与 4# 轴则在是 B 托板上沿着另一组横向导轨分别向相反或相对方向移动，即改变了横向轴距的大小。

横向轴距调整的实际结构可见图 6-2，图中只能看到一个纵向移动的托板，我们暂称其为纵向托板 A。在此托板有 2# 与 3# 拧紧轴，当此横向调距螺杆转动时，2# 与 3# 拧紧轴将在纵向托板 A 上分别向相反或相对的方向移动，从而改变了横向的轴距。纵向托板 B 上装有 1# 与 4# 拧紧轴，当另一个横向调距螺杆转动时，1# 与 4# 拧紧轴将在纵向托板 A 上分别向相反或相对的方向移动，从而改变了横向的轴距。

图 6-2 横向轴距调整实际结构图

轴距调整的位置可从纵向与横向轴距指示器上看到，而此图中的轴距指示器采用的是机械式的转数计数器。根据计数器上指示的转数便可知道所对应品种的轴距。

二、半自动变距拧紧机

图 6-3 所示的是一台大五轴、小五轴、三轴的轴距可变拧紧机的拧紧轴位置分布图（图示为五轴 ϕ335 mm 均匀分布圆位置）。所谓的大五轴与小五轴，是指五个拧紧轴所在的均匀分布圆直径的大小。其中的大五轴，即五个拧紧轴在 ϕ335 mm 圆周上均匀分布；而小五轴，即五个拧紧轴在 ϕ285.75 mm 圆周上均匀分布；所谓的三轴，即三个拧紧轴在 ϕ222.25 mm 圆周上均匀分布。所谓的半自动变距，也就是说这些拧紧轴可以在大五轴、小五轴、三轴所要求的轴距之间半自动转换（以下简称"大五 - 小五 - 三"半自动变距）。另外，图中只有 1# 与 3# 轴有连接杆，此两个连接杆可快速装卸。且 1# 与 3# 轴的输出轴杆较短，它们的输出轴与连接杆的总长度与其他三根轴的输出轴的长度相等。

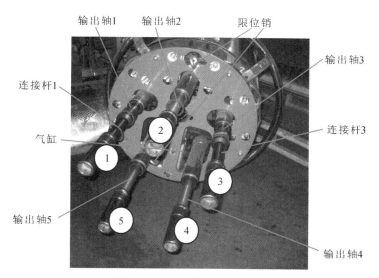

图 6-3　拧紧轴的位置与分布

1. "大五 – 小五 – 三" 半自动变距部分的基本结构

轴距变换装置主要由控制单元、电磁阀与气缸组成,变位部分的结构如图 6-4 所示(图示为大五轴位置)。图中的 $z_1 \sim z_5$ 分别是 1# ~ 5# 拧紧轴,$g_1 \sim g_5$ 是驱动拧紧轴移位的气缸,其中 $g_1 \sim g_3$ 均是由两个气缸组合的,分别是驱动 1# ~ 3# 拧紧轴变位移动的气缸。z_4 与 z_5 两个拧紧轴安装在同一个托板上,而 g_4 气缸(涂色的大气缸)即是驱动 z_4 与 z_5 两个拧紧轴在径向移动的,g_5 气缸是驱动 4# 和 5# 拧紧轴的轴距变位移动的。

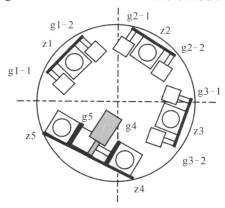

图 6-4　5 轴自动变位结构示意图

2. 轴距变换的操作与过程

"大五 – 小五 – 三" 半自动转换操作过程。

(1)由大五轴转换到三轴。操作盒上的选择开关置于 "三轴",按下变位按钮,电磁阀动作,五根轴在 $g_1 \sim g_4$ 气缸的驱动下向小分布圆方向移动,最终使其中 2#、4#、5# 三根轴移动到 $\phi222.25$ mm 均匀分布圆的位置(1# 与 3# 轴也同时移动到 $\phi222.25$ mm 的分布圆内了)。

卸下 1# 与 3# 轴的连接杆（防止干涉），即可进行三轴拧紧的操作。

这里需要说明的是，由于五个拧紧轴在 ϕ335 mm 圆周上均匀分布的轴距是 196.91 mm，三个拧紧轴在 ϕ222.25 mm 圆周上均匀分布的轴距 192.47 mm，二者相差仅 4.44 mm。我们把 4# 与 5# 二根轴安装在一个托板上，并把二者的轴距设计在：

$$（196.91+192.47）/2=194.69 \text{ mm}$$

再以轴距的中心线找齐，即分别与 196.91 mm 和 192.47 mm 的轴距均相差 2.22 mm。这样，每根轴（4# 与 5# 轴）与螺栓位置的偏差仅为 1.11 mm。由于此偏差较小，在拧紧的过程中，对拧紧的扭矩基本没有影响，故把 4# 与 5# 轴安装在一个托板上，且在大五轴与三轴的转换中其轴距保持不变（三轴时应用的是 2#、4#、5# 三根轴）。但在小五轴时，4#、5# 二根轴的距离需要改变，这时即用 g5 气缸来缩小其轴距。而 1#、2# 与 3# 三根拧紧轴的变位轨迹均是向着分度圆的圆心的，故在各分度圆的位置上，其轴距均是符合要求的。

（2）由大五轴转换到小五轴。操作盒上的选择开关置于"三轴"，按下变位按钮，电磁阀动作，五根轴在 g1 ～ g4 气缸的带动下，向三轴分布圆方向移动。将三个限位销（图 5-18 中只能看到二个）插到底，限位块的限位生效，把选择开关再置于"小五轴"，按下变位按钮，五根轴在 g1 ～ g4 气缸的带动下运行到 ϕ285.75 mm 均匀分布圆的位置即被限位块限位而停止，g5 气缸动作（活塞缩回），保证 4# 与 5# 拧紧轴的轴距与其他 3 根轴在 ϕ285.75 mm 分布圆内均匀分布，即可进行小五轴拧紧的操作。

（3）由小五轴转换到大五轴。操作盒上的选择开关置于"三轴"，按下变位按钮，电磁阀动作，五根轴在 g1 ～ g4 气缸的带动下，向三轴分布圆方向移动。将三个限位销拔出，限位块的限位失效。把选择开关再置于"大五轴"，按下变位按钮，五根轴在气缸的带动下移动到 ϕ335 mm 均匀分布圆的位置。同时 g5 气缸动作（活塞伸出），保证 4# 与 5# 拧紧轴的轴距与其他 3 根轴在 ϕ335 mm 分布圆内均匀分布，即可进行大五轴拧紧的操作。

（4）由小五轴转换到三轴。操作盒上的选择开关置于"三轴"，按下变位按钮，电磁阀动作，五根轴在 g1 ～ g4 气缸的带动下，向三轴分布圆方向移动，g5 气缸驱动 4# 和 5# 拧紧轴向加大轴间距的方向移动，最终使其中 2#、4#、5# 三根轴移动到 ϕ222.25 mm 均匀分布圆的位置，卸下 1# 与 3# 轴的连接杆，即可进行三轴拧紧的操作。

（5）由三轴转换到大五轴。操作盒上的选择开关置于"大五轴"（限位销处于拔出位置），按下变位按钮，电磁阀动作，五根轴在 g1 ～ g4 气缸的带动下运行到 ϕ335 mm 均匀分布圆的位置，装上 1# 与 3# 轴的连接杆，即可进行大五轴拧紧的操作。

（6）由三轴转换到小五轴。操作盒上的选择开关置于"小五轴"，变位销插到底，限位块的限位生效。按下变位按钮，电磁阀动作，五根轴在 g1 ～ g4 气缸的带动下运行到 ϕ285.75 mm 均匀分布圆的位置，同时，g5 气缸驱动 4# 和 5# 拧紧轴向减小轴间距的方向移动，装上 1# 与 3# 轴的连接杆即可进行小五轴拧紧的操作。

拧紧轴变距的实际案例还有多种，上面只是简介了其中的两种，实施的方案也都是根据用户的要求与制造商的特点而有所不同，但基本原理与基本结构均大同小异。

第 2 节　带自动回转定位的拧紧机

　　有些情况下，在一个工件上需要拧紧的螺栓（或螺母）可能有十几个、二十几个、甚至更多个，而且又都是规则分布（如圆周分布、四边形分布）的。从经济性上来考虑，在生产节拍允许的情况下，可以螺栓数为基准，配置按倍率缩减的拧紧轴数，即螺栓数是几倍的拧紧轴数。

一、回转变位的应用简介

1. 回转变位的方式

　　当采用轴数少于螺栓总数数倍的拧紧机进行拧紧时，需要分多次才能将一个工件上的螺栓拧紧完。这就需要拧紧机的操作体能够沿拧紧轴分布中心回转变位并定位，其回转的方式有手动与自动两种，其中的自动又分为半自动与全自动。

2. 半自动回转变位

　　半自动回转变位的实际案例如图 6-5 所示，由于工件输送不能有良好的定位，故实现全自动方式比较麻烦，所以该设备采用了半自动方式。其工作方式是每个工件的首次拧紧，需要人工操作对准一组拧紧螺栓的位置，以后该工件上的其他组螺栓的对正与拧紧则由设备自动完成；它的变位驱动部件是气缸，气缸变位的区间只是往返两个位置。

图 6-5　气缸驱动回转半自动变位拧紧机

3. 全自动回转变位

全自动的实际案例如图 6-6 所示，这是一台带有工件状态识别系统的拧紧机。由于工件可以实现准确地定位，所以可以采用全自动方式进行拧紧和其他加工。其工作过程是工件到位后无需人工干预，从到位、定位、拧紧启动，直到拧紧的全部过程都由设备自动完成。当然，随着现在视觉识别系统技术的不断发展和完善，对于定位状态相对较差的工件，可以进行视觉定位，但相应的也就提高了设备的制作成本。

图 6-6 伺服驱动全自动回转变位

当前在国内实际应用的拧紧机设备中，手动变位应用的较多；但随着人力成本的不断上涨，相信半自动和全自动、智能化的先进拧紧设备将是未来的趋势。

在自动回转变位的设备上，通常用于驱动拧紧机操作体回转的执行机构，主要有气缸与电机，至于是采用气缸还是采用电机，一般选择的原则是对于回转位置不多（一般 2 个）时，可以采用气缸驱动回转；而对于回转位置多（2 个以上）时，通常应选用普通电机驱动。而对于其位置分度还可能会有变化的情况时，通常采用伺服电机驱动。

二、气缸与伺服回转变位的结构与原理

由于拧紧轴的回转变位通常使用气缸与电机来执行，为便于读者对此变位的理解，在此我们就对通常应用在拧紧机系统中做回转变位的气缸与电机做以简介。

1. 气缸回转变位的基本结构与原理

摆动气缸是一种在小于 360° 范围内做往复摆动的气缸，它是将压缩空气的压力能转换成机械能，输出力矩使机构实现往复摆动。采用气缸回转时，最简单的方式就是采用回转气缸（一般可实现 2 个位置往复切换）；回转气缸也叫摆动气缸，有两种：叶片式和齿轮齿条式。

（1）叶片式摆动气缸。叶片式摆动气缸如图 6-7 所示。从原理示意图可知，叶片式摆动气缸主要是由叶片、转子（即输出轴）、定子、缸体进排气口等部分构成（实际上还有前后端盖）。定子和缸体固定在一起，叶片和转子联在一起。在定子上有两条气路，当左路进气时，右路排气，压缩空气推动叶片带动转子顺时针摆动。反之，做逆时针摆动。

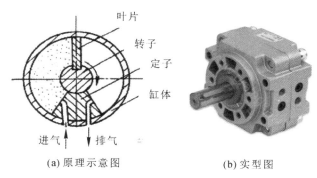

(a) 原理示意图　　　　　　　(b) 实型图

图 6-7　叶片式摆动气缸图

　　叶片式摆动气缸体积小，重量轻，但制造精度要求高，密封困难，泄漏相对容易，而且密封接触面积大，密封件的摩擦阻力损失较大，输出效率较低，小于 80%。图 6-7 所示的是单叶片式摆动气缸，其摆动转角的最大值是 270°。

　　（2）齿轮齿条式摆动气缸。齿轮齿条式摆动气缸如图 6-8 所示，从原理示意图可知，齿轮齿条式摆动气缸主要是由转轴、齿轮、齿条、活塞、缸体、进排气口、缸盖等构成。齿轮齿条式摆动气缸是通过连接在活塞上的齿条使齿轮回转的一种摆动气缸，其内部是由 1 个（单齿条）或两个（双齿条）带有齿条的活塞和 1 个与齿条相啮合的齿轮组成，气压推动活塞上的齿条做直线运动，由于齿条与齿轮啮合，齿条的直线运动即带动齿轮的转动，即在输出端实现了转动，而齿条在进排气交替变化下的往返运动，即使输出端实现了往复的转动，也即摆动。由于齿条式活塞仅作往复直线运动，摩擦损失少，齿轮传动的效率较高，此摆动气缸效率可达到 95% 左右。

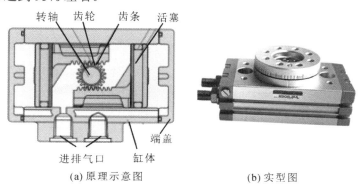

(a) 原理示意图　　　　　　　(b) 实型图

图 6-8　齿轮齿条式摆动气缸图

　　这两种类型的摆动气缸，都有角度可设定和角度固定两种型号。一般来说，单叶片式摆动缸的最大摆动角度为 270°，活塞式的最大可以做到 362°。

　　叶片式摆动气缸是依靠外置的停止装置来设定摆动角度的；而齿轮齿条式气缸摆动的角度可以通过调节上面的螺钉来设定。

　　对于多位置变位的要求，我们可以选用气动分度盘来实现，它是通过将气动系统和机械系统巧妙组合来实现回转分度功能的，其内部机构如图 6-9 所示，具体动作看图即可明白，这里限于篇幅原因，就不展开说明了，一般有 3、4、6、8、10、12、16、24 等分度。

图 6-9　气动分度盘原理示意图

2. 电机回转变位的基本结构与原理

电动回转的形式主要有以下几类。

（1）普通电机加机械机构做成电动固定分度值分度盘。这种机构控制简单（主要由立体凸轮和分度盘两部分组成），其分度部分工作原理结构如图 6-10 所示。

输入轴上附有凸轮，在输出轴上附有分度轮，分度轮周边平均分布多个滚子（数量根据分度值而定），凸轮与输出轴上的分度轮为无间隙啮合的传动装置。凸轮的轮廓面分有曲线段与直线段，轮廓面的曲线段驱使分度轮转位，直线段使分度轮静止，并自锁。相应效率的电机通过相应的机械传动机构（如离合器、减速器等）驱动输入轴旋转，通过该分度机构，即将连续的旋转运动转化为间歇式的输出运动。电动分度盘的盘体内设置有缓冲装置。规避了分度盘转动时转动惯性的冲击，同时提升了电动分度盘工作的精度，提高了分度盘的使用寿命。使用非常方便；缺点是分度固定，一旦确定了，不能通过简单的方式改变分度。

图 6-10　分度部分工作原理结构图

采用这种回转定位的方式，在通常情况下，输入轴每完成一个 360° 旋转，输出轴便同时完成一次分度运动（静止和旋转）。

在一个分度运动过程中，输出轴运转和静止的时间比，由凸轮的驱动角来决定。所谓凸轮驱动角，是指输入凸轮驱使输出轴分度所需旋转的角度。该角度越大，运转越平稳。输入轴走完驱动角，输出轴便开始静止。输出轴静止时输入轴所旋转的角度称为静止角，该角度与驱动角的总和为 360°。驱动角与静止角之间的比为机构自身的动静比。

分度数是指出力轴旋转一周所需停留的次数。

（2）采用步进电机或伺服电机构成的柔性分度盘。这种分度盘采用步进电机或伺服电机并附加了减速机构以及检测机构，总体构成了柔性分度盘。这种分度盘在保留了传统分度盘优点和精度等特性的前提下，增加了分度盘的柔性。即可以随时修改分度值，也支持不均匀分度，或者说可实现任意分度。

第 3 节　具有 ABS 检测功能的拧紧机

ABS（Anti-lock Braking System）是汽车防抱死制动系统的简称，当前已经广泛地应用于汽车的制动系统之中。该系统中的 ABS 传感器是重要的检测器件，其本身与装配的质量直接影响着 ABS 的性能，所以，为了确保 ABS 的性能，且防止车桥或整车装配完成后的返修，故在车桥装配过程中，设置了对 ABS 的检测。

一、ABS 检测功能原理与附加 ABS 检测功能拧紧机的构成

1. ABS 检测功能原理

在汽车车桥装配中应用的附加有 ABS 检测功能的拧紧机，实际上就是拧紧机与 ABS 检测装置二者的结合。下面我们仅对其中的 ABS 检测装置的构成与原理做以简介。

在车桥装配中的 ABS 检测装置的原理结构如图 6-11 所示，其基本工作原理如下。

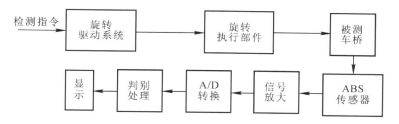

图 6-11　车桥装配中的 ABS 检测装置原理结构图

检测时，ABS 的旋转执行部件（通常由电动机与减速器组合构成）在旋转驱动系统的驱动下，以设定的方向恒速（通常 150 r/min 左右）旋转，并在旋转中（必须是在恒定的转速下）连续进行检测，确保检测所得的信号至少是完整的一周（通常是完整的 2 ～ 3 周）。ABS 传感器检测所得的信号经过信号放大、A/D 转换后，送入到判别处理环节进行规定的判别（对所要求的检测项目）和相应的处理，再送入显示环节进行显示（相应的数值与状态）。而这种检测通常都是在与轴头螺母的拧紧相邻或同一个工位，即在把轮毂（齿圈在轮毂上）装上，并拧紧轴头螺母后进行 ABS 的测量。所以，在此就需要有一台附加有 ABS 测量功能的轴头拧紧机。

2. 附加 ABS 检测功能拧紧机的构成与工作原理

实用的附加有 ABS 检测功能拧紧机的构成如图 6-12 所示。用于轴头螺母拧紧的拧紧轴与用于驱动轮毂旋转（检测 ABS 的需要）的驱动轴均安装在操作体中，拧紧轴的输出轴

端安装有轴头拧紧套筒，运行时套筒与螺母对接，以便于对轴头螺母的拧紧。驱动轮毂旋转的驱动轴端的驱动杆，运行时带动轮毂旋转。操作体左端装有防护罩，以防操作者被旋转的驱动杆刮伤。此 ABS 显示器采用 LCD 触摸式显示器，安装在拧紧机的悬挂装置上，方便了操作者对 ABS 检测结果的观看。

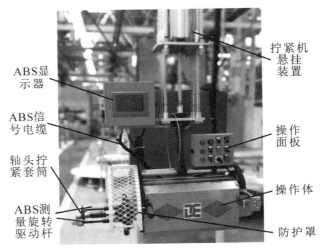

图 6-12　附加 ABS 检测功能的拧紧机

在 ABS 测量前，把 ABS 电缆上的插头与车桥上的 ABS 传感器电缆的插座对接，首先是拧紧轴启动，对轴头螺母进行拧紧。当拧紧完成后，启动驱动轴，其输出轴端安装有两个驱动杆，此两个驱动杆（头端有尼龙保护套）以轴头为圆心，搭接在轮毂圆周的任意两个相对 180° 的螺栓杆上，即驱动轮毂旋转。当达到设定的转速，并稳定运行后，即启动 ABS 测量。通常 ABS 的测量是要求对稳定旋转的 2 ～ 3 周中 ABS 传感器输出信号进行分析评定，并把其结果作为最终的输出，显示在 LCD 触摸式显示器上，如若有不合格的情况，还附有蜂鸣报警。

二、ABS 传感器在装配中的选片测量

在车桥装配中对于 ABS 系统主要是进行上述的检测，但为了确保 ABS 传感器安装完成后，该传感器与齿圈间的间隙在规定的范围内，故在安装 ABS 传感器前设置了 ABS 传感器的选片测量。这里所说的选片测量，实际上就是对安装 ABS 传感器所需要垫的垫片厚度的测量，以便垫入合适厚度的垫片，用以保证 ABS 传感器的端面到 ABS 齿圈齿顶的距离在规定的范围之内。选片测量及其操作的方法是先使用检具测量 ABS 传感器的端面到 ABS 齿圈齿顶的距离值，再根据测量所得的距离值选择合适的垫片，以便使 ABS 传感器安装完成后，传感器的端面与齿圈顶端的间隙在合适的范围内。

在对 ABS 传感器的端面到 ABS 齿圈齿顶的距离的测量，通常采用的是深度规，并按照测量结果读出深度值，再把此深度值减去 ABS 传感器装入的长度与规定的间隙值，即得到所应该加入的垫片厚度。

为了对 ABS 选片测量的准确性，现大多采用电子测量仪器，如图 6-13 所示的就是一

种实用的车桥装配中的 ABS 选片测量装置原理结构图。

图 6-13　车桥装配中的 ABS 选片测量装置原理结构图

　　它的测量方式：在测量装置中配置了标准件，此标准件的深度实际上就是 ABS 传感器装入的标准长度。测量前，先用此标准件校准深度规，即把深度规插入此标准件中，并校对为零值（即把所测标准件的长度设置成零）后，再插入 ABS 传感器的孔中，去测量车桥的 ABS 传感器孔的深度。当深度规的下端面顶到 ABS 齿圈齿顶面时，经测量所得的数值（由于已经把测得的标准件的长度设置成零，故此时测量所得到的数值即是在标准件长度的基准上增加或减小的数值）即是实际间隙值。把此间隙值减去规定的预留间隙值，即得到应该选择垫入的垫片厚度值。当然，实际的测量系统并不需要人工做这个减法，而是把这个规定的预留间隙值也设置到了测量系统之中，并在测量的最终结果之中把此值减去。所以，测量最终结果所读出的深度值即为应该加入的垫片厚度值了。

　　该检测系统工作原理如下。

　　深度规读出检测信号，并对此检测信号经过信号放大、A/D 转换后，送入判别处理环节进行比较判别，计算出间隙值并做相应的处理（选择合适的垫片），再送入显示环节进行显示（相应的垫片与数量），操作者再根据显示的结果拿取相应的垫片套到 ABS 传感器上，随即安装 ABS 传感器。

第 4 节　具有自动拆封桶盖功能的拧紧机

　　拧紧机设备可以应用在各行各业，或者说凡是有螺栓精确拧紧的地方都有应用拧紧机的必要。而根据应用场合及其对象的不同，又需要附加相应的功能设备。下面所要描述的附加有自动拆封桶盖的拧紧机，实际上是拧紧机在核废料处理过程中的一个应用案例，这就是一台具有自动拆除、抓取、拧紧封装筒盖的拧紧机。

一、自动拆封桶盖拧紧机的应用概况

　　图 6-14 所示是一台具有自动拆取封装桶盖的拧紧机，用于对核废料处理的工作中。说到它的用途，还得从目前对于核废料处理的方法说起。目前核废料处理广泛采用的方法是将废料用水泥包裹后装在一个金属桶中，再将钢桶盖好、密封后进行深埋。在装桶过程中有个非常重要的环节，它主要需要完成以下工作：

　　（1）先将空桶的盖从钢桶上拆下来（该桶盖是通过 12 个螺栓固定在钢桶体上的）。

　　（2）妥善存放桶盖。

　　（3）废料装入钢桶，钢桶送回到此处时，再将桶盖盖到钢桶上，并且将紧固桶盖的 12 个螺栓按要求拧紧，再将钢桶送出工位。

　　由于核废料对人体的危害较大，故要求整个过程必须为自动的。

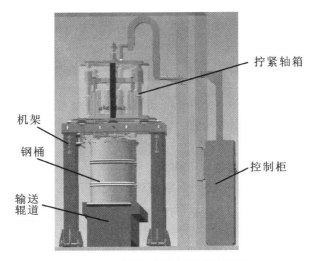

图 6-14　自动拆取封装桶盖的拧紧机

二、自动拆封桶盖拧紧机的主要构成

按照上述工作的要求,自动拆封桶盖拧紧机的主要构成如下(见图 6-14、图 6-15)。

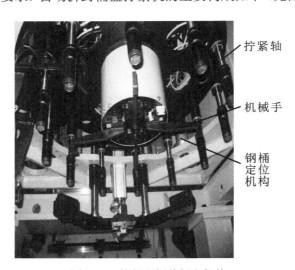

图 6-15　拧紧和桶盖抓取机构

(1)拆取桶盖装置的机架,其中包含床身、立柱、升降装置等。

(2)12 根拧紧、拧松轴,以及拧紧、拧松的专用控制系统。

(3)400 L 钢桶限位、定位装置以及到位的检测机构。

(4)桶盖上螺栓头位置以及桶体上的螺栓孔位置的检测装置。

(5)桶盖抓取机械手装置。

(6)拧紧轴转盘回转装置。

(7)拧紧机控制系统以及机床电控系统。

（8）气动系统。

（9）人机界面操控系统。

其中拧紧机控制系统、机床电控系统与人机界面操控系统，均装置在控制柜中。（2）中所说的拧紧、拧松轴，实际上就是通常所说的拧紧轴。在控制其正向旋转时，对螺栓施行拧紧操作，而控制其反向旋转时，即对螺栓施行拧松操作了。

三、工作过程描述

设备整个工作工程分为取盖过程和封盖过程。取盖过程步骤为取盖定位（包含钢桶定位和螺栓定位）、拧松螺栓、取盖、放行；封盖过程步骤为封盖定位（包含钢桶定位和螺栓孔定位）、封盖、拧紧螺栓、放行等。

整个过程的工作流程框图如图 6-16 所示。

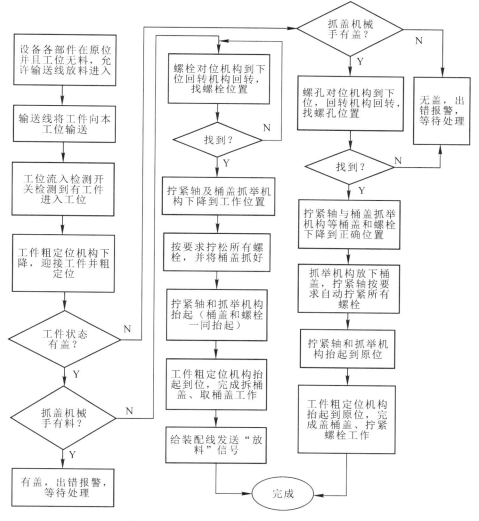

图 6-16　自动取盖、封盖、拧紧工作过程图

四、电器柜以及操纵台

电器柜置于控制室内（距设备距离约为 20 m）。上面布置有触摸屏、蜂鸣器、急停开关、复位按钮、机型选择开关、自动 / 调整开关等。由于这些开关对于设备的运行致关重要，所以没有合并到触摸屏中，而是采用了独立布置的电器开关。功能分别说明如下。

（1）蜂鸣器：在合格、不合格或有故障出现时，伴有不同的响声提示。

（2）复位按钮：在拧紧过程中点动"复位"可使拧紧工作停止，在待机状态下按住"复位"可使系统反转，松开按钮即可停止。

（3）急停开关：在出现故障或紧急情况下，按下该开关，驱动器及电机将断电保护。

（4）自动 / 手动调整开关："自动"状态时，设备可以自动运行，无需人工干预；"手动调整"状态一般用于机床调试和系统校准。

另外一些显示和控制按钮是布置在触摸屏上的。其中有合格、不合格指示灯以及设备运行的各种状态；还有各类按钮开关。主要功能说明如下。

（1）合格指示灯：拧紧合格后该指示灯亮。

（2）不合格指示灯：任何一根轴拧紧不合格时，对应轴的指示灯亮。

（3）手动正 / 反转开关：可实现单个轴的手动拧紧、松开或校准工作。

（4）机型选择开关：是针对多品种不同机型扭矩参数而设，通过旋转该开关，可以快速选择对应拧紧参数及状态，而不必每次变动时都要到控制柜上去更改变换参数。

此外，机床的各种动作，诸如拧紧箱抬起落下、回转，定位机构抬起、落下，辊道启动、停止，对孔机构抬起、落下、回转，以及对螺栓机构的抬起、落下和回转等各项功能均可以通过触摸屏来实现操作。

五、其他特点

（1）设备配备的线缆为低烟无卤阻燃材料，满足 RCC-E（1993 年版）的 B4000 要求。

（2）气动元件（空气处理单元、电磁阀等均安置在单独的控制箱内）。控制箱安装在隔离墙外壁上，便于观察和维修。所有气管接头均采用卡套式连接，所有气管均为尼龙管。

（3）电器柜和操作面板相隔较远，所以信号传输采用 PROFIBUS 总线方式联接。

（4）设备外观为喷漆处理，油漆味防辐射专用油漆。

第 5 节　具有喷标、对孔与防错功能的拧紧机

一、具有喷标功能的拧紧机

具有喷标功能的拧紧机的结构如图 6-17 所示，它只是在通常的拧紧机操作体上增加了一个喷标头（当然，还有继电器、电磁阀、色料容器等）。通常的作用是对拧紧合格的工件上做标记。即当拧紧结束后，如果合格，电磁阀开启，色体从喷标头喷出，落在工件的设定点上；如果不合格，电磁阀不动作。

图 6-17　具有喷标功能的拧紧机

这种附加功能的附件较少且简单，只是在控制上增加了继电器，执行的部件增加了电磁阀、色料输送管路与喷标头，还有色料容器。动作也比较简单，只是当拧紧完成并发出合格信号后，控制系统发出指令，电磁阀动作，色料即从喷标头喷射到工件的设定部位即可。

二、具有对孔功能的拧紧机

具有对孔功能的拧紧机，通常是应用在对车桥上的轮毂的装配并附有预紧力测量（轮毂预紧力测量在后面介绍）功能要求的装配工序中。轮毂分为前桥轮毂与后桥轮毂，其装配的拧紧与预紧力的测量形式基本相同，而对孔的形式虽有差异，但原理相同，故这里仅以前桥轮毂装配为例予以介绍。

1. 具有对孔要求工件的简介

前桥轮毂是安装在转向节的轴头上，转向节的轴头上有十字孔（也有没有孔的，由于这里是介绍对孔，故以有孔的为例），六角螺母上带有槽口，示意图如图 6-18 所示，而螺母上的槽口与轴上的孔对正的状况如 6-19 所示。即要使螺母上的任一组槽口与轴上的任一组孔对正，以便穿入开口销。实际带十字孔的轴头对孔的要求会根据工件的不同而可能略有差异，但实质均是一样的。故此处以六角形带有槽口的螺母和十字形孔的轴（转向节上的）为例予以说明。

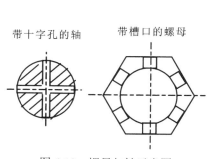

图 6-18　螺母与轴示意图

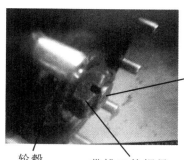

图 6-19　螺母槽口与轴上孔对正图

由于装配的要求是拧紧完成并预紧力测量合格，确保螺母上的任一组槽口与轴上的任一组孔对正后，再穿一个开口销，用以防止螺母松脱。而六角螺母上有 3 组槽口（每两个对边的槽口为一组），即每组槽口相隔为 60°，而转向节轴上的每组孔的相隔是 90°。所以，要使螺母上的任一组槽口与轴上的任一组孔对正，应该是在某一对正的基准下，如能确保再行旋转的步距角为 30°，那么在每个步距角停下来时，均可确保槽口与孔对正。

2. 对孔的方式

对孔的方式有两种，记忆方式、采用专用套筒的方式。

（1）记忆方式。记忆方式需要转向节轴的位置相对不变（即十字孔相对于水平面的角度不变），这个要求在大多的车桥装配线中均无问题。此方式比较简单，只要每次开机时，首先进行一次槽与孔的对正，并以此为转角的零点，以后的拧紧，对于如图 6-19 所示的螺母与轴的情况，均以 30° 转角为节距（即在达到目标扭矩且预紧力合格的范围内）停止拧紧，这样即可以保证槽口与孔的对正了。

（2）专用套筒方式。专用套筒如图 6-20 所示，即在套筒中装有透射形光电传感器，当螺母旋转到轴上透孔的位置时，被光电传感器检测到，控制系统随即发出信号，拧紧停止。

由于套筒是旋转的，信号的传输需要采用集流环。而增加了集流环，也增加了故障点，故此方式在通常情况下不建议采用。

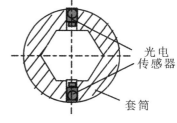

图 6-20 专用套筒示意图

3. 工作过程简述

工件进入工作位置后，将螺母手工带入轴头两扣以上，操作者将拧紧机移动到被拧工件位置，拧紧轴下降，使之与被拧紧的轴头基本等高，启动拧紧机，对准螺母，拧紧机系统便进行边拧紧边检测轮毂预紧力矩值，调整合格并保证转向节螺母某组槽口与轴某个开孔对准，拧紧轴停止，设备显示合格并自动记录数据，人工穿入开口销。

三、附加防错功能的拧紧机

1. 防错的基本概念

对于拧紧操作中的防错，通常是对拧紧轴数少于被拧螺栓（或螺母）数的拧紧机而言的。即为了防止在拧紧操作中，由于操作者的疏忽，出现实际拧紧的次数少于应该拧紧的次数（即造成了有的螺栓漏拧）而设置的。其实就是添加一个计数器，并把拧紧完成（合格）的信号作为该计数器的计数脉冲输入信号，在规定的条件下，达到计数器的设定值即为正确，而没有达到计数器的设定值即为错误，并发出报警信号。由此可见，这里所说的防错，实际上就是防止在拧紧的过程中，杜绝遗漏而没有完成实施拧紧螺栓情况的发生。

2. 防错功能的应用

对于防错的功能，大多是针对手持式单轴拧紧机，并要拧紧多个螺栓而要求设置的，因为在此情况下的人工操作，由于忙乱、疲劳、精神状态等原因，易发生漏拧的情况。

　　上述规定条件常用的有两种，一是对于被拧的工件具有位置信号（如到位、离开、定位、夹紧、松开等）的，取相同信号再次出现的区间内（如只有定位信号），或取两个有对应关系信号依次出现的区间内（如到位与离开，夹紧与松开信号），是否达到了应该拧紧的次数（以合格信号的次数为准），达到了，即为正确，没有达到，即为错误，发报警信号通知操作者；二是被拧的工件没有位置信号的，一般设定一个合适的时间范围，在这个时间范围内是否达到了应该拧紧的次数（以合格信号的次数为准），达到了，即为正确，没有达到，即为错误，发报警信号通知操作者。

　　由于漏拧是绝不允许的，如不能及时发现，可能会造成重大事故。所以，实际的报警信号，通常要求的是声（蜂鸣器或警铃）光（信号灯）均需具备。

第7章

拧紧机的扩展功能设备

拧紧机是由控制系统（包括伺服驱动器）、伺服电机、减速器、扭矩传感器构成的，所以对于具有类似功能与结构的设备均可考虑由拧紧机系统来实现。我们也可以把已经由拧紧机供应商制造的与拧紧机的功能及结构相类似的设备称之为拧紧机的扩展功能设备。当前，这类设备主要有拆卸螺栓的螺栓拧松机，测量车桥轴承预紧力的轮毂轴承、减速器轴承的预紧力测量机，测量发动机曲轴回转力矩的曲轴回转力矩测量机，测量汽车扭杆弹簧的扭杆弹簧试验机，测量与调整车身高度的测量调整设备等。

第1节　螺栓拧松机与扭杆弹簧试验机

一、螺栓拧松机

1. 螺栓拧松机应用的场合

拆卸螺栓的螺栓拧松机在现代大生产中也是不可缺少的设备，如在汽车发动机制造厂中，对缸盖上的凸轮轴孔与缸体上的主轴承孔进行加工时，首先是把凸轮轴瓦盖与主轴承瓦盖用各自的螺栓拧紧机分别紧固在缸盖与缸体上后，才进行加工。而当到了装配时，就均需要应用螺栓拧松机，松开凸轮轴瓦盖与主轴承瓦盖上的螺栓，并拆下这两种瓦盖；然后装上凸轮轴与曲轴，再分别装上这两种瓦盖，并进行瓦盖螺栓的拧紧。

拧松虽然不像拧紧那样对精度有较为严格的要求，采用人工工具或普通的气扳机均可，但为了提高生产效率和降低操作者劳动强度，对于拧松多个螺栓或扭矩较大螺栓的场合，均把采用螺栓拧松机作为优选项目。

2. 螺栓拧松机的基本结构与原理

螺栓拧松机的结构比螺栓拧紧机的结构简单，通常只有功率的要求（必须保证能把已经拧紧了的螺栓松开），而没有精度的要求。以前大多采用气动方式拧松，后来虽然采用了电动方式，但从经济性上考虑，大多采用了普通的交流电动机，附加减速器与传动机构，且是一台电动机驱动多个轴。而近年来采用伺服电机的也多了起来，同时也是一台伺服电机驱动一个轴，故从外表上来看，与螺栓拧紧机几乎没有区别。

由于拧松对扭矩与转角没有工艺的要求与质量考核的指标，所以从结构到控制上均简单了许多，图 7-1 所示的即是螺栓拧松机的基本结构图。由图可见，在螺栓拧松机的控制系统中没有主控单元和轴控单元，在拧紧轴中也没有扭矩传感器。所以，价格也相对便宜许多。

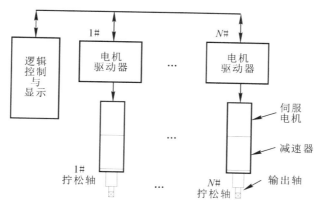

图 7-1　螺栓拧松机的基本结构框图

螺栓拧松机的工作原理比较简单，它在工作时，由逻辑控制系统发出启动指令给各电机驱动器，电机驱动器即控制相应的拧紧轴进行拧松运转，螺栓松开后（通常是采用时间控制），停止运转，在显示系统中（通常采用信号灯）显示拧松完成。

在拧松的螺栓中如果有拧不动的，电机驱动器将发出过载报警，并停止该轴的拧松运转。同时把此过载报警信号传送给拧松机的显示系统予以显示（通常采用信号灯），并同时发出声控报警。操作人员看到或听到报警后，再根据情况做相应的处理。

二、扭杆弹簧试验机

1. 扭杆弹簧简介

扭杆弹簧是汽车悬架中的一种，而悬架是汽车的车架与车桥或车轮之间的一切传力连接装置的总称。其作用是传递作用在车轮和车架之间的力和力扭，并且缓冲由不平路面传给车架或车身的冲击力，并衰减由此引起的震动，以保证汽车能平顺地行驶。

扭杆弹簧作为一种弹性元件，其本身就是一根由弹簧钢制成的扭杆。由于它的单位体积存储的弹性性能较大，弹簧质量小，与螺旋弹簧相比，扭杆弹簧结构紧凑，便于布置，故在中底档轿车、越野车、轻型客、货车上应用的比较多。它除了广泛地应用于现代汽车的悬架中外，在中型载货汽车驾驶室的翻转机构上也多有采用。

扭杆弹簧一端与车架连接固定，另一端通过摆臂与车轮相连。当车轮遇到地面障碍物后向上跳动时，车轮会带动摆臂绕着扭杆轴线转动一定角度，使扭杆发生扭转变形（弹性变形）。同时扭杆扭转变形所储存的弹性变形能，会在车轮脱离障碍物时释放，使传力机构和车轮迅速回位。

2. 汽车扭杆弹簧试验机的基本结构

汽车扭杆弹簧试验机，顾名思义就是为汽车上扭杆弹簧进行扭转性能试验的一种带有检测仪器的试验设备，主要用于对汽车扭杆的扭转角、扭转力矩的测试，通过对汽车扭杆弹簧测试数据的分析，来评定质量是否达到了预期性能，防止不合格的汽车扭杆弹簧流入市场，造成汽车事故的发生。

汽车扭杆弹簧试验机的基本结构如图 7-2 所示，从外表看，它主要由机身、伺服电机、减速器、扭矩传感器、尾座、轴套、操作盒，以及控制电箱（图 7-2 中未列入）构成。其中的驱动部分主要由伺服电机、减速器与扭矩传感器构成，故其驱动部分的基本结构与拧紧轴完全相同。轴套可以根据扭杆两端的形状分别制成花键、方形、六角形或带平面的圆柱形（图中案例为花键）。在尾座侧的轴套是固定的，不能转动，而在驱动端的轴套与减速器的输出轴做同步转动。

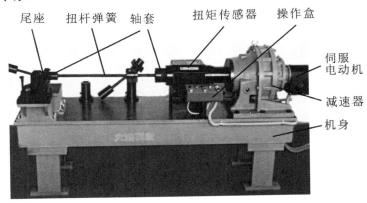

图 7-2　汽车扭杆弹簧试验机

3. 汽车扭杆弹簧试验机的工作过程

试验机工作时，被试扭杆的两端分别装入两侧的轴套中，按不同试验目的与要求选用相应的程序操作即可。

图示汽车扭杆弹簧试验机可以做的试验主要有扭转刚度试验与永久变形试验。各试验过程与工艺要求简述如下。

（1）扭转刚度试验。将扭杆的两端分别装入两侧的轴套中，启动扭转刚度试验程序，伺服电机以规定且较低的转速，通过减速器、驱动侧的轴套带动扭杆转动，即加载。此加载的过程是逐步的，即按照工艺规定，每加载到一固定的转角，测量一次扭矩，并计算出（或转换成）该转角下的刚度，直至加载到工艺规定的最大转角值，并取试验过程中刚度的平均值。

（2）永久变形试验。将扭杆的两端分别装入两侧的轴套中，启动永久变形试验程序，伺服电机以规定且较低的转速，通过减速器、驱动侧的轴套对扭杆进行加载。此试验加载的过程是按照工艺规定的加载次数与规定的最大转角进行，并测量出各返回基准位置的转角值，当规定的加载结束后，计算出各次返回基准位置的转角差值。

从上述试验的规程及要求来看，扭转刚度的试验与拧紧机的功能极为接近，甚至可以说就相同，故用拧紧机系统也最为方便。因为该试验是以转角为控制量进行逐步加载的，并要测量相对应的扭矩值。很明显，把拧紧机的控制系统完全照搬过来（只是把原来用于拧紧的程序修改为符合此工艺要求的程序）即可。

对于永久变形试验，其试验的要求是得出在规定的加载次数与规定的最大转角下的各次返回基准位置的转角差值。这与拧紧机系统似乎有些差异，但仔细分析起来应该大同小异，因为在拧紧机系统中，直接检测与控制的物理量是扭矩与转角，而永久变形试验加载的控制量只是转角，与拧紧机控制与检测的转角方式相比较，只是下述两项略有不同：

① 拧紧机对转角的控制是对每个螺栓只拧紧一次，即对每个工件只加载一次，而这里对每个工件转角的控制是加载多次；

② 拧紧机拧紧完成后，只是记录并显示出当前拧紧结果的扭矩与转角值，而这里则是需要检测每次加载返回后与原来基准位置转角的差值（即变形量）。

对①应该没问题，即把这一个工件当作多个工件对待即可；而对②问题也不大，实际上，只需在程序中加入基准转角的记忆，并测量每次加载后返回基准位置的转角，再求取二者的差值，并按照规定的要求处置即可。所以，拧紧机系统完全满足汽车扭杆弹簧试验机的要求。

第 2 节　轮毂轴承预紧力测量机

汽车的轮毂是位于轮胎内廓中起支撑轮胎作用的金属部件，若轮毂轴承不能正确配合，将导致轴承运行不正常或发生故障，甚至会损坏整个轮毂。而若确保轴承的正确配合就需要在装配时对轴承进行预紧。对于滚动轴承的预紧，是指轴承在装配好后，使用某种方式在轴承内圈或外圈上沿其轴线方向施加一个恒定的力，并保持这种力，使内、外圈沿轴向产生相对移动。这一方面可消除轴承内部的游隙，另一方面又同时可迫使滚动体和内、外圈紧密接触，并使接触的面积增大，参与承受力的滚动体就增多，预紧后的轴承工作时，再承受同样的负荷，其接触变形肯定比未预紧轴承的接触变形要小，因此可以提高轴承的支承刚度，同时还可以补偿轴承在使用中一定的磨损量。如若轴承预紧力调整不当，会使轴承轴向游隙增大或减小，而轴承轴向游隙增大，会产生冲击力而使轴承损坏；如果轴承轴向游隙减小，轴承滚子间很难形成完整的油膜，将导致其烧损。

一、轮毂轴承预紧力测量机的基本结构与工作原理

1. 轮毂轴承预紧力测量机的基本结构

轮毂轴承预紧力测量机如图 7-3 所示，从外表看，它主要由测量机操作体、操作面板、操作手柄防护罩、驱动环（也有采用驱动臂的）、驱动块、悬挂吊架、悬挂吊柱（还有此图未表示出来的关于悬挂的其他部分及电箱）等构成。而从测量机驱动机体内部来讲，实际的结构就是一个拧紧轴，只是它的输出是用于驱动工件（通常是轮毂）的旋转，而不是对螺栓（或螺母）的拧紧。它最终所要得到的结果是轮毂轴承的预紧力，而不是测量与控制拧紧的扭矩或转角。所以，在这里我们把它称为预紧力测量轴，而不称为拧紧轴了。而所说的对轴承预紧力的测量，实际上也就是对驱动轮毂旋转过程中的扭矩值的测量。

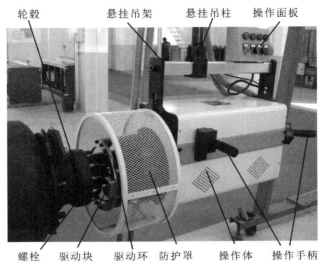

轮毂　　　悬挂吊架　　　悬挂吊柱　　操作面板

螺栓　驱动块　驱动环　防护罩　操作体　操作手柄

图 7-3　车桥轮毂轴承预紧力测量机

我们之所以说轮毂轴承预紧力测量机的结构与螺栓拧紧机的结构基本相同，就是他们的主体结构均是由伺服电机、减速器、扭矩传感器与输出轴构成，不同的仅仅是在与输出轴的输出端所连接的部件上，预紧力测量机连接的是驱动环与驱动块，而拧紧机连接的是套筒。

2．轮毂轴承预紧力测量机的工作过程

轮毂轴承预紧力测量机工作时，人工操作测量机操作体向左移动，驱动环上的驱动块进入轮毂螺栓的空间内，按下操作手柄上的启动按钮，安装在驱动机体内的预紧力测量轴起动旋转，轮毂在驱动块的驱动下随之旋转，轮毂旋转所产生的扭矩由预紧力测量轴上的扭矩传感器检出，经放大处理后，其具体数值在显示器上显示出来。

由上可知，轮毂轴承预紧力测量机的结构虽然与螺栓拧紧机的结构基本相同，但两者的功能却不同，对于螺栓（或螺母）的拧紧是在拧紧（即拧紧轴中电动机旋转）的过程中，测量系统对拧紧的扭矩（即拧紧轴中电动机的驱动扭矩）进行实时地测量，并根据测量所得到的扭矩值与所设定的程序做出相应的响应（降速或停机），还要把测量所得到的扭矩值按照工艺的要求显示出来。而对于轮毂轴承预紧力的测量则是在驱动轮毂旋转（即预紧力测量轴中电动机旋转）的过程中，测量系统对驱动轮毂旋转运行中的扭矩（即预紧力测量轴中电动机所带负载的扭矩）进行实时地测量。而这个测量是在轮毂的转速稳定后进行的，结束测量与停止轮毂旋转的信号也并不像拧紧机那样达到什么扭矩或转角时发出，而是达到设定的转数后发出，并把最终测量所得到的扭矩值（也有显示整个测量过程曲线的）按照工艺的要求显示出来。

3．轮毂轴承预紧力测量的工作原理

在需要对轮毂轴承预紧力测量时，预紧力测量轴的伺服电机启动运转，经过减速器减速并提高驱动扭矩，通过输出轴、驱动环驱动轮毂旋转。轮毂在旋转过程中，与其轴承预紧力大小相应的扭矩被测量轴上的扭矩传感器检出,经信号放大处理后,具体数值在显示器上显示出来(参见图7-4)。

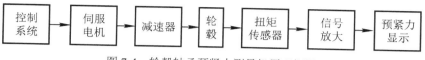

图 7-4　轮毂轴承预紧力测量机原理框图

二、拧紧与轮毂轴承预紧力测量－体机的基本结构与工作方式

1. 拧紧与轮毂轴承预紧力测量一体机的基本结构

图 7-5 所示是一台用于车桥轴头主螺母的拧紧与对轮毂轴承回转力矩(即预紧力)测量设备的结构示意图,由图可见,实际上,它就是由两个拧紧轴组合起来的,其中一个用于轴头主螺母的拧紧(图中的主螺母拧紧轴),另一个用于轮毂轴承预紧力的测量(图中的预紧力测量轴)。

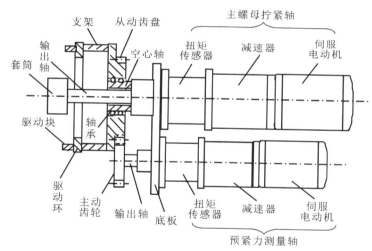

图 7-5　轴头主螺母拧紧与轴承预紧力测量机结构示意图

由图可见,其中的主螺母拧紧轴的结构(包括输出轴与套筒)与通常应用的拧紧轴完全相同,也是由伺服电机、减速器、扭矩传感器、输出轴和套筒构成;而预紧力测量轴的结构与通常应用的拧紧轴不同的只是在输出轴的输出端不是套筒,而是主动齿轮,并从动齿盘与驱动环。

2. 轮毂轴承预紧力测量的工作原理

在需要对轮毂轴承预紧力测量时,预紧力测量轴的伺服电机启动运转,经过减速器、输出轴、主动齿轮,驱动从动齿盘旋转,由于从动齿盘与驱动环间有支架连接,故驱动环也随之旋转。驱动环上的驱动块与轮毂上的螺栓搭靠后,即带动轮毂旋转,同图 7-3 所示的预紧力测量机一样,轮毂旋转所产生的扭矩由预紧力测量轴上的扭矩传感器检出,经放大处理后,其具体数值在显示器上显示出来。

3. 拧紧与轮毂轴承预紧力测量一体机的工作方式

轴头螺母拧紧与轮毂轴承预紧力测量一体机的工作方式，当前主要有如下两种：

（1）边拧紧边测量的工作方式。此种工作方式是轴头螺母拧紧与轴承预紧力测量同时进行，当达到拧紧力矩并轴承预紧力也合格时，即停止拧紧。但预紧力测量轴还要继续回转，测量预紧力，最终合格才停止旋转，即完成一次工作；而如果发现预紧力不合格，则重新启动拧紧或拧松，并继续驱动预紧力测量轴回转，测量预紧力。这样反复地拧紧或拧松与测量，直到合格。

这种方式，由于有自动计算与控制功能，所以通常不会出现反复拧紧或拧松的过程，基本上均可实现一次测量合格。

（2）拧紧－松开－测量的工作方式。此种工作方式是先将轴头螺母拧紧到某一扭矩（实际上是把轴承压入的过程），然后按要求松开一个角度，在松开的过程中实时检测轴承预紧力，不合格就再松开一个角度，再测量预紧力……直到预紧力合格为止。

这种方式，通常均建立一个预紧力与松开角度关系的数据库，以此计算出应该拧松多少角度，以便尽快达到预定预紧力的要求，在确保预紧力控制精度的基础上提高生产节拍。当前应用较多的是这种方式。

在汽车车桥的装配过程中，对于轴承预紧力的测量，除了上面说的轮毂外，还有主减速器轴承的预紧力，同样也可采用拧紧机的结构形式来进行测量。

由上可见，从名称与功能上来讲，螺栓拧紧与轴承预紧力的测量完全不是一回事，但设备的基本结构几乎完全相同，应用的均是标准的拧紧轴，其区别也仅仅是其输出部分，前者是输出套筒，用于对螺栓的拧紧；而后者的输出是驱动环（或驱动杆），用于驱动轮毂的旋转。当然了，其控制的方式也有所不同，两者虽然在开始运行时均是驱动输出部分旋转，并在运行中检测旋转的扭矩，但前者是根据检测得到的不同扭矩值，驱使输出产生不同的变化（降低转速或停止拧紧）；而后者则是检测在规定的稳定转速下的扭矩值。这二者的控制方式虽然不同，但其控制器却是完全一样的。

再联想汽车制造过程中的大部分试验测量设备，均需要对转速与扭矩进行测量，而这方面的功能均可以参考拧紧机的技术与功能，如本章开始时即已提出的发动机曲轴回转力矩测量机、测量汽车扭杆弹簧的扭杆弹簧试验机等。

第3节　曲轴回转力矩测量机

曲轴回转力矩是指在汽车发动机的缸体内装入曲轴、连杆和活塞后，当曲轴做回转运动时产生的摩擦力矩。该力矩主要由曲轴与主轴瓦、连杆瓦，活塞环与缸壁相对运动而产生的摩擦力生成。此摩擦力不仅会增大发动机内部的功率损耗，使相应零件表面迅速磨损，而且由于摩擦而产生的热量还可能造成零件表面的融化，致使发动机无法正常运转。因此，为保证发动机的正常运转，必须对相对运动的表面加以润滑，即保证在发动机各运动副之间有一定的配合间隙，以形成良好的润滑油膜，确保润滑可靠。如若在发动机各运动副之间夹杂有异物，配合间隙过大或过小，均将使润滑油膜无法建立，会造成运动副局部干摩擦，致使发动机工作异常。检测曲轴的回转力矩，就是通过检测曲轴、连杆、活塞和缸壁摩擦副的摩擦力矩值，来判断扭矩值是否在规定的公差范围内，从而判断各运动副之间是否存在夹杂有异物或漏装轴瓦，配合间隙过大或过小等装配质量问题，以确保装配的质量。

一、曲轴回转力矩机检测的主要数据与功能

1. 检测的主要数据与作用

通常，对于曲轴回转力矩检测的数据主要有启动扭矩，最大扭矩与平均扭矩，这些数据及其作用主要如下。

（1）曲轴和活塞连杆的启动力矩。曲轴和活塞连杆的启动力矩是指其从静止到运动瞬间的力矩，此力矩反应了曲轴和轴瓦之间的压紧程度以及活塞与缸壁之间的润滑情况。

（2）曲轴和活塞连杆的最大扭矩。曲轴和活塞连杆的最大扭矩就是在回转力矩检测过程中检测到的回转过程中的最大扭矩，如果活塞环装配没有到位，活塞环有可能已经将缸壁的内部划伤，此时采集的数据会突然急剧增大。

（3）曲轴和活塞连杆的平均扭矩。曲轴和活塞连杆的平均扭矩就是在回转力矩检测过程中检测到的在设定的驱动转速下获得的扭矩，平均扭矩反映了曲轴和活塞连杆的装配质量，活塞与活塞销运动的灵活性，连杆与曲轴运动的灵活性，曲轴与曲轴瓦运动的灵活性，活塞与缸壁的摩擦情况等的运动情况。

2. 曲轴回转力矩机的主要功能

原来曲轴回转力矩机的功能，就是为了能够得到"1."中所述数据及保证数据准确而必须具备的基本功能。但近年来由于对产品质量及其管理要求的提高，又提出了对回转力矩曲线的显示，以及联网数据上传等要求。当前，对曲轴回转力矩机的功能主要要求如下。

（1）能自动完成发动机曲轴回转力矩的测量，转速通常在一定的范围内可调，可设定多点检测（在不同速度下进行），并在每一个速度点上稳定后，进行回转力矩的测量，再依据设定的参数进行分析。工艺扭矩限制值（最大值）可调（此数值与用户产品有关，具体按实际情况选型），设备的输出扭矩能力一般相比实际使用数值须留出 30% 裕量，测量节拍时间可设定。测量数据可在控制器和计算机屏幕上同时显示。

（2）系统可对测量数据进行自动判断，并有合格、不合格指示，对不合格有声光报警。

（3）系统可测量曲轴回转力矩的最大值、平均值，并可实时显示回转力矩测量曲线（相位角与回转力矩的关系图），也会将可靠的测量数据保存备案。

（4）系统可对测量数据进行统计分析，输出统计直方图、控制图，计算 CP/CPK 值；可生成周报表、月报表、季报表、年报表；也可打印输出，并可选择打印不合格的测量数据。

（5）设备具有与线体联结信号（输入/输出），其形式：无源开关量。

（6）电机、传感器、联轴节等均有必要的电气及机械保护装置。

（7）系统与发动机有自动对接功能，并且有弹性保护功能，对接失败有报警功能。

（8）有扭矩过载保护和报警自停机功能。

（9）配置网络功能，实现数据上传。

（10）配置条码（或二维码）读入接口，联结条码（或二维码）读入设备。

二、曲轴回转力矩测量机的基本结构与工作原理

1. 曲轴回转力矩测量机的基本结构

曲轴回转力矩测量机如图 7-6 所示，从外表看，它主要由机身、滑台、控制电箱、控制盒、驱动测量头、夹头与浮动轴套等构成。该测量机驱动测量头的内部结构，实际上就是一个拧紧轴，只是它的输出是用于驱动曲轴的旋转，而不是对螺栓（或螺母）的拧紧。其最终所要的结果是得到曲轴的回转力矩，而不是拧紧的扭矩。所以，在这里我们将其称为曲轴回转力矩的驱动测量轴。此轴装在图中的驱动测量头中，而驱动测量头安装在主滑台上，它一方面可以随着主滑台上升与下降，另一方面也可以平滑地横向移动。

图 7-6　曲轴回转力矩测量机

2. 曲轴回转力矩测量机的工作原理

在需要对缸体总成做曲轴回转力矩测量时（参照图 7-7），驱动测量轴中的伺服电机启动运转，经过减速器、输出轴、浮动轴套，带动曲轴旋转，曲轴旋转过程中的扭矩由驱动测量轴上的扭矩传感器检出，经放大处理后，其具体数值与力矩测量曲线在显示器上显示出来。

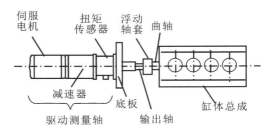

图 7-7　曲轴回转力矩测量机原理示意图

3. 曲轴回转力矩测量机的工作过程

在托盘上的缸体总成进入检测工位，并定位后，主滑台带动驱动测量头与夹头下降，夹头把缸体夹紧，驱动测量头向前（右移），同时伺服电机在非常低的速度下旋转，浮动轴套上的键槽与曲轴上的键对正并套入后，曲轴即在驱动测量轴的驱动下，升速到设定的低速，在此低速状态下旋转并稳定后，即从扭矩传感器中获取此低速状态下的回转力矩值。之后，再在驱动测量轴的驱动下，升速到设定的高速，在此高速状态下旋转并稳定后，即从扭矩传感器中获取此高速状态下的回转力矩值。

测量完成后，伺服电机停止运转，驱动测量轴退回（左移），主滑台上升回原位。

三、连杆瓦盖拧紧与曲轴回转力矩测量一体机

1. 连杆瓦盖拧紧与曲轴回转力矩测量一体机的结构

由于曲轴回转测量的工序是紧接在连杆瓦盖螺栓的拧紧之后，为节省占地面积，可以把此两个工序合在一台设备上进行，图 7-8 所示的设备即为可以完成此功能的连杆瓦盖螺栓的拧紧与曲轴回转测量的一体机。由图可见，它主要由连杆瓦盖拧紧轴（此设备是 2 根拧紧轴）、横向滑台、回转测量驱动测量装置、机身、控制显示盒、回转力矩显示器和控制电箱（图中未列入）等构成。

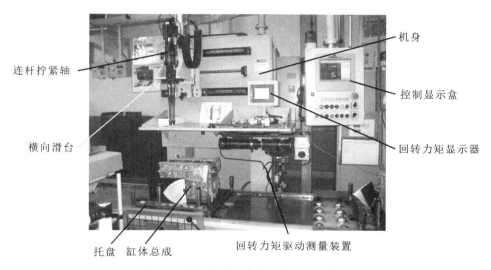

图 7-8　连杆拧紧与曲轴回转测量一体机

其中回转测量装置部分的结构如图 7-9 虚线框内所示，主要由伺服电机、减速器、扭矩传感器、联轴节、轴承座与浮动夹头构成。与标准的拧紧轴相比，这里只是多了两个联轴节与一个轴承座，但它们主要的结构均包含有伺服电机、减速器与扭矩传感器。显然，其基本结构与拧紧轴完全相同，故在这里换上拧紧轴是完全可以的。

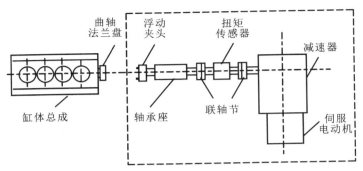

图 7-9　曲轴回转测量装置结构示意图

2. 连杆瓦盖拧紧与曲轴回转力矩测量一体机的工作过程

本说明以 4 缸发动机为例，故需要拧紧 4 个连杆瓦盖。该 4 个连杆瓦盖的排序如图 7-10 所示，工作过程如下：

在托盘上的缸体总成进入检测工位，并定位，托盘上升并到位后，曲轴回转力矩测量装置向前（左），同时伺服电动机在非常低的速度下旋转，浮动夹头上的销头与与曲轴法兰盘上的销孔对正并套入后，曲轴随着旋转，当旋转

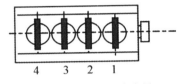

图 7-10　连杆瓦盖序号

到 2 号、3 号瓦盖位于拧紧位置时，停转，拧紧轴下降，先后对 2 号与 3 号连杆瓦盖进行拧紧（基本动作过程是拧紧轴下降，对其中一个瓦盖拧紧并完成；拧紧轴上升、横向位移到另一个瓦盖上方；拧紧轴下降，对另一个瓦盖拧紧并完成，拧紧轴上升回原位，并完成后，伺服电机旋转 180°，使 1 号、4 号瓦盖位于拧紧位置，停转，拧紧轴位移到 1 号（或 4 号）瓦盖的上方下降，先后对 1 号、4 号连杆瓦盖进行拧紧（基本动作过程同对 2 号、3 号瓦盖的拧紧）并完成后（拧紧轴上升回原位），伺服电机带动曲轴旋转，曲轴即在驱动测量轴的驱动下，升速到设定的低速，在此低速状态下旋转并稳定后，即从扭矩传感器中获取此低速状态下的回转力矩值。之后，再在驱动测量轴的驱动下，升速到设定的高速，在此高速状态下旋转并稳定后，即从扭矩传感器中获取此高速状态下的回转力矩值。测量完成后（通常是达到设定的稳定回转的转数），伺服电动机停止运转，曲轴回转力矩测量装置退回（右）原位，托盘下降回原位。

由于此设备配置有回转力矩的图形显示器，故回转力矩值与回转力矩曲线均可在该显示器上显示出来。

第 4 节　车身高度测量及自动调整设备

车辆要求车体处于地面上方特定的高度，称之为车辆的车身高度。车身的高度是影响车辆行驶性能的一个重要指标，较低的车身高度可以增加轮胎的抓地能力，并且减小风阻，有利于车辆行驶的安全性和稳定性，并且油耗也会随着风阻的降低而减少。而当在车辆需要通过障碍物时，又需要有较高的车身高度，以提高车辆本身的通过能力。所以，汽车制造厂在汽车装配过程中，确保适当的车身高度是必须的。

在汽车装配过程中需要对车身高度进行测量，并根据测量的情况进行必要的调节，通常是通过车辆的悬架来调节的。

典型的悬架结构由弹性元件、导向机构以及减震器等组成，个别结构则还有缓冲块、横向稳定杆等。弹性元件又有钢板弹簧、空气弹簧、螺旋弹簧以及扭杆弹簧等形式，而现代轿车悬架多采用螺旋弹簧和扭杆弹簧，个别高级轿车则使用空气弹簧。

采用扭杆弹簧的悬架质量较轻，结构比较简单，也不需润滑，并且通过调整扭杆弹簧固定端的安装角度，相对比较容易实现车身高度的自动调节。

本例中调整车身高度采用的是调整扭杆弹簧，其方法是调整扭杆的螺杆拧紧使车身升高，拧松使车身降低，但是倾角也会随着产生变化。

一、车身高度测量与调整设备的基本结构

车身高度测量与自动调整设备的工作现场如图 7-11 所示。

高度调整(拧紧)

高度测量装置

图 7-11　车身高度测量及自动调整设备工作现场

由于在汽车的装配过程中对于车身高度的调整是通过调整悬架（本例中即是通过调整扭杆弹簧）来实现的，所以，其对车身高度测量装置的吊挂点，取自摆臂总成的凸轮螺栓头上（扭杆弹簧的一端固定在悬架的摆臂上，另一端固定在车架上，摆臂则与车轮相连），如图 7-12 所示。

连接摆臂总成
的凸轮螺栓

图 7-12　高度测量装置吊挂点

该设备主要由车轮基础台架（高度、水平可调整，是测量的基准）、两套高度测量装置（左右各一套），两套高度调整装置（左右各一套），一套控制系统（包含电控柜、高度调整控制系统、测量控制系统）以及操作盘等组成。再加上一些安装测量装置和高度调整装置的支撑框架、支架滑道、升降机构等，高度测量装置与高度调整装置的结构如图 7-13 所示。高度调整装置中的主要部件实际上就是一个输出端为弯头的单轴拧紧机。

图 7-13　车身高度测量及自动调整设备关键部件

高度测量部件的核心采用的是德国巴鲁夫的 BTL5 非接触位移传感器，高度调整部件采用 DBS-100 电动螺栓拧紧头，它可实现多种控制模式，并具有扭矩、转角控制，精度高，噪声小、免维护等优点。

德国巴鲁夫的 BTL5 传感器，由于其测量的方式是通过内部非接触式的测控技术，精确地检测活动磁环的绝对位置来测量被检测产品的实际位移值，所以称之为非接触式位移传感器，而按其测量的工作原理则应称之为磁致伸缩式位移传感器。

二、磁致伸缩式位移传感器简介

1. 磁致伸缩式位移传感器的工作原理

大家都知道物质有热胀冷缩的特性，但除了加热外，磁场和电场也会导致物体尺寸的伸长和缩短。铁磁性物质能在外磁场的作用下，致使其尺寸伸长或缩短，去掉外磁场后，又会恢复原来的长度，这种现象称为磁致伸缩现象（或效应）。

磁致伸缩式位移传感器，是利用磁致伸缩原理、通过两个不同磁场相交产生一个应变脉冲信号来准确地测量位置的。其测量元件是一根波导管，波导管内的磁敏元件由特殊的磁致伸缩材料制成。测量的过程是由传感器的电子室内产生电流脉冲，该电流脉冲在波导管内传输，从而在波导管外产生一个圆周磁场，当该磁场和套在波导管上作为位置变化的活动磁环产生的磁场相交时，由于磁致伸缩的作用，波导管内会产生一个应变机械波脉冲信号，这个应变机械波脉冲信号以固定的声音速度传输，并很快被电子室检测到。由于这个应变机械波脉冲信号在波导管内的传输时间和活动磁环与电子室之间的距离成正比，故通过测量时间，就可以高度精确地确定这个距离。

磁致伸缩式传感器的基本外形结构如图 7-14 所示。图中所示的测杆实际上是个保护外套。电子室在传感器头的内部。

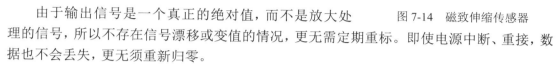

图 7-14　磁致伸缩传感器

2. 磁致伸缩式位移传感器的特点

由于输出信号是一个真正的绝对值，而不是放大处理的信号，所以不存在信号漂移或变值的情况，更无需定期重标。即使电源中断、重接，数据也不会丢失，更无须重新归零。

由于测量用的活动磁环和传感器自身并无直接接触，不至于被摩擦、磨损，因而其使用寿命长、环境适应能力强，可靠性高，安全性好，便于系统自动化工作，即使在恶劣的工业环境下（如容易受油渍、尘埃或其他的污染场合），也能正常工作。

三、工作过程简述

（1）人工将被测车辆开到测试工位，定位后（有定位装置，系自动定位），操作者将测量装置抬起（由平衡气缸支撑，抬起很容易）挂到测量点上；该测量点在车体上连接下摆臂总成的凸轮螺栓头上（见图 7-12）；再通过按动"抬起按钮"将高度调整装置升起，使其输出端的套筒与调整螺栓对接，对接后高度调整机构的平衡升降系统会自动平衡，保证高度调整机构始终与调整螺栓可靠对接。

（2）按下两边的"启动"按钮后，系统自动进入如下的高度自动调整过程。

① 自动读取测量装置的读数，经换算后得出原始车身高度。

② 取得原始高度数值后，系统会自动判定：是否需要调整以及调整的方向（因为偏高还是偏低调整方向是不同的）。

③ 启动两侧的自动调整机构，由于车身高度的调整是通过调整前悬挂的扭杆弹簧的扭转角度来实现的，即启动两个高度调整装置中的动高度调整装置（单轴拧紧机），根据测量的结果（或低或高），驱动高度调整装置对调整螺栓进行拧紧或拧松，并在这拧紧或拧松的过程中进行测量。就这样边调整边测量，当两边高度都达到工艺要求的数值，并且两边差值也满足工艺要求后，停止调整（即拧紧机停转）。

④ 继续测量高度变化，如果仍然满足工艺要求，则调整结束；如果不合格，则重新调整一次（通常都是一次就会合格的）。

⑤ 系统自动根据系统设置的工艺参数来判断测量结果是偏大、合格、偏小；并点亮操作盘上的相应指示灯（为了方便操作者观察，在地坑内设置有显示屏，可以显示测量高度的实际值，同时随着测量高度的变化，测量值的颜色会自动变化，红色为"偏大"，黄色为"偏小"，绿色为"合格"）。

⑥ 调整完成后，调整头可自动下降到原位，操作者将高度测头放下到原位，测量结束，位于车前方的警示灯绿灯点亮，提示司机"车可以开走了"。

整个调整过程可以在：20 ～ 30 s 内完成。

注：在调整过程中，如果发现扭矩超出上 / 下限范围，而高度还不能合格，就表示扭杆

弹簧装配是有问题的，则自动退出高度自动调整过程，并且蜂鸣器鸣叫，面板上的"装配不合格偏大"或"装配不合格偏小"指示灯点亮，提示操作者人工处理。

从上述的工作过程可见，其高度调整的操作就是通过对扭杆弹簧的扭转角度来实现的，也就是对扭杆弹簧的拧紧与拧松。从上面的描述中也得知，这拧紧与拧松实际上采用的也就是拧紧轴。而在此过程中除了对车身高度的测量外，在高度的调整中也需要检测与控制扭转的角度与扭矩，故对车身高度的调整采用的拧紧轴也是比较合适的。

第8章

拧紧机的检定、拧紧中的问题及故障例举

第1节　拧紧机的主要技术指标与拧紧机的检定及校准

拧紧机的基本功能虽然与传统的拧紧工具一样也是对螺栓（或螺母）拧紧，但与传统的拧紧工具相比较具有极大的优越性，它不仅大大降低了操作者的劳动强度，提高了生产率（轴数越多越显著），更为重要的是它对拧紧所需要的参数可以在一定范围内设置与调整，并进行有效地控制，所以它也大大地提高了用户对拧紧结果的满意度。

一、拧紧机的主要技术指标

对于拧紧机的主要技术指标，我们重点要了解的是它的功能与精度。

1. 基本功能

（1）具有扭矩控制、转角控制、屈服点控制功能。

（2）可以进行同步、异步拧紧的设定与控制功能。

（3）具有预拧紧、过渡拧紧、终拧紧等工艺参数的设定与控制功能。

（4）具有对拧紧结果的数据（扭矩、转角）与状态（合格、不合格等）的显示功能。

（5）具有套筒的自动引入（即认帽功能）、自动退出（即卸荷功能）及等待功能。

（6）输出轴有不小于 45 mm 的伸缩范围，且伸缩灵活。

（7）拧紧轴的噪声应小于 70 dB。

（8）在其使用方向上应能承受工艺规定的 1.2 倍的最大目标扭矩值。

2. 其他附加功能

（1）具有系统故障的自诊断及报警功能。

（2）留有通信端口，可接入工厂网络系统。

（3）具有正、反转及无级调速及编程功能。

（4）具有拧紧完成信号、合格信号的开关量输出。

（5）具有操作者及管理者密码设定及保护功能。

（6）具有假扭矩识别功能。

（7）具有多种拧紧程序，即多种紧固模式，具有参数的选择功能，以满足多品种装配的

共线要求。

（8）具有多种参数、拧紧结果资料、多轴曲线同时跟踪动态显示存储功能；具有拧紧结果的质量统计分析，班产、日产、年产量统计，趋势监控报警，各类统计报表（资料表、直方图等均可按日、月、年统计）的生成及打印，SPC 数理统计等功能；人机对话方式全汉化操作。

3. 精度

电动拧紧机的精度指标通常用误差与分辨率来表示，而误差又可分为示值误差（即通常所说的测量误差）与控制误差，其中的示值误差主要是用满度相对误差与重复性误差来评定。当前国内外拧紧机供应商说明书中标称的精度指标（即误差）大多只是

扭矩：≤ ±3% FS；转角：≤ ±2°。

并没有指明这是示值误差还是控制误差，而分辨率大多没有具体数字。对于后者，主要由于当前的电动拧紧机显示均采用电子显示器，故这个分辨率的大小只是个涉及显示器位数的问题；而对于前者，数值是非常清楚的，即：扭矩误差是小于或等于拧紧轴额定扭矩值的 ±3%，转角的误差是小于或等于 ±2°。但由于没有指明这是示值误差还是控制误差，致使到了实际的应用时，大多只能由不同的用户与不同的供应商通过各自的理解来掌握，有的把它看作为示值误差，也有的把它看作为控制误差，大多是把它看作为示值误差。对于误差的这种简单的标注，确实造成了一些模糊。

鉴于上述情况，并结合当前国内外各主流拧紧机的实际情况，笔者建议，把扭矩的示值误差定为≤ ±2% FS；控制误差定为≤ ±4%；而转角的示值误差定为≤ ±2°；控制误差定为≤ ±3°。

另外需要说明的是，当前在国内外主流电动拧紧机中所应用的扭矩传感器的标称精度，均是指工作在 20% ～ 100% 满量程的范围内，超出此范围则标称的精度不能保证。所以，我们在选用与检定拧紧机时均应注意此问题。

二、对拧紧机功能的检验与精度的检定

拧紧机在安装完成后，必须经过相关部门的专业人员对其进行功能检验与精度检定，检验与检定合格后，方可投入使用。

1. 功能检验

对拧紧机功能检验主要是对其基本功能的检验，基本功能必须全部满足，而对其他附加功能部分则不一定完全满足。按原则讲，对功能的检验主要按照供需双方协议的要求条款来逐条检验。当然，对用户来讲，对拧紧机功能的检验，最好以是否满足生产现场实际的操作结果来评定，但拧紧机的供应商对用户的拧紧工艺与现场并不熟悉，所以，在商讨技术协议时，供应商与用户双方一定把工艺要求与现场情况进行充分交流，制定出完全满足生产现场实际的技术协议。

2. 精度检定

精度检定的工作必须由质检部门的专业人员、使用专用的检定仪器进行，检定合格，

并签发合格证后,才可投入正式使用。

三、关于精度检定与精度校准方面的说明

1. 关于精度检定与精度校准方面的说明

对拧紧机精度的检定与精度校准,虽然都是对拧紧机的精度进行检测与认定,但它们却是两个不同的概念,不同的操作要求。

(1)精度检定与精度校准的主要区别。精度检定是计量法规定的要求,具有法制的概念。所进行的工作必须由专职的质检计量人员,使用计量基准、计量标准,按照规定的计量法规对精度检测所进行的严格操作。而精度校准则是设备的使用单位根据自身的内部情况,按照自行规定的要求和方法,由相关人员(不一定是专职质检的计量人员)使用相应仪器(并不一定是计量基准、计量标准)对精度检测所进行的操作。

(2)对拧紧机精度检定与精度校准的特别说明。在此特别提出,为了确保对拧紧机检定或校准的准确性,在对拧紧机进行检定或校准时,必须让拧紧机在正常运行的状态下进行,其原因如下。

从对拧紧机的原理论述与实际的检测数据中,完全可以确认简化配置结构拧紧机的精度确实较低,但这些拧紧机供应商从来就不承认这种结构拧紧机的精度低,不仅在产品的宣传资料与样本中的标称精度较高,而且还能用"事实"证明这种拧紧机的精度高。就拿作者曾遇到的一台 4 轴的没有轴控单元的拧紧机来说,检测时用户告诉我们说:"我们总觉得那台(指无轴控单元的)拧紧机的扭矩有问题,没有这台(指有轴控单元的)拧紧机扭矩准确、稳定,所以多次找了供应商来检测,他们上个月就来了人,并带来了扭矩检定仪,对拧紧机的每个轴都进行了校准,给出的测试结果说是没有问题。但在实际工作时和拧紧中还是觉得不好,所以这次才借助于第三方来校准,请求帮助检一检,并分析一下原因。"

通过询问,我了解到,这个厂家在校准时使用的仪器是自家生产的一体式检定仪(传感器与显示仪表为一体的),检定校准时,系统工作在一个专门的校准拧紧轴的校准程序中,其采用的方法是检定中只让被检测的拧紧轴旋转,而其他的 3 个拧紧轴(是 4 轴拧紧机)不转(即不工作)。实际上,问题也就出在这里了,由于校准时只让一个拧紧轴转,即系统时时刻刻都在检测这一个轴,而并不是正常工作拧紧时需要循环检测 4 个轴。所以这时的检测准确并不是真实的,因为它不是实际工作的状态。

通常的检定与校准虽然也都是采用一套检定仪(即一个传感器和一块显示仪表),检定与校准时虽然也是一个轴一个轴的依次进行,但在检定与校准的过程中,最好要求所有的轴都旋转(不一定都拧紧),即与正常的拧紧工作状况完全相同。这时的检测校准才是最真实可靠的。

(3)关于配置结构方面的误导与辨别。前面我们叙述了简化配置结构拧紧机的精度较低,但这些拧紧机的供应商没有正面承认是简化配置结构的拧紧机,也不承认这种拧紧机没有轴控单元,而且在对这种拧紧机的配置结构介绍中,还明确标称有轴控单元或轴控模块等类似文字,并且还能列出其所称之为轴控模块的具体型号。其主要有如下两种情况:

① 把某厂家的 A/D 转换模块作为自己的轴控模块，并在其原厂家型号之前增加几个汉语拼音字头，这样也就成为了他们所谓的轴控模块（即我们前面所说的轴控单元）。然而，这个轴控模块（A/D 转换模块）起不到前面所述的轴控单元的作用，这只不过是用于误导用户的一种说辞。

② 只是简单地把电机驱动器及其型号标称为轴控模块及其型号，故这也同样是用于误导用户的一种说辞。

在拧紧机的结构中到底有没有真正的轴控单元（或称轴控模块），一个非常简单的辨别方法就是看它的结构图中或实物中，从拧紧轴的扭矩传感器上输出的扭矩检测信号电缆所进入的是什么模块，对于以工控机为主控制器的这个电缆就进入了主控制器（即工控机），对于以 PLC 为主控制器的这个电缆就进入了 PLC 扩展槽上的 A/D 转换模块。若是这样，那就完全可以肯定的说：这个拧紧机的结构中没有真正的轴控单元，也即是属于简化配置的拧紧机。

四、对拧紧机拧紧效果的检测方法

上面已经确认，拧紧机在安装完成后，必须经过质检计量部门的专职人员对其进行检定合格后，方可投入使用。但安装完成后的检定并不能一劳永逸，故在正常运行中均有规定的检定周期。另外，当前各正规厂家生产的拧紧机，无论是精度还是稳定性都比较高，因而螺栓拧紧完成后，拧紧机上显示的扭矩值基本上是可以信任的。但再好的设备或仪器也不可能不出问题，所以对拧紧效果的检测，即对被拧紧的工件，在拧紧后对拧紧的实际扭矩值的确认是非常必要的（一般均规定有抽检的频次，即多少件中抽检一件）。而对其拧紧效果的检测，一般可采用下述两种方法。

1. 事后法

事后法就是在拧紧过程完成后进行检测的方法。事后法的检测有以下三种：

（1）松开法。松开法就是将拧紧的螺栓用扭矩扳手松开，并读出松开时的瞬时值。

采用这种方法检测，由于螺纹升角的关系，松开的扭矩比拧紧的扭矩要小，一般要差30% 左右。这种检测方法显然误差较大，除特殊情况外很少采用。

（2）紧固法。紧固法即对已经拧紧的螺栓用扭矩扳手，沿螺栓的拧紧方向再施加一个逐渐增大的扭矩，直至螺栓再一次产生微量的拧紧运动，并读出此时的瞬时值。

采用这种方法检测，其扭矩偏差为实际扭矩的 -5% ~ +25%。其偏差产生的原因是在旋动螺栓的瞬间所产生的摩擦阻力不同于拧紧过程中的摩擦系数（前者为静摩擦，后者为动摩擦）；还有，操作人员掌握程度、用力大小、感觉的偏差等，均会造成不同程度的偏差。该方法适用于拧紧后不超过 30 分钟的螺栓扭矩的检测。

（3）标记法。标记法即在对已经拧紧螺栓的拧紧位置做一个标记，将螺栓拧松之后再拧紧到原来位置时的扭矩值。

采用这种方法检测，该扭矩偏差为实际扭矩的 -12% ~ +5%。可见，这种方法较前两种方法的精度都高，但有许多螺栓规定不允许重复拧紧，限制了这种方法的使用。

2. 过程法

过程法就是在拧紧过程中进行检测的方法，这种方法需要有专门用于检测的扭矩传感器。过程法的检测也有三种：

（1）直接法。直接法即在需要检测时，把用于检测的扭矩传感器直接串接于拧紧轴与被拧紧的螺栓之间，拧紧时即可以直接读出读数。

这种方法的扭矩传感器如若是临时随意安装的，将不可能稳固，会造成三者不在一条直线上，而造成一定的测量误差。如若有专用的连接部件，精度还是可以保证的。

（2）固定传感器法。固定传感器法与直接法的区别是，用于检测的扭矩传感器不是临时安装的，而是固定在拧紧轴的输出轴上。

这种方法虽然避免了直接法的检测误差，但每个拧紧轴的输出轴上均要安装一个专门用于检测的扭矩传感器，平时又不用，故造成了较大的浪费。

（3）传感器替换法。传感器替换法适用于拧紧轴输出轴的下部，原来就装有一根长度与扭矩传感器（检验校准用的）完全相同的且可以快速拆卸的活动轴，当要测试时，将这可快速拆卸活动轴卸下，换上检验校准用的扭矩传感器。

这种方法与直接法原理相同，但由于扭矩传感器比较稳固，确保了三者在一条直线上，故精度完全可以保证。

这种方法与直接法由于只用一只扭矩传感器，故较固定传感器法成本低。且这只传感器仅在需要检验校准时才装在拧紧轴上，平时还可用于对其他同类拧紧轴的检验校准，也方便了自身的精度检定。

上述的事后法，实际上是一种静态的检测方法，它比较简便，易于实施，因而得到生产和质检部门的普遍使用。由于上面所述的各方面的因素所造成的误差难以避免，望在检验中能予以相应考虑。

上述的过程法，是动态检测方法，由于是在拧紧过程中检测的，故其误差较小。但其需要另外安装配置扭矩传感器，故增加了费用和工作量，因而在对拧紧效果的检测上很少应用，大多用于对拧紧工具（即拧紧机）的检定与校准。

第 2 节　对拧紧过程中出现的问题分析例举

拧紧机是自动拧紧的工作状态，且大多均配置有拧紧异常报警和故障报警，但报警的因素却是多方面的，也正是由于这些因素混杂在一起，故而对在运行中出现的一些问题，只靠拧紧的异常报警和故障报警，有时并不能确认问题所在。我们平常所遇到的问题，基本上可以分为两大类：一是拧紧机本身发生了故障；二是拧紧机本身工作正常，即问题发生在拧紧机之外。本节主要针对后者进行分析与叙述，所涉及的内容均是作者在日常工作中遇到的一些问题，在此只是简单地汇集在一起，大体上分类，并逐条予以分析（以下的分析是以拧紧机工作正常、显示准确，检验所用的扳手准确为前提）。

一、有关拧紧结果的扭矩值方面的问题

1. 人工检测的扭矩值与机器显示值不符

这里的人工检测的扭矩值，指的是采用精度为 ≤ ±2% 的数显扭矩扳手（或低于此精度的扳手），且由专职计量检定人员操作所得的数据。机器显示值即该拧紧机显示器上的扭矩显示值。

拧紧机在实际运行中，这方面问题出现的概率最大，可分为两方面来讨论。

（1）人工检测的扭矩值大于机器显示值。通常检验扭矩的方法是采用事后法中的紧固法，由于各方面的因素，其误差可能在 −5% ～ +25%，即人工检测的扭矩值可能大于机器显示值的 +25%，尤其是采用指针式扳手时，除了扳手本身的固有误差外，可能还会混有零点定位误差、操作人员的视觉误差等，这些都会增大误差值。

（2）人工检测的扭矩值小于机器显示值。采用紧固法检验，其有 −5% 的误差，这虽然也是一个方面，但对高弹性系数，且拧紧后即进行检测的扭矩值，负值误差的概率极少。根据笔者的实际经验，出现人工检测的扭矩值小于机器显示值的情况，分别如下：

① 拧紧后时间较长（超过半个小时），尤其是上午拧的下午检验。实践证明，这种情况的检验有可能会低 10% 左右。

② 软性连接的拧紧，拧紧后采用紧固法检验的扭矩值均较低，可能会低到 30% 左右。

③ 工件本身有问题。如笔者在对凸轮轴瓦盖拧紧机在验收时出现的：2#头拧紧后即人工检测，其值较拧紧机显示值低较多，经过多次试验及检查，是凸轮轴瓦盖有问题。

2. 拧紧结果的扭矩值偏大或偏小

在采用扭矩－转角法拧紧的情况下，由于它通常是在一个起始扭矩的基础上再拧紧一个设定的转角的拧紧方式，其最终的拧紧目标是以转角为控制量的，故极有可能出现扭矩结果的扭矩值偏大或偏小。所谓的扭矩值偏大，是指拧紧结果的扭矩值已经到达设置的上限值，但转角尚未达到设定目标值；所谓的扭矩值偏小是指拧紧结果的转角已经到达设置目标值，但扭矩尚未达到设定下限值。讨论如下：

（1）拧紧结果的扭矩值偏大。这个问题基本上都出现在工件、垫片和螺栓上。

① 工件：主要是由于工件的螺纹不好，或螺孔内有异物，使螺纹接触面摩擦阻力增大所至。

② 垫片：尤其是带有弹簧垫片或带定位点的平垫片对其的影响较大，扭紧靠座后，弹簧垫片（或带定位点的平垫片）可能会随螺栓旋转所产生的摩擦阻力增大所至。

③ 螺栓：主要是螺纹不好，笔者所在的工厂是引进美国设备与技术生产汽车发动机的，在零部件国产化中，刚开始用的国产螺栓时曾出现过，而螺纹改进后就再未发生过。还有一点就是螺栓未按规定处理（应蘸油而未蘸油），或把本来涂的油清洗掉了，也会出现此现象。

④ 其他原因：进行了两次或两次以上的拧紧。

（2）拧紧扭矩值偏小。拧紧扭矩值偏小的问题多半出在螺栓上，其主要原因是螺栓的质量不好（屈服点较低）。当然，从理论上讲，工件的螺孔攻大，螺栓螺纹直径偏小也会出现这种情况，但在实际生产中，这种情况出现的概率极小。

3. 其他应当商讨的问题

（1）生产中出现的"拧紧扭矩值偏小"，是不是真正的偏小？

讨论这个问题必须针对具体实例，以笔者实际遇到的汽车发动机缸体主轴承瓦盖螺栓拧紧机为例。

开始的工艺规定：拧至 41 N·m 再转 90°，其终止扭矩的上限不超过 130 N·m，下限不低于 90 N·m。而在有一段时间内，说是为了提高产品质量，工艺部门把扭矩的下限值修定为不低于 100 N·m 和 105 N·m，在此期间，时而出现扭矩值偏小情况（即达不到 100 N·m 和 105 N·m）。

我们在这里再特别强调一下前面已经介绍的如下几个问题。

拧紧，实际上就是要使两个被连接体间具备足够的压紧力，反映到被拧紧的螺栓上就是它的轴向预紧力（即轴向拉应力）。而不论是两个被连接体间的压紧力还是螺栓上的轴向预紧力，在工作现场均很难检测，也就很难予以直接控制，因而，人们采取了下述几种方法予以间接控制。

① 扭矩控制法：由于只能对于拧紧的扭矩进行控制，而这个扭矩与螺栓轴向预紧力的关系受摩擦阻力影响较大，即同样大小的扭矩其螺栓的轴向预紧力可能相差很大。

② 扭矩－转角控制法：摩擦阻力的不同，仅影响测量转角的起点，并将其影响延续到最后。而在计算转角之后，摩擦阻力对螺栓轴向预紧力的影响已不复存在。

综上可知，螺栓连接需要的是被连接体间的压紧力，拧紧的扭矩虽然与压紧力成正比，但其比例系数会随摩擦系数的不同而变化，离散度较大。即扭矩的大小并不能确切地反映出压紧力的大小，同一状况的连接体，由于摩擦系数的影响，以至扭矩相差很大，而压紧力却相差不大；而不同状况的连接体，由于摩擦系数的影响，可能扭矩大的还没有扭矩小的压紧力大。如若螺栓和被连接体螺纹的螺距精度可以保证，那么，拧紧的转角的精度就可以保证压紧力的精度了。因而，作为扭矩－转角控制法，只要确保起始扭矩（TS）和控制转角（AC）精度就可以了。至于扭矩也并不是一点不考虑，主要是把它作为一个监视值来作为参考（用以发现异常的扭矩偏大或偏小的问题），因而扭矩上下限的范围不宜太大。否则，本来没有问题的拧紧也被当做有问题的看待了。

从上述情况来看，在扭矩－转角控制法中，过于看重或提高下限扭矩的实际意义不大。实际上这台缸体主轴承瓦盖拧紧机，刚从美国引进时（这是从美国引进的生产线）的工艺规定：拧至 41 N·m 再转 90°，其终止扭矩上限不超过 140 N·m，下限不低于 78 N·m。对于这个扭矩范围，我想可能就是在美国原厂时，根据前序有关加工、螺栓等综合情况对拧紧扭矩的影响而制定的。

综上，目前我们所认为的"扭矩值偏小"的问题，希望大家广泛讨论，深入探讨，踊跃提出宝贵意见。

（2）对于不同型号的同种工件，在同一台拧紧机上拧紧，拧紧机上显示的扭矩相同，而人工检测却相差较大。

这个问题也是笔者亲身所遇，突出表现在汽车发动机上罩盖的拧紧机上。该发动机的上罩盖分为两种，一种为铝合金（铸造的）；另一种为钢板的。当天是混流生产，在先装配 50 台铝合金上罩盖的过程中，其中 4#、5# 拧紧轴拧紧结果显示的扭矩是 12 N·m，而人工检测为 14～16 N·m，其他 7 个拧紧轴拧紧结果显示的扭矩均与人工检测值基本相符（该拧紧机共 9 个拧紧轴）。用扭矩校准仪校准，9 个拧紧轴的扭矩均相符，即拧紧机没有问题。而当这 50 台铝合金上罩盖的发动机装配完成后，恢复使用原来钢板的上罩盖，4#、5# 拧紧轴显示的扭矩又都与人工检测值相符了。

为什么只是铝合金上罩盖的 4#、5# 拧紧轴所拧的螺栓，其扭矩在人工检测时偏大呢？经对拧紧后工件的检验，较为引人注意的一点是 4#、5# 拧紧轴所拧的螺栓及在铝合金罩盖上的摩擦痕迹如图 8-1（a）所示，其他螺栓及在铝合金罩盖上的摩擦痕迹均如图 8-1（b）所示。

对比图 8-1（a）与（b）可见，4#、5# 轴拧紧的摩擦痕迹是面，而其他轴拧紧的摩擦痕迹是弧线，在拧紧进行中为动摩擦，4#、5# 轴的摩擦阻力与其他轴相比差值不大。而人工检测时为静摩擦，其摩擦阻力比其他轴就大的较多，扭矩之差就显现出来了。然而用铁罩盖时 4#、5# 轴为什么扭矩不大呢？其原因是铁罩盖表面有一层漆，光滑的漆表面使其静摩擦阻力也相差不大了。

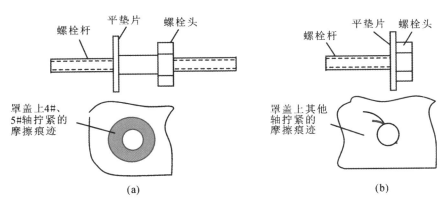

图 8-1　铝合金罩盖上的摩擦痕迹

从上述分析来看，在拧铝合金罩盖时，4#、5# 轴在人工检测时，扭矩虽然偏大，但拧紧机是正常的，故不应当按人工检测工件的结果来修正拧紧机。

二、有关拧紧工艺方面的问题

拧紧的工艺对拧紧结果的影响非常大，在有些情况下，如果拧紧工艺不合适，就很有可能产生拧紧扭矩值的快速衰减，有些情况下也可能会造成工件的变形。

1. 拧紧扭矩值的快速衰减问题及其解决

（1）拧紧扭矩值的快速衰减的情况。某一汽车制造厂，其装配线上配置了轮胎拧紧机，该车型的轮胎螺栓为 10 个，采用 5 轴拧紧机，分两次完成拧紧，螺孔的分布如图 8-2 所示。如 1、3、5、7、9 这 5 个螺栓所对应的螺母作为第一组，那么 2、4、6、8、10 这 5 个螺栓所对应的螺母就为第二组，拧紧的方式是先把第一组的 5 个螺母拧紧后，再实施对第二组螺母的拧紧。拧紧的实际工作状况如图 8-3 所示。

图 8-2　轮胎螺孔位置分布图　　　　图 8-3　螺母分组拧紧的实际情况

在有一段时间内，时常发生拧紧完成后，出现某一、两个螺母的扭矩过低，甚至松动的现象。

（2）现场试验查找。针对此问题，我们携带动态扭矩校准仪来到现场，首先对拧紧机进行了检定，检定结果拧紧机的精度与运行的稳定性均很好。之后，即开始监视安装轮胎及其拧紧机操作与运行，并在装配线的出线端采用数显扭矩扳手对扭矩进行复检（安装轮胎的工位轮胎是悬空的，若在此处复检，轮胎会随着旋转；而出线端轮胎是落地的，复检的轮胎就不会随着旋转了）。结果发现，在安装轮胎处，拧紧正常的轮胎，到了出线端的复检，又出现了某一两个螺母的扭矩过低的现象。经再次试验、检测与查找发现，扭矩过低的螺母均在第一次拧紧的 5 个螺母之中，而第一次的拧紧结果的扭矩均正常。鉴于此，我们把人工检测的地点转移到拧紧机的工位，第一组的 5 个螺母拧紧完成后，由 2 人把紧轮胎，1 人用扭矩扳手检测，5 个螺母的扭矩均正常。再用拧紧机对第二组的 5 个螺母拧紧，拧紧完成后，再用同样的方法对第二组的 5 个螺母检测，扭矩也均正常。但回过头来再对第一组的 5 个螺母复检时，竟发现有两个螺母的扭矩变得非常低。之后，继续同样的检测试验，也间或地出现了同样的情况。进一步检查发现是由于轮胎中的辐板不平造成的。

（3）改进拧紧工艺解决了问题。鉴于上述情况，说明拧紧机没有问题，而问题出现中工件与拧紧方式（即拧紧工艺）上。然而工件是外购件，该汽车厂解决有一定的难度。而如何改进拧紧的工艺当时就可以探讨。经过共同研讨，并汲取部分单位的经验，我们把拧紧工艺更改为第 1 组螺母拧紧完成后，即对第 2 组螺母拧紧，而第 2 组螺母拧紧完成后，再对已经拧紧过的第 1 组螺母重复拧紧。与原来的拧紧工艺相比，只是增加了一次重复拧紧。拧紧工艺这样改进后，再没有出现过拧紧扭矩值的快速衰减问题。

2. 拧紧后工件发生变形及其解决

（1）拧紧后工件发生变形。某汽车发动机厂装配线上的缸盖拧紧机，它用于紧固缸盖与缸体的连接螺栓，其 10 个螺栓孔的分布如图 8-4 所示。应用的是 10 轴拧紧机，扭矩

－转角控制法。开始的拧紧步序是 10 轴同时启动拧紧，任何拧紧轴先拧紧到起始扭矩值（88 N·m）时即停止拧紧，等到全部的拧紧轴均拧紧到起始扭矩值后，再同时拧紧到目标转角值（90°）。而在实际工作中，时常会发生拧紧后缸孔变形的情况，其变形的方向是在图示的横向，其最大值为 0.02 mm。

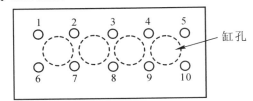

图 8-4　螺栓孔分布图

（2）改进拧紧工艺解决了问题。经过分析试验，我们把拧紧的步序改为同时启动拧紧，任何拧紧轴先拧紧到中停扭矩值（45 N·m）时即停止拧紧，等到全部的拧紧轴均拧紧到中停扭矩值后，转为分组顺序拧紧到起始扭矩值（88 N·m），其分组的顺序为① 3、8 轴，② 2、7 轴，③ 4、9 轴，④ 1、6 轴，⑤ 5、10 轴。之后再按上述分组顺序拧紧到目标转角值。改为这种的拧紧步序后，缸孔变形的情况不再出现了。

3. 拧紧时常不合格问题的解决

某汽车发动机厂的连杆生产线中的一台 2 轴连杆拧紧机，它用于连杆大头孔加工前的连杆瓦盖的拧紧。其拧紧是采用扭矩－转角的控制方式，原本的拧紧工艺是

（1）同时启动拧紧，当任一拧紧轴达到起始扭矩后即停止，等待另一拧紧轴。

（2）二轴均达到起始扭矩后，同时继续拧紧 90°，并设置了上下限扭矩值，其拧紧的结果低于下限与高于上限均规定为拧紧不合格。

在投产时，拧紧的结果时常发生不合格的现象。而该生产线是整线从美国引进的，引进前状况稳定，并无此现象产生。经查找，发现螺栓孔加工时常有残留的毛刺。

鉴于上述情况，把拧紧的工艺更改为

（1）同时启动拧紧，当任一拧紧轴达到起始扭矩后均停止而等待另一拧紧轴；

（2）两轴均达到起始扭矩后，同时继续拧紧 45°；

（3）反转松开螺栓；

（4）同时启动拧紧，当任一拧紧轴达到起始扭矩后均停止而等待另一拧紧轴；

（5）两轴均达到起始扭矩后，同时继续拧紧 90°，设置的上下限扭矩值不变。

上述的拧紧的工艺与原来的工艺相比，就是增加了一次反转松开和拧紧，其目的就是为了清除螺孔中残留的毛刺。做了上述更改后，拧紧结果不合格的现象基本消除。

第 3 节　拧紧机运行中机械类故障的分析例举

电动拧紧机是机电一体化的设备，作为一台设备，不论何种品牌，均不可能在运行中不发生故障。出现了故障就需要及时处理解决，以确保生产的正常运行。而欲达此目的，最主要的是根据故障的状态能迅速地判定故障的所在与真正的原因。当前不论国外还是

国内的电动拧紧机均设置有故障自动报警功能，并以各自的方式与代码显示报告故障的内容。但这种形式的报警通常只是为查询故障指出了一个方向，大多并不是故障的具体所在，这是因为拧紧机在运行中的故障千变万化，这种形式的报警不可能完全予以覆盖。在此，从作者在日常工作中所遇到的故障中选取部分故障，并辅以简要的分析，仅供各位读者参考。

需要说明的是，由于拧紧机制造商的不同，在拧紧机中配置的故障报警代码也不相同，故在下面所例举的故障，均不涉及故障报警的形式与其具体的代码，而只是提出其故障的现象。

在选取的故障中，暂先分为机械类故障、电气类故障与参数设置类故障 3 个类别，而本节先对机械类的故障进行分析与介绍。

一、曲轴皮带轮螺栓拧紧机故障及其分析

1. 故障的现象

某汽车发动机厂的装配线上的曲轴皮带轮螺栓拧紧机（单轴）在某次设备检修后的运行中，间断性重复发生（一天 3 ～ 4 次）的一种故障。该故障的现象是没有故障代码的显示，只是状态显示器上的显示为扭矩不合格，数字显示器上显示拧紧的扭矩值为负值，但是经检验员检测的螺栓拧紧扭矩值却在合格值的范围之内。

2. 对故障的分析与现场观察

力矩值显示为负值时，最大可能的原因是轴控单元传送给显示器的值为负值，也就是说扭矩传感器检出的扭矩值为负。当然，从理论上来讲，这种情况在显示器发生故障时也会出现，但从故障发生的现象来看不可能是显示器的问题。

而扭矩传感器信号的正负，取决于传感器受力的方向，在螺栓的拧紧方向为正，松开的方向为负。曲轴皮带轮螺栓拧紧机在正常拧紧过程中，拧紧轴是向一个方向（拧紧）转动的，扭矩传感器将扭矩的变化结果传送给显示器，显示出拧紧结果的扭矩值。即在正常的拧紧时，扭矩是绝对不会出现负值的。

曲轴皮带螺栓轮拧紧机的拧紧过程共分两步：拧紧力矩首先拧紧达到 100 N·m，之后在此基础上再转 90° 转角。拧紧结果的扭矩值在 200 ～ 398 N·m 范围内为合格。如果拧紧结果的扭矩值小于 200 N·m 或超过了 398 N·m，那么拧紧机均会产生不合格报警。

从拧紧机的显示来看，扭矩的数值是负值，状态是不合格，这没有问题，负值当然是不合格了。而实际的扭矩不仅不是负值，而且还是合格的，这到底是怎么回事呢？

作者在现场进行了长时间地观察和监控，结果发现：每当发生此故障时，均有以下两种现象伴随：一是发出异常的噪声（由于现场正常会产生噪声，容易忽视）；二是螺栓头在拧紧完成后出现了破损，六角螺栓头端的角磨秃，并起毛刺。再仔细观察，每当发生此故障时，均是在拧紧接近终止时出现了套筒头突然脱离螺栓头的现象。

3. 结论及采取的措施

在拧紧接近终止时出现了套筒头突然脱离了螺栓头的这一现象，也就完全解释了拧紧机显示扭矩是负值，而实际拧紧的扭矩却是合格的疑问。这是因为拧紧已经接近了终止，设置的合格范围又比较大，故实际拧紧的扭矩进入合格范围内是完全可能的；而拧紧机显示的扭矩为负值，主要是由于拧紧的最终出现了套筒头突然脱离了螺栓头，与拧紧方向相反且相等的反作用力突然消失了，致使拧紧机的输出端瞬间产生了较大的回弹力所致。

对于套筒头突然脱离螺栓头的现象我们进行了分析与查找，并由此故障是从设备经过检修后才开始出现的这一线索出发，发现了套筒头与螺栓头的中心线未重合，即实际上是螺栓头的位置略低于套筒头位置。也就是说，在拧紧过程中螺栓头并没有完全稳妥的进入套筒，而只是头端的少部分承受了套筒的扭力，随着扭矩的增大，这"少部分"的螺栓头已经承受不住套筒施加的扭矩，这"少部分"的螺栓头的角被磨秃，导致套筒头在拧紧接近终止时脱离了螺栓头，并产生了毛刺。对此，我们重新调整了拧紧机上定位板的发动机定位高度，使发动机固定后螺栓头中心线与拧紧机套筒头中心线重合。至此，问题得到了完满的解决。

二、钢板弹簧拧紧机过载故障

1. 现场故障现象及现场检查

某汽车制造厂分装线上的钢板弹簧拧紧机在拧紧过程有一根轴常常发生过载。到现场后，经询问，告知：原来这根拧紧轴在头天夜班工作中，轴的噪声特别大，判定是减速器坏了，故由夜班的维修工人拆下更换了减速器。之后的拧紧过程中这根轴就常常发生过载故障报警。

经查看，是减速器换错了。该现场应用的减速器有两种规格，减速比相差较大，大减速比与小减速比的减速比之比是3/2。此拧紧机应用的是大减速比的减速器，而更换时，由于外形相似，又是夜班，就误把小减速比的减速器换上了。由于原来这根拧紧轴就是由于发生故障才更换减速器的，而此后再发生的故障就没有去怀疑减速器，没有想到却是减速器换错了。更换了大减速比的减速器后，拧紧机工作正常了。

2. 故障分析

减速器的位置是处于伺服电机与扭矩传感器之间，其输入端的转速即伺服电机的输出转速，输出端的转速是与减速比相对应所降下来的转速，如果忽略减速器传递过程中的损耗，减速器的输入与输出的功率相等，即如式（8-1）：

$$\omega_1 T_1 = \omega_2 T_2 \tag{8-1}$$

由此式可得：

$$T_2 = \frac{\omega_1}{\omega_2} T_1 = K_i T_1 \tag{8-2}$$

式中，ω_1 与 ω_2 分别为减速器输入端与输出端的角速度；T_1 与 T_2 分别为减速器输入与输出端的扭矩；K_i 为减速比。

在伺服电机输出功率一定的情况下，由式（8-2）可知，减速比 K_i 越大，输出端的扭矩也越大,减速比 K_i 越小,输出端的扭矩也越小。所以,误把小减速比的减速器换上,电机负载的扭矩值将降低,所以发生了过载及其报警。

三、钢板弹簧拧紧机断销故障

1. 现场故障现象及现场检查

某汽车制造厂分装线上的 4 轴钢板弹簧拧紧机在运行中经常发生断销故障,而经常发生断销的是其中两个花键轴轴头(方头)与延长杆连接处的销子。到现场后,经询问,这台 4 轴拧紧机其中有两根偏置轴,两根直轴,而断销的只是发生在两根直轴上。经检查,直轴与偏置轴的相关部位如图 8-5(a)所示,该图中花键轴与加长杆的连接部分如图 8-5(b)所示。

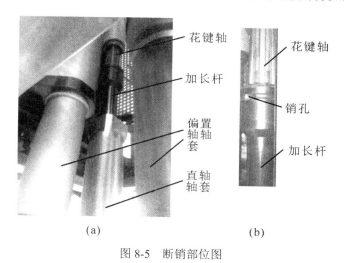

(a)　　　　　　　　　　(b)

图 8-5　断销部位图

2. 故障分析

从图 8-5(a)可见,直轴是在花键轴与轴套之间有一根加长杆,此加长杆是后加的,主要是由于工件螺栓的间距相对较小,虽然采用了两根偏置轴,但正常排列起来,其间距还大。故把其中的两根直轴在此花键轴与轴套处断开拉长,使直轴中的径向尺寸相对大的伺服电机、减速器与传感器避开偏置轴的偏置箱(即使其处于偏置箱之上)。而此加长杆与花键轴的连接如图 8-5(b)所示,并在销孔处穿入圆柱销。当穿入圆柱销后,花键轴与加长杆相对位置如图 8-6 所示,该圆柱销为 $\phi 3$ mm,δ_1 为 4.5 mm,δ_2 约为 5 mm。

该拧紧机为悬挂式,配置了 4 根 1000 N·m 的拧紧轴,由于有适用于多品种工件的要求,故拧紧轴的间距可调范围是纵向 80～350 mm,横向 90～200 mm。为满足最小轴间距的要求,采用了两根偏置轴与两根拉长了的直轴结构方式;由于需要在两个方向上的间距调节,且为 1000 N·m 的拧紧轴。这些因素综合起来使

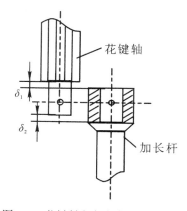

图 8-6　花键轴与加长杆相对位置图

得操作体整体又大又重。众所周知，悬挂式拧紧机拧紧的方式是人工把操作体拉到工件上空，按下下降按钮，操作体下降到套筒接触工件（螺母或螺栓头），启动拧紧，拧紧轴旋转，认帽后进入拧紧。通常操作体的下降位置由操作者有效控制，操作者在按下下降按钮过程中，当套筒接触工件并有一定的压缩量时，即松开下降按钮停止下降。即使下降过头，由于操作体不重，均不会使圆柱销产生损坏。而此操作体由于个头大，下降时操作者看不清套筒接触工件的程度，通常均是在完全吃掉输出轴的伸缩量后到顶死的位置才停止。加上操作体较重，下降的速度较快，再加上有 δ_1 和 δ_2 的间隙，即对圆柱销施加了较大的剪切力，这几乎相当于是在对圆柱销做剪切力的破坏性试验了。这样，随着这种"剪切"次数的增加，达到了一定的程度，圆柱销也就断了。

找到问题所在后，为方便快捷地解决此问题，在输出轴上加装了限位环，在操作体下降时使拧紧轴下降的位置确保在输出轴的伸缩范围之内，即不让下降的输出轴到压死的位置上，这样圆柱销上就不会承受剪切力了，也就不会断了。这样改进后，基本杜绝了断销的故障。

四、拧紧轴紧固螺栓松动造成的拧紧扭矩不稳

拧紧扭矩不稳的故障，大多数是由电气方面故障造成的，但这并不是绝对的，有些情况下由于机械方面的故障也会造成拧紧扭矩的不稳，笔者就遇到如下两例。

1. 拧紧轴紧固螺栓松动造成的拧紧扭矩不稳

某一汽车整车厂的一台轮胎拧紧机，操作工人反映近日频发故障，有一根拧紧轴拧紧的扭矩不稳也不准，不仅与拧紧后机器上的扭矩显示值相差较大，且与实际（用数显扭矩扳手检测值）相差也是大小不一。

到现场，拆开操作体外罩，发现该拧紧轴的紧固螺栓已松动，拧紧时拧紧轴整体摆动，由维修人员把拧紧轴紧固后运行正常。

此故障原因明了简单，因为整个拧紧轴在摆动中对工件进行拧紧，拧紧的扭矩怎么会准确，又怎么会稳定呢？

2. 减速器箱与扭矩传感器连接部分处松动造成的拧紧扭矩不稳

某一汽车变速器厂的一台变速器拧紧机，其故障现象同上述一样，也是有一根拧紧轴的拧紧扭矩值不稳也不准，经检查的结果是，发现该拧紧轴中减速器箱与扭矩传感器之间的紧固螺栓已松动，拧紧时拧紧轴的伺服电机与减速箱摆动，同上述一样造成了拧紧扭矩的不稳与不准。同样，由维修人员把拧紧轴紧固后运行正常。

五、扭矩突跳的故障

1. 故障现象与处理经过

某汽车整车厂一台轮胎拧紧机在运行中，5# 拧紧轴频繁出现拧紧扭矩显示扭矩过大（上限），而实际工件（即 5# 轴拧紧的螺栓）的扭矩并不大。对此，现场维修人员反复检查并更换了扭矩传感器，拧紧轴控制器，最后把整根拧紧轴也更换了，故障依然。然而，最终

查找的真正原因，竟然是变位气缸所致！

2. 故障原因分析

该拧紧机是一台 5 轴变位拧紧机，变位的要求是要在大 5 轴（5 个拧紧轴在 $\phi 335\ mm$ 圆周上均匀分布）、小 5 轴（5 个拧紧轴在 $\phi 285.75\ mm$ 圆周上均匀分布）、3 轴（3 个拧紧轴在 $\phi 222.25\ mm$ 圆周上均匀分布）的轴距之间进行半自动转换。其轴距变换装置主要由控制单元、电磁阀与气缸组成。图 8-7 所示的是驱动 1# 拧紧轴变位气缸及其周围部件的照片。由图可见，部件位置非常紧凑，相距狭窄。这主要是由于用户在订购拧紧机时提出的要求。

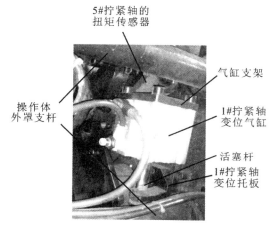

图 8-7　1# 拧紧轴变位气缸及其周围部件

① 要满足在装配线多品种（大 5 轴、小 5 轴、3 轴）的混流生产，且从经济性考虑，应用同一台拧紧机自动或半自动变位。

② 现生产虽然最大目标扭矩是 490 N·m，但考虑生产的发展，要求配置不小于 800 N·m 的拧紧轴。

③ 为了方便工人的操作，要求操作体的体积与重量尽量小。

尤其是 1# 拧紧轴变位气缸的位置更为紧凑，在大 5 轴时，5# 拧紧轴扭矩传感器与固定 1# 气缸的气缸支架间的间距 δ 仅 1 mm 左右，而该气缸活塞杆的头部与操作体外罩支杆间几乎已没有间隙了，此时相关的平面位置如图 8-8 所示。由于维修期间，紧固变位托板的螺母 1 与螺母 2 的位置比原来的位置偏下（螺母 2 拧紧后，活塞杆的螺栓尚低于螺母 2 的端面），致使在变位到大 5 轴时，螺母 2 顶死在操作体外罩支杆上。另一方面，紧固气缸支架（气缸支架是固定在 5# 拧紧轴的托板上的）的螺栓在长时间频繁冲力作用下松动，致使气缸连同气缸支架位置上移，5# 拧紧轴扭矩传感器与固定 1# 气缸的气缸支架间的间距 δ 几乎为零，拧紧

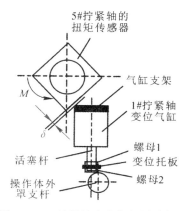

图 8-8　1# 拧紧轴变位气缸周边间距

时，由于拧紧轴承受工件的反作用力（其方向如图 8-8 中 *M* 所示），致使 5# 拧紧轴扭矩传感器右下边顶到 1# 气缸支架上，使传感器承受产生较大的扭矩，而此扭矩并没有施加到轮胎的螺栓上。因此，拧紧机显示器上显示的扭矩值较大，而工件上的扭矩并不大。

故障原因找到后，重新调整螺母 1 与螺母 2 的位置（即在图示方向均上移），使活塞杆的螺栓顶端与螺母 2 端面平齐，并对齐操作体外罩支杆相对位置处，其宽度（轴向）略大于螺母 2 的范围去掉 3 mm 的深度（即径向），即开了这样的一个槽。这样处理后，运行稳定正常。

第 4 节　拧紧机运行中电气类故障的分析例举

当前拧紧机的供应商较多，国内外的各拧紧机供应商的控制系统与所应用的部件均有各自的特点，其中的控制单元（或称控制模块）的控制原理虽然基本相同，但具体实施的内部电路与技术均具有自家的知识产权及特点，故这些控制单元出现故障也均返回制造商的本部维修。控制单元在现场的运行中真正发生故障的概率非常少，所以这里所列举的故障不包括拧紧机的控制单元的故障。

一、拧紧轴中伺服电机过载与过载报警

这里所介绍的过载，并不是指伺服电机运行中负荷过大所发生的真正的过载，而主要是指使用错误（如接线的错误等）的情况下拧紧轴控制器上所发生的过载或所显示的过载报警。

1. 扭矩传感器电缆连接错误造成的过载报警

（1）故障现象与现场检查。某汽车制造厂，维修人员描述说一台轮胎拧紧机（5 个拧紧轴）已有一段时间了，时常发生拧紧过程中（即没拧到设定的扭矩）停机现象，根据现场情况，他们怀疑 3# 拧紧轴的电机有问题，购买新电机换上后，问题仍没有解决。

询问故障现象，操作者说拧紧过程中总发生抱轴（即停机）问题，扭矩显示也才 200 N·m 多。到现场后，观察拧紧中 3# 轴与 5# 轴基本上是每次拧紧均发生过载报警现象，4# 轴也时有发生过载报警，而看到的扭矩显示值均不大。分析可能扭矩显示值有问题，故用数显扭矩扳手对拧紧后的螺母进行扭矩检验。检验结果有达到 690 N·m、670 N·m（设置的目标扭矩是 500 N·m）。因 3# 与 5# 轴每次均发生过载，且 3# 轴电机是新更换的，故先对 3# 轴的扭矩进行调节，在轴控制器上调节很大，3# 仍过载报警，且发生 4# 轴拧不紧的情况了。鉴于此，对扭矩传感器的电缆进行对应轴号检查，发现 3#、4#、5# 轴的扭矩传感器的电缆全接错了。

（2）故障分析及处理。扭矩传感器电缆的正确连接方式应如图 8-9 所示，即每根拧紧轴上的扭矩传感器的电缆均应连接到该拧紧轴的控制器中。这样，各拧紧轴均形成了扭矩闭环控制系统，使拧紧的扭矩得到了有效的控制。

经过检查，我们发现，扭矩传感器的电缆实际上是如图 8-10 所示的连接。3# 扭矩传感器的电缆接到 4# 拧紧轴的控制器中了，即 3# 拧紧轴拧紧扭对 4# 拧紧轴产生控制作用，

所以 3# 拧紧轴过载（扭矩过大），4# 拧紧轴就不会旋转（拧紧）了。3# 轴与 5# 轴共同发生过载现象较多，而从原理来看，由于 5# 轴的扭矩传感器连接到了 3# 拧紧轴的控制器中了，那么 5# 轴过载（即扭矩过大），3# 轴就应不旋转（拧紧）了，那怎么会发生 3# 轴与 5# 轴均发生过载的现象呢？仔细观察，原来 5# 轴的旋转速度比 3# 轴稍慢一些。即 3# 轴先过载后才产生的 5# 轴过载。此过程时间很短，不仔细观察，不易发现。

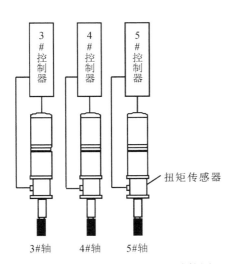

图 8-9　扭矩传感器电缆正确连接图　　　　图 8-10　扭矩传感器电缆错接图

用万用表查验扭矩传感器的电缆后，分别把各控制器的电缆插入对应的拧紧轴的扭矩传感器上后，运行正常。为防止以后再发生类似问题，把各传感器电缆分别按拧紧轴号做了明显的标记（实际上该标记原来也有，只是由于该拧紧机年久，原标记早已不清或缺失）。

2. 扭矩传感器输出的信号线接反，发生过载报警

（1）故障现象与现场检查。此故障发生在某汽车车桥厂的一台 4 轴拧紧机上，其中有一个拧紧轴，每次拧紧均发生过载报警。用扭矩扳手复检被该轴拧紧的螺栓，扭矩确实较大。经询问前一天该拧紧轴就不正常（也是过载），维修工人更换了扭矩传感器，之后仍然过载。

检测换下来的扭矩传感器，供桥电源线断了，这种情况必然会发生拧紧过载。但新换扭矩传感器后为什么还继续发生拧紧过载故障呢？经检查，原来是更换后的扭矩传感器的扭矩检测输出信号线接反了。更正后，运行正常。

（2）故障分析。扭矩传感器的检测输出通常有两根导线，其电压的极性分别为正与负，如果此两根信号线连接错了，即会产生伺服电机过载故障，分析如下：

拧紧轴控制器中扭矩控制部分的示意图如图 8-11 所示，图中①与②是扭矩传感器检测信号的输入端；③是设置的控制扭矩阀值（如目标扭矩）的输入端（极性为正）；④是控制驱动伺服电机的信号输出端。按图所示，传感器信号线正确的连接方式应该是①与正极性线连接，②与负极性线连接。只有这样，当由扭矩传感器检测到的拧紧扭矩超过

设置的控制扭矩值（如目标扭矩）时，第一级放大器的输出（正极性）大于③端输入设置的控制扭矩阀值（第二级是比较器），拧紧轴控制器的输出端④的输出立即为负，伺服电机也立即停止运转，即拧紧结束。而如果扭矩传感器输出的信号线接反，即传感器信号线正极性线与②连接，负极性线与①连接，随着拧紧扭矩的增大，由扭矩传感器检测到的扭矩信号虽然也同样随之增大，但由于连接到第一级放大器的极性反

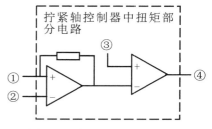

图 8-11　扭矩控制原理示意图

了，故从第一级放大器的输出将反（负）向增大，结果是比③端输入的值低得更多，即致使第二级放大器的输入差值在原来差值的基础上越发增大，拧紧轴控制器的输出端④的输出也就保持原极性不变，直至扭矩过大造成伺服电机过载保护动作而停止。

扭矩传感器输出信号线接反，通常是发生在更换传感器时，或传感器插头内信号线的焊点断开等需要重新焊接时。在这些情况下，我们只要注意，即可避免。

3. 交流伺服电机 U、V、W 三根线接错发生过载报警

（1）故障现象与现场检查。某汽车发动机厂，有一台两轴拧紧机，其中有一个拧紧轴，每次启动拧紧时拧紧轴并没有拧紧即发生故障报警。经询问得知，由于该拧紧轴的原伺服驱动器故障，在更换新的伺服驱动器后即发生了此故障。维修人员还说，为了验证新换上来的伺服驱动器是否正常，他们还把该拧紧机中两个驱动器互换，结果还是连接这个拧紧轴的驱动器发生过载报警，且拧紧轴不转，故怀疑是否为该轴的伺服电机坏了。经检查，结果是拧紧轴中交流伺服电机连接到控制器输出的 U、V、W 三根线接错了。

（2）故障分析。在正常情况下，由于伺服电机自带的 U、V、W 三根线颜色不同，故通常不会接错。但此拧紧机的电箱到伺服电机间加装了一个接线盒（在操作体上），伺服电机自带的 U、V、W 三根线和从电箱过来的 U、V、W 三根线均接到接线盒的接线板上，而电箱中的 U、V、W 三根线均为同一颜色。该三根线虽然也有标记，但是是手写的，时间长了已看不清。加之维修工人对伺服电机的特点不够清楚，还是停留在普通交流电机的认识上，认为电机的三根导线接错了电机将会反转，而不是不转。故根本就没有怀疑是电机线接错了的问题。

在介绍伺服驱动器时，我们介绍了交流伺服电机绕组的换相是由电子换相器控制的，而其电子换相器主要包含有电机转子的位置传感器与位置译码器。为了确保可靠地换相，最重要的是各位置传感器的位置必须与相应的绕组的位置相对应，如果不对应，即不能可靠地换相，电机也就不能正常运转。这也就是交流伺服电机的 U、V、W 三根线为什么必须按照规定的顺序来与驱动器连接的原因。

现在，我们知道了如果交流伺服电机的 U、V、W 三根线没有按照顺序正确的连接，伺服电机将不能正常运转。那么，伺服电机不转为什么还会发生过载的报警呢？从图 8-12 所示的转速部分控制原理框图可见，在正常情况下，启动拧紧时，U_G 有效（即给定电压加入）通过控制系统，驱动伺服电机运转，电机的转速由编码器检出，并反馈到输入端与给定电压 U_G 相比较。此转速的反馈电压如低于 U_G，则控制系统加大输出，伺服电机继续升速，

直到反馈电压与 U_G 相等，伺服电机便在此转速下稳定运转。而如果伺服电机的 U、V、W 三根线接错，U_G 有效后，伺服电机不转，速度反馈电压为零，控制系统的输出将大大提高，则必然造成过载的发生。

如果伺服驱动器的输出端没有接入伺服电机，同样也会在启动时出现过载报警，原因同上。

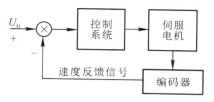

图 8-12　转速部分控制原理框图

二、拧紧轴转速明显偏低

1. 故障现象与现场检查

某汽车整车厂，有一台四轴 U 型螺栓拧紧机，4 个拧紧轴中有一个轴转速明显低于其他 3 个轴。在现场对相关信号进行检查发现，该轴的扭矩信号出现了漂移（即零点漂移），调完零点后，转速正常，但时间不长，故障复现，即零点又变了。对相关电路检查发现扭矩传感器电缆的插头接触不良。更换扭矩电缆的插头后，一切正常。

2. 故障分析

拧紧轴的转速通常是从高到低设置为 3～4 级，开始拧紧时只是带动螺栓头（或螺母）旋转，由于没有与工件贴合，故接近于空载。在此阶段，通常设置为高速旋转。从螺栓头（或螺母）与工件贴合后开始，随着工件贴合的程度（扭矩值的大小）逐级降速，到最终拧紧时为最低的转速，以确保最终拧紧扭矩的准确。

图 8-13 是扭矩传感器电缆插头接触不良情况下的转速逐级控制的原理示意图，E 是检测所得扭矩的信号源，它来自扭矩传感器。在正常情况下，图中所示的信号放大器输入端电阻 r 是不存在的，故扭矩为零时，其（E）输出电压也为零，信号放大器的输出为零，多级比较器不动作，转速控制保持在高速状态下。当螺栓头（或螺母）与工件贴合后，随着扭矩值的增大，信号源 E 的电压增大，信号放大器的输出电压也相应增大，多级比较器即随之输出相应的转速控制信号，控制伺服电机逐级降速，直到到最终拧紧时降为最低的转速，确保了最终拧紧扭矩的准确。

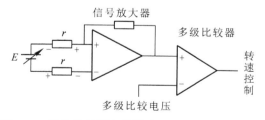

图 8-13　插头接触不良的转速逐级控制原理示意图

在扭矩传感器电缆插头接触不良时，插头处产生了附加电阻 r，由于附加电阻 r 的作用，扭矩为零时，信号源的输入电压为两个附加电阻 r 上的电压之和，经过信号放大器放大后，此值如果达到或超过相应级别的比较电压，那么转速控制的输出即将发出相应级别的控制信号,伺服电机的转速即脱离高速,而降入相应低级的转速旋转。这也就是扭矩传感器电缆插头接触不良的拧紧轴的转速明显低于其他拧紧轴的原因。

3. 引申与附加说明

(1)引申说明。上述的案例说明,扭矩信号如果产生了零点漂移,且达到一定数值,即可造成转速的异常(降低)。而通常发生的零点漂移,当零点调好后,转速也就正常了。但上述的零点漂移是由于扭矩传感器的电缆插头接触不良造成的,而这种零点漂移通常是"飘忽不定"的,所以是刚刚调好,过了一会儿就又变了。

通常情况下,扭矩传感器与放大器本身的性能、应用的情况(包括时间、过载程度)等也会造成不同程度的零点漂移,所以,发现扭矩信号零点漂移时,也可能是由这方面原因造成的,但这方面出现的零点漂移,其大小通常在时间上都有一个相对的稳定性。故如果确认了是由于传感器或放大器造成的,除非传感器或放大器损坏(此情况发生的概率很小),通常的情况下,采用调整零点的方式即可解决(调整方式可查阅各供应商提供的使用说明书)。

(2)附加说明。当前国内各拧紧机的用户,其生产现场所应用拧紧机的各种电缆与插接件通常都没有多余的备件,当出现诸如上述的电缆插头接触不良问题,且一时又得不到备件时,不妨采用同类电缆连同插头(同一拧紧机上其他拧紧轴上的)相互调换,大多情况下也可解决插头接触不良的问题。其通常是应用时间久,且多次插拔,造成了其中个别或少量的插针磨损变小,插孔磨损变大(或弹性不好)。但其他电缆的插座不一定也是如此,尤其是不一定也是相同的插针与插孔受到了完全相同的磨损,故互换后往往会得到解决,但这只能是作为临时应急的解决方案。最终有效地解决,还应尽快订购备件。

另外,部分国外拧紧机供应商对扭矩信号零点漂移设置了安全保护,其保护的方式是当零点漂移达到一定数值时,系统封锁拧紧机启动信号,使拧紧轴不能启动运转。所以,当出现拧紧机不能启动运转时,也可查询是否是扭矩信号的零点漂移过大的问题。

三、其他方面故障

1. 拧紧机搬移后不运行

(1)故障现象与现场检查。某汽车零部件厂的一台单轴拧紧机,设备搬迁到同一厂房内的另一个位置,安装完成后,拧紧机不运行。到现场查看,上电后拧紧轴控器数码管闪亮,系统不自检,拧紧机不能启动。详细检查,结果是电箱外壳的接地线没接,该接地线做好后一切正常。

(2)故障分析。该厂房内的供电方式采用的是三相四线制,拧紧轴控制器采用单相220 V交流电源供电,电箱内原来的接线方式是从三相电源中取一相作为火线,而零线就直接与电箱外壳相连接了。在原来位置(即未搬迁时的位置)时,电箱外壳已经可靠接地,而搬迁到新位置时,电箱的外壳接地没有做,故实际上连接到控制器上的只有一根火线。既然如此,施加在控制器上电路应该是没有回路的,数码管为什么会闪亮呢?其原因是三相四线制供电方式中的零线已经与大地可靠连接,该厂房内的拧紧机安装处的地面是铁板。

拧紧机的电箱落座在该铁板之上时，电箱上的油漆与铁板上的锈，形成了较大的电阻，而造成拧紧机的电箱底面与地面上的铁板间形成了一个电容。也就是说，在这个电箱的外壳与电网的动力变压器的零线之间实际上存在了一个电阻 R 与电容 C 的并联，实际的等效电路如图8-14所示。而由于此电阻较大，电容又不够大，故在此等效电路中压降较大，不足以使拧紧机控制器正常运行，但却已经达到了数码管闪亮的量值。

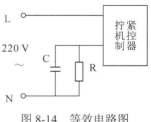

图 8-14　等效电路图

2. 伺服电机发热

某汽车整车厂的5轴轮胎拧紧机，有一拧紧轴，运行中发热。现场检查发现伺服电机的端盖螺栓松动，紧固后运行正常。

电机端盖螺栓松动后，伺服电机旋转时的情况如图8-15所示，此时电机转子倾斜，转子与定子间的间隙相应增大与减小（如图所示的间隙是上面大下面小），电机旋转时，间隙小的部分产生了剐蹭，故使电机发热。如不及时发现并处理，很可能会造成电机的损坏。

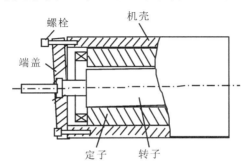

图 8-15　伺服电机端盖螺栓松动示意图

第 5 节　采用调整参数解决故障与其他方面问题的例举

一、调整控制参数解决故障的例举

1. 减速器壳拧紧机控制参数（控制方式）

某汽车车桥厂一台两轴减速器壳拧紧机，每次拧紧结束后均发生扭矩超高报警。到现场询问得知，该拧紧机承担4个品种减速器壳的拧紧，而此故障的发生是在更换品种之后。

实际上，此4个品种的拧紧方式均采用扭矩控制方式，4个品种拧紧的工艺参数与控制参数均已经在控制器中事先设置完毕，应用参数时，采用转换开关直接转换即可（转换开关的位置已经与各品种的参数对应了）。由于更换品种之前，拧紧机运行是正常的，故可排除拧紧机机械与电气方面故障的可能性。更换品种对于拧紧机系统来说，只是更换了工艺参数与控制参数。故调出了此组工艺参数与控制参数查看，发现控制参数设置有误，正确的设置应该是扭矩控制方式，而实际上却设置为扭矩－转角拧紧方式了，而且转角还是 120°。

扭矩方式的拧紧首先拧紧到一个起始扭矩，然后再同时拧紧达到目标扭矩；而扭矩－转角的拧紧方式首先拧紧到一个起始扭矩，然后再同时拧紧达到目标转角。减速器壳螺栓的拧紧，通常均属于硬性连接，即达到起始扭矩后再旋转不大的角度（整个拧紧过程通常也不超过 30°）即可达到目标扭矩；而采用了扭矩－转角的拧紧方式，而角度又是 120°，其拧紧的结果必然是过扭矩。而实际上，由于在扭矩－转角的拧紧方式下，系统还设置有上限扭矩的保护，故当拧紧达到上限扭矩时即刻停止，并发出了扭矩超高报警。

把拧紧的控制方式更改为扭矩控制方式后，运行正常。

2. 钢板弹簧拧紧机控制参数（总限时间）

某汽车整车厂一台 4 轴钢板弹簧拧紧机，常常发生一次拧紧不到位的问题，需要两次拧紧才能达到目标扭矩。经现场询问，此现象自从更换操作者（3 天前）之后一直如此，拧紧机的设置、产品等均没有任何改动与变动，即除了更换操作者外，没有任何变动。

根据故障现象与询问情况，基本排除了拧紧机机械与电气方面故障的可能性。调出并查看工艺参数与控制参数，没有发现问题，操作者再行拧紧，依然是一次拧紧不到位的情况频发。在操作者操作的过程中，发现此操作者的操作顺序是

① 启动拧紧；② 拧紧机拉到工件上方；③ 拧紧机下降；④ 套筒对正螺母，开始拧紧。

其中的从①到③所花费的时间或长或短，最短的时间约为 10 s。而这最短的时间一次拧紧即可以完成，其他均需要两次拧紧。以前操作者的作顺序是

① 拧紧机拉到工件上方；② 拧紧机下降；③ 启动拧紧；④ 套筒对正螺母，开始拧紧。

控制参数中有一个拧紧的总限时间，是可以设定控制拧紧过程时间的一个参数，它所限定的是从启动拧紧开始到结束拧紧的时间。其目的是在螺栓滑扣或套筒未认帽等踏空拧紧的情况发生时，不至于浪费过多的时间。其时间均是根据拧紧对象来设置，其大小通常是稍大于实际拧紧所需要的时间。由于通常操作的顺序大多是① 拧紧机拉到工件上方；② 拧紧机下降；③ 启动拧紧；④ 套筒对正螺母，开始拧紧。故总限时间也是按此设定的。而由于后来的操作者把启动拧紧提到了第一步，占用的总限时间最少都多于 10 s，而大多的操作都是超过 10 秒的，这就是造成一次拧紧不到位情况频发的真正原因。

鉴于上述，并此操作者不愿改变操作顺序，故把总限时间加长 20 s，一次拧紧均可到位了。

3. 减速器瓦盖拧紧机控制参数（减小卸荷角度）

某汽车车桥厂一台两轴减速器瓦盖拧紧机，拧紧结束后频繁发生不卸荷的故障。这里的不卸荷指的是拧紧结束后，套筒与螺栓头（或螺母）间仍保持着最终拧紧时的扭力而不能脱离。询问操作者，此设备由于搬迁停用了近半个月时间，搬迁到此地后，工件以及拧紧机的参数与程序等均没有任何改变，但却频繁发生不卸荷的问题。

查看工艺参数与控制参数，与以前的记载相同，没有改变。检查伺服电机控制的零点，正常。在现场观察了近半个小时的运行，拧紧结束后，有卸荷的动作，但不卸荷的仍占 60% 左右。再仔细检查，发现与以前的不同之处，只是套筒更换成新的了，再把螺栓头塞入套筒，间隙很小（以前的套筒此间隙相对要大一些），故把控制参数中的卸荷角度参数调

小，卸荷正常。

4. 调整控制参数解决过载

某汽车整车厂一台 4 轴钢板弹簧拧紧机，常常发生过载报警。现场查看，在每次拧紧结束后几乎均发生过载报警，轴数不等，最多时 4 个轴均发生报警。而且有时发生报警的拧紧轴的拧紧扭矩还没有达到设定的下限值。经了解得知，该拧紧机是 7 年前投入使用的，当时的产品工艺规定的目标扭矩值是 650 N·m，按照通常的情况，配置 800 N·m 的拧紧轴较为合理。但在订购拧紧机时，用户考虑到发展的因素，选用了 1000 N·m 的拧紧轴。而现在生产的产品中增加了一个新产品，其工艺规定的目标扭矩是 960 N·m。过载报警也就是在对这一新产品拧紧中频繁发生的。960 N·m 的目标扭矩采用 1000 N·m 的拧紧轴拧紧显然是不合理的，但工艺部门认为 1000 N·m 的拧紧轴，用在 960 N·m 的拧紧，尚在拧紧轴的额定扭矩之内，频繁发生过载也是不应该的。

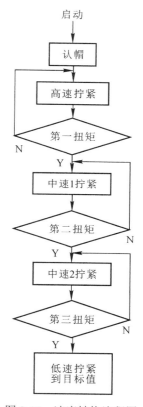

图 8-16　速度转换流程图

在工厂中待过的人均知，生产出现问题，首要是解决问题，确保生产的顺利进行，什么合理不合理，应该不应该的问题则必须放在解决问题之后再去讨论。根据电机过载的原理，它与过流报警不一样，过流报警是超过规定的电流值即刻发出报警信号。而过载报警是超过规定的负载，而这个负载是由电流和时间两个量值决定的。

鉴于上述情况，我们从减少拧紧的时间上考虑，把控制参数中的第一扭矩、第二扭矩与第三扭矩均适当加大。

图 8-16 展示了拧紧过程中拧紧速度转换的流程图，其中：第一扭矩＜第二扭矩＜第三扭矩；高速＞中速 1＞中速 2。这样可以使高速与中速运转的范围扩大。又由于这是钢板弹簧拧紧机，是典型的软性连接拧紧对象，尤其是把第二、第三扭矩加大，减少整个拧紧的时间较为明显（整个过程减少了约 5 s）。拧紧机的控制参数经过这样调整后，过载报警几乎不再发生。

二、调整伺服参数解决故障的例举

1. 飞轮拧紧机拧紧结束后不卸荷

某汽车发动机厂一台 3 轴飞轮拧紧机，有一个拧紧轴拧紧结束后频繁发生不卸荷的故障。询问操作者，此故障开始于四五天前，只不过那时不卸荷的现象很少发生，只是近两天来，频率越来越高。

在现场观察了近半个小时的运行，发现拧紧结束后，几乎看不到卸荷的动作，不卸荷的占 90% 左右。查看工艺参数与控制参数，没有问题。检查伺服电机控制系统的零点，发现零点漂移（拧紧方向）。故相应调整了伺服控制系统中的零点参数，卸荷正常。

伺服电机控制系统的零点漂移之所以会发生不卸荷的问题，这主要是因为系统中给出的卸荷指令，是要求伺服电机在零点的位置上，再以某一速度反转一定的角度，而反转角度的大小取决于卸荷指令。但这个卸荷指令的大小是相对于伺服电机的零点指令，并不是相对伺服电机实际上是否在零点（转速为零的控制点）。所以，当伺服电机控制系统的零点漂移后，虽然系统给出的是零点指令，但伺服电机却已经脱离了零点。因此，这时所施加的卸荷指令的效果，与在零点的位置上时所施加的卸荷指令的效果，也就不可能相同了。

为了说明问题，我们不妨把此漂移量等效为一个转速的指令值（即在正常情况下此漂移的转速所需要的指令值）。这时，如果漂移的方向是使电机产生正转（即拧紧方向），那么，卸荷指令与这漂移的等效指令方向相反。而卸荷的指令值的大小在系统已经设定，故随着漂移量值的增加，卸荷的作用亦随之减弱，且漂移量达到一定数值后，卸荷的指令也就不起作用了。

也许有人要问，伺服电机控制系统的零点漂移了，为什么在没发出启动信号（即零点指令）前伺服电机没有旋转呢？这主要是由于系统中伺服电机运转信号，一是转速的指令值（即转速的大小），二是伺服允许（也称伺服锁定）信号。在启动信号没发出前，没有伺服允许信号，伺服系统被锁定，故伺服的电机虽然零点已经漂移了，但并不会旋转。

三、其他方面的问题例举

这里例举的两个问题比较简单，实际上均没有讨论的价值，之所以还是提了出来，主要是因为这类事情笔者还曾多次遇到，发生的原因也都是由于疏忽或没注意到。所以，在此只是作为提醒注意罢了。

1. 拧紧机显示扭矩与实际扭矩相差较大

某汽车零部件厂，一台六轴螺栓拧紧机，其中有两个轴（1#、3# 轴）拧紧后的显示扭矩与人工复检的扭矩相差较大（目标扭矩为 350 N·m，而差 40 ~ 50 N·m）。

实际上人工采用的数显扭矩扳手精度虽然较高，但其复检是在静态下进行的，而拧紧机拧紧的扭矩是动态扭矩，二者不可能相同，但差额也不会这么大。仔细询问，已经长达 3 年多没有检定。经质保部门联系，采用动态校准仪校准，发现扭矩偏差较大，调整符合后，对拧紧后的人工复检，扭矩偏差在合理的范围内，又经过一个月的考核，亦正常。

拧紧机安装后，需要质检部门及其专业人员进行检定，运行期间还要规定并严格执行周期检定。这都是基本常识问题，但就是这个基本常识，却往往被人们所忽略。这主要是因为一些单位与部门还没有把拧紧机作为计量设备来管理，而且国家乃至国际上，至今也没有一个正规的有关拧紧机的检定规程。这就需要我们的质检部门与相关人员对其提高认识，加强管理，以确保产品的质量。

2. 静态校准时拧紧机显示器上无显示

所谓的静态校准，是指使用数显扭矩扳手对拧紧轴施加扭力，并以数显扭矩扳手的扭矩值来检测与校对拧紧机上扭矩显示值的一种校准方式。此种方式的校准不需要工件，不需要拧紧轴旋转，故相对与动态校准来讲，实行起来简单方便。此种方式的校准虽然属于静态，与动态校准的效果不一定相同，但实际二者的差异不大，作为日常运行中的校准或监测还是可以的，但不能用于检定，而检定则必须使用动态方式。

　　某汽车整车厂一台 5 轴轮胎拧紧机，在采用数显扭矩扳手进行静态校准时没有扭矩显示。到现场查看，该整车厂的汽车装配线的两侧各配置一台轮胎拧紧机，分别对汽车左右两侧的轮胎螺栓进行拧紧，由于是轮胎拧紧机，考虑车轮行进的方向，故两侧轮胎螺栓拧紧的方向是相反的，由于在采用动态校准或检定时，是采用拧紧机对轮胎螺栓进行拧紧操作的，而拧紧机的拧紧方向已经设置正确，故不用工作人员考虑方向问题。而静态校准时，工作人员忽略了此问题，故对两侧的拧紧机均采用相同的施力方向，而此拧紧机只显示正确的施力方向的扭矩，而反方向的扭矩不论多大均不显示（即为零），故造成了其中一台拧紧机的扭矩没有显示。

第 6 节　拧紧机的选购与日常的维护及使用

一、选购拧紧机需要了解与提供的信息

　　用户在选购拧紧机时，通常需要了解并提供以下几方面的信息

1. 扭矩范围

　　扭矩范围就是拧紧螺栓的最大扭矩范围（是实际拧紧所使用范围）；通常选用的拧紧轴是根据用户使用扭矩范围预留不小于 20% 的裕量，也有推荐 30% 裕量的。

2. 拧紧的控制方法

　　国际上主流配置结构的拧紧机通常均具有扭矩控制法、扭矩 - 转角控制法、屈服点控制法，由此又衍生出扭矩控制 - 转角监视法与转角控制 - 扭矩监视法，如需要采用其中任一方法，均可方便地调出与设置，而这些方法已经足以满足当前拧紧工艺的要求。但也有非主流配置结构和简化配置结构的拧紧机，其控制方法并不具备这么多，有的甚至只是具备其中的一种。所以，在订购拧紧机时，必须提出工艺要求拧紧的控制方法。

3. 螺栓分布

　　提供被拧紧螺栓的分布情况，最好提供螺栓的分布图纸。有时候螺栓分布尺寸过小的话，有可能无法使用拧紧机来实现拧紧。如果是多个品种的需要兼容，还得考虑变位机构了，这时候还得落实变位方式。

4. 生产（拧紧）节拍

　　提供生产节拍或者拧紧的节拍，这样才可以确定适应的电动拧紧轴。这里特别需要注意的是，如果原来拧紧工位采用的是气扳机，且只是拧一个或两个螺栓，尤其要注意生产的节拍，因为电动拧紧机的拧紧速度比气扳机低很多。如若是多个螺栓，也可以据此决定采用几根拧紧轴比较合适。

5. 操作体的装配形式以及进给方向

拧紧机操作体的装配形式可分以下几种。

① 机床形式：一种是全自动形式，包括工件对位、机床与工件对接、拧紧以及机床回位、工件放行等动作完全可以无需人工干预；还有一种是半自动形式的，需要人工干预，但对于设备的操作就是按按钮之类的动作。

② 悬挂形式：操作时需要人工参与完成工件对位、设备移动与工件对接等操作，拧紧过程为自动的；但因为有悬挂平衡系统支持，所以人工操作时也比较轻松。悬挂又有平衡器悬挂、气缸悬挂、气缸＋平衡器悬挂、平衡气缸悬挂等方式。

③ 助力机械臂夹持形式：可分为落地固定式、悬挂固定式，或是空中可行走的形式。

④ 移动小车形式：对于没有地面轨道的还需要在地面上铺设轨道，拧紧机操作体可以沿轨道移动，操作比较轻松。

当然还有其他形式的。选择何种形式主要看生产现场的实际情况、汽车总装厂绝大多数都采用悬挂形式以及助力机械臂形式的，而发动机厂则各种形式都在应用。

进给方向有垂直向下（也有向上的）、水平、还有带一定倾斜角度的；当然也有特殊形式的，如：立卧两用的等。

6. 悬挂的钢结构形式

悬挂的钢结构形式有单臂式、倒 L 形、门式（框架式）、梁式的；汽车厂总装线一般采用门式（框架式）或梁式的钢结构形式，附加上 KBK 或其他类型的轨道，实现拧紧机操作体可以前后左右在一定范围内移动。如果在分装台上拧紧，除采用门式的结构外，还可以采用单回转臂形式。上下移动是由悬挂系统决定的，这些均可根据现场的情况选定。

7. 变位方式

如果是多个品种需要兼容，就得考虑采用变位形式了，此时还得落实变位方式，一般变位不频繁的，推荐采用手动变位形式；而对于变位频繁的，特别是一个工件上就存在一种以上分布的，要采用自动变位的方式，自动变位又分为气缸驱动或者伺服驱动；如果是多个变位且又不是等距离的，可以考虑采用机器人式拧紧机。总之，变位机构形式很多，应根据实际情况确定。

8. 必须有拧紧轴系统所需要的空间

这个问题容易被忽略，实际上拧紧系统是有一定体积的，如果工件上的螺栓周围（上、下、左、右）有干涉物，那一定要关注，有的空间太小，实际是没有办法采用拧紧机进行拧紧的。当然，有的是可以通过改变拧紧机构，来适应工件的特殊性。典型的例子就是重卡轮胎螺栓拧紧，一般特别是后轮，螺栓都是位于轮毂的凹槽中的，所以做拧紧必须考虑这个问题，否则，很可能拧紧轴长度不够，造成套筒都碰不到螺栓。

还有个典型就是"U"型螺栓拧紧时，一定要考虑"U"螺栓与地平面的夹角，因为虽然大部分都是垂直的，但也有带角度的，有的角度还比较大，达到十多度。如果这个角度没有考虑到，在拧紧时也就没有办法使用了。还有的工件在装配时是从下往上拧紧的，等等。

在订购拧紧机时，上述信息是必需知道的，但并不局限于这些，最主要也是必须清楚的是

① 满足当前工艺要求，并留存适当的发展空间。

② 适应现场实际状况（生产节拍、所在工位及周围的空间与设施等）。

③ 使用操作方便（降低劳动强度，且操作方式简单方便）。

这三点说起来简单，而确实能够在拧紧机选购之前都考虑到，还是不容易做到的。这需要吃透产品与工艺，熟知现场与操作。

二、选购拧紧机注意事项

这里提出的选购拧紧机的注意事项，是指思想认识方面的，主要如下：

1. 不要盲目的崇洋媚外

国产电动拧紧机与国外的已经几乎没有差距，在本书第 3 章拧紧机的工作原理及其配置结构中已经介绍过了，我国主流配置结构拧紧机的配置结构、功能与精度均与国际上主流配置结构拧紧机相同，而且还有下述两点优势，提请读者参考。

（1）确保电动拧紧机拧紧的准确、运行的稳定，其中主要部件是扭矩传感器、伺服电机及与其配套的电机驱动器，而我国主流配置结构拧紧机厂家的这些部件均是从国际上发达国家进口的。其拧紧技术开始也是从国外发达国家引进的，并随着科技的发展与用户的要求，进行了多次更新与改进，已形成了适应国人操作特点并具有自主知识产权的电动拧紧机。

（2）能够在生产线上运行的拧紧机，除了拧紧轴外，还要根据工件、工艺与现场的不同配置不同的非标设备与装置。国外拧紧机供应商通常只提供标准的拧紧轴，而那些"不同的非标设备与装置"绝大多数都是国内供应商提供与配置的。

从上述两点可见，国外与国内的拧紧轴，从功能与精度方面来看其差距并不大，而为拧紧轴配置的那些"不同的非标设备与装置"均是国内的产品。这也就是说，对于国外与国内的拧紧机，在实际上这二者之间并没有多大的差距，然而价格却相差较大。

2. 容量不要预留过大的发展空间

在选购拧紧机时，根据当前产品的需要以及近期的发展规划，对其容量（额定扭矩）预留一定的发展空间是必要的。否则，设备还没有使用几年，新产品上来了，就得再次购买设备，造成了不应有的经济损失。然而，这个发展空间也不要预留过大，尤其是不要根据不切合实际的臆想去膨胀。否则，其结果只能是设备的寿命周期到了，甚至是超过了，预留的容量发展空间还没有出现。这样既造成经济上的浪费，又造成了操作上的不便。这里所说的操作上的不便主要是指悬挂式拧紧机。因为由于拧紧轴的容量加大，其重量与体积也均增大了，而悬挂式拧紧机主要由人工进行操作。

3. 不要一味追求高精度、多功能

选购的拧紧机既然是在生产现场应用的，那最基本的就是要满足生产实际的工艺要求，并在此工艺要求的基础上提出对其精度与功能的要求。同容量的选购情况一样，可以

根据产品的发展与质量要求的提高等相关情况，对其精度与功能做适当的预留空间。但不要一味地追求高精度、多功能，尤其是不要提出不切合实际的要求。否则，只能造成经济上的损失与浪费。

三、拧紧机的日常维护与使用注意事项

为保证电动拧紧机的正常稳定运行，正确的操作使用与定期的维护保养是非常必要的，所以，在日常运行中我们应当注意以下事项：

（1）在使用的过程中，应定期检查各螺栓连接处，如拧紧轴与托板的连接处，悬挂式拧紧机吊环处的螺栓有无松动，若有，需及时紧固后方可工作。如若需要更换螺栓时，连同弹簧垫片一同更换。

（2）应定期用干净软布擦去操作体（悬挂式拧紧机）、动力头（机床式拧紧机）与电气控制柜上的灰尘与油污，保持设备的清洁。应定期清除操作体、动力头与电气控制柜中轴流风机上的灰尘与杂絮，以保证良好的散热效果。

（3）操作体与动力头上方附件不得悬挂其余杂物，以免碰伤操作体与动力头。

（4）悬挂式拧紧机在进行拧紧操作时，套筒对准螺栓头后，应让操作体保持一定的轴向压力，以保证动力头的花键有一定的压缩量，以便于认帽。操作时应平稳，避免磕碰操作体，特别是控制面板部分，以避免减少设备的使用寿命。

（5）悬挂式拧紧机设备手柄上的操作开关采用的是高灵敏度微动开关，并且系统采集的是瞬时脉冲信号，所以，启动时只需按一下即可，无需长期按住，更无需用大力气按住。

（6）机床式拧紧机的导轨、导柱应保持清洁、润滑，并注意防止尖硬物体对其的损伤。

（7）由于机床式拧紧机拧紧轴的轴向位置相对于工件是固定的，所以对工件的定位装置应定期检查，发现异常（如螺栓松动，定位销松动或磨损等）应及时处理。

（8）对加装反力装置的拧紧机中的反力装置应定期检查，发现异常，应及时处理。

（9）拧紧机出现故障时，应立即断电，与专业人员联系，不要擅自拆卸。

（10）设备两次上电时间间隔应大于 10 s。

（11）套筒为易损件，发现有损伤时应及时更换。

（12）为确保精度，设备应定期检定（最少一年一次）。

（13）长期不用时，若空气潮湿，则应每周给设备上电一小时，以清除柜内潮气。

附录1：

电动拧紧机检定规程

（内部暂行标准）

中国一汽集团质保部检测中心　大连德欣新技术工程有限公司

前　言

我们通常把通过力臂结构实施拧紧并具有扭矩显示或指示功能的螺栓拧紧工具称之为扭矩扳子，而把通过电源或气源驱动旋转机构实施螺栓拧紧，并具有扭矩显示功能的螺栓拧紧工具称之为拧紧机。

当前我国的正规标准中尚无拧紧机这个名词，在国家质量监督检验检疫总局发布的2004年3月23日开始实施的《JJG 707—2003 扭矩扳子检定规程》中写的是"电动、气动扭矩扳子"，在20世纪80年代末90年代初时，把现在的拧紧机也都称之为扭矩扳子（手）。在当时，该规程中对电动扭矩扳子规定的条款较少，远远满足不了当前对电动拧紧机检定的实际要求。尤其是对于电动拧紧机自身功能与精度等技术指标的考核与认定、螺栓拧紧质量的检测等，在国内至今还没有建立明确的规程，也缺乏针对性的规定，故造成由于单位部门的不同，对电动拧紧机的验收程序与使用情况也不同，掌控的宽严程度相差较大，较为混乱。

在国家的《电动拧紧机检定规程》尚未出台之前，为有一个符合国家标准、满足生产需要的统一参考标准，以确保产品质量，一汽集团检测服务中心与大连德欣新技术工程有限公司通力合作，参照 JJG 707—2003《扭矩扳子检定规程》与 GB/T15729—2008《扭力扳手通用技术条件》，结合电动拧紧机的特点、总结并收集了一汽集团公司及国内拧紧机用户在实际应用中所发现的问题及反映的意见，综合整理而制定了这个《电动拧紧机检定规程》，作为大连德欣公司生产制造电动拧紧机出厂检定和一汽集团验收与检定电动拧紧机的暂行标准，并期待接受同行业及相关企业的有志之士的宝贵经验与建议，为我国能早日制定出一部切实可行的《电动拧紧机检定规程》而奉献我们的微薄力量。

1. 适用的范围

本标准适用于电动拧紧机及其相关拧紧计量器具（含附件）的首次检定、后续检定和使用中检验。

2. 引用的文献

2.1　JJG 707—2003《扭矩扳子检定规程》

2.2　GB/T15729—2008《扭力扳手通用技术条件》

3. 用途与分类

3.1 用途

电动拧紧机是一种由伺服电机驱动、带有减速器、对拧紧过程及终值的扭矩和拧紧的转角进行测量与控制的拧紧计量器具。它用于紧固螺栓和螺母，并能测量出拧紧的扭矩值和在某一扭矩起始点后的拧紧角度值，并能按照相应的设定值（扭矩与转角）进行准确的控制。

3.2 分类

电动拧紧机按拧紧轴所使用的动力源的性质，可分为直流与交流拧紧机；按控制方法可分为扭矩控制法、扭矩-转角控制法与屈服点控制法拧紧机；按人工参与的程度可分为手动与自动拧紧机；按操作主体的形式可分为滑台式、悬挂式、手持式拧紧机；按拧紧轴的数量可分为单轴与多轴组合拧紧机；按拧紧轴与工件的对接姿态、工作姿态及运动的方向，可分为立式与卧式拧紧机；按控制系统的硬件配置结构又可分为主流配置结构与简化配置结构拧紧机。

4. 计量性能要求

4.1 扭矩满度相对误差、示值重复性误差、控制误差和分辨力应符合表 1 的要求，但满足表 1 中要求的前提是在 20%～100% 的拧紧轴的额定扭矩范围之内，这主要是因为扭矩传感器的标称精度是限定在 20%～100% 的额定扭矩范围之内。

表 1　满度相对误差、示值重复性误差、控制误差和分辨力

类别	满度相对误差		重复性误差		控制误差		分辨力	
	扭矩	转角	扭矩	转角	扭矩	转角	扭矩 /N·m	转角
数值	≤ ±2.0%	≤ ±2°	≤ 3.0%	≤ 2°	≤ ±4.0%	≤±3°	小数点后 1～2 位数字	1°

4.2 示值回零误差

扭矩示值回零误差应为：≤ 1%±0.5 N·m。

4.3 负载性能

首次检定应在其使用方向上施加工艺规定的最大目标扭矩值进行负载性能试验。

5. 通用技术要求

5.1 外观与防护

5.1.1 拧紧机铭牌上应标明名称、型号、规格、制造厂的名称或商标、出厂编号和出厂日期等。

5.1.2 拧紧机及其附件不应有裂纹、损伤、锈蚀及其他缺陷，附件应齐全，各部件未经主管人员检验及标定时不得任意更换。部件更换后不经标定检验不得投入使用。

5.1.3 拧紧机的驱动轴、输出接头（连接套筒部位）等应有足够的刚度，并符合 GB/T 15729—2008《扭力扳手通用技术条件》相关的技术要求，各部件的连接应牢固可靠。

5.1.4 拧紧机的操作体应有完善的防护罩，需检测维修的部位要易拆、易装。

5.1.5 拧紧机的电箱应满足 IP54 防护标准，电箱柜门有可视窗口，并具有通风散热的配置。电气元件空间布局合理，安装调试维修方便。

5.1.6 悬挂式拧紧机的悬挂系统与轨道、走轮架、过渡板、气缸平衡器等完好无损，且符合国家安全规范。

5.1.7 滑台式拧紧机中的滑台轨道无损、无锈斑。原位与终点分别有电器与机械限位保护。

5.1.8 手持式拧紧机机体应满足 IP55 防护标准。

5.1.9 电缆外皮与护套无破损，电箱与操作体间的电缆在相应部位应有线夹紧固，在电箱与操作体的电缆进出口处应有保护措施。

5.2 基本功能

5.2.1 具有修正示值误差的功能，且修正方便。

5.2.2 预置的工艺参数、控制参数修改调整方便、精确、可靠，可调节设置的范围广。

5.2.3 对于扭矩控制法的拧紧机，当设定目标扭矩达到时应即刻停止拧紧；对于扭矩－转角控制法的拧紧机，当设定起始扭矩达到时能立即转换为转角控制，并当目标转角或上限扭矩其中任一设定值达到设定时，即刻停止拧紧过程，并显示目标角度值及该角度值对应的拧紧力扭矩值。此两种控制法的拧紧机均能及时发出相应状态的显示信息。对于其他控制法的拧紧机也应具有相应的控制功能。

5.2.4 传动轴输出端的方头连接能可靠地连接套筒。

5.2.5 驱动轴有不小于 45 mm 的伸缩范围，且伸缩灵活。

5.2.6 拧紧轴的噪声应小于 70 dB

5.3 操作适应性

5.3.1 套筒更换方便快捷。

5.3.2 操作体运行（前后、左右、上下）平稳自由，无卡滞现象。

5.3.3 操作体上的操作开关方便灵敏，且当误操作时，不会发生设备人身事故。

5.3.4 对于多轴拧紧机的认帽要平稳、快速、准确。

5.3.5 对于多品种工件的拧紧机，拧紧轴间距的变换与工艺参数的转换要迅速方便，且稳定可靠。

5.3.6 在拧紧的过程中，应能观察到实时变化的扭矩值、角度值，并按要求实施对拧紧过程中的拧紧曲线跟踪。

5.3.7 可以对一定期间内的拧紧数据按工艺与质保部门要求列表，并方便地进行查询。

6. 计量器具控制

计量器具控制包括：首次检定、后续检定和使用中的检验及其检定条件、检定项目和检定方法。

6.1 检定条件

6.1.1 环境条件：拧紧机应在 10 ～ 30 ℃，相对湿度不大于 85% 的环境条件下进行检定。

6.1.2 检定用仪器：在对拧紧机检定中使用的标准检定装置——扭矩校准仪（通常

包括扭矩传感器、角度传感器与数显扭矩仪，以下简称校准仪），以扭矩为例，其允许误差不大于 ±0.5%。

6.1.3　拧紧机电源：在额定交流电源电压 380±10% V、额定频率 50±2 Hz 的范围内。

6.1.4　受检零部件：受检的零部件包括工件、螺栓（螺母）、垫片等均满足工艺要求，且一致性好（或采用标准的扭矩加载装置）。

6.1.5　有关示值方面的检定需要在拧紧机上电 10 min 后进行。

6.1.6　其他条件：周边没有易产生强电气干扰的设备运行。

6.2　检定项目

6.2.1　具体检定项目见表 2。

表 2　检定项目表

序号	检定项目	首次检定	后续检定	使用中检定与校准
1	外观	+	+	-
2	示值回零	+	+	+
3	负载	+	-	-
4	示值误差	+	+	+
5	控制误差	+	+	+

注：上表中，+ 表示应检项目，- 表示可不检项目。

6.2.2　采用扭矩控制法的拧紧机，有关示值方面的检定项目，只做扭矩的。

6.2.3　采用扭矩－转角控制法的拧紧机，有关示值方面的检定项目，扭矩与转角的都做。

6.3　检定方法

6.3.1　外观检定见本规程的 5.1 项中条款。

6.3.2　示值回零检定的要求：

拧紧机上电 10 min 后，在拧紧机静止状态下把扭矩显示值调整为零。之后，再连续拧紧（前一次拧紧结束与下一次拧紧开始的间隔时间大于 10 s）至目标扭矩值 5 次，每次检查示值零点的偏离值。

6.3.3　负载检定的要求

在连续加载（即拧紧）至目标扭矩值 10 次后，电机不应出现过载，各部件应不得产生松动、永久变形或损坏。前一次拧紧结束与下一次拧紧开始的间隔时间大于 10 s。

6.3.4　示值误差与控制检定的要求：

（1）误差的检定点

结合生产实用与确保产品质量，综合考虑如下。

① 对于只有一种规格（只有 1 个目标扭矩或目标转角）拧紧的拧紧机：

转角，只设置目标转角 1 个检定点。

扭矩，在首次检定时，检定点一般不得少于 2 点，也不大于 3 点。其中的 2 点，主要是起始扭矩与目标扭矩这 2 个工作点；而 3 点，可以在起始扭矩与目标扭矩之间再增加 1

点（70% 的目标扭矩值，但控制误差的检定不需要）。在后续的检定中，由于生产工艺或产品质量的要求，在生产线上不适于检定 2 ～ 3 个点的情况下，可以在不超过 3 年内，只检定目标值的 1 个点。但在以后的每超过 3 年期限后，即按照上述的首次与后续检定时的时间间隔与检定点的要求循环进行检定。

② 对于多种规格（具有 2 个及其以上个目标扭矩或目标转角）拧紧的拧紧机转角，在 3 种规格以内的，设置符合各目标转角的相应数量检定点。超过 3 种规格的，至少设置 3 个检定点，该 3 点分别取最大、最小与中间目标转角的 3 个检定点。

扭矩，在首次检定时，检定点的数量不小于规格的数量加 1。其中的各检定点分别为各种规格的目标扭矩值和几种规格中最小的起始扭矩值。在后续的检定中，可以在不超过 3 年内，只检定各目标值的这几个点。但在以后的每超过 3 年期限后，即按照上述的首次与后续检定时的时间间隔与检定点的要求循环进行检定。

（2）每个检定点的检测次数：首次检定不少于连续 5 次，后续检定不少于连续 3 次。

（3）检定前应按额定扭矩值施加预扭 1 次；如果是双向拧紧，进行反向加载时同样要按额定扭矩值施加预扭 1 次；预置的目标扭矩设定值更换后，重新预扭 1 次。每次预扭后，如果回零有偏差，应重新调整零点。

（4）每次拧紧结束后，检查扭矩显示回零情况，如果回零有偏差，应重新调整零点。

6.3.5 其他要求

（1）拧紧机在检定时，应按其正常工作的方向与速度进行拧紧，不得有冲击现象。

（2）检定时，应保证拧紧机应旋转自如，不允许产生堵转现象。

（3）检定时，拧紧机的驱动轴与串入的传感器、套筒、螺纹副应在同一轴线上（偏差：≤ 3°）。

（4）检定时，拧紧机最好是在正常拧紧的工作状态下，即检定时让拧紧机的全部拧紧轴均处于拧紧的工作状态下。对于没串入扭矩传感器的其他拧紧轴，均要如图 1 所示加入加长的辅助杆。

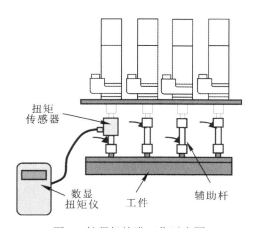

图 1　拧紧机校准工作示意图

（5）在有条件的情况下，检定时可配置使用模拟负载装置。

7. 误差的计算与评定

7.1 扭矩示值误差的计算公式

拧紧机的示值误差主要包括满度相对误差、示值相对误差与示值重复性。根据当前国内外电动拧紧机，在拧紧结束后最终拧紧扭矩显示的实际情况，对示值误差采用下述公式予以计算：

满度相对误差

$$E_{tm} = \frac{T_{ji} - T_{yi}}{T_e} \times 100\% \tag{1}$$

示值相对误差

$$E_{ts} = \frac{T_{ji} - T_{yi}}{T_{ji}} \times 100\% \tag{2}$$

示值重复性

$$R = \frac{T_{ymax} - T_{ymin}}{\overline{T}_y} \times 100\% \tag{3}$$

式中，T_{ji} 为拧紧机在第 i 次检定中的扭矩显示值；T_{yi} 为校准仪在第 i 次检定中的扭矩显示值；T_e 为拧紧机的额定扭矩值；$\overline{T}_y$ 为校准仪在目标扭矩检定点的算术平均值；T_{ymax}、T_{ymin} 为在同一检定点的多次检定中扭矩校准仪的扭矩示值中的最大值和最小值。

7.2 拧紧机扭矩示值误差与重复性的评定

7.2.1 在评定拧紧机的误差（或精度）时，应采用式（1）计算；在评定拧紧的结果误差时，采用式（2）计算；在评定拧紧机的重复性时，采用式（3）计算。三者均取 3 个检定点中的最大值。

7.2.2 在对拧紧机的检定中，除特殊要求外，不做示值相对误差的计算与列表。

7.3 扭矩控制误差的计算公式

拧紧机的扭矩控制误差采用下述公式予以计算（扭矩定位：N·m）：

控制误差

$$Etk = \frac{T_{ye\,max} - T_b}{T_b} \times 100\% = \frac{E_{t\,max}}{T_b} \times 100\% \tag{4}$$

式中，$T_{ye\,max}$ 为在检定点的多次检定中，扭矩校准仪与当前目标扭矩偏差最大的扭矩值；T_b 为在检定点当前的目标扭矩值；E_{tmax} 为在检定点的多次检定中，扭矩校准仪与当前目标扭矩的最大偏差值。

7.4 扭矩控制误差的评定

在对扭矩控制误差的评定时，均取 3 个检定点中的最大值。

7.5 转角的示值误差与控制误差的计算

由于对拧紧机转角的示值误差（包括重复性）与控制误差，要求的均是绝对数，故按检定期间所记录的校准仪与拧紧机相对应的各自显示值求差。但由于示值误差与控制误差的概念不同，故其求差的对象也不同，其计算公式分别如下

示值误差

$$E_{as} = A_{ji} - A_{yi} \tag{5}$$

控制误差

$$E_{ak} = A_{ymax} - A_b \tag{6}$$

式中，A_{ji} 为拧紧机在第 i 次检定中的转角显示值；A_{yi} 为校准仪在第 i 次检定中的转角显示值；A_{ymax} 为校准仪在检定中的转角最大显示值；A_b 为拧紧机的目标转角值。

7.6 转角的示值误差与控制误差的评定

在对转角的示值误差与控制误差的评定时，均取 3 个检定点中的最大差值（即极差值）。

8. 对检定结果的处理与检定周期的规定

8.1 对检定结果的处理

8.1.1 受检拧紧机中全部拧紧轴的受检指标均合格，拧紧机检定的结果才能判定为合格。

8.1.2 经检定合格的拧紧机发给检定证书，检定不合格的拧紧机发给检定结果通知书，并注明不合格项。在检定过程中应按拧紧机检定记录表做好记录。

8.2 对检定周期的规定

拧紧机的检定周期根据生产产量的大小而定，通常是半年到一年，（根据一汽集团实际情况定为半年）。而对于一些产量不大的单位或不常应用的拧紧机，可以适当放长，但最长不应超过 1 年。

附表1

检 定 证 书 内 页 格 式

（扭矩控制法拧紧的）

检定日期： 年 月 日 有效期至： 年 月 日

环境温度： ℃ 湿度： %

使用的校准仪名称： 不确定度： 测量范围：

检定使用的标准与方法：

检定方法依据的技术条件：

检定项目：

拧紧轴序号	扭矩极差对应值		扭矩极差值/N·m	示值误差			控制误差/%	其他项目
	校准仪/N·m	拧紧机/N·m		满度相对误差/%	示值重复性/%	示值回零		
备注								

附表2

检定结果通知书内页格式

（采用扭矩控制法拧紧的）

检定日期：　　　　年　　月　　日

环境温度：　　　　℃　　　　湿度：　　　　%

使用的校准仪名称：　　　　不确定度：　　　　测量范围：

检定使用的标准与方法：

检定方法依据的技术条件：

检定项目：

拧紧轴序号	扭矩极差对应值		扭矩极差值/N·m	示值误差			控制误差/%	其他项目
	校准仪/N·m	拧紧机/N·m		满度相对误差/%	示值重复性/%	示值回零		
备注								

不合格项：

附表 3

检 定 证 书 内 页 格 式

（采用扭矩－转角控制法拧紧的）

检定日期：　年　月　日　有效期至：　年　月　日

环境温度：　℃　湿度：　%　不确定度：

使用的校准仪名称：　检定使用的标准与方法：

测量范围：　检定项目：

拧紧轴序号	扭矩极差对应值		扭矩极差值 /N·m	转角极差对应值		转角误差		扭矩误差				其他项目
	校准仪 /N·m	拧紧机 /N·m		校准仪 /(°)	拧紧机 /(°)	示值误差 /(°)	控制误差 /(°)	满度相对误差 /%	示值重复性 /%	控制误差 /%	示值回零 /N·m	
备注												

附表4

检 定 结 果 通 知 书 内 页 格 式

(采用扭矩－转角控制法拧紧的)

检定日期： 年 月 日

环境温度： ℃ 湿度： % 不确定度：

使用的校准仪名称：

测量范围： 检定使用的标准与方法： 检定方法依据的技术条件： 检定项目：

拧紧轴序号	扭矩极差对应值		扭矩极差值 /N·m	转角极差对应值		转角误差		扭矩误差				其他项目
	校准仪 /N·m	拧紧机 /N·m		校准仪 /(°)	拧紧机 /(°)	示值误差 /(°)	控制误差 /(°)	满度相对误差 /%	示值重复性 /%	控制误差 /%	示值回零 /N·m	
备注												

不合格项：

附表5：

拧紧机检定记录格式

（采用扭矩控制法拧紧的）

检定日期： 年 月 日

受检单位： 拧紧机型号：

拧紧机轴数： 拧紧轴号：

检定温度： ℃ 相对湿度： %

所在车间（工序）： 零件名称：

额定扭矩值： N·m 目标扭矩值： N·m

共 页 第 页

检定点	数值读取对象	每次检定的扭矩值 /N·M					扭矩极差值 /N·m	满度相对误差 /%	示值重复性 /%	控制误差 /%
		1	2	3	4	5				
1	校准仪									
	拧紧机									
2	校准仪									
	拧紧机									
3	校准仪									
	拧紧机									

示值回零：

外观及性能检查：

加载负荷次数，每次至 N·m

检定点1、2、3分别取： % % %目标（额定）扭矩值

校准仪名称： 编号： 不确定度：

参照检定规程：

依据检定规程：

结论：

检定员： 核验员：

备注：

证书编号：

共　页　　第　页

附表6：

拧 紧 机 检 定 记 录 格 式

（采用扭矩－转角控制法拧紧的）

检定日期：　　　年　　月　　日　　　　检定温度：　　℃　　　相对湿度：　　%
受检单位：　　　　　　　　　　　　　　所在车间（工序）：　　　零件名称：
拧紧机轴数　　拧紧机型号：　　　　　　额定扭矩值：　　　N·m
目标扭矩值：　N·m　　拧紧轴号：
　　　　　目标扭矩值：　N·m　　　目标转角：　　°

检定点	数值读取对象	每次检定的扭矩（N·m）、转角（°）值										极差值		满度相对误差		示值重复性		控制误差	
		1		2		3		4		5		扭矩 /N·m	转角 /(°)	扭矩 /%	转角 /(°)	扭矩 /%	转角 /(°)	扭矩 /%	转角 /(°)
		扭矩	转角	扭矩	转角	扭矩	转角	扭矩	转角	扭矩	转角								
1	校准仪																		
	拧紧机																		
2	校准仪																		
	拧紧机																		
3	校准仪																		
	拧紧机																		

加载负荷　次，每次至取1、2、3分别取　N·m
检定点1、2、3分别取　%　　%　%目标（额定）扭矩值　　示值回零：
校准仪名称：　　　　编号：　　　不确定度：　　外观及性能检查：
参照检定规程：
依据检定规程：
有效期至：　　　　　　　　　　　　　　　　结论：
证书编号：　　　　　　　　检定员：　　　　核验员：

·231·

附录2：

电动拧紧机通用技术条件

（大连德欣新技术工程有限公司内部暂行标准）

前　言

我们通常把通过力臂结构对螺栓连接件实施拧紧并具有扭矩显示或指示功能的拧紧工具称之为扭矩扳子，而把应用电源或气源驱动旋转机构实施拧紧，并具有扭矩控制显示功能的拧紧工具称之为拧紧机，而电动拧紧机就是应用电源为动力，采用伺服电动机来驱动旋转机构，并具有对拧紧参数进行有效控制的拧紧器具。

自大连德欣新技术工程有限公司于1994年引入国外先进技术，并在1995年制造出来第一台国产拧紧机至今也已经有28年了。然而直到现在为止，我国还没有一部正规的《电动拧紧机通用技术条件》标准，而在当前国家的正规标准中也尚无电动拧紧机这个名词。尤其是对于电动拧紧机自身功能与精度等技术指标的考核与认定等，在国内至今还没有明确的标准，故造成由于制造厂商的不同，电动拧紧机的配置、功能与精度等技术指标（包括表述的不同）也有所不同，有的可能相差还较大。造成用户在对电动拧紧机的选购、验收中产生了不同程度的疑惑与混乱。

在国家的《电动拧紧机通用技术条件》尚未出台之前，为有一个符合国家标准、满足生产需要的统一参考标准，一汽集团相关部门技术人员与大连德欣新技术工程有限公司通力合作，参照《JJG 707—2003 扭矩扳子检定规程》《GB/T15729—2008 扭力扳手通用技术条件》《GB//37415—2019 桁架式机器人通用技术条件》与《JB/T 8896—1999 机械机器人验收规则》等标准，结合电动拧紧机的特点、总结并收集了大连德欣公司生产制造电动拧紧机的经验及一汽集团及国内拧紧机用户在实际应用中所发现的问题及反映的意见，综合整理而试订了这个《电动拧紧机通用技术条件》，做为大连德欣公司生产制造电动拧紧机出厂鉴定电动拧紧机的暂行标准，并期待接受同行业及相关企业的有志之士的宝贵经验与建议，为我国能早日制定出一部切实可行的《电动拧紧机通用技术条件》而奉献我们的微薄力量。

1. 适用的范围

本标准规定了电动拧紧机的用途、分类、术语与定义、性能、通用技术要求、试验方法、检测规则、标志、包装、运输、储存等。

本标准是适用于对螺纹连接型紧固件具有拧紧精度要求的电动拧紧机的设计、制造、检验与使用。

2. 引用的文献

本标准引用了下列文件：

2.1　JJG 707—2003 扭矩扳子检定规程。

2.2　GB/T15729—2008 扭力扳手通用技术条件。

2.3　GB//37415—2019 桁架式机器人通用技术条件。

2.4　JB/T 8896—1999 机械机器人验收规则。

2.5　GB 5226.1—2008 机械电气安全 机械电气设备。

2.6　GB/T 191—2008 包装储运图示标志。

2.7　GB/T 4768—2008 防霉包装。

2.8　GB/T4879—2016 防锈包装。

2.9　GB/T5048—2017 防潮包装。

3. 术语与定义

3.1　电动拧紧机：是一种主体由电动拧紧轴，并辅以机体、拧紧轴箱、电控与显示系统，以及相应的装置和器具构成的，可连续完成对螺栓（螺母）进行设定的拧紧循环，并对整个拧紧过程和终值的扭矩以及拧紧的转角进行测量，还可以对从拧紧开始到终止的各控制点进行方便设定与有效控制的拧紧机械。

3.2　电动拧紧轴：主要由无刷伺服电动机、减速器、扭矩传感器和输出轴构成，在相应的驱动与控制装置的驱动与控制下，可通过套筒对螺栓（螺母）进行拧紧的器具。

3.3　拧紧轴箱（操作体）：适应被拧紧工件的要求而安装拧紧轴的箱体。也有为了方便操作者的操作与观察，除了拧紧轴外，在拧紧轴箱上又增装了操作开关与需要的显示器件，此情况下的拧紧轴箱，也称之为操作体。

3.4　机体：支撑拧紧轴箱对螺栓（螺母）进行稳定可靠拧紧的机械装置与部件的总成。

4. 分类

4.1　按拧紧轴所使用的动力源的性质，可分为直流拧紧机与交流拧紧机。

4.2　按控制方法可分为扭矩控制法拧紧机、扭矩 - 转角控制法拧紧机与屈服点控制法拧紧机。

4.3　按人工参与的程度可分为手动拧紧机与自动拧紧机。

4.4　按操作体安装载体的形式可分为滑台式拧紧机、悬挂式拧紧机、助力机械臂式拧紧机、移动小车式拧紧机、手持式拧紧机和机器人式拧紧机。

4.5　按单机拧紧轴的数量可分为单轴拧紧机与多轴组合式拧紧机。

4.6　按拧紧轴与工件的工作姿态及运动的方向，可分为立式拧紧机与卧式拧紧机。

4.7　按控制系统的硬件配置结构又可分为主流配置结构拧紧机与简化配置结构拧紧机。

5. 性能

电动拧紧机的性能指标主要如下：

5.1 拧紧轴数量。

5.2 拧紧轴输出的额定扭矩值。

5.3 拧紧的控制方法。

5.4 拧紧精度。

5.5 各拧紧参数设置、修改、查询的方便性及可设置与控制的范围。

5.6 对拧紧结果数据的存储与处理能力。

5.7 对拧紧结果数据与状态的显示形式。

5.8 多轴拧紧机轴间距的调节方法与范围。

5.9 操作的方便性与可靠性。

6. 技术要求

6.1 工作环境

6.1.1 环境温度：0℃～45℃。

6.1.2 环境湿度：≤85%。

6.1.3 供电电源：3 相交流 380×（1±10%）V，或单项交流 220×（1±10%）V，50±2Hz。

6.1.4 供气气源：≤0.4MPa。

6.2 基本功能

6.2.1 对于各种控制法的拧紧机，由于在拧紧过程中，不同的阶段是工作于不同的转速之下，故对转速的主要要求是平稳，即运行在各阶段的转速其波动值均要求≤±1%FS。而当达到设定的转换量值时，应立即转换到设定的拧紧方式进行拧紧，当设定的目标值（目标扭矩与目标转角）达到时应立即停止拧紧。

6.2.2 具有预置工艺、控制等参数的功能，且修改调整方便、精确、可靠，可调节设置的范围广。

6.2.3 具有修正示值误差的功能，且修正方便、精确、可靠。

6.2.4 对拧紧结果（数据与状态）的醒目显示，并按工艺要求存储与处理。

6.2.5 输出轴的方头能方便可靠地连接套筒。

6.2.6 输出轴有不小于 45 mm 的伸缩范围，且伸缩灵活。

6.2.7 拧紧轴的噪声应小于 70 dB。

6.2.8 具有紧急停止拧紧的功能，不论在任何情况下，手动急停后，即切断拧紧轴动力源，停止拧紧。此急停只能手动复位，且复位后，只能手动启动拧紧。

6.2.9 当供电电源电压的波动在额定值的 ±10%，频率在 50±2 Hz 的范围之内，可以稳定可靠地运行。

6.2.10 在正常工艺条件下，可以稳定可靠地按工艺要求设置的参数及工作程序运行。

6.2.11 具有系统自检与故障诊断显示功能。

6.3 外观与防护

6.3.1 拧紧机铭牌上应标明名称、型号、规格、制造厂的名称或商标、出厂编号和出厂日期等。

6.3.2 拧紧机及其附件不应有裂纹、损伤、锈蚀及其他缺陷，附件应齐全，各部件未经主管人员检验及标定时不得任意更换。部件更换后不经标定检验不得投入使用。

6.3.3 拧紧机的输出轴及其方头（连接套筒部位）等应有足够的刚度，并符合 GB/T 15729—2008 扭力扳手通用技术条件相关的技术要求，各部件的连接应牢固可靠。

6.3.4 拧紧机的操作体应有完善的防护罩，需检测维修的部位要易拆、易装。

6.3.5 拧紧机的电箱应满足 IP54 防护标准，电箱柜门有可视窗口，并具有通风散热的配置。电气元件空间布局合理，安装调试维修方便。

6.3.6 悬挂式拧紧机的悬挂系统与轨道、走轮架、过渡板、气缸平衡器等完好无损，且符合国家安全规范。

6.3.7 滑台式拧紧机中的滑台轨道无损、无锈斑；原位与终点分别有电器与机械限位保护。

6.3.8 电缆外皮与护套无破损，电箱与操作体间的电缆在相应部位应有线夹紧固，在电箱与操作体的电缆进出口处应有保护措施。

6.3.9 手持式拧紧机机体应满足 IP55 防护标准。

6.3.10 带电部分与机体、拧紧轴箱体、电控显示系统电箱等所有非带电的金属部分之间的绝缘电阻应大于 1 MΩ。

6.3.11 控制电箱与拧紧轴箱应有接地点，接地点与拧电动紧机中因绝缘损坏而带电的金属部件之间的电阻不应小于 10 Ω。

6.3.12 拧紧轴箱体应有防止松脱滑落的安全保护（如：滑台式拧紧机中的死挡铁，悬挂式拧紧机的安全绳等）设置。

6.4 操作适应性

6.4.1 套筒更换方便快捷。

6.4.2 操作体运行（前后、左右、上下）平稳自由，无卡滞现象。

6.4.3 操作体上的操作开关方便灵敏，且当操作时，不会发生设备人身事故。

6.4.4 对于多轴拧紧机的认帽要平稳、快速、准确。

6.4.5 对于多品种工件的拧紧机，拧紧轴间距的变换与工艺参数的转换要迅速方便，且稳定可靠。

6.4.6 在拧紧的过程中，应能观察到需要的扭矩值、角度值。有条件的，可按要求实施对拧紧过程中的拧紧曲线跟踪与查询。

6.4.7 可以对一定期间内的拧紧数据按工艺与质保部门要求列表，并方便地进行查询。

6.4.8 有适应于外界控制系统及网络连接的输入输出接口。

6.5 精度

电动拧紧机的精度主要有扭矩与转角的满度相对误差、示值重复性误差、控制误差，其值应符合表 1 所示的要求，但对于扭矩，满足表 1 中要求的前提是在 20% ～ 100% 的拧紧轴的额定扭矩范围之内，这主要是因为扭矩传感器的标称精度是限定在 20% ～ 100% 的额定扭矩范围之内的原因。

称精度是限定在 20% ～ 100% 的额定扭矩范围之内。

表 1　电动拧紧机的满度相对误差、示值重复性误差、控制误差

类别	满度相对误差		重复性误差		控制误差	
	扭矩	转角	扭矩	转角	扭矩 /N・m	转角
数值	≤±2.0%	≤±2°	≤3.0%	≤2°	≤±4.0%	≤±3°

6.6　示值回零误差

扭矩示值回零误差应为：≤ 1%FS±0.5NM。

6.7　负载性能

应能在其使用方向上施加并承受 120% 倍的最大目标扭矩值。

7. 试验方法

7.1　试验条件

7.1.1　环境：拧紧机应在 0℃～ 45 ℃，相对湿度不大于 85% 的环境条件下进行试验。

7.1.2　电源：在额定交流电源电压 380×（1±10%）V、额定频率 50±2 Hz 的范围内。

7.1.3　零部件：采用的零部件包括工件（或采用模拟工件）、螺栓（螺母）、垫片等均满足工艺要求，且一致性好。

7.1.4　仪器：在对拧紧机精度测试中使用的标准仪器——扭矩校准仪（通常包括扭矩传感器、角度传感器与数显扭矩仪），以扭矩为例，其精度应比被测拧紧机的精度高一个级别或以上。

7.1.5　其他条件：周边应没有影响试验结果的冲击、震动及强电磁干扰的设备运行。

7.2　功能检查

对电动拧紧机的功能检查通常是对基本功能的检查，主要有以下几项：

7.2.1　是否满足工艺所要求的控制功能、拧紧轴数量及拧紧轴的额定扭矩；

7.2.2　是否具备预置、修改工艺、控制等参数的功能及其可调节设置的范围；

7.2.3　是否具备修正示值误差的功能；

7.2.4　输出轴的方头与套筒的连接；

7.2.5　输出轴的伸缩范围；

7.2.6　系统自检与故障诊断显示功能；

7.2.7　是否具备紧急停止拧紧的功能；

7.2.8　各操作开关及显示装置是否正常。

7.3　性能测试

7.3.1　扭矩精度试验

7.3.1.1　扭矩的基本要求

扭矩精度试验时，可以采用实用的工件或模拟工件，以 4 轴拧紧机为例，扭矩传感器的连接方式如图 1 所示。拧紧机的驱动轴与串入的扭矩传感器、套筒、螺纹副应在同一轴线上（偏差：≤ 3°）。对于没串入扭矩传感器的其他拧紧轴，均要串入加长的辅助杆。

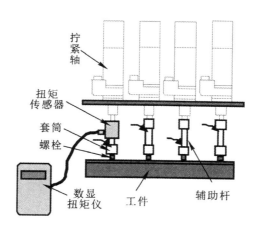

图1　拧紧机测试工作示意图

扭矩精度的测试点为 3 个，分别选择在 20%、60%、100% 的目标扭矩或额定扭矩。每个测试点测量 5 次。

测试时，拧紧机最好是在正常拧紧的工作状态下，即让拧紧机的全部拧紧轴均处于正常拧紧的工作状态下，不得有冲击现象。

7.3.1.2　扭矩精度的计算与评定

扭矩的精度主要是用示值误差和控制误差进行计算与评定，其中的示值误差主要是满度相对误差、示值相对误差与示值重复性误差。

（1）扭矩示值误差的计算与评定

根据当前国内外电动拧紧机，在拧紧结束后最终拧紧扭矩显示的实际情况，对于示值误差的评定，绝大多数只采用满度相对误差，其公式如下。

满度相对误差
$$E_{\mathrm{m}} = \frac{T_{ji} - T_{yi}}{T_{\mathrm{e}}} \times 100\% \tag{1}$$

式中，T_{ji} 为拧紧机在第 i 次测试中的扭矩显示值；T_{yi} 为校准仪在第 i 次测试中的扭矩显示值；T_{e} 为拧紧机的额定扭矩值。

在对拧紧机的满度相对误差的评定中，除特殊情况外，均取 3 个测试点中的最大值，用以评定其精度是否满足表 1 中所示的满度相对误差的要求。

（2）扭矩控制误差的计算公式与评定

拧紧扭矩的控制误差采用下述公式予以计算（扭矩定位：N·m）。

控制误差 $\qquad E_{k}=\dfrac{T_{ye\,max}-T_{b}}{T_{b}}\times 100\%$ （2）

式中，$T_{ye\,max}$ 为在测试点的多次检定中，数显测量仪与当前目标扭矩偏差最大的扭矩值；T_{b} 为在测试点当前的目标扭矩值。

在对扭矩控制误差的评定时，均取 3 个测试点中的最大值用以评定其精度是否满足表 1 中所示的控制误差的要求。

7.3.2 转角精度的计算与评定

做转角精度的检测，通常是把图 1 中所示的扭矩传感器与扭矩测量仪改换为具有扭矩和转角两种功能的传感器和测量仪。

由于对拧紧机转角的示值误差与控制误差要求的均是绝对数，故按测试期间所记录的校准仪与拧紧机相对应的各自显示值求差。但由于示值误差与控制误差的概念不同，故其求差的对象也不同，其计算公式分别如下。

示值误差 $\qquad E_{as}=A_{ji}-A_{yi}$ （3）
控制误差 $\qquad E_{ak}=A_{ymax}-A_{b}$ （4）

式中，A_{ji} 为拧紧机在第 i 次测试中的转角显示值；A_{yi} 为校准仪在第 i 次测试中的转角显示值；A_{ymax} 为校准仪在测试中的转角最大显示值；A_{b} 为拧紧机的目标转角值。

在对转角的示值误差与控制误差的评定时，通常只取实际应用的转角做为测试点（也可适当增加其他转角，但最好不要超过 3 个），且每个测试点测量 5 次，取其最大值。如测试点为多个，最终取最大差值的测试点中的转角值做为转角误差，用以评定其精度是否满足表 1 中所示的转角误差的要求。

7.3.3 示值回零误差

拧紧机上电 10 分钟后，在拧紧机静止状态下把扭矩显示值调整为零。之后，在连续拧紧（前一次拧紧结束与下一次拧紧开始的间隔时间大于 10 s）至目标扭矩值 5 次，每次检查示值零点的偏离值。

7.3.4 拧紧轴额定扭矩值

因拧紧轴的额定扭矩通常是 1.2 倍的目标扭矩值（对不同扭矩的多品种工件进行拧紧的，其中最大的目标扭矩值称为最大目标扭矩值），但由于实际被拧紧的零部件（主要是工件、螺栓、螺母）可能不适应承受 1.2 倍的目标扭矩值，故此项试验应该采用模拟工件或负载装置，而如果提供的实用工件确实可以承受 1.2 倍的目标扭矩值也可采用。

首先在控制器上，把被试拧紧轴的目标扭矩设置到额定扭矩上，采用图 1 所示的串入扭矩传感器方法（由于只是对拧紧轴测试，故其他拧紧轴可以不用旋转），测试 5 次，依据数显扭矩仪的显示值，并取 5 次的平均值进行认定是否达到额定扭矩值；也可在经过按图 1 所示的方法校准完成后，以实际拧紧结束后，在拧紧机显示器上的显示值为准（同样，也是 5 次，并取平均值）。测试完成后，查看伺服电机有否发生过载报警、拧紧轴有否发生异响等异常现象。

7.3.5 负载性能试验

由于电动拧紧机本身的特性，伺服电动机就是工作在过载的状态下，故对其负载性能的测试，通常不做过载能力的试验。

负载性能试验的要求是在其使用方向上施加并承受 1.2 倍的最大目标扭矩值（其意义见 7.3.4），故也应该在模拟工件上试验。如果有合适的模拟工件或满足要求的实用工件，7.3.4 和 7.3.5 二项试验可以合并一起来做，测试的次数均为 5 次。而如果无模拟工件，实际应用的工件也不能承受 1.2 倍的目标扭矩，那也只能采用目标扭矩进行试验了。

在 7.3.4 款中的拧紧轴的额定扭矩值虽然与负载性能试验一样，也是 1.2 倍的目标扭矩，但二者试验的目的不同，对拧紧轴额定扭矩的试验，是对拧紧轴的负载能力是否达到额定值的测试，则必须施加到 1.2 倍的目标扭矩予以测试；而这里是对拧紧机整体的实际工作性能的测试，1.2 倍的目标扭矩如不能实施的话，也可以采用目标扭矩进行替代测试。如果采用目标扭矩进行替代测试，其测试的方法建议采用：在连续加载（即拧紧）至目标扭矩值 20 次，前一次拧紧结束与下一次拧紧开始的间隔时间为 10 s 左右。

对于负载性能试验，不论采用上述哪种方法，在试验结束后，均需保证伺服电机不出现过载报警，拧紧轴没有异响，拧紧机中各部件没有产生松动、永久变形或损坏现象。

7.3.6 拧紧试验

在此试验中，可同时完成参数的设置、对拧紧结果数据与状态的显示形式以及对拧紧结果数据的存储与处理能力的试验。

7.3.6.1 参数的设置与运行试验

主要是在拧紧机提供的操作界面下，利用相应的操作器件，首先试验输入、修改与查询各拧紧参数（主要是扭矩、转角）的操作与可设置与控制的范围是否方便。之后，再开机对设置的参数及可设置与控制的范围进行实际操作试验，查看所运行的拧紧控制法是否符合工艺要求，检查参数设置与控制是否精确、可靠，并满足要求。同时，可对相应的操作开关及拧紧运行的转速及稳定性进行检验。

7.3.6.2 目标扭矩

可采用实用的工件或模拟工件，进行拧紧操作，拧紧完成后，查看拧紧机显示器上的目标扭矩值，是否满足控制的要求。此试验是把在拧紧机中设定的目标扭矩值与拧紧结果的扭矩值相比较，做 5 次或以上的拧紧，用其平均值与设定值相比较。

7.3.6.3 拧紧结果数据与状态的显示

在对设置的参数及可设置与控制的范围进行实际试验中的每次拧紧结束后，即可在拧紧机的显示装置上检查对拧紧结果显示的数据与状态。

7.3.6.4 拧紧结果数据的存储与处理能力

上述实际试验中的多次拧紧结束后，即可从拧紧机的主控制器（或配置的工控机）中调取查看对拧紧结果数据存储与处理能力。

7.3.6.5 与外界控制系统及网络连接的输入输出接口

上述的试验完成后，即可检查各输入输出信号，并对产品说明书中，上述操作中未涉及的输入输出信号进行检查试验，以确认是否符合要求。

7.3.7 紧急停止

可多次在拧紧运行过程中或其他状态下，按下紧急停止按钮，用以试验紧急停止功能。

7.3.8 系统自检与故障自动诊断能力试验

针对产品说明书中提供的系统自检与故障自动诊断的项目，逐项设置相应的问题与故障，进行该方面能力的试验。

7.3.9 多轴拧紧机轴间距的调节试验

对于轴距可调的多轴拧紧机，进行反复不小于 5 次轴距调整操作，检查变距机构的灵活性，操作的方便性，变距完成后各位置的稳固性，并测量变距距离的准确性。

7.3.10 机体运行试验

在拧紧机进行拧紧操作前，首先要对机体中的传动、吊挂、升降、回转等装置或部件进行反复的操作，检查是否方便平稳，有无异响卡滞等异常现象。

7.4 安全测试

7.4.1 接地电阻

按 GB 5226.1—2008 中 18.2 进行试验

7.4.2 绝缘电阻

按 GB 5226.1—2008 中 18.3 进行试验

7.5 噪声测试

参照 JB/T 8896—1999 中 5.7 进行试验

7.6 工艺操作试验

在正常工艺条件下，按工艺要求设置相应参数及工作程序，开机进行拧紧工作试验。

7.7 电源能力试验

在电源电压的 ±10% 范围内，拧紧机应稳定正常运行。

8. 检验规则

8.1 产品检测分为出厂检验与型式检验。

8.2 有下列情况之一时，一般应该进行型式检验：

8.2.1 新产品或老产品转厂生产的试制定型鉴定。

8.2.2 已定型的产品，如设计、关键工艺、材料有较大改变，可能影响产品性能。

8.2.3 正常生产的产品，每隔 3 年或累计台数超过 500 台。

8.2.4 产品停产 3 年，恢复生产。

8.2.5 出厂检验结果与上次型式检验有较大差异。

8.3 每台拧紧机都应该进行出厂检验。

8.4 检验项目见表 2

表2　电动拧紧机检验项目表

序号	检定项目	技术要求	检验方法	出厂检验	型式检验	备注
1	拧紧轴数量	5.1	目测	+	+	
2	额定扭矩	5.2	7.3.4	-	+	用模拟工件
3	目标扭矩	6.2.1	7.3.6.2	+	+	
4	拧紧轴转速	6.2.1	7.3.6.1	-	+	
5	拧紧的控制法	6.2.1	7.3.6.1	+	+	
6	参数预置与查询	6.2.2	7.3.6.1	+	+	
7	参数设置范围	6.2.2	7.3.6.1	-	+	
8	紧急停止	6.2.8	7.3.7	+	+	
9	显示、存储与处理	6.2.4	7.3.6.4	-	+	
10	轴间距的调节	6.4.5	7.3.9	+	+	
11	自检与故障诊断	6.2.11	7.3.8	+	+	
12	输出轴伸缩	6.2.6	通用尺测量	+	+	
13	噪声	6.2.7	7.5	-	+	
14	操作开关	6.4.3	7.3.6.1	+	+	
15	外观与防护	6.3	目测	+	+	
16	操作体运行平稳性	6.4.2	7.3.10	+	+	
17	输入输出接口	6.4.8	7.3.6.5	+	+	
18	拧紧轴箱体安全措施	6.3.12	目测	+	+	
19	扭矩示值误差	6.5	7.3.1	+	+	
20	扭矩控制误差	6.5	7.3.1	+	+	
21	转角示值误差	6.5	7.3.2	+	+	无转角功能的不做
22	转角控制误差	6.5	7.3.2	+	+	
23	回零误差	6.6	7.3.3	+	+	
24	负载性能	6.7	7.3.5	+	+	
25	接地电阻	6.3.11	7.4.1	-	+	
26	绝缘电阻	6.3.10	7.4.2	+	+	
27	电源适应能力	6.2.9	7.7	+	+	
28	工艺试验	6.2.10	7.6	+	+	

注：（1）上表中，+ 表示应检项目，- 表示可不检项目。

（2）有关示值方面的试验需要在拧紧机上电10分钟后进行。

9. 标志、包装、运输、储存

9.1 标志

9.1.1 电动拧紧机应具有铭牌，铭牌上应至少标明：

（1）产品名称

（2）产品型号

（3）额定扭矩

（4）耗电功率

（5）生产编号

（6）重量（kg）

（7）制造单位名称

（8）出厂年月

9.1.2 包装箱外表面应按 GB/T 191—2008 规定做图示标志

9.2 包装

9.2.1 拧紧机在包装前，应该将各活动部位固定。

9.2.2 拧紧机在分体拆除后，推荐单元部件分体包装，确保包装箱固定牢靠。

9.2.3 包装材料应符合 GB/T 4768—2008、GB/T4879—2016、GB/T5048—2017 的规定。

9.2.4 若有其他特殊包装要求，应该在对应的产品要求中规定。

9.2.5 包装箱内应有下述文件：

（1）产品合格证明书。

（2）使用说明书或操作维修说明书。

（3）随机备件附件及其清单。

（4）装箱清单及其他有关技术资料。

9.3 运输

运输装卸时，应保持包装箱的竖立位置，并不得堆放。

9.4 储存

长期存放电动拧紧机产品的仓库，其环境温度为 -25℃～ +45℃，相对湿度不得大于85%，其周围环境无腐蚀、易燃气体，无强烈机械振动、冲击及强磁场作用，储存期限及维护要求由相应产品标准规定。

参考文献

[1]   冯德富．工厂实用检测技术 [M]．北京：国防工业出版社，2007．

[2]   赵长德．微机原理与接口技术 [M]．北京：中国科学技术出版社，1990．

[3]   常斗南．可编程序控制器原理·应用·实践 [M]．北京：机械工业出版社，2004．

[4]   田其铸．汽车构造 [M]．哈尔滨：哈尔滨出版社，1997．

[5]   大连德欣新技术工程有限公司的拧紧机使用说明书．

[6]   英格索兰公司的拧紧机使用说明书．

[7]   阿特拉斯·科普柯公司的装配工具手册．

[8]   库柏公司电动工具装配手册．

[9]   马头公司装配工具手册．

[10]   CP 公司 EAP/EDP 工具操作手册．

本书的出版得到了教育部人文社会科学研究青年基金项目
（10YJC710020）的资助。

中国农村环境保护的正义之维

郭 琰 著

人民出版社

目　录

导　言

一、中国农村目前存在的环境污染状况

中国是一个农业大国，"三农"问题关系到整个国家的生存之本，而农村环境问题是"三农"问题的重要内涵之一。农村环境保护是新农村建设的重要内容，是建设社会主义和谐社会、实现生态文明的重要保证，是建设美丽中国、实现中华民族永续发展的重要体现。2005 年 10 月，中国共产党十六届五中全会首次提出按照"生产发展、生活宽裕、乡风文明、村容整洁、管理民主"的要求建设社会主义新农村，在真正意义上揭开了中国农村环境保护的序幕。2005 年 12 月国务院发布《关于落实科学发展观加强环境保护的决定》（国发〔2005〕39 号）、2006 年中央一号文件即《中共中央国务院关于推进社会主义新农村建设的若干意见》以及 2006 年 3 月十届全国人大四次会议通过的《国民经济和社会发展"十一五"规划纲要》的决议都明确了加强农村环境保护的重任，这也使得《中国环境状况公报》自 2006 年起明显不同于往年，公报中增加了"农村环境"状况的相关内容。2007 年 11 月国务院发布了《国家环保部"十一五"规划》开始

1

启动农村环境治理工作，并发布了《国务院办公厅转发环保总局等部门关于加强农村环境保护工作意见的通知》，要求在全国各地认真贯彻落实。2008 年 7 月 24 日国务院召开了新中国成立以来的首次全国农村环境保护工作电视电话会议，明确了至 2010 年和 2015 年农村环境保护的主要目标，提出了"以奖促治"政策，中央财政首次设立农村环境专项保护基金。2009 年 2 月，为指导"以奖促治"政策的实施，环保部、财政部等部门发出了纲领性的文件，即《关于实行"以奖促治"加快解决突出的农村环境问题实施方案的通知》。为进一步发挥"以奖促治"政策的实际成效，2010 年环保部和财政部组织辽宁等 8 个省份开展了农村环境连片整治工作，示范效果明显。2011 年 3 月，《国家"十二五"规划纲要》的"强农惠农"篇中明确了"十二五"期间农村环境特别是农村水、土壤等方面的保护与治理工作，实施农村清洁工程，加快推动农村垃圾集中处理，开展农村环境集中连片整治。2011 年 3 月，环保部制定并印发了《关于进一步加强农村环境保护工作的意见》，2012 年 6 月，围绕农村环境保护工作"干什么、怎么干"的问题印发了《全国农村环境综合整治"十二五"规划》。为深入贯彻党的十八大精神，2013 年环保部在《2013 年全国自然生态和农村环境保护工作要点》中明确提出建设美丽乡村，强化农村环境保护与治理。可以说，从 2005 年至今，党和国家为维护农民根本利益和长远利益，在农村环境保护方面联合多方力量、出台多项政策法规，付出了艰辛的努力。

但是随着工业化、城镇化、农业现代化以及经济全球化的日益发展，农村环境保护的实际成效并不显著。目前我国农村环境局部得到改善的同时，整体状况并不乐观，污染加剧、自然生态环境质量下降的趋势没有得到根本的扭转。来自农村生活垃圾污染、农业生产污染、工矿企业污染、城市生活垃圾污染，甚至是发达国家转移过来的污染，已经超出农村环境能力所能够承受的范围，构成了农村环境日益严峻的亟需解决的问题。

第一，农村社会生活造成的环境污染问题。随着我国社会经济的飞速发展，人民生活水平显著提高，生活在广大农村的农民社会生活水平也发生了翻天覆地的变化，日常生活所需物品更加丰富和多样化，伴随而来的生活垃圾整体数量明显增多，生活垃圾种类明显增多，与以往草木灰垃圾相比，厨余垃圾、塑料袋、塑料瓶、玻璃瓶、易拉罐、果皮纸屑、生活污水、废旧鞋帽衣物、废旧金属与电池、废旧家用电器和电子产品、建筑和装修等垃圾都大量存在。2008 年，李克强同志在全国首次农村环境保护工作会议上指出，"农村每年产生的九十多亿吨生活污水基本上任意排放，2.8 亿吨生活垃圾也是随意倾倒。"[①] 因农民传统的生活模式并没有根本的改变，农村大多数没有对大量的生活垃圾进行分类和集中处理，依然是一种随手抛扔的状态，因此农户的房前屋后、世代依存的小池塘边和道路两旁到处都是垃圾，恶臭不堪。这不仅占用和污染了大面积土地，还污染了水源；不仅破坏了田园景观，还带来大量致病细菌和病毒；不仅使农产品受到污染，还侵害了当地居民身体的健康。

第二，现代农业生产带来的环境污染问题。我们首先从耕地质量下降、污染加重谈起。根据《关于第二次全国土地调查主要

---

① 　参见《李克强副总理在全国农村环境保护工作电视电话会议上的讲话》，2008 年，资料来源：http://www.cenews.com.cn/xwzx/zhxw/qt/200808/t20080813_588766.html。

数据成果的公报》显示，截至 2009 年 12 月 31 日，我国耕地总面积为 20.27 亿亩，虽然比原来增加了 2 亿亩，但耕地污染情况较为严重，约有五千万亩的中重度污染耕地已经停止种植，人均耕地面积下降到 1.52 亩，不到世界人均耕地面积 3.38 亩的一半。[①] 是哪些因素导致了耕地土壤质量的下降呢？以土壤中重金属污染为例，根据科研人员的相关研究，人们发现土壤中重金属的输入来源主要包括大气沉降、污水灌溉、牲畜粪便、化肥、农药等。由于我国要解决 13 亿多人口的温饱问题，每年需要保证有足够的粮食和其他农产品的供应，在人均耕地严重不足的事实面前，我国农业生产需要投入大量的化肥、农药以及农用地膜来保证粮食总量的稳定增长。虽然我国粮食生产连续多年实现了总量的增长，但是并没有维护耕地的肥力和质量，对耕地进行掠夺式的利用，加之农药、化肥以及农膜的污染，结果造成耕地质量的退化和沉重的污染代价。

目前，我国已经成为世界上化肥和农药使用量最大的国家。"我国化肥和农药年施用量分别达 5400 万吨和 170 万吨，而有效利用率不到 35%。"[②] 这一数据表明，化肥和农药的 65% 都是作为污染物排入环境中，导致了农田土壤污染，使得我国土壤在几千年的连续耕作中使用有机肥所保持的肥力和健康，在短短几十年就出现了明显的下降，全国土壤有机质含量不到百分之一。此外，化肥和农药的过量使用也会影响农田周边的河水，进入到水

[①] 参见国土资源部、国家统计局、国务院第二次全国土地调查领导小组办公室：《关于第二次全国土地调查主要数据成果的公报》，2013 年，资料来源：http://news.xinhuanet.com/fortune/2013-12/30/c_125935536.html。

[②] 环境保护部、财政部：《全国农村环境综合整治十二五规划》，2012 年。

循环系统，导致水体的有机污染、富营养化，甚至引发地下水污染和大气污染，最终使得农产品质量下降，破坏农村地区生物多样性，危害百姓的身体健康。

伴随农膜技术的推广，"目前，我国每年约有 50 万吨农膜残留在土壤中，残膜率达40%"[①]。大量残留的农膜破坏土壤耕作层的结构，土壤的通气性和透水性降低，抑制土壤微生物活力，农作物生长受阻，影响农作物产量。同时，这些难以降解的农膜残留造成了田间地头出现大量的白色污染，即使农民进行焚烧，表面上减轻了白色污染，但是焚烧中释放了含有剧毒的二噁英会进入农民体内和大气中，危害持久不能消失。此外，由于天然气和煤气的广泛使用，秸秆已经不再用于燃料以供家庭生活之需，而是在野外或村边集中焚毁。初步估算，我国每年产生各类农作物秸秆约 8 亿吨，其中 30% 以上未被有效利用，秸秆随处堆放或就地焚烧，污染农村环境。

近年来，在现代农业生产中，规模化禽畜养殖带来的污染已经成为我国最大的、最主要的农业污染源。伴随人们社会生活水平的提高，城乡居民更加注重食品营养结构的合理性，对禽、蛋、鱼、肉（猪、牛、羊）的消费需求明显增加，这使得我国禽畜养殖业得到了快速的发展，但在养殖过程中，受传统粗放式养殖模式的影响，并没有形成布局合理、规范养殖的产业态势，大部分养殖场没有足够的能力来处理养殖中排放的禽畜粪便和污水，加之利用禽畜粪便堆肥还田率低，所以大量的禽畜粪便甚至没有经过任何处理就直接排入养殖场周边的田野、山坡、河

---

① 蒋高明：《中国生态环境危急》，海南出版社 2011 年版，第 60 页。

沟、水塘，对当地及其周边区域的环境造成严重的污染。有资料显示，2010 年全国禽畜养殖业的化学需氧量、氨氮排放量分别达到 1184 万吨和 65 万吨，分别占全国排放总量的 45% 和 25%，分别占农业源排放量的 95% 和 79%。[①] 这一数据告诉我们，禽畜养殖业污染已经成为农业源排放中的最大贡献者，是农村环境污染的最大制造者。禽畜粪便中分解出来的有机酸、氨、甲烷、硫化氢等使得空气恶臭难闻，污染大气，并且污水的漫延和渗透会污染到地下水层，令地下水中细菌等有害物质含量超标，无法饮用，危害村民健康。此外，未经处理的粪便也会导致各种寄生虫泛滥，如果施用在田间，还会因肥力增加而破坏土壤结构，使农作物不能正常种植和生长。由于禽畜养殖业带给环境的压力已经非常严重，因此从 2012 年起，我国已经把禽畜养殖业污染作为主要污染物减排目标之一，我们期待禽畜养殖业的发展能够早日真正走上科学的可持续之路，实现现代禽畜养殖业与农民环境权益的双赢。

第三，农村工矿企业带来的环境污染。20 世纪 80 年代，我国农村改革的发起带动了农村工业化的发展进程，乡镇企业"异军突起"，不仅有助于解决农村剩余劳动力的就业，增加农民的经济收入，而且还有效地扩大了农村经济的发展空间和活力。但是，农村工业的快速发展总体上属于技术低端，设备落后，劳动密集型的轻工业和低水平的造纸、印染、电镀、化工、建材、采矿业，处于一种粗放经营的状态。由于农村工业布局不合理，高

---

① 参见中国社会科学院农村发展研究所、国家统计局农村社会经济调查司：《农村绿皮书：中国农村经济形势分析与预测（2012—2013）》，社会科学文献出版社 2013 年版。

度分散，使得乡镇企业污染源点多而广、污染范围较大，不易于控制和管理。再加上有些企业环境责任意识不强，缺乏节能减排的技术、设备、资金和人员的投入，企业生产中排放的"三废"或者直接任意地排放或者夜间偷偷排放，污染了当地环境。有些不发达地区，由于多年的矿业开采，大量含有重金属污染和放射性物质的矿渣直接堆积在地面，裸露在空气中，没有进行及时安全的处置，使得空气中漂浮大量烟尘、粉尘，农村地表水和地下水严重污染和土壤耕地毒化、重金属超标。蒋高明曾指出："污染耕地的'元凶'大多是间接的，罪魁祸首是来自工矿业废水的污水灌溉。我国因污水灌溉而遭受污染的耕地达3250万亩"，"全国每年因重金属污染的粮食达1200万吨，造成直接经济损失超过200亿元"。[①]另外，据《关于第二次全国土地调查主要数据成果的公报》的相关资料显示，目前我国耕地面积中除了5000万亩受到中重度污染破坏外，还有一定数量的耕地因为开矿塌陷造成地表土层破坏，因地下水超采，已经影响正常的耕种。[②]农村乡镇工矿业的发展带来的环境伤害与农村生活污染、农业面源污染叠加，使得农村地区生态环境和人居环境恶化，使得很多农村昔日的青山绿水变成了恶山臭水，也使得"孕妇流产""新生儿畸形""癌症村"的阴霾笼罩在农村工矿企业污染严重的农村周围。

除了农村土生土长的乡镇工矿企业对农村环境和农民健康造

---

① 蒋高明：《中国生态环境危急》，海南出版社2011年版，第59页。
② 参见国土资源部、国家统计局、国务院第二次全国土地调查领导小组办公室：《关于第二次全国土地调查主要数据成果的公报》，2013年，资料来源：http://news.xinhuanet.com/fortune/2013-12/30/c_125935536.html。

成伤害外，我们还应注意到一些来自城市的高能耗、高污染、低产出的重污染企业落户农村地区所带来的严重环境污染。由于我国城市环境保护与治理的加强，我国出现了产业梯度转移，一些被大城市淘汰的重污染行业和企业纷纷在环境准入门槛很低的中西部地区和农村地区寻找再生的机会。而中西部地区和农村地区为了脱贫致富，加快发展，大力招商引资，关注单一的经济数据，忽视和放宽了对重污染行业企业的环境评估和监管，错误地认为农村环境的容量巨大，结果造成了城市重污染企业在农村地区生根发芽。转移而来的工业依然延续粗放型的生产模式，排放大量废水、废气和废渣，污染了周边水源、大气和土壤耕地。如果加上大城市在城乡结合部和郊区设立的开发区产生的污染、城市在农村周边设立的生活垃圾填埋场、垃圾焚烧站等的污染，农村地区事实上就不公平地承担了很多的城市转移而来的污染。

第四，发达国家在国际经济贸易合作中转移到我国农村的污染。全球化的进程加快了世界各国经济政治文化的交流与合作，发达国家与发展中国家综合国力的差异显著，因此在现有国际政治经济秩序中扮演不同的角色，发挥着不同的作用。在全球气候变暖的背景下，世界经济的发展步伐并没有放慢，发达国家为保持已有的发展优势和地位需要稳定的经济发展，发展中国家为摆脱贫穷与落后的面貌，需要加快经济的发展速度。发达国家在饱受 20 世纪中期经济发展带来的环境污染之痛后，在环境保护的理念和行动上都积累了丰富的经验，环境质量显著提高。然而，当发达国家为本国环境保护感到欣慰时，却利用国际经济贸易与合作对发展中国家转移输送了大量的环境负担。我国作为发展中国家之一，也主动或被动地成为发达国家转移本国环境负担的目的地，而我国广大农村就成为直接或间接吸纳国外环境污染物的典型地区。美国、日本和欧洲等发达国家和地区利用跨国公司在中国直接或间接投资建厂，将冶金业、电子、化工、机械制造、稀有金属开采和冶炼以及橡胶产品制造等产业转移到我国，而这些大公司一般都选择在大城市的经济开发区和工业园建厂，这些区域一般都与农村紧密相连，给农村环境带来负面冲击。同时，英、美、日等国家还利用国际贸易将一些难以降解和有毒害的生活垃圾、电子垃圾和固体废弃物垃圾通过非正规途径运入我国，东部、东南部一些农村就成为接纳、分类和处理这些"洋垃圾"的站点，成为"洋垃圾村"，村民们在这些垃圾中淘金时，却没有意识到当地环境受到了严重的污染。近年来，我国在世界市场中因大量的"中国制造"产品的增加被冠以"世界加工厂"的标签，虽然带来了大量的外汇储备，但却耗费了大量资源成本和能源成本，牺牲了大量的环境成本，这些负担都与农村地区、农民生活紧密相关。

当前农村环境污染的加剧给农民乃至全国人民的生活带来灰暗的一面。因困扰大城市的雾霾多次光顾农村地区从而使得农民对原本不熟悉的 PM2.5 并不陌生，因一些农村地区饮用水水源受到污染而使世代生活在这些地区的农民不得不背井离乡成为环境难民或花钱买水继续生存，因化肥农药的不当施用以及农业灌溉水源受到污染而使得耕地土壤质量下降，农产品受到污染，"米袋子""菜篮子"和"水缸子"变得日益敏感，呼吸清新的空气、喝干净的水和吃放心的食物成为很多城乡人民的奢望。因生活和生产环境的恶化而导致的身体疾病越来越多、越来越怪，最令人痛心的是全国很多省份出现"癌症村"，因病致贫、因病返贫的现象也屡见不鲜。

农村环境污染无疑严重影响了农民的生活质量与身体健康，由此产生的环境侵害与环境收益的分配不均也诱发了大量的社会问题，农村环境冲突不断对社会稳定构成了挑战。据统计，从1995—2005年，环境信访的来信从5.8万多封增加到60.8万多封，2006年和2007年，因环境污染上访的案件大约在70万件。由环境所引发的群体性事件呈现越来越严重的趋势，保持了年均29%的增长速度，2012年又发生了很多环境群体事件，重大环境事件增长120%，例如四川什邡、浙江宁波和江苏启东的事件影响都非常大。2014年2月24日中国社科院法学研究所发布了《2014年中国法治发展报告》，该报告总结了2000年以来14年的百人以上群体性事件共有871件，其中因环境污染导致的群体性事件37件，万人以上的群体性事件中因环境问题引发的比例占到一半。[1] 中国的环境群体事件中，参与主体主要是农民，占70%，他们深受当地企业污染的侵害，加上当地环保部门措施不力，政府为了地方政绩对这些环境危害选择性失明或者与污染企业结成利益同盟，使得农民正常环境诉求的渠道被堵塞，从而引发制度外的、非理性的解决方式，造成了严重的社会后果。

中国社会科学院农村发展研究所社会问题主任于建嵘教授指出，农村环境群体事件的共同特征体现为几个方面：第一，地方政府为了发展经济，无视国家的环境政策与法规，许可污染企业在当地落户，这些高污染企业可以大胆地排放污染物，虽然这些

---

[1] 参见新京报：《报告称2000年来百人以上群体事件发生871起》，2014年，资料来源：http://news.ifeng.com/mainland/detail_2014_02/24/34134906_0.shtml。

企业为当地带来了数目巨大的经济投资，但是对当地村民的危害是长远的。第二，企业污染严重，村民投诉控告，环境部门处罚措施不到位。第三，民众自救式维权，政府出警维护企业利益，引发警民冲突。[①] 从历次所发生的环境群体性事件来看，地方政府的态度起了决定性的作用，事件的发生与发展，事件影响的扩大与缩小都取决于政府如何维护环境难民的利益，如何在企业发展与环境保护之间寻找平衡，政府如何保持自己的利益中立者的角色。无论如何，农村环境问题不纯粹是一个技术性的问题，而是严重的社会问题，农村环境问题的保护与解决关系到国家的长治久安。

二、环境正义视角的可行性与意义

我国农村环境所遭受的严重破坏，农民所承受的环境之痛已经是不争的事实。科学理性地分析中国农村环境污染产生的原因是做好中国农村环境保护的首要前提。对此，很多学者在分析中国农村的这些环境问题的成因时，往往把它们归结为人口压力过大、农民环保意识薄弱、执法力度不强、粗放式农业生产等因素，虽然这些提法确实指出了不少问题，但我们认为，这并不是最根本的。例如，有人批评农民环境意识薄弱，但是对于依靠开发自然资源才能维持生存的农民来说，是无法培养出环境意识

---

① 参见于建嵘：《当前农村环境污染冲突的主要特征及对策》，《世界环境》2008年第1期。

的，即使进行环境教育也无济于事，因为生存是第一位的；对于那些贫困的农村地区，如果单纯地依靠执法力度的加大进行环保，只会激化矛盾，不利于农村发展和社会和谐。实际上，人们更应该从正义论的角度来审视农村环境问题，正视在环境问题上农村承受着更多不正义的现实。从这一角度来看，当前兴起于西方社会语境中的环境正义可以为我们提供一些重要的研究视角。

所谓环境正义，是指人类不分国籍、种族、文化、性别、经济状况或社会地位，都同等地享有安全、健康以及可持续性环境的权利，任何人都无权破坏或妨碍这种环境权利。这一概念首先出现在美国，它的出现是美国民权运动的一部分。1982年，美国中部北卡罗来纳州沃伦县的居民举行游行示威，抗议在阿夫顿社区附近建造多氯联苯废物填埋场。美国之所以选择这个地方作为有毒垃圾的处理场，是与这个地区主要生活着有色人种以及低收入人群相关，人们开始注意到，环境问题并没有真正地解决，而只是将它转移到这些人居住的社区中来了。之后的各种官方、非官方的研究也一再印证了这一现象：种族、民族以及经济地位总是与社区的环境质量密切相关，有色人种、少数民族和低收入阶层遭受各种现代物质文明的有害废弃物的机会要比白人和富人多得多，他们承受着不成比例的环境风险。1991年10月在华盛顿召开的"第一次全国有色人种环境领导高峰会"，将美国环境正义运动推到了高潮。在这次会议上，人们达成了有关环境正义的十七项基本原则，这些原则将个人、群体、地区、国家以及国际的环境议题都作为关注对象，把环境问题与整个社会的政治经济联系起来，人们已经明确地认识到，环境问题如果不与社会正义问题联系起来是不会得到解决的。

　　到目前为止，环境正义依然是西方环境伦理学、环境法学、环境政治学、环境社会学等研究的热点问题，它不再强调抽象的人类或者抽象的自然，因为人们已经深刻地认识到：我们只有一个地球，但有多个世界；我们共处一个国家，但有不同的族群、阶级与区域。环境正义理论的兴起与美国特殊的政治文化背景有关，美国是一个多族群的国家，环境正义最初是一种与族群平等相关的理论。我们中华民族从来就没有强烈的种族歧视观念，是一个包容性的文化共同体，作为民族主体的汉族人，也基本上不存在种族歧视的思维。但是，我们国家幅员辽阔，发展不平衡，有农村与城市的差异，有东、中、西部的差异，等等，环境正义论依然有很大的话语空间与解释力。因此，我们认为，环境正义的精神实质是追求每个人在获取环境利益与承受环境负担上做到公平正义，因此环境正义是社会正义概念的延伸，它所处理的并不直接是人与自然之间的关系，而是在自然的背景下人与人之间的关系问题，环境正义理论有合理的根据应用于中国农村环境问题的分析与解决。

　　在理论层面，环境正义在外延上包含三个维度：国内环境正义、国际环境正义和代际环境正义。国内环境正义强调族群、性别、阶级和地域的正义，因为在现实生活中，弱势族群、下层社会的人们通常会成为环境污染的直接受害者；地域间的不正义，最为明显的是城市人大量物质需求的满足都来自于对农村生态资源的剥削，而由此所产生的环境后果大多由生活在农村的农民来承担。国际环境正义强调发达国家与发展中国家在环境问题上的正义，因为一方面，占全球少数的发达国家人民消耗、浪费过多的自然资源，并制造了大量废弃物；另一方面，由于发达国家的资源剥夺与危机转嫁，占全球多数的落后国家的人民不得不承受更多的环境危害。代际环境正义探讨了当代人与后代人之间的差异性，后代的生存与发展必须有赖于生态财富的维持，如果当代人只看重眼前的物质财富而忽略了生态财富，没有考虑到后代人的生态利益，那么他们不会生活得幸福。因此，本书将在对环境正义概念做详细辨析的基础上，从国内环境正义、国际环境正义与代际环境正义的维度对我国农村环境保护问题做出分析，揭露农村环境污染产生的不正义根源，扭转农村环境困局，这无论在理论上还是在现实上都具有非常重要的意义。

具体来说，最突出的理论意义就在于深化和拓宽了中国农村环境保护问题研究的理论视角。对于我国农村环境保护问题而言，以往学者们的关注主要停留在与环境相关的事实层面，无论是自然科学，还是社会科学，都主要在强调引起环境问题的事实因素，而没有涉及太多环境问题背后隐藏的对于现实的人的价值关怀这样的深层问题。因此，本书就是要以环境正义的视角来实现这种突破，将中国农村环境问题的出现及其保护置于人类正义的主题之上，不仅要回答"保护什么、如何保护"的问题，更要在应当的意义上回答"为什么要保护、应当保护什么、应当如何保护"的问题，以期待人们通过观念的根本转变来影响集体的行动，实现中国农村环境保护的目的。不仅如此，本书的研究还将环境正义与中国农村环境保护问题放在国内正义、国际正义与代际正义三方面相结合的统一视野中探讨，特别是从国际环境正义与代际环境正义的角度分析中国农村环境问题更是一种新的突破，这也就意味着中国农村环境保护的实现既与中国社会内部城乡间环境保护的平等机制紧密相连，也离不开当前全球秩序中公

14

正合理的环境治理机制，并且还要照顾到子孙后代生存发展的长远利益。还需提到的是，本研究通过收集和整理反映农村环境和农民发展的实际数据，帮助人们鲜活而系统地理解环境正义理论框架下中国农村环境保护的紧迫性，增强农村环境保护的实际动力。

就现实层面而言，其意义主要体现在以下方面：对中国农村社会发展而言，本研究有助于为农村环境保护问题提供合理的解决方案，从而有助于积极推进美丽乡村建设、推动中国农村在经济发展中实现生态文明、实现农村社会的全面进步。以往中国农村社会的经济增长虽然较快，但是环境污染较为严重，很多农民多年的经济积累在环境污染的严重伤害中几乎化为乌有。因此，中国农村环境恶化的形势需要及时得到遏制，否则，新农村建设中美丽乡村的愿景就会成为泡影。对于生活在中国农村的农民而言，本研究有助于唤醒环保意识淡漠的农民，让他们积极行动起来维护自己合法的环境权益，参与到与自身利益直接相关的环境决策中，减少潜在的环境伤害，减少环境群体性事件的发生，从而有助于农民平等地分享现代化的发展成果，过上幸福的生活。对于整个中国社会而言，本研究有助于推动社会主义和谐社会的建设，因为今天不仅很多农民成为环境污染的受害者，而且受害者群体已经随着农村水污染、土壤污染和大气污染而直接蔓延到了农村之外的城市居民中，甚至随着经济全球化而影响到其他国家中的人们。如果国家不从环境正义的视角加强农村环境保护工作，不彻底改变农村环境的污染局面，那么将极大挑战政府在人们心中的公信力，最终影响到整个社会的和谐稳定与中华民族世代的可持续问题。

三、研究现状述评

西方环境正义运动的兴起是 20 世纪 80 年代之后的事情，而中国农村环境保护问题也直到 20 世纪 90 年代才逐步开始引起人们的注意，那么从理论上与实践上对二者及其关系的探讨最多也不过二十多年的时间，因此还是一个非常新的课题。目前，从环境正义论的视角来关注中国环境保护问题的研究成果有一些，比较多的是论文，论著相对较少，但直接从环境正义出发分析中国农村环境保护问题的成果也还不多见。下面我们将分别就国内和国外对相关问题的研究做出综述。

国内理论界对环境正义与中国农村保护问题的研究成果大致可以分为以下几个方面。

第一，对环境正义进行历史考察与理论分析。有些代表性成果着重于把环境正义作为一种社会运动来进行考察。例如，文同爱在《美国环境正义概念探析》（2001）一文中考察了美国环境正义概念的起源，认清它是美国现代民权运动与现代环境保护运动共同孕育的产物；同时界定了环境正义的定义，讨论了绿色正义、种族正义、环境不公平、环境非正义等概念，并介绍了美国有关环境正义的准立法和立法活动。王韬洋在《"环境正义"——当代环境伦理发展的现实趋势》（2003）、《"环境正义运动"及其对当代环境伦理的影响》（2003）、《西方环境正义研究述评》（2010）等文章中介绍了美国环境正义运动的发端和扩展，阐释了环境正义的基本主张以及环境正义运动对当代环境伦理的影响。此外，高国荣还在《美国环境正义运动的缘起、发展及其影响》（2011）一文中以丰富的史料分析了美国环境种族主义的民权运动对环境正义运动兴起的推动。

还有一些成果着重对环境正义这一术语进行了概念解析。李培超在《论环境伦理学的"代内正义"的基本意蕴》（2002）一文中指出，任何以个体为出发点或仅仅局限于族类存亡意义上的正义观都不应当成为环境伦理学的"代内正义"的基本构成要素，而"全球性正义"或许正是环境伦理学的"代内正义"最为恰当的表现形式；李培超在《环境伦理学的正义向度》（2005）一文中论述了环境伦理学的正义转向，除了考察环境正义在美国的兴起外，还将环境正义分为国际、国内、代际和种际四个层面，同时努力将这四个层面与中国环境问题联系起来，呼吁我国的环境伦理学研究应自觉地将正义问题纳入到自己的研究视野中。台湾学者纪骏杰在《环境正义的三重平等关怀》（1999）一文中只将其区分为国际平等、国内平等与代际平等，并没有谈及种际平等问题。王韬洋在《有差异的主体与不一样的环境"想像"——"环境正义"视角中的环境伦理命题分析》（2003）一文中，从环境正义出发，对人类中心主义的抽象性与非人类中心主义的浪漫性提出了批评，指出环境正义论是对传统环境伦理学中人类中心主义与非人类中心主义之争的一种超越。纪骏杰在《我们没有共同的未来：西方主流"环保"关怀的政治经济学》（1998）中也表达了类似的看法。张登巧在《人学视野中的环境正义》（2009）中也强调，从表面上看，环境正义涉及的是人与自然的关系，实际上体现的是人与人的社会关系，是一种社会正义，在环境正义中贯彻"以人为本"，就是要公正地分享环境利益和承担环境责任，重视每个人都具有的环境权利和应尽的环境义务，在权利和义务面前人人平等，特别是要关注不发达国家、落后地区和穷人在环境权利与利益方面的诉求。

马晶在其博士论文《环境正义的法哲学研究》（2005）中改变了环境正义理论研究的伦理学视阈，将环境正义建构于一种法律正义的基础上，致力于将通常属于环境伦理学范围内的环境正义的概念研究转化为一个法哲学问题，即环境物品分配问题。作者按照分配问题的逻辑，涉及在什么范围内进行分配、分配什么、如何分配等，对环境正义理论作了一种尝试性建构。从分配正义的视角来看待环境正义是理论界的一种主流观点，但是也有人提出了不同的看法，王韬洋在博士论文《从分配到承认——环境正义研究》（2006）中提出，仅仅从分配正义的角度看待环境正义，并不能把握环境正义的全部内涵，并利用希洛斯伯格（David Schlosberg）等人的相关观点指出，当人们遭遇环境正义问题时，人们除了会因为环境利益和负担的不公平分配而激发不正义感之外，同样会因感到自身的尊严和价值没有得到应有的承认，而激起对于正义的渴望。

第二，国际环境正义的研究。就目前来说，有些成果注重从理论层面对国际环境正义这一概念进行详细探讨，杨通进在《全球环境正义及其可能性》（2008）一文中强调，全球环境正义是全球正义理念在全球环境事务中的具体应用和体现，是在全球范围分配环境善物与环境恶物的重要指导原则，同时以罗尔斯的正义理论为基础，首先分析了全球环境正义的分配内容及其基本原则；其次从资源禀赋的偶然性、全球原初状态、全球合作体系三个角度为全球环境正义提供了理论证明，这是从理论上确证国际环境正义概念必须做的工作；最后又进一步简要分析了实现全球环境正义的两个战略及实现全球环境正义的三个责任主体：即政府、国际机构与普通公民。在《国际环境正义与国际环境机制：问题、理论与个案》（2004）一文中，薄燕在分析国际环境正义的由来、概念和内涵的基础上，从理论的角度分析国际环境正义如何影响国际环境机制，然后以全球气候变化机制为例进行验证和修正，最后指出这一问题的理论含义和政策意义。有些成果注重分析国际环境不正义的表现形式以及我国在不公平的国际体制中有可能遭受到的生态威胁，如陈宏平、曾建平的文章《绿色壁垒与国际环境正义》，以及曾建平的《环境正义——发展中国家环境伦理问题探究》（2007）一书。有些成果则着重分析在当前国际社会中践行国际环境正义的困境与解决之道，困境主要体现在环境资源的公共物品性、主权国家集体行动的非理性结果、主权国家与生态系统之间的矛盾、发达国家与落后国家的主权不平等，面对这些客观困难，它们都倡导主权国家应处理好主权的相对性与绝对性、积极参与多边环境会议与谈判、承担国际环境责任等，例如叶小兰的《风险社会下国际气候正义的困境与出路——以哥本哈根气候峰会为视点》（2010）、刘湘溶、张斌的《国际环境正义实践的伦理困境及其化解》（2009）、薄燕的《全球环境治理的有效性与国际环境正义》（2008）、马忠法的《气候正义与无害环境技术国际转让法律制度的困境及其完善》（2014）。郇庆治长期从事环境政治学研究，他在《国际环境安全：现实困境与理论思考》（2004）一文中则指出，要想真正创建一种持久性或可分享的国际环境安全体系，就必须引入一种超越民族国家之上的地位和传统经济社会利益束缚的生态主义理论视角。

第三，国内环境正义的研究。由于中国社会内部发展的不平衡性，国内环境不正义主要体现在城乡不公平、区域不公平与阶层不公平，因此在关于国内环境正义的讨论中，有一些成果已经涉及了环境正义与中国农村环境保护的问题。

有些成果注重于研究中国各个地区的经济发展不平衡，从而导致在承受环境压力与享受环境利益的基础上也存在不公平现象，如朱玉坤的《西部大开发与环境公平》（2002）、张登巧的《西部开发中的环境正义问题研究》（2005）等，特别是后者，作者强调实施西部大开发必须同维护西部贫困农民和弱势群体的正当权利和利益联系起来，实现权利与义务的公正分配，更为难能可贵的是，作者还注意到，即使在西部地区，大中城市的环境状况要好于农村，西部农村受污染影响更加严重。

其实目前国内理论界关于农村环境保护问题的研究已经取得了非常丰富的成果，它们主要围绕农村环境污染的现状、成因及对策展开，真正从城乡环境不公平的角度来分析与解决农村环境问题的研究成果并不多。目前比较有影响的包括：其一，洪大用在《二元社会结构的再生产——中国农村面源污染的社会学分析》（2004）、《我国城乡二元控制体系与环境问题》（2000）、《中国民间环保力量的成长》（2007）等成果中，从社会学的角度指出，农村环境问题的根本原因在于长期存在的二元社会结构，并提出了彻底扭转在环保上轻视农村的倾向，培养农村民间组织等措施。其二，苏杨在论文《农村现代化进程中的环境污染问题》（2006）中，分析了农村环境问题的制度成因，不仅分析了城乡分治的问题，同时还分析了1994年的分税制，以及2000年的农村税费改革对农村环境治理的消极影响；而且在二元社会结构中，农村环保长期受到忽视，环保政策、环保机构、环保人员和环保基础设施均供给不足。其三，曾建平在《乡村视野中的环境公正与和谐社会》（2005）中指出，城市与乡村之间的环境不公正不仅影响了农民的身心健康，也影响了中国城乡一体化进程、城乡关系和生活秩序；晋海在《城乡环境正义的追求与实现》（2008）、《走向城乡环境正义——以法律变革为视角》（2009）等成果中，力图以环境法的制定与实施为手段来实现城乡环境正义，同时强调走向城乡环境正义，不仅要消解我国环境法制中的城市中心主义，更要实现城乡居民在政治、经济和社会权利上的平等，并对农民权利实现的保障机制做出制度安排。其四，王露璐在《经济正义与环境正义——转型期我国城乡关系的伦理之维》（2012）一文中，通过分析我国城乡环境的二元化趋势，指出城乡环境正义的实现需要克服地理正义、程序正义和实质正义等方面的不公，以确保城乡间环保制度安排、资源分配、补偿机制以及居民承受环境风险方面的公平。其五，我国台湾学者纪骏杰不仅对环境正义做了许多理论分析工作，而且着重以环境正义论为武器维护台湾原住民的土地与资源权。

第四，代际环境正义研究。有学者从学理上对代际正义概念进行探讨，例如杨通进在《论正义的环境——兼论代际正义的环境》（2006）、《罗尔斯代际正义理论与其一般正义论的矛盾与冲突》等系列论文中细致解读了罗尔斯的代际正义论，通过揭示罗尔斯代际正义论与一般正义论的内在冲突及其消解，明确指出代际正义的环境应设定为：资源匮乏（包括严重匮乏）的事实；理性多元论的事实；人作为道德存在物的事实，前两个事实的存在决定了代际正义的必要性，人作为道德存在物的事实则决定了代际正义的可能性，并最终使代际正义从可能变成现实。廖小平在

《伦理的代际之维》（2004）一书中，不仅探讨了现代性视阈下的代际家庭伦理关系，而且还强调了代际间的公平正义反映了可持续发展理念的伦理诉求。

也有学者从环境法的角度来研究代际正义问题，这与代际环境正义问题也具有较大的相关性，如刘长兴在《论环境法上的代际公平——从理念到基本原则的论证》（2006）一文中指出，代际公平理念影响着环境法并成为其追求的基本目标之一，但要在人类制度和行为中落实，仅停留在理念层面显然是不够的，作者通过代际无知之幕的分析，为代际公平的衡量提供标准，即维持财富总量的原则，进而落实为具有操作意义的环境法的基本原则，同时作者对从理论走向实践过程中的困难亦有较多正视。刘雪斌对代际正义的研究也较为系统，在《代际正义研究》（2010）一书中，围绕代际正义的概念、理论基础、核心问题、现实背景与基本原则进行了阐述，并以罗尔斯式的契约论来进行证明，与此同时，从法律化的视角指出国际社会对当代人的义务与后代人的权利给予应有的正视。史军在《代际气候正义何以可能》（2011）一文中，重点关注了气候变化与代际正义的相关性。

如前所述，环境正义的兴起最初主要是一种种族主义事件，与美国当时少数族裔的民权运动是联系在一起的，环境正义理论主要是西方社会的产物，由于我们与西方社会具有不同的社会历史背景，因此西方学者在讨论环境正义问题的时候，基本上没有涉及中国语境中的农村环境问题，但是西方学者对环境正义概念的理论探讨，以及有关国际环境正义、国内环境正义与代际环境正义所做的理论梳理工作对我们也具有极大的启发与指导意义。西方学者对环境正义问题的研究我们大致可以归纳为以下几个方面。

　　其一，注重对环境正义概念进行理论探讨，特别是环境与社会正义、环境正义与环境主义等概念之间的关联。例如，温茨（Peter S. Wenz）早在 1988 年就出版了《环境正义论》一书，这是正义理论在环境关切上系统而全面的表达，作者考察了古代到当代正义诸理论及其与环境问题的关系，分析了各种社会正义理论处理环境问题上的得与失，并提出了自己的同心圆理论，为实现环境正义提供了积极思考并力图用其解决环境难题，就环境正义作为一门学问来说，这本书具有开创性的历史意义。多布森（Andrew Dobson）在《正义与环境：环境可持续概念与分配正义理论》（1998）一书中探讨了环境可持续性与社会正义的内在关联性，强调从分配正义的视角去研究环境正义问题，通过运用大量类型学的方法对构成分配正义的各种要素进行详细考察，包括分配正义的分配者和接受者、分配的内容、分配的原则以及分配理论，并试图在环境可持续框架内，建立一种多元的环境分配正义体系。希洛斯伯格在《定义环境正义：理论、运动与自然》（2007）一书中则在力图探讨环境正义与生态正义的定义中，"正义"一词到底是什么意思，作者强调在环境正义的理论与实践中必然包含正义的分配概念，但仅有分配正义概念是不够的，同时必须包括建立在其他概念之上的正义观念，如承认（recognition）、可行能力（capacibilities）和参与（participation）之上，因此作者的目标是要发展出一种更广阔的、多面向的、内在统一的正义观念，它既可以适用于人际领域，也可以适用于处理人类社会与非人类社会之间的关系。希拉德–弗里彻特（Kristin Shrader-Frechette）在《环境正义：创造平等与号召民主》（2005）

一书中对环境正义提供了严肃的哲学讨论，解释了如平等、财产权、程序正义、代际平等、正义补偿等一些基本的伦理概念，作者认为环境污染的负担应以更平等的比例加以分配，对于修正今天所存在的环境问题，人们可以提供非常有力的伦理基础。作者还特别强调了，那些受环境影响的人都必须参与到纠正环境不正义的过程中来，在民主制度中，是人（people）而不是政府（government）才最终为环境的利用负责。

桑德勒（Ronald Sandler）和帕祖罗（Phaeda C. Pezzullo）汇编了《环境正义与环境主义：社会正义对环境运动的挑战》（2007）一书，集中的探讨了环境正义与环境主义两种运动的伦理承诺及行动目标之间的关系，尽管这两种运动是天然的联合体，但在过去很长一段时间里，它们却被看成处于冲突状态，环境正义运动指责主流环境运动是种族主义与精英主义，并且批评它们将荒野的价值置于人类之上，该书批判考察了当前二者的关系，更为重要是，它也揭示了二者将来融合的可能性。本迪克－凯墨（Jeremy Bendik-Keymer）汇编的《生态生活：发现公民权与人道感》（2006）一书，则提供了关于环境哲学的人文主义视角，挑战深生态学和激进环境主义，该书论证了以人类为中心恰恰使人们生态认同而不是相反，生态正义感与人权是一致的，人文主义思考可以对生命及生态取向形成深深的尊重。

其二，注重对环境正义的实践运动展开研究。早在 1990 年，美国黑人社会学家巴拉德（Robert Bullard）就出版了《倾倒在南方：种族、阶级与环境质量》一书，详细考察了美国南部地区有毒废弃物的堆置、填埋、焚烧以及污染性的工业如何不成比例地靠近少数族裔和穷人居住区，并从环境种族主义的层面界定了环境不正义。巴拉德后来的研究工作逐步扩展到世界其他国家的环境正义运动，2005年，他又出版了《追求环境正义：人权与污染的政治学》，该书展示了世界草根阶层为环境不正义与人权侵犯而进行的斗争，对那些将有色人种及穷人置于环境风险位置的做法提出了挑战，特别分析了南非环境激进主义所遗留的珍贵遗产，并倡导将追求环境正义的全球运动与国际人权运动结合起来。法伯（Daniel Faber）汇编的《为生态民主而斗争：美国的环境正义运动》（1998）一书，详细介绍与分析了美国所存在的环境不正义情况，以及美国各阶层在争取环境正义过程中所进行的斗争与成效。格里加瓦（James M. Grijalva）的著作《封闭的循环：印第安人区的环境正义》（2008）则重在揭示印第安保留区的环境保护问题，分析了联邦的一些环境、管理及印第安法律如何给这些地区施加了环境不正义，同时令人欣慰的是，作者还提供了令人满意的解决方法，容纳印第安人的环境诉求。卡拉瑟斯（David V. Carruthers）汇编的《拉丁美洲的环境正义：问题、承诺与实践》（2008）一书考察了拉丁美洲的环境正义运动，提供了丰富的案例研究与相关分析，揭示了环境状况与种族、贸易、社会正义的关联。

其三，注重从国际社会层面或全球化层次来探讨环境正义问题。波瑟曼（Klaus Bosselmann）和里察森（Benjamin J. Richard-son）编撰的《环境正义与市场机制：环境法与环境政策的主要挑战》（1999）一书探讨了在新自由主义经济体系背景下达到环境正义的障碍。汉考克（Jan Hancock）在《环境人权：权力、伦理与法律》（2003）中重新界定了环境与人权之间的政治、伦理与法律关系，通过研究社会权力的有机操作，该书详细描述了全球资本主义如何将对人类安全与环保的关注隶属于分配效率及经济增长的价值之下，正是现存的生产方式、消费与交换方式引起了环境退化与人权侵犯。阿兰姆（Shawkat Alam）、克莱恩（Natalie Klein）和奥弗兰德（Juliette Overland）编撰的《全球化与追求社会和环境正义：国际法在发展世界秩序中的重要性》（2012）一书重点探讨了社会正义与环境正义之间的关系，以及全球化给二者所带来的影响。霍恩伯格（Alf Hornborg）与乔更森（Andrew K. Jorgenson）所编的《国际贸易与环境正义：走向全球政治生态学》（2010）表达了全球化与国际贸易如何在世界不同国家产生了环境不正义，发达国家可以将自己的环境负担转嫁给贫穷国家，同时这些国家劳动力及自然资源都较为便宜，环境立法较弱，都是环境不正义产生的条件。帕鲁（David Naguib Pellow）编写的《抗拒全球有毒物：跨国环境正义运动》（2007）一书揭露了发达国家每年产生大量垃圾废物并出口到世界穷国或有色人种社区，从而导致这些地区高病发率及生态破坏，反映了全球化世界中南北的分歧，并努力对这种分歧在种族、阶级、国家与环境的语境中予以理论化，作者展望了跨国环境正义运动的出现以应对这种情况，从而实现环境正义、人权及可持续的发展之路。

其四，也有许多学者尝试从建构正义合理的环境法律制度的角度来实现环境正义，爱布森（Jonas Ebbesson）和澳柯华（Phoebe Okowa）编撰的《具体语境中的环境法与环境正义》（2009）探讨了在何种程度上，正义和公平的考虑能够渗透在关于环境保护的法律争论中；希尔（Barry E. Hill）的《环境正义：法律理论与实践》（2009）一书分析了在环境正义诉讼中应用环境法与公民权法律理论的复杂性，要求将二者混合运用。马罗那（Linda A. Malone）和帕斯特那克（Scott Pasternack）编撰的《保卫环境：实施国际环境法的公民社会策略》（2006）一书，既重理论也重实践，作者提供了在国际及国内法庭面前解决环境及公共健康问题的一系列相关细节，作者提到，许多人在国内相关问题上碰到困境，最后求助于国际法庭，国际法是非常重要的理论工具。韦斯拉（Laura Westra）在《环境正义与原居民的权利：国际与国内的法律视角》（2008）一书中通过许多国家及地区的法律案例，表达了缺乏充分的法律权利如何使本土居民得不到保护，在与政府及商人打交道时他们亦无足够的动力去进行磋商，因此要想使自己的社区存续下来，事情就应有所改变。

其五，注重代际环境正义问题的研究。韦斯拉（Laura Westra）在《环境正义与未出生的和未来一代人的权利：法律、环境伤害与健康权》（2006）一书中提到，未来人的概念不断对传统的社会正义概念提出了挑战，作者第一次系统地考察了未出生者及未来人的权利何以能在普通法及国际法框架内予以处理，并提供了一系列论证，并指出未出生婴儿的权利应当给政府、污染企业等部门带来一定的冲击。希斯克斯（Richard P. Hiskes）的《面向绿色未来的人权：环境权与代际正义》（2009）一书是政治与哲学思想者对正义与人权的理论反思，作者在该书中为人的环境权提供了论证，并以之作为代际环境正义的基础，它论证了享受清新空气、水及土壤的权利是现代人与未来人不可剥夺的权利，这本著作对整个人权理论与环境正义都有重要的理论贡献。

目前国内外有关环境正义的研究成果相对较为丰富，这些成果对本书的研究具有很大的启示作用与指导意义，但还有许多需要进一步深入的地方。第一，环境正义是一个复杂的概念，它包含着什么样的正义内涵，它具有哪些维度，这都是我们在理论上必须澄清的问题。第二，由于中西方历史与现状的差异性，国外学者在利用这些成果分析实际问题的时候，几乎没有涉及我们所讲的农村环境问题，他们讲得更多的是弱势群体、少数民族与种族、落后国家与后代人承受环境不正义的问题，我们如何利用他们的研究成果为分析中国的现实问题提供方法论和充足的理论资源也是一项急需展开的理论工作。第三，就从环境正义的视角看待农村环境保护问题来说，目前国内的研究成果主要局限于从国内环境正义的视角看农村环境问题，特别是城乡不平等的角度，其实还可以更多地加入国际环境正义与代际正义的视角。第四，目前的研究绝大多数都是理论性的，其实还需要大量的具体材料补充进来，如跨国企业在中国农村地区的污染状况、农村贫困问题与环境问题的关系、农村妇女儿童的健康状况等，这些问题都需要进行探讨。

第一章
环境正义论的理论分析

第一节　从正义到环境基本善

一、正义内涵的历史演进

哲学中"正义"一词的探讨历史久远。从柏拉图在《理想国》中提出"什么是正义"这个问题开始，经过亚里士多德、卢梭、洛克、亚当·斯密、康德，一直到罗尔斯等人的正义理论，都主要是从分配正义的层面对"正义就是给予每个人应该得到的东西"做出不同的时代解读。在传统意义上，尤其是亚里士多德那里，正义被用于评价个人的行为，分配正义主要被看作是人们依据美德来公正地分配荣誉或政治职务，与财产权问题无关。而在现代意义上，正义被用于评价社会制度，被看作是社会制度的首要德性；分配正义的内涵突破了政治权利的分配范围，不再把国家对穷人福利的救济视作慈善的行为，相反，要求国家保证财产在全社会分配，以便让每个人都得到一定程度的物质财产，也就是说，所有物品的分配都应该给予每个人，不管是富人还是穷人，只要他是人。

罗尔斯《正义论》的出版成为现代社会正义问题研究的典范。

　　与传统的契约论不同，罗尔斯用"公平的正义"观念代替功利主义的正义论，指出"正义的首要主题是社会基本结构（the basic structure），或更准确地说，是社会主要制度分配基本权利和义务，决定由社会合作产生的利益之划分的方式"①。

　　在论证中，罗尔斯首先在理论上假设了平等的"原初状态"，并且采用"反思的平衡"方法来确定这种状态的内涵。他指出，不同于传统的契约论中的自然状态，人们在这种原初状态中，被设定为是理性的、相互冷淡的（关心自己的利益、对他人利益不感兴趣），对于自己和其他人的身份、地位、先天的资质、能力、智力、体力等信息都是未知的，这意味着人们处在"无知之幕"的背后开始进行正义原则的选择，这就在逻辑上保证了正义原则是在公平的原初状态中被一致同意的。

　　人们在原初状态中选择的两个正义原则为："第一个原则：每个人对与其他人所拥有的最广泛的平等基本自由体系相容的类似自由体系都应有一种平等的权利。第二个原则：社会和经济的不平等应该这样安排，使它们（1）被合理地期望适合于每一个人的利益；并且（2）依系于地位和职务向所有人开放。"② 通常，我们将第一个原则看作是确定保障公民的平等的基本自由，具有优先性；第二个原则既保证机会平等也体现差别原则，也就是说，强调实质的政治自由与机会的平等，同时也承认利益分配方面要体现差别，但这种差别要能够保证处境最差、最贫困者的利益的

---

① ［美］罗尔斯：《正义论》，何怀宏等译，中国社会科学出版社 2009 年版，第 6 页。

② ［美］罗尔斯：《正义论》，何怀宏等译，中国社会科学出版社 2009 年版，第 47 页。

最大化。

至此，罗尔斯对公平的正义观念及两个正义原则的阐述改变了以往在分配正义问题上的一些模糊的常识看法，围绕权利、自由、机会、收入、财富和个人的自我价值感等基本的社会善，首次明确提出了现代分配正义的概念，指出应该分配什么样的东西、这些东西满足什么需要、分配应该如何平衡自由等问题。

受罗尔斯正义论的影响，学者们或者运用罗尔斯的基本善的分配理论解读现实问题，或者质疑其合理性。其中，罗纳德·德沃金（Ronald Dworkin）提出的"资源平等"（equality of resources）以及阿马蒂亚·森（Amartya Sen）提出的"可行能力"（capability）则成为"应该分配什么、应该怎么分配"的讨论中具有较大影响的观点。

德沃金认为政治社会的至上美德是对每个人进行平等的关切，这种平等的关切要求政府致力于某种形式的资源平等。德沃金指出，平等理论中无论是福利平等分配还是罗尔斯式的社会基本善的平等分配，都没有能够正确处理政府的公共责任与公民个人责任的关系，都过于强调政府对所有公民过上平等的好的生活所应承担的责任，忽视了公民个人也需要对个人生活的成功负有具体的和最终的责任，特别是因个人生活理想、抱负和努力程度的不同而导致的实际生活的差异。[①]在这种意义上，德沃金强调，他所赞成的资源平等理论是采用平等的初始拍卖的市场方式和虚拟保险市场的征税方案来实现资源的平等，以此来平衡政府责任

---

① 参见［美］罗纳德·德沃金：《至上的美德：平等的理论与实践》，冯克利译，江苏人民出版社 2003 年版，第 1—8 页。

与公民个人责任。①

　　阿马蒂亚·森认为罗尔斯和德沃金两人对分配正义的思考都是采用了先验制度主义的路线，都侧重于对绝对公正的社会制度的安排和设计，这与社会现实中人们的真实行为存在巨大反差，因此面对现实会是非常软弱无力的。他指出对分配正义的思考应该着眼于现实，着眼于人们将资源转化为美好生活的可行能力，而不能仅仅停留在罗尔斯的社会基本善的公正分配和德沃金的资源平等分配上。阿马蒂亚·森强调社会应该把分配目标确定为确保人的基本"能力"的平等化。他在《什么平等?》一文中批评罗尔斯对基本社会善的界定，指出"如果人们基本上是相似的，那么基本物品的指数可能是判断优势的好方法。但实际上，根据健康、寿命、地域、气候条件、工作条件、性格，甚至体格大小等（影响到食物和衣服的需求），人们的需求似乎有很大的不同。"②也就是说，人们不能只看重社会基本善本身的分配是否公正，更要关注这些社会基本善在不同的人们那里能否转化为人们过上美好生活的可行能力，因为这种转化确实存在很大的差异。在这种意义上，森又指出德沃金所强调的资源平等也只是一种达到目的的手段或工具，这种手段只有真正转化为人们实际生活所需的可行能力，才具有现实的意义。因此，他认为人们更应该关注可行能力的平等而非社会基本善和资源的平等分配。③

---

① ［美］罗纳德·德沃金:《至上的美德:平等的理论与实践》，冯克利译，江苏人民出版社 2003 年版，第 116 页。

② Amartya Sen, "Equality of What?" in *Tanner Lectures on Human Values*, edited by S. McMurrin, Cambridge: Cambridge University Press, Vol.1, 1980, pp.157-158.

③ 参见 ［印］阿玛蒂亚·森:《正义的理念》，王磊等译，中国人民大学出版社 2013 年版，第 246—249 页。

　　德沃金和森的争论虽然推进了人们对于分配问题的具体探讨，但是从总体而言，他们的"资源"或者是"能力"都不能从根本上超越罗尔斯的思维框架，因为，德沃金的"资源"本身就相当于是"社会基本善"，而森的"可行能力"平等的实现如果离开"社会基本善"或"资源"将无法发挥任何作用。

　　"哪些人应该得到分配物品"这一问题也同样引起人们的关注。塞缪尔·弗莱施哈克尔（Samuel Fleischacker）在《分配正义简史》中指出罗尔斯的分配正义更多地适用于国家对自己公民所拥有的义务，布莱恩·巴里（Brain Barry）在《正义诸理论》中也认为罗尔斯的正义理论适合解释一个社会内部的正义问题，超出这个范围就会面临极大的挑战。特别是在现实世界中，由于全世界范围内的人们借助现代的交通技术和通信技术实现了世界范围的经济、政治及文化交往，人们日益意识到"人类只有一个地球"，因此不同国家尤其是富裕国家在面对全球资源分配、全球环境污染和贫困问题时，应该承担哪些责任和义务呢？答案如果局限在一个国家内部的话，显然会遭到人们的排斥。这也表明，分配正义的适用范围也应该涉及居住在一个国家内的外国人和任何其他地方的人包括穷人在内。在此意义上，我们认为分配正义不仅涉及国内正义问题，也应该涉及国际正义的问题。

　　如果我们将分配正义中的国内正义和国际正义看作是共时性的，那么我们就还需要在历时性上承认当代人的生存和发展对未来人的生存和发展要承担一定的责任和义务，体现人类世代间的代际正义。罗尔斯认为，虽然代际正义的问题是一个困难的问题，但是要保证对公平的正义的完整合理的解释，就必须要涉及一个整体的社会制度设计中制定社会最低受惠值的水平，而社会最低受惠值又与现在的世代在多大的程度上尊重下一代的权利问题联系在一起。罗尔斯假定原初状态中的人们知道他们所处的正义环境，并且采取一种动机的假设方式，把原初状态的各方设定为至少关心直接后裔的家长，他们遵循正义的储存原则来处理在原初状态中遵循正义原则时所派生而来的代际正义问题。罗尔斯对代际正义的系统探讨开启了代际正义问题研究的广阔空间，影响了其后的很多学者。

20 世纪七八十年代，伴随西方国家多元文化主义思潮的兴起，查尔斯·泰勒（Charles Taylor）、威尔·金里卡（Will Kylic-ka）等主流政治哲学家相继提出并开始讨论承认政治问题。1992年阿克塞尔·霍耐特（Axel Honneth）出版《为承认而斗争》一书，随后南茜·弗雷泽（Nancy Fraser）、凯文·奥尔森（Kevin Olson）等人围绕再分配、承认和代表权在正义理论中的地位展开讨论，将西方政治哲学界对承认理论的研究推向了高潮。在这一争论中，我们也意识到，当代学界对于正义内涵的理解已经超越了权利和物质财富分配的单一维度，将正义的内涵扩大到了文化上的承认或身份的认同以及政治上的参与平等原则，力图以经济、文化和政治三个维度来系统理解正义的内涵。

分配正义属于实质性的正义，承认和参与则属于程序性的正义。"承认"一词的使用来自黑格尔的哲学，在政治哲学和道德哲学中，其含义是个体与个体之间、个体与共同体之间、不同的共同体之间在平等基础上的相互认可、认同或确认，也包含了各种形式的个体和共同体在平等对待要求的基础上的自我认可和肯定。人们对"承认"的诉求反映了在一个国家内部和国家之间，因民族、种族、性别以及地区的不同，使得人们在收入与财富、就业、教育、医疗以及环境污染等方面遭受不平等和不正义。弗雷泽把这种不平等和不正义叫作文化或象征性的不正义，认为："它'植根'于代表权、阐释和交往的各种社会模式。"① 具体体现为"文化统治（受制于与另一种与文化有关的或异于或敌对于这种文化的各种阐释和交往模式），不承认（对某种文化的代表权、交往和阐释进行权威性实践，从而让人们对这种文化视而不见），以及歧视（在原有的公共文化代表权中，或在日常生活的相互作用中受到经常性的诽谤或诬蔑）。"② 在这种意义上，"承认"就意味着人们在社会生活中需要适当的承认和尊重，如果缺少承认和尊重，就会对人们形成一种压制，就会造成严重的创伤，甚至会造成对人的侮辱并且伤害人们作为行为主体的身份和自由。

在当代社会中，文化不正义所带来的"承认"的缺失作为一种普遍的社会现象，往往与社会经济的不正义所带来的分配不公交错在一起。一方面，具有偏见的文化规范不平等地歧视某些人或群体，并且被制度化在国家和经济体制之中；另一方面，经济上的弱势也阻碍了人们平等地参与文化建构、公共领域和日常的活动。同样，对于这两种不正义现象的矫正也往往交织在一起。通常，对于文化的不正义现象的矫正，人们一般诉诸于相关文化或符号的转变，重新评价被诬蔑群体的被蔑视的身份和文化

---

① ［美］南茜·弗雷泽：《从再分配到承认？"后社会主义"时代的正义难题》，载凯文·奥尔森编：《伤害＋侮辱——争论中的再分配、承认和代表权》，高静宇译，上海人民出版社 2009 年版，第 16 页。

② ［美］南茜·弗雷泽：《从再分配到承认？"后社会主义"时代的正义难题》，载凯文·奥尔森编：《伤害＋侮辱——争论中的再分配、承认和代表权》，高静宇译，上海人民出版社 2009 年版，第 16 页。

产品，承认和赋予文化多样性肯定的价值，甚至是代表权、阐释及社会交往模式的全面转变等。这种矫正中总会预设再分配的概念，比如对多元文化承认的诉求中总是蕴涵着对社会文化结构的基本产品进行公平的分配。而追求社会经济的公平分配中也通常预设了承认的理念，比如支持社会经济平等分配原则的要求中本身就蕴涵着人们在道德价值上具有平等的地位。面对这种情况，弗雷泽认为，虽然在实际生活中两种不正义的现象及其矫正交互在一起，但是它们的正义诉求所要达到的目标却明显不同，承认追求的是肯定和扩大群体差异，分配追求的则是缩小群体差异，它们之间不能够还原，所以需要在理论上对它们进行明确的区分。

当文化的承认诉求在世界范围内推动了人们争取财富和权利再分配的各种社会运动时，一些学者开始质疑承认政治可能带来的两种倾向：替代问题——以承认政治诉求替代、边缘化和削弱再分配的正义诉求；具体化问题——在全球多元的文化环境中彻底简化和具体化了群体身份。这种现象后果严重，"只要承认政治替代了再分配政治，承认政治就实际上加剧了经济不平等；只要承认政治具体化了群体身份，它就冒着支持侵犯人权和固化它所要调停的各种对抗的危险。"[①] 弗雷泽认为，为避免这种倾向，人们需要深入思考承认政治的实现方式，把承认当作社会地位的问题来探讨。"承认所需要的不是群体的特殊身份，而是每个群

---

① ［美］南茜·弗雷泽：《重新思考承认：克服文化政治中的替代和具体化》，载凯文·奥尔森编：《伤害＋侮辱——争论中的再分配、承认和代表权》，高静宇译，上海人民出版社 2009 年版，第 130 页。

体被承认作为社会相互作用的正式伙伴的地位。"[1] 弗雷泽指出，由于制度化的文化价值模式的影响，某人被构建成为不被尊重的人，承认政治的目标就是要通过"地位模式"的框架，把被错误承认的群体的社会地位构建成为社会的正式成员，以实现平等地与其他社会成员一起参与社会生活的目标，从而克服从属的社会地位。实际生活中，受制度化的文化价值模式影响的错误承认有很多表现形式，有些被法律化，有些表现为政府政策、法规、有些则是民间的风俗习惯。在此，我们可以发现，弗雷泽的这种解决方式实际已经蕴涵了她本人在《重构全球化世界中的正义》以及凯文·奥尔森在《参与平等与民主正义》中所强调的正义的政治维度的核心概念"参与平等"的原则中。

　　学界关于正义的各种讨论有很多，比如，正义允许多大程度的经济不平等？根据什么原则进行分配？需要分配多少？平等尊重的基础是什么？什么样的差异能够得到公众的承认？我们不难发现，这些问题似乎都会以罗尔斯的公平正义理论或者以弗雷泽的文化承认的诉求为特征，但是这种经济和文化的二维路径并不能够让人满意。当弗雷泽在《从再分配到承认？"后社会主义"时代的正义难题》中的正义的经济与文化的二维思路受到理查德·罗蒂、艾利斯·马里恩·杨、伊丽莎白·安德森等人的质疑后，弗雷泽开始完善她的理论架构，又提出了关于正义的政治维度。

　　弗雷泽认为，正义最一般的含义就是平等参与，它要求所有

---

[1]　[美] 南茜·弗雷泽：《重新思考承认：克服文化政治中的替代和具体化》，载凯文·奥尔森编：《伤害＋侮辱——争论中的再分配、承认和代表权》，高静宇译，上海人民出版社 2009 年版，第 135 页。

的人作为同等的主体参与社会生活的社会安排。她指出，影响人们实现平等参与的因素除了经济上的分配不公、文化上的错误承认或不被承认外，还涉及政治上的错误代表权（misrepresentation），这恰恰就是正义的政治维度所关心的问题。正义的政治维度涉及国家权限的本质和其构建争论的决策规则，它以成员资格和程序问题为核心，主要与代表权有关，具体表现为：在边界设定的社会归属问题上涉及谁被包括或被排除在共同体之外；在决策规则上涉及公众争论过程的程序。当政治边界和决策规则运行中错误地剥夺了某些人平等地参与其他人一起参与的社会互动的可能性时，就会出现典型的政治不正义——错误代表权。我们可以从三个层面来理解错误代表权，一是在政治决策规则错误地剥夺了某些被包含其中的人作为平等主体的全部参与机会时出现的一般政治错误代表权；二是在政治边界设定上，当共同体边界的划定方式错误地完全剥夺了某些人参与共同体关于正义的权威争论的机会时出现的错误架构；三是涉及元政治错误代表权，表现为架构设定的不民主过程，包括没有使元政治层次的平等参与制度化。元政治错误代表权主要是由于某些国家和跨国精英垄断了架构设定的活动，剥夺了可能在此过程中受到伤害的人的发言权，导致绝大多数人不能参与各种元讨论，不能决定政治领域的标准划分、不能享有平等参与关于"谁"的决策机会。①

这种政治维度上的正义植根于具体的社会政治模式，虽然与经济和文化的正义交织在一起，但并不能够简化为和还原为经济

---

① 参见［美］南茜·弗雷泽：《重构全球化世界中的正义》，载凯文·奥尔森编：《伤害＋侮辱——争论中的再分配、承认和代表权》，高静宇译，上海人民出版社 2009 年版，第 271—288 页。

或文化维度的正义。弗雷泽认同这一观点，凯文·奥尔森也同样赞成这种说法。奥尔森在《参与平等与民主正义》一文中论证正义的政治维度时指出："政治实际上的确构成了独特的、第三种关于正义的维度"[①]，"特殊的政治参与能够用来提出和捍卫经济和文化意义上的正义诉求。"[②] 这种独特的参与在政治上既可以表现在政治领域的活动中，也可以出现在其他社会生活的活动中，比如：参与使得人们能够投票并且支持代表、参与允许人们对政府日常工作进行评价、参与决定政策规则的制定实施、参与自愿组织和群体以及工作场所等。在奥尔森看来，只有基于"参与平等"的原则才能为评价各种正义诉求提供最强有力的支撑。同时，他认为，参与平等的实现依赖于三个条件：客观条件为某种程度的经济平等，主体间性条件为某种程度的文化平等，程序条件为某种程度的政治平等。也就是说，参与平等的实现虽然受到经济正义和文化正义的影响，但是我们却不能将它仅仅看作从属于分配和承认问题的一种方式，单独的政治因素也在起着作用。比如说，如果决定公民权的政治过程使得在公民中不平等地分配政治代表名额，这样，某些群体就会获得比其他群体少的代表名额，这就导致政治代表的缺乏，从而缺少提出政治诉求的必要手段，就会处于被边缘化的状态，成为一种独特的政治伤害，甚至这种伤害可以扩大到公民权的所有方面。在这种独特的政治含义上来

[①] ［美］凯文·奥尔森：《参与平等与民主正义》，载凯文·奥尔森编：《伤害＋侮辱——争论中的再分配、承认和代表权》，高静宇译，上海人民出版社 2009 年版，第 244 页。

[②] ［美］凯文·奥尔森：《参与平等与民主正义》，载凯文·奥尔森编：《伤害＋侮辱——争论中的再分配、承认和代表权》，高静宇译，上海人民出版社 2009 年版，第 249 页。

说，基于参与的正义是不能还原为经济正义或文化正义的。

至此，本书考察了关于正义的经济、文化和政治三个不同维度的理解模式，可以说，对罗尔斯的公平正义、弗雷泽的文化承认以及奥尔森的政治参与的探讨为我们思考正义开辟了更为合理、广阔的空间。因此，本书也将基于正义的经济、文化和政治的整体框架中思考环境正义的基本概念和内涵。

二、正义的环境

正义并非自然而然地出现在人们的社会生活中，它与社会生活安排中正义得以存在和实现的特殊的自然条件和社会条件有关。休谟首次提出"正义的环境"理论，罗尔斯、温茨、巴里等人基本上都沿用了休谟的观点，强调自然资源的适度稀缺、有限的慷慨和仁慈以及相对平等的分配自然资源的能力这三个条件是存在利益冲突的人们遵循正义的德性实现社会合作的必需条件。可以说，三个条件既有来自自然环境的客观因素，也有来自于社会合作不同主体的主观因素。下面，我们就依次对这三个因素进行分析。

首先自然资源的适度稀缺。休谟在《道德原则研究》一书中的"论正义"一章中曾指出，如果大自然提供给整个人类的资源无限丰足的话，正义就是完全无用的，它会成为一种虚设的礼仪，而绝不可能出现在德性的目录中。[①] 在相反的极端情况下，"假定一个社会陷入所有日常必需品都如此匮乏，以致极度的节俭和勤

---

① 参见 [英] 休谟：《道德原则研究》，曾晓平译，商务印书馆 2001 年版，第 36 页。

奋也不能维持使大量的人免于死亡和使整个社会免于极端的苦难的状态中，我相信大家将容易允许，在这样一个紧迫的危急关头，严格的正义法则被中止，而让位于必需和自我保存这些更强烈的动机。"① 对比了两种极端情况后，休谟指出"社会的通常情况是居于所有这些极端之间的中间状态"②。这种中间状态就是自然资源既不多也不少的状态，就是自然资源适度匮乏的状态。罗尔斯把这种状态看作是关于正义的"客观环境的中等的匮乏"，指出人类社会合作中许多领域都存在着一种中等程度的匮乏，"自然的和其他的资源并不是非常丰富以致使合作的计划成为多余，同时条件也不是那样艰险，以致有成效的合作也终将失败"③。

此后，布莱恩·巴里评价休谟对正义环境所做的说明主要是基于一种合理分配财产的制度，而罗尔斯有关正义环境的分析就是一种休谟式的翻版，并没有增加任何新的内容。由此，我们可以发现，正义的主题之一正是要解决适度稀缺的资源的分配。正如在资源充足的黄金时代正义没有出现的必要，而在现实生活中，资源相对于需求的短缺使得正义成为一种能够恰当彰显公共效用的必需的德性。就如人们即使对干净富足的水进行挥霍甚至浪费，也没有人来质疑行为的不正义；但是，在淡水资源有限甚至严重不足的情况下，我们就必须举起正义的旗帜来保护稀缺的水资源、防止和惩罚水污染的行为发生。这种资源的适度匮乏同样适用于人类对环境正义的呼唤，像温茨在《环境正义论》中用

① ［英］休谟：《道德原则研究》，曾晓平译，商务印书馆 2001 年版，第 38 页。
② ［英］休谟：《道德原则研究》，曾晓平译，商务印书馆 2001 年版，第 40 页。
③ ［美］罗尔斯：《正义论》，何怀宏等译，中国社会科学出版社 2009 年版，第 98 页。

"稀缺"一词来强调的"正义问题会在某些东西相对需要而供应不足或者被意识到供应不足的情况下出现。"①

有限的慷慨和仁慈。除了自然资源的适度匮乏外,正义的存在和实现还需要在利益冲突中进行社会合作的人们对待彼此既不好也不坏,既维护了自己的需要和利益也尊重了他人的需要和利益,这就需要人们在心灵上具有一种有限的或者适度的慷慨和仁慈。对此,休谟首先强调每个人的慷慨和仁慈之情扩展到最大程度时正义的存在就失去了根基。他指出:"再假定,尽管人类的必需将如目前这样持续下去,而人类的心灵却被如此扩展并如此充满友谊和慷慨,以致人人都极端温情地对待每一个人,像关心自己的利益一样关心同胞的利益;则看来很显然,在这种情况下,正义的用途将被这样一种广博的仁爱所中止,所有权和责任的划分和界限也将决不被想到。"②"每一个人都是另一个人的另一个自我,他将把他的所有利益信托给每一个人去自行处理,没有猜忌、没有隔阂、无分彼此。"③"整个人类将形成单纯一个家庭,在其中一切都属公有,大家自由地使用、无须考虑所有权,但是亦像最密切关怀自己的利益一样留心完全尊重每一个人的必需。"④休谟通过这种分析,指出如果每一个人都像关心自己一样关心其他人,那么就无须正义的出现。在另外一种对立的极端情况下,休谟指出如果一个人陷入远离法律和政府保护的匪寇社会

---

① [美]彼得·温茨:《环境正义论》,朱丹琼、宋玉波译,上海人民出版社2007年版,第8页。
② [英]休谟:《道德原则研究》,曾晓平译,商务印书馆2001年版,第36页。
③ [英]休谟:《道德原则研究》,曾晓平译,商务印书馆2001年版,第37页。
④ [英]休谟:《道德原则研究》,曾晓平译,商务印书馆2001年版,第37页。

中，那么"他看到到处盛行如此孤注一掷的贪婪和抢掠、如此漠视公道、如此轻蔑秩序、如此愚蠢地盲目不见将来的后果，以至于必定立即具有最悲惨的结局，必定以大部分人的毁灭、剩余的人彻底地社会解体而告终。当此之际，他别无他法，唯有武装自己，夺取不论可能属于谁的剑或盾，装备一切自卫和防御的工具，而他对正义的特定的尊重不再对他自己的安全或别人的安全有用，他必须援引独自自我保存的命令，不关心那些不再值得他关心和注意的人。"①"公共性的战争的狂暴和激烈，除了是正义在那些知觉到这一德性此刻对他们不再具有任何用途或好处的交战各方之间的中止，还是什么呢？战争的法则于是接替公道和正义的法则，是人们为他们此刻所处于其中的那个特定状态的好处和效用而计算的规则。"②显然，在这种境况下，人们不会兼顾他人的利益，所以，正义被只顾自我保全的自私的人们抛弃。在两种极端的情况中，即在充满温情的慷慨、仁慈最大化与慷慨、仁慈尽失的贪婪、恶毒最大化的状态中，都不会有适合正义出现的土壤。所以，取其中间状态，在有限的适度的慷慨、仁慈与自私中，正义的德性才能够出现并发挥对于公共效用的引导作用。受休谟的这种观点影响，罗尔斯认为在社会合作的模式下，参与合作的不同个人一方面有大致相近的需求和利益，这会产生互利合作的可能；另一方面这些人因道德缺陷或者是自私和疏忽导致在知识、思想和判断力方面的缺点，进而使得他们又有不同的生活计划，表现在资源利用上就会出现利益的冲突。这种互利合作的

---

① [英]休谟：《道德原则研究》，曾晓平译，商务印书馆2001年版，第38—39页。
② [英]休谟：《道德原则研究》，曾晓平译，商务印书馆2001年版，第39页。

倾向与利益冲突的共存虽然与休谟有限的慷慨和仁慈存在语词表述的差异，但都强调以利己为原始动机的互利合作是客观使然，其本质是相同的。显然，就这一点而言，罗尔斯并没有增加更多实质性的内容。

相对平等的能力。对于能力的相对平等，休谟使用的论证方式与前面两个条件明显不同，他从人们能力的极大不平等的情况来进行分析，并且推导出正义绝不会出现在力量极端不平等的联盟中。"如果有这样一种与人类自然相处的被造物，它们虽有理性，却在身体和心灵两个方面具有如此低微的力量，以至于没有能力做任何抵抗，对于我们施予的最严重的挑衅也绝不能使我们感受到它们的愤恨的效果；我认为，其必然的后果就是，我们应当受人道的法则的约束而礼待这些被造物，但确切地说不应当受关于它们的正义的任何限制，它们除了拥有如此专擅的君主，也不能拥有任何权利或所有权。我们与它们的交往不能称为社会，社会假定了一定程度的平等，而这里却是一方绝对命令，另一方奴隶般的服从。凡是我们觊觎的东西，他们必须立即拱手放弃；我们的许可是它们用以保持它们的占有物的唯一根据；我们的同情和仁慈是它们用以勒制我们的无法无规的意志的唯一牵制；正如对大自然所如此坚定地确立的一种力量的运用绝不产生任何不便一样，正义和所有权的限制如果是完全无用的，就绝不会出现在如此不平等的一个联盟中。"[①] 这段文字中，休谟强调了在社会中存在一定程度的平等，不是完全的平等，也不是完全没有平等；在这种情境中，不同的人在身体、心灵、判断及道德等方面

---

① ［英］休谟：《道德原则研究》，曾晓平译，商务印书馆 2001 年版，第 42 页。

没有太大的能力差异，正义才能够存在并发挥作用。罗尔斯也非常重视这一点，他指出："这样我们假定，众多的个人同时在一个确定的地理区域内生存，他们的身体和精神能力大致相似，或无论如何，他们的能力是可比的，没有任何一个人能够压倒其他所有人，他们是易受攻击的，每个人的计划都容易受到其他人的合力的阻止。"[①] 可以看出，罗尔斯非常通俗地阐明了参与合作的人必须在能力上是大致平等的，没有能力绝对强的或者绝对弱的差别，这样，他们才能够通过契约的方式平等地协商，在理性多元的事实中达成正义的共识。否则，如果人们在能力上差异悬殊的话，就会出现奴役、专制、暴政或者仅仅剩下怜悯和同情来对待其他的人，这样就根本不会涉及正义问题。

虽然休谟和罗尔斯关于"正义的环境"的理解具有很多一致的方面，但也有一些细心的学者指出两人观点的某些不足和差异。巴里在《正义诸理论》中就曾指出休谟为界定个人财产权的规则将正义理解为人的正义而非罗尔斯理解的社会基本制度的正义，休谟探寻的是"互利的正义"而非罗尔斯的"公平的正义"。因此，巴里一方面指出罗尔斯关于正义的三个条件的说明沿用休谟的模式会出现逻辑上的混乱；另一方面也努力地指出休谟的说明中所存在的缺陷。比如：针对自然资源适度匮乏的条件，休谟强调正义的概念只有在这种状态中才会发挥作用，具有合理性，但却没有告诉人们正义在发挥作用时所采取的方式的任何信息。而且，自然资源适度匮乏的强调并不能够一定推出正义仅仅适合

[①] [美] 罗尔斯：《正义论》，何怀宏等译，中国社会科学出版社 2009 年版，第 98 页。

于互利的状态的结论，反而可能只是一个环境的范例而已。

环境伦理学家温茨结合环境正义分析正义的环境时，也并没有完全认同休谟和罗尔斯的界定，他在沿用休谟及罗尔斯的模式时做了稍许的修改，"它们的特征是稀缺、分配稀缺物资的能力和有限的仁慈。"① 温茨指出，"正义问题会在某些东西相对需求而供应不足或者被意识到供应不足的情况下出现"②，这里指的是"稀缺"。"有限的仁慈"是指"分享稀缺物资的人必须非常关注自己所获得的，以至于会去要求自己的公平份额。"③ 可以说，"稀缺"和"有限的仁慈"与休谟的理解基本一致，"分配稀缺物资的能力"这一点则体现了温茨的智慧。温茨指出用于分配稀缺物资的措施和制度只对那些人们能够分配的物资有意义，即人们只能够对处于人们可操控能力范围内的资源进行分配，比如分享比萨以及城市水力、电力等资源，而自然界中的降水、好运等能力非常有限，同样是稀缺资源，但并不处于人类公平分配的能力控制范围之内。在休谟的理解中，虽然强调了人们之间在身体、精神乃至道德等能力的相对平等，但却忽略了这些相对平等的能力本身作用发挥的限度，即它只适用于那些能够分配的稀缺资源。至此，如果正义的环境具体到环境正义领域的话，那么，我们将会对源于休谟的理论修改为：自然资源的适度匮乏；有限的慷慨和仁慈；分配可控稀缺资源的能力相对的平等。

---

① ［美］彼得·温茨：《环境正义论》，朱丹琼、宋玉波译，上海人民出版社2007年版，第9页。

② ［美］彼得·温茨：《环境正义论》，朱丹琼、宋玉波译，上海人民出版社2007年版，第8页。

③ ［美］彼得·温茨：《环境正义论》，朱丹琼、宋玉波译，上海人民出版社2007年版，第8页。

三、环境作为社会基本善

很多人都直觉地在常识的意义上将环境作为分配的对象,但是,如果我们继续追问的话,就必须要回答环境如何能够作为善物进入分配清单这一问题。相对传统的分配正义而言,罗尔斯虽然没有非常明确地把环境列入分配细目表中,但是他在《正义论》中运用善的弱理论为处于原初状态中的人们搭建了实现自身期望与幸福的基本善的前提,并且指出人们借以实现合理生活计划的基本善的细目具有开放性的特点,这就为环境进入基本善的清单埋下了伏笔;然后在《作为公平的正义》中又将人们参与社会合作所需的最低必要能力与基本善的指标的灵活性联系起来,一方面指出正义的两个原则所蕴涵的基本善为人际间的公正比较提供了纯粹背景程序正义的前提,公民基本能力在正常范围内的差别会受纯粹背景程序正义日益进步的社会过程的调节,但不会影响人的基本权利和自由方面的不公;另一方面指出,当人们的基本能力因疾病或遭受严重事故而降低到最低必要能力之下时,人们在健康医疗需要方面就会产生差别,这时,我们自然就会将涉及健康医疗问题的环境因素纳入基本善的指标中去。下面,我们就具体分析一下罗尔斯理论中所蕴涵的环境作为社会的基本善的逻辑。

在《正义论》中,罗尔斯首先通过善的弱理论引出"社会的基本善"的概念、作用和初始指标。罗尔斯强调善就是理性欲望的满足,是人们实现合理生活计划所需的各种手段。在关于善的弱理论中,为论证原初状态中人们对于差异原则的认同,罗尔斯又指出不同的人对自己所能期望的善的指标具有很大的差异,但无论如何,有一些指标是人们所必需的社会的基本的善,也正是由于社会的基本善的存在，才保证了社会合作中的人处于公平正义的背景状态中。罗尔斯认为社会基本善"是那些被假定为一个理性的人无论他想要别的什么都需要的东西。"①也就是说，不管人们的合理生活计划的细节是什么，我们都可以假定其中有些东西是人们实现幸福生活所必需的，或者说，人们的幸福和期望的指标是借助基本善来确定的。社会的基本善的指标或清单到底涉及哪些方面呢？罗尔斯认为"这些社会的基本善在广义上说就是权利、自由、机会、收入和财富"，"显然，这些东西一般都符合对基本善的描述。鉴于它们是与社会基本结构相联系的，它们是社会的善：自由和机会是由主要制度的规范确定的，收入和财富的分配也是由它们调节的。"②由此可见，罗尔斯主要将权利、自由、机会、收入和财富以及人的自我价值意义上的自尊和自信列入了社会的基本善的清单中，人们生活所依赖的自然环境在此时并没有出现在其中。但是，罗尔斯没有把基本善的清单看作是封闭的系统，他认为："仅仅用诸如自由和财富这些事物来规定期望的最初定义只是暂时性的；有必要把其他各种基本善包括进来，这些基本善又产生了更深刻的问题。"③很明显，罗尔斯只是暂时性地列出了几种社会的基本善，社会的基本善的指标有进一步扩展的必要和空间。

对于"如何构建社会的基本善的指标"这一问题，罗尔斯主

---

① ［美］罗尔斯：《正义论》，何怀宏等译，中国社会科学出版社 2009 年版，第 71 页。

② ［美］罗尔斯：《正义论》，何怀宏等译，中国社会科学出版社 2009 年版，第 71 页。

③ ［美］罗尔斯：《正义论》，何怀宏等译，中国社会科学出版社 2009 年版，第 312 页。

要强调了三个方面：

其一，社会的基本善的指标作为人际比较的公平基础，其指标的构建要以最少受惠阶层或最不利者期望的基本善的指标为准。在《正义论》中，罗尔斯指出，在衡量不同社会的基本善时，因为正义的两个原则有先后，所以，那些基本的自由、权利和机会都是平等的，但是收入和财富等作为主要的社会基本善却在分配中有变化。根据差别原则，对于有变化的社会基本善，只能够根据最少受惠阶层的指标来衡量。

其二，社会的基本善的指标通过追问的方式被制定出来。公民作为自由平等的人根据他们的两种道德能力（理性和正义感）所拥有的能力就是公民的基本能力，在这种包括自由平等的观念在内的基本能力既定的情况下，人们会关心"什么东西是公民维持他们自由平等的地位和成为正式的完全的社会合作成员所必需的"。[①] 这意味着，社会的基本善的指标作为正义原则的组成部分和应有之义，必须是那些能够确保维护公民的基本能力以实现社会合作成员身份的实质利益的东西。

其三，在《作为公平的正义——正义新论》中，罗尔斯指出社会基本善的指标具有三个特征。

"第一，在原初状态中所能进行的思考里，这些善并没有得到很详细的规定。"[②] 既然原初状态中并没有对基本善做详细规定，那么，我们在实际的社会生活中，就可以在获取更多信息和

---

① ［美］罗尔斯：《作为公平的正义——正义新论》，姚大志译，中国社会科学出版社 2011 年版，第 204 页。

② ［美］罗尔斯：《作为公平的正义——正义新论》，姚大志译，中国社会科学出版社 2011 年版，第 207 页。

结合更加具体特殊的社会条件的基础上，对社会基本善的指标做出规定。这一点实际上与《正义论》中所列出的几种社会的基本善的暂时性是一致的。

"第二，收入和财富的基本善不应该仅仅按照个人收入和私人财富来加以判定。因为我们不仅作为个人来控制或部分地控制收入和财富，而且也作为团体和群体的成员来控制或部分控制收入和财富。"[①] 对于收入和财富的基本善的判定而言，个人在社会生活中的真实的收入和财富不仅有单纯的个人意义的成分，也包括个人作为公民或者群体成员时，政府或集体所提供的有利于个人的利益和服务的项目和内容。罗尔斯强调，"作为公民，我们也是政府所提供的各种有利于个人的利益和服务的受益者，而这些利益和服务是我们在这样一些场合中有资格得到的，如保护健康，所提供的公共利益（在经济学家的意义上），以及保护公共健康的标准（清洁的空气和没有受到污染的水源等）。所有这些项目都能够（如果必要的话）包括在基本善的指标之中。"[②]

"第三，基本善的指标是这些善在一个完整人生过程中的期望指标，而这些期望被认为是同基本结构内的相应社会地位联系在一起的。"[③] 这一特征使我们知道，正义的两个原则允许人们在需要方面存在差别，特别是如果人们因疾病和事故而导致的事前

[①] [美]罗尔斯：《作为公平的正义——正义新论》，姚大志译，中国社会科学出版社 2011 年版，第 207 页。

[②] [美]罗尔斯：《作为公平的正义——正义新论》，姚大志译，中国社会科学出版社 2011 年版，第 208 页。

[③] [美]罗尔斯：《作为公平的正义——正义新论》，姚大志译，中国社会科学出版社 2011 年版，第 208 页。

和事后的实际需要存在很大差别的情况，人们对基本善的指标的期望本身也会具有一定的差别。社会的基本善的指标在这三方面的特征足以让我们确信制定社会的基本善的指标具有相当程度的灵活性，在适当的特殊社会条件下，社会的基本善的指标是可以扩展的。

以上述对社会的基本善的指标如何构建的几点思考为基础，罗尔斯指出当公民的基本能力处于最低必要基本能力之上或之下时，社会的基本善的指标在使用时不仅具有灵活性，而且环境也能够被合理地引入到社会的基本善的指标或清单中。下面，我们详细地分析一下：

罗尔斯抛开具有严重残疾的人的极端情况，首先区分了公民作为完全的正式的社会合作成员在基本能力方面的两种情况，第一种是公民基本能力的差别位于最低必要能力之上的情况，"涉及两种道德能力（理性和正义感）的发展和使用方面所存在的差别以及实现出来的自然天赋方面所存在的差别，要成为一个完全的社会合作成员必须具备某些最低必要能力，而这些差别位于这些必要能力之上。"[1]第二种是公民基本能力的差别位于最低必要能力之下的情况，"即公民需要医疗照顾方面所存在的差别"。[2]

第一种情况中，因正义的两个原则体现为纯粹背景程序正义的概念，所以，公民的两种道德能力的发展和使用及自然天赋方面的差别所导致的基本能力的差别并不会影响人的平等的基本权

---

[1]　[美]罗尔斯：《作为公平的正义——正义新论》，姚大志译，中国社会科学出版社2011年版，第205页。

[2]　[美]罗尔斯：《作为公平的正义——正义新论》，姚大志译，中国社会科学出版社2011年版，第206—207页。

利和自由，所有的人都拥有同样的基本权利、自由和机会，并且受差别原则的保护，所以即使公民的基本能力借助社会的基本善得到不同程度的培养和训练，也会受到日益进步的背景程序正义的社会过程的调节，特别是在秩序良好的社会中，不会导致不正义的发生。这时，公民们的期望所指向的社会基本善的指标中，我们可以设想到良好的或基本正常的生活和工作的自然环境因素。因为，如果公民的基本能力要想得到培养和训练的话，必须要保证公民能够生活在一个正常范围以上的自然环境中，否则，不仅公民的基本能力得不到培养和训练，甚至连生命的基本健康都难以保证。

第二种情况即公民需要医疗照顾方面所存在的差别。罗尔斯指出，作为公平的正义不能仅仅关注自由平等公民之间的公平合作的条款问题，还需扩展到人们在需要方面所存在的差别。公民在其整个人生过程中作为正式的社会合作成员，"他们有可能一次又一次地患有严重疾病或者遭受严重事故。"① 由于疾病和事故的原因，造成了公民在医疗照顾需要方面的差别。这时，我们可以追问，疾病和事故的产生原因又是什么呢？显然，如果疾病和严重的事故造成公民的基本能力处于最低必要能力之下的话，那就会意味着公民的生活和工作的环境出现了问题，以至于不能够保证公民免遭疾病的侵袭和严重事故带来的身心伤害。在这种情况下，清新的空气、健康的水源、肥沃的土壤、安全的食物对于公民而言意义特别重大，及时享受到类似的环境善物，意味着公

---

① ［美］罗尔斯：《作为公平的正义——正义新论》，姚大志译，中国社会科学出版社 2011 年版，第 207 页。

民的基本能力恢复到最低必要能力之上所应该具备的环境前提。对此，罗尔斯强调，在这种情况下，无须关注公民在最低必要能力之上的能力和天赋的差别，只要能够恢复和改善公民所需的最低必要能力就够了。如何做到呢？罗尔斯进一步指出社会的基本善的指标在立法阶段可以根据期望加以更明确地规定，以应付疾病和事故所带来的医疗需要的差别，从而确保公民能够作为社会的终生合作成员。

第二节　环境正义的内涵与外延

一、美国环境正义运动的兴起及影响

美国环境正义运动的兴起可以追溯到 20 世纪 70 年代，它以少数族裔和低收入群体的底层民众为主体，抗议生活社区和工作场所承受严重的有毒废弃物污染造成的环境风险，要求在安全健康的环境中生活和工作，平等地享有环境权益。拉夫运河（Love Canal）案和沃伦（Warren County）抗议事件的发生作为环境正义运动的标志性事件，与民权运动密切相关，极大地震撼了整个美国以至全世界。

拉夫运河位于纽约州尼亚加拉瀑布城，早在 1942—1952 年间，未完工的拉夫运河被胡克（Hooker）化学和塑料公司用作有毒废弃物填埋场，包括多氯联苯和二噁英在内的有毒物质约 21000 吨被填埋在这一区域，而后用不透水的粘土进行封闭。后来这一区域被尼亚加拉教育董事会强行购买，胡克化学公司仅以象征性的 1 美元估价进行交易，并在合同中写明免除将来可能遭

到的法律诉讼需要承担的法律责任。在随后的房屋开发中，原来的有毒废物填埋场的粘土封闭层因房屋地基、排水和下水道的建设施工而遭到破坏，成为该区域工作、学习和生活的人们的健康安全隐患。1976 年卡尔斯班公司的环境评估和 1978 年环境保护局的调查都表明有毒化学物质的存在以及由此对社区居民的严重身心危害。然而，政府担心移民安置的费用过高及其后续影响而竭力否认事态的严重性。政府的态度激起了包括污染核心区外围的居民的愤怒，他们在普通家庭妇女洛伊斯·吉布斯的（Lois Gibbs）领导下，以"拉夫运河私房拥有者协会"的组织形式发起了运动。他们强调工厂产生的各种有毒物质如 DDT、灭蚁灵和林丹等杀虫剂与塑料之间相互作用，产生的有毒物质包括多氯联苯和二噁英、苯、可溶解物质或者从工厂的油加工中产生的化学物质三氯甲烷、三氯乙烷和四氯乙烷，这些有毒物质对社区居民和附近小学的儿童产生了健康威胁。运动参与者和纽约州立大学布法罗分校的健康专家一起进行的特别委员会的调查显示，居民中有一系列不同于公共卫生当局证据的症状，存在高于平均水平的出生缺陷和流产、多种疾病、儿童发育矮小、一些临界神经暴露的征兆。这与该区域受到二噁英、四氯乙烯、三氯甲烷、二氯乙烷和林丹等有毒物质的污染密切相关。他们通过集会、募捐、新闻发布会等形式，要求政府对社区环境进行监测。1978年 8 月，纽约州卫生委员会宣布拉夫运河社区存在严重的污染，学校应该关停，与拉夫运河毗连的家庭应该尽快撤离。随后，纽约州政府承诺购买污染核心区的住宅，白宫也承诺妥善安置核心区的社区居民。政府方面对于危机的化解只限于污染的核心区，但对于污染核心区外围的社区居民并没有采取实质性的安置，这使得拉夫运河社区业主委员会的抗议维权斗争经过不懈的努力而得到全国公众的声援和支持。1979 年春天，美国国会举行听证会。1980 年年初，美国国家环保局对 36 位社区居民进行医学检查，发现有 11 人染色体受损，这一结果并没有及时对外公布。1980 年 5 月 17 日《纽约时报》和《布法罗信使报》报道了这一结果，国家环保局代表才赶紧前来解释。5 月 19 日，500 名业主将两名国家环保局官员扣押在办公室，向政府施压，要求政府提供永久性的移民安置。5 月 21 日，卡特总统宣布该区处于紧急状态，答应对外围的 700 户家庭进行临时安置。10 月 1 日，卡特总统签署命令，政府出资 1700 万美元购买核心区外围的住宅。

　　拉夫运河事件的发起和最后的成功解决，使我们认识到环境正义运动在美国乃至世界范围内的兴起已成为历史的必然。自1970 年以来，美国社会生产和生活的有毒有害垃圾数量倍增。根据美国国家环保局估计，有毒有害废弃物的排放量"1974 年为 1000 万吨，1979 年为 5600 万吨。1989 年美国化工企业排放的废弃物在 5800 万吨与 29 亿吨之间"。[①] 有毒有害垃圾的倍增日益超出自然环境本身的消解能力，加重了普通民众生活和工作环境的恶化，潜在的健康风险和环境群体性事件也日益暴露出来。因此，拉夫运河事件的出现也就绝非偶然。它之所以在美国成千上万个社区污染事件中特别受到人们的关注，也恰恰是由于这一事件与传统的主流环境保护组织发起的行动不同，它以抗议有毒物质包括有毒废弃物对生活和工作带来的严重健康风险为主

---

① 转引自高国荣：《美国环境正义运动的缘起、发展及其影响》，《史学月刊》2011 年第 11 期。

题，由普通白人和蓝领构成，由普通家庭妇女领导和参与，为保护家人、保护社区积极行动起来，将环境保护与社会正义问题紧紧联系在一起，是超越传统环保运动的环境正义运动。正如吉布斯所强调的，事件的焦点反映的是"对健康的关注，是对正义和人权的追求。无论何人，出于何种原因，都不应使他人因身为农民、工人、穷人或因为住在有色人种的社区，而让他们的家庭患病，或使他人生活在不安全的环境中。"①

然而遗憾的是，很多学者在梳理美国环境正义运动的历史时，并没有对白人和蓝领发起反对有毒物质污染的拉夫运河事件的影响给予应有的定位。其实，拉夫运河事件与其后的反对环境种族主义的沃伦事件一起共同推动了美国环境正义的历史进程。

对于沃伦事件的发生，我们要从 1978 年夏天谈起。沃德变压器公司（Ward Transformer Company）的人将 31000 加仑含有多氯联苯的有毒废液非法倾倒在北卡罗来纳州 13 个县和布拉格堡军事保留的偏远地区，240 英里的道路及其两侧受到污染。因为污染发生在州属的土地上，所以北卡罗来纳州打算在沃伦县建垃圾填埋场以补救所造成的污染。沃伦县隶属于北卡罗来纳州，居住着大量的穷人和非裔美国人，而且也是此次受污染最严重的县。州政府从阿夫顿社区的一个面临破产的农民手里购买了土地，准备用来填埋受多氯联苯毒液污染的渣土。这马上激起了沃伦县居民的强烈反对，人们担心地下水会受到污染，担心当地经

① 转引自高国荣：《美国环境正义运动的缘起、发展及其影响》，《史学月刊》2011 年第 11 期。

济发展会遭到不利影响。经过三年多的法律诉讼，法院最终判定允许建造这一垃圾填埋场。当沃伦县居民无法通过正常法律程序阻止填埋场的建立时，他们改变策略开始进行群体的抗议行动。1982 年 9 月 15 日，130 名白人和黑人集结在社区教堂前，在当地牧师和联合基督教会地方分会负责人的领导下，向垃圾填埋场方向行进。为阻挡卡车运送和倾倒有毒垃圾，一些抗议者横卧在道路中央。此次抗议活动得到全国各地的声援，拉夫运河事件的领导者吉布斯也包括在内。在游行示威的 6 个星期和后来的非暴力街头抗议中，有五百多人被捕。虽然人们的抗议非常激烈，但仍旧没有成功阻止大量的卡车在这片 20 英亩的土地上倾倒有毒垃圾。

尽管沃伦县地下水位较高，容易受到污染，尽管当地居民强烈反对，州政府仍然选择这里作为有害垃圾填埋场，最根本的原因在于这里的居民主要是在政治和经济上均处于无权地位的黑人和穷人。在 1980 年，沃伦县的黑人人口比例较高，阿夫顿社区的黑人比例则超过 84%，并且该县收入排名全州第 92 位，低于全州平均水平。与拉夫运河事件不同，沃伦抗议的发生表明种族主义的存在已经从原有的住房、教育和就业的不公扩大到环境问题上，有色人种在承担环境风险和进行环境决策时的不平等。与 20 世纪 60 年代其他有色人种社区组织的反对环境威胁的事件不同，沃伦抗议作为有色人种环境抗议事件以反对环境种族主义为宗旨，第一次成为推动环境正义运动在美国全国范围开展的标志。它的社会影响主要表现在以下几个方面。

第一，伴随沃伦抗议的影响，人们认识到以往被忽视的种族因素在环境危险物的处置中起着关键作用，大量的事实呈现出全美国范围内环境污染设施总是位于贫穷的有色人种社区的景象。由于穷人社区和有色人种社区的居民缺乏与政策制定者的联系，没有钱雇佣技术和法律顾问，甚至语言的障碍，使得他们不能及时有效地获取到邻近的危害健康的污染设施的相关信息，所以政策的制定者就把污染设施建在低收入的非裔和拉美裔美国人社区。这种情况日益受到关注，很多组织和学者纷纷撰写文章。1987年，联合基督教会种族正义委员会在《美国有毒垃圾与种族问题研究报告》中就指出危险有毒废弃物处理及储藏与非白人家庭之间的关联，强调了种族是影响有毒废弃物设施的选址的唯一重要因素，建议各级政府、相关组织和普通民众行动起来，积极参与到少数族裔保卫家园免遭环境危害的斗争中。1990年，社会学家布拉德也在《倾倒在南方：种族、阶层与环境质量》一文中再次表达了同样的观点。

第二，环境正义运动的理念不断深化，日益影响整个社会。在拉夫运河事件和沃伦抗议中，人们最初斗争的目标是为了保护自己所在的社区不被有毒垃圾污染，"不要脏了我的后院"（"Not In My Back Yard"），但随着运动在全国范围的开展，人们要求各级政府和污染企业应该加强对有毒废弃物的管理工作，让所有的后院都没有有毒垃圾。而且人们还超越了反对有毒垃圾污染的单一事实层面，将职业健康、公共卫生、食品安全、土地使用规划、医疗、教育、住房以及交通等很多问题都纳入了人们的思考范围。同时，环境正义运动不仅仅包括反对有毒物质污染和反对环境种族主义这两个方面，还涉及原住民土地权运动、公共健康与安全运动、团结运动（发展中国家的人权与自决运动），社会或经济正义运动。希洛斯伯格还把农业劳动者、新移民对权利的追求和城市等方面的环境运动也囊括进来。① 人们改变了单纯地关注自然生态的环境保护观念，把环境保护与民权运动联系起来，将分配正义、政治参与以及文化承认交织在一起，拓展了环境正义理念的广阔讨论空间。

1991 年在华盛顿召开的美国"第一次全国有色人种环境领导人高峰会"所确定的环境正义基本纲领就鲜明地反映了人们对环境正义理念认识的进一步深化。基本纲领有 17 条原则：

（1）环境正义肯定了地球母亲的神圣性、生态的整体性与各类物种的相互依赖性，也肯定了它们具有避免生态毁灭的权利。

（2）环境正义要求公共政策必须建立在所有人彼此尊重及恪守正义的基础上，要避免任何形式的歧视或偏见。

（3）环境正义认为，为了使地球成为人类和其他生物继续生活的场所，人们必须以道德的、和谐的和负责任的方式利用土地和可再生资源。

（4）环境正义呼吁人们要避免核试验的伤害，避免有毒以及有危险的废物和毒物的提取、生产和处置所带来的伤害，避免核试验威胁到人们享受清新空气、土地、水和食品的权利。

（5）环境正义主张所有人在政治、经济、文化和环境问题上都具有最基本的自决权。

（6）环境正义要求人们暂停所有有毒物、危险废物和放射性物质的生产，所有以前及现在还在生产这些东西的地方，都要进行消毒处理和封闭，以认真的态度对人民负责。

---

① 参见 David Schlosberg, *Defining Environmental Justic:Theories, Movements and Nature*, Oxford: Oxford University Press, 2007, p.48。

（7）环境正义要求在政策制定的每一个阶段，包括政策制定前的评估、具体计划、政策落实与执行、政策执行后的效果评价，人们都有权作为平等的参与者参与其中。

（8）环境正义主张所有的工作者都应有一个安全且健康的工作环境，不能逼迫他们去选择一种不安全的生活，否则就是面临失业。它还主张，即使是那些在家中劳作的人们，也有权免于环境伤害。

（9）环境正义保护环境不正义的受害者的权利，让他们所受的伤害能够获得全面补偿与恢复，同时也能获得平等的医保。

（10）环境正义会考察导致环境不正义的政府行为，看它们是否违背了国际法、世界人权宣言以及联合国惩治种族灭绝公约。

（11）环境正义承认原著民与美国政府之间的特定法律关系及天然的关联性，它们是根据一些涉及各自主权与自决权的条约、协议、合约与信约来确定的。

（12）环境正义主张，我们需要一些城乡生态政策，清洁与重建城乡地区，使之与自然和谐一致，尊重我们所有社区的文化完整性，使所有人都能公平地享用一切资源。

（13）环境正义呼吁严格执行知情同意的原则，停止在有色人种身上进行一些有关生殖、医疗和接种方面的实验。

（14）环境正义反对跨国公司所开展的一些有害经营。

（15）环境正义反对军事占领，以及对土地、人民、文化和其他生活方式的压制与剥夺。

（16）环境正义呼吁，我们应当根据自己的经验和多元文化的视角，在社会与环境问题上加强对当代人与后代人的教育。

（17）环境正义要求我们每个人做出合理的消费选择，尽量少地消耗地球母亲的资源，尽量少地产生垃圾废物，有意识地挑战自己原有的生活方式，优先选择更健康的生活方式，为当代人与后代人保留一个健康的自然界。①

以上17条环境正义基本纲领主要反映了敬重自然、保护地球生态环境、反对环境种族主义、平等享有环境公民权、国际环境正义和代际环境正义等方面的内容。这次会议不仅奠定了环境正义的基本理念，而且还号召人们积极地行动起来，为美国环境正义运动的未来发展指明了方向。

第三，环境正义组织的数量增多、规模和影响力不断扩大，与主流环境保护组织的关系不断改善。由于美国环境正义运动的出现与低收入和少数族裔社区居民承受的环境危害经历直接相关，所以，具有共同环境经历和围绕家庭、街区、学校、工作、宗教、种族和民族认同所形成的社会网络就发展成了各个大大小小的环境正义组织。根据布拉德编辑的《有色人种环保组织手册》列举的美国环境正义组织数量，2000 年时达到了四百多个。由吉布斯领导的私房主协会发展而来的公民危险废弃物情报交换所帮助过的环境团体数在 1993 年时就已经达到 8000 个。在成千上万个环境正义组织中，影响较大的是西南环境和经济正义网络以及公民危险废弃物情报交换所。

传统环境组织主要致力于保护野生物种、濒危物种、清洁的空气和水。他们不关心有色人种面临的各种环境灾难，对低收入和少数族裔社区及草根团体采取家长制态度。因此，环境正义组

---

① "The Principles of Environmental Justice"，参见 www.ejnet.org/ej/。

织一直对他们持批评的态度。1990年，环境正义运动的领导人就开始寻求与传统主流环境组织的合作。环境正义运动的一些领导者给"十大环境组织"写了一份联合署名的公开信，谴责他们在环境决策中以及决策委员会人员构成中的种族偏见，批评他们在有色人种及穷人社区中有毒污染物的处理方式，这促使主流环境组织开始在委员会成员中吸纳有色人种，并在环境政策的制订过程中考虑环境正义的因素。与此同时，主流环境保护组织也开始在很多方面支持环境正义组织的运动。成立于1970年的美国自然资源保护委员会（简称"NRDC"），是美国颇具影响的非营利环境保护组织，它的员工由环境律师、科学家和政策研究专家组成，它致力于守候我们的地球，保障人类和万物生灵共同的健康生存环境。在与环境正义组织的合作中，NRDC支持了许多环境正义的斗争，不仅为环境正义组织提供技术咨询及技术资源，还提供听证会和参加诉讼所需的专家鉴定。他们与环境正义组织的成功合作也成为推动环境正义运动发展的有益部分。1991年在华盛顿召开的第一次全国有色人种环境领导者高峰会议，不仅有数百名环境正义领导者参加，还有来自包括NRDC和塞拉俱乐部等传统环境组织的领导人。

第四，环境正义运动也推动了美国的环境政策、环境立法及政府、国会和总统的工作议程。一般而言，主流环保组织所关注的议题大多与全国性尚未制定的政策相对应，他们通过常规行动积极推动公共政策决策，而草根阶层的环境正义组织往往关注突发性事件和地方议题，他们积极寻求立即的行动，以非常规行动影响和争取更加广泛的人群，从而吸引主流专业环保组织的注意，推动全国相关议程和政策的制定与执行。比如：受拉夫运河事件的影响，1980年出现一个在社区范围关注废弃物处置的地方活动高峰；1982年，主流专业环保组织开始关注有毒废弃物处置，1984年通过了《资源保护和恢复法修正案》；1986年通过了《超级基金修正案》。1985年，地方社区开始关注冲积到大西洋沿岸的废弃物，1987年，主流环保再次关注废弃物议题，1988年通过了《海洋倾泻法案》。这些事实足以表明环境正义运动对美国环境政策变化起到的积极影响。此外，1986年通过的《应急预案和社区知情权法案》，1991年通过的《环境正义原则》，1993年通过的《在强影响固体废弃物处理设施选址中实现环境公平法》等也有力地说明了这种变化。

环境正义领导者的活动也推动了政府的工作议程。一些著名学者和倡导者写信给布什政府的高层官员路易斯·沙利文（Louis Sullivan）和威廉·莱莉（William Reilly）报告了危害环境设施的不成比例影响，呼吁政府及时采取行动。后来莱莉作为美国国家环保局局长甚至成为环境正义理念的官方代言人。1991—1993年期间，美国国家环保局发布的《环境平等：减少所有社区的风险》报告，还成立了环境平等办公室、工作组和环境正义咨询委员会。1997年，美国国家环保局还成立了国家环境政策和技术咨询委员会。与此同时，美国国会和总统也日益重视环境正义问题。其中，克林顿政府不仅邀请环境正义运动的重要人士本杰明·夏维斯（Benjamin Chavis）和罗布特·布拉德（Robert Bullard）两人参加自然资源与环境工作组，而且，克林顿总统还在1994年签署了《第12898号行政命令——在执行联邦行动时为少数民族居民和低收入居民实现环境正义》，1997年4月签署了《儿童远离环境健康风险及安全风险保护条例》的行政命令。

伴随着克林顿总统及政府和国会各方工作理念的变化，环境正义已成为美国官方制定计划、政策和行动的使命之一。

第五，对于企业生产模式和民众生活方式的影响。20 世纪80 年代之前，很多企业并没有对生产和经营中造成的环境污染进行预防和规范管理，废弃物管理、回收、社会与环境责任议题往往被当作企业盈利的障碍。然而，伴随一些影响较大的环境正义事件的推动，这种状况开始发生转变。比如由拉夫运河事件领导者吉布斯发起的阻止新建垃圾填埋场的运动一方面成功地关停和减少了垃圾焚烧炉及填埋场的修建；另一方面对于企业而言，为减少有害垃圾、降低过多垃圾运输及处理的成本，废物循环利用或者使用替代品就成为企业生产和经营中的必然选择。与此同时，环境正义组织和主流环保组织及社会各方力量的协调合作也有力地监督了企业生产和经营中所存在的环境污染问题，迫使企业改变原有的生产和经营理念，将经济效益的追逐与环境保护理性结合起来，寻求企业绿色的生态的发展创新之路。麦当劳公司对于快餐食品包装袋的改变就体现了这一点。1991 年 11 月，迫于儿童、学校、宗教机构、行政机关和垃圾焚烧处理受害者的抵制塑料包装的压力，美国麦当劳公司宣布逐步减少和停止使用聚苯乙烯塑料包装，停止焚烧处理此类垃圾，采用纸包装。作为全球知名企业，麦当劳公司对很多企业起了积极的示范作用。企业生产和经营行为发生绿色转变的同时，普通民众追求绿色环保和社会正义的理念直接体现在日常生活中绿色消费主义的流行上。人们关心自己所购买的东西，关心谈论的事物、投资的地方、使用的交通，防止环境退化的实际行动的著作及宣传册也大量出现。虽然，绿色消费主义也曾一度受到质疑，但人们仍然相信绿色未来的实现需要每一个人在绿色生活理念的引导下参与社会合作。① 也就是说，通过无数个人的绿色生活方式，资源节约和环境友好的社会面貌将会展现在人们面前。

总体而言，环境正义运动的影响涉及社会生活的各个方面。"草根组织的活动取得了大量有益的成果：清理受污染地点、阻止污染设施建设、迫使公司改进生产过程、对受影响的个人提供社会支持、影响对环境和公众健康的生活态度、增强对立法和公民参与权利的了解等方面做出了贡献。"②

二、环境正义的多重内涵

随着美国环境正义运动的蓬勃发展，环境正义在理论及实践中引起了世界范围的极大关注，政治学、法学、社会学、哲学、伦理学等学科涌现出一批优秀的学者，他们站在各自的独特视角撰写大量的学术著作。在环境哲学和环境伦理学对于环境正义问题的探讨中，人们结合正义问题在经济分配、政治参与和文化承认三个方面的研究视角，突破最初的反对有毒废弃物和环境种族主义的狭隘关切，努力进行更加广泛、多元和系统地把握。

我们该如何界定环境正义的概念呢？在美国环境正义运动的推动下，人们最初往往结合一些典型的环境伤害事件，运用环境种族主义的概念来分析所存在的环境不正义现象。例如，夏维斯

---

① 参见［英］安德鲁·多布森：《绿色政治思想》，郇庆治译，山东大学出版社 2012 年版，第 136 页。

② ［英］乔安·卡明：《志愿社团、专业组织和美国环境运动》，载克里斯托夫·卢茨编：《西方环境运动：地方、国家和全球向度》，徐凯译，山东大学出版社 2012 年版，第 94 页。

就曾指出，环境种族主义是指在环境法的实施、有毒废弃物处置场所选址和污染工业选址等问题上所存在的种族歧视，在制定相关环境政策时，将有色人种排除在外。① 虽然环境种族主义这一概念可以激起有色人种强烈的维权意识，但从其内涵而言，却显得有些狭隘和单一，因为对于超出种族主义层面的环境不正义现象无法给予有力的说明。所以，正如艾格曼（Julian Agyeman）所指出的，环境正义应该超出种族主义的界限，将穷人、弱势白人、妇女和儿童的环境权益考虑进来，我们不管人们所属的种族或族群到底是什么，只要他们的环境权被剥夺了，那么他们就都是环境正义所要关怀的对象。② 这样，社会中更多的弱势群体不平等地承受着环境污染和伤害的事实就能够纳入环境正义的解释框架了。

人们除了使用环境种族主义之外，还使用环境公平或环境平等的概念。这一概念主要揭示环境风险和环境收益在不同人群之间的分配，以及这些分配在环境政策中的反映。无论环境公平是指环境负担和收益在所有人中同等程度地进行分配，还是用于描述不同的人和地区不成比例地受到环境退化带来的影响，这都仅着重从分配的视角来理解环境正义，而且对于环境作为一种善或恶，我们似乎是完全可以进行有效计算的。然而，环境公平概念能否蕴涵环境正义的所有内涵呢？实际上，环境公平侧重于对环

① 参见 Chavis, Rev. Benjamin F. Jr, "Forward", in Robert D. Bullard (ed.), *Confronting Environmental Racism: Voices from the Grassroots*, Boston, MA: South End Press, 1993。

② 参见 Julian Agyeman, *Sustainable Communities and the Challenge of Environmental Justice*, New York: New York University Press, 2005, p.17。

境风险进行科学的衡量、计算和分析，但我们难以周全考虑环境风险中存在的不可计量的和抽象的因素，还有这些因素所引发的连锁反应。人们对生活和工作中的健康安全环境的追求早已超出了生存所需的最低条件，公平的分配、有效的承认与尊重、积极地参与都影响着人们对幸福生活内涵的理解。

1991 年美国第一次有色人种环境领导人高峰会议发布和通过了环境正义的 17 条原则，为我们更合理地理解环境正义的概念奠定了基础。对此，国内外很多学者都给予了高度的评价，指出基于 17 条原则的环境正义涉及的内容更加广泛，不仅要保护环境免受污染，停止生产有毒物质，还要基于相互尊重而非歧视的环境政策，参与权，以及自决。[1] 国内学者曾建平强调这次会议拓展了环境伦理的视野，不仅第一次明确提出了环境正义的纲领性主张，而且使环境正义从狭隘的种族层面上升到人与人、地区与地区、国家与国家的层面，涵盖社会所有主体；同时还提出环境问题的解决不能局限于人与自然，要将人与人、人与社会的不平等关系的解决联系起来。[2] 当然，17 条原则也并非尽善尽美，很多环境正义运动人士认为它忽视了平等分配环境风险这一层面，但从总体而言，这些原则既提倡将多元的文化整体与环境可持续联系在一起，也提倡将人类的可持续与其他生物物种的可持续联系在一起的理念。

环境正义 17 条原则确立了思考环境正义的基本框架，学者

① 参见 David Schlosberg, *Defining Environmental Justice, Theories Movements and Nature*, Oxford: Oxford University Press, 2007, p.49。

② 参见曾建平：《环境正义：发展中国家环境伦理问题探究》，山东人民出版社 2007 年版，第 12 页。

们纷纷从种族、平等、承认、参与、能力以及功能等方面进行探讨，虽然很难对环境正义的概念内涵达成一致，但却实现了系统理解这一概念的转变。希拉德－弗里彻特指出，"环境正义既要求平等地分配环境善物和环境恶物，也要求公众平等地参与评估和分配环境善物和环境恶物。"① 艾格曼所理解的环境正义是指，"所有的人都有权免受环境污染并生活与享受干净健康的环境的原则。环境正义是指所有人在环境法律、法规和政策的制定、实施和执行中平等地得到保护和进行有意义的参与，所有人平等地分配环境利益。"② 布兰特（Bunyan Bryant）认为，"环境正义指的是那些可以支持可持续社区的文化规范、价值、规则、规章、行为、政策与决策，生活在这些社区中的人们能够自信地彼此交流，他们生活的环境是安全的、健康的、生机勃勃的。当人们能够实现自己的最大潜能，并且不用承受各种'主义'之害时，环境正义就存在了。环境正义意味着体面的报酬与安全的工作；有品位的教育与娱乐；体面的住房与充足的医保；民主的决策程序与充分的个人权利；没有暴力、毒品与贫穷的社区。在这些社区中，文化多样性与生物多样性极大地受到尊重，分配正义无处不在。"③ 这些定义内涵丰富，并且能够将环境正义与分配的平等、文化的承认和政治的参与有机地整合在一起。

从多元视角实现对于环境正义的解读恰恰反映了目前学术界

① Kristin Shrader-Frechette, *Environmental Justice: Creating Equality, Reclaiming Democracy*, Oxford: Oxford University Press, 2002, p.6.

② Julian Agyeman, *Sustainable Communities and the Challenge of Environmental Justice*, New York: New York University Press, 2005, p.26.

③ Bunyan Bryant, *Environmental Justice: Issues, Policies, and Solutions*, CA: Island Press, 1995, p.6.

对正义问题研究中的流行观点在分析环境问题时的理论张力。受此启发，本研究也尝试采用这种多元主义的态度并且侧重于从环境正义与分配、与文化承认和政治参与的关系上分析环境正义的内涵。

首先，从分配正义的层面来解读环境正义。环境正义的定义最初来自于对环境恶物与环境善物在穷人和有色人种群体中存在的分配不平等的事实。通常我们认为，环境恶物主要是指在生活中对人的健康和安全具有负价值或零价值的环境因素，例如，有毒废弃物、受到污染的水、毒化的耕地、生物物种的减少、被污染的空气等；环境善物是指在生活中对人的健康和安全具有正价值的环境因素，例如，清新的空气、未受污染的水、优良的土壤、生物物种的保持、稳定的生态环境；等等。

环境善物和环境恶物在穷人和有色人种、妇女和儿童等生活中的弱势群体中的不平等分配主要是因为教育、收入、职业等处于劣势地位所造成的。人们如果接受的教育不多，这很容易使他们对于有毒污染物及设施的信息缺乏了解，忽视从事危险职业所带来的伤害。如果他们生活贫穷、收入低下，那么也就没有能力增加生活成本，从而远离有污染存在的居住地。有些特殊群体更容易受到环境污染的侵害，例如儿童，"儿童由于对各种形式的环境更加敏感，再加上有些学校本身就建在有毒垃圾填满场之上或有毒工场附近，使得儿童已成为环境不正义的牺牲品的代表。"[1]

应该说，对于弱势群体不平等地承担的环境负担，不是基于

---

[1]　Kristin Shrader-Frechette, *Environmental Justice: Creating Equality, Reclaiming Democracy*, Oxford: Oxford University Press, 2002, p.6.

个人的生活经验，而是来自于社区水平，并且遭受环境伤害的人们也基本没有能力阻止和矫正。在这种情况下，学者们首先从分配正义的角度来定义环境正义就不足为奇了。美国学者温茨指出"与环境正义相关的首要议题涉及分配正义""它的焦点在于，在所有那些因与环境相关的政策与行为而被影响者之间，利益和负担是如何分配的。它的首要议题就包括了我们社会中的穷人和富人之间进行环境保护的负担分配，同样，也要在贫国和发达国家之间，在现代人和后代人之间，在人类与非人类物种尤其是濒危物种之间，对自然资源如何配置。"[1] 日本学者户田清也从分配正义的角度来进行理解："所谓环境正义的思想是指在减少整个人类生活环境负荷的同时，在环境利益（享受环境资源）以及环境破坏的负担（受害）上贯彻公平原则，以此来同时达到环境保全和社会公正这一目标。"[2]

弱势群体遭受环境利与害的分配不公，一方面表现为大量有毒垃圾废弃物的困扰；另一方面又表现为被迫远离各种有益环境资源的使用和享受。因此，面对弱势群体的双重环境处境，环境正义所要实现的最基本的目标就是："确保少数族群和弱势群体拥有免遭环境迫害的自由，社会资源的公平分配，资源的可持续利用，以及确保每个人、每个社会群体都拥有平等享用干净的土地、空气、水和其他自然资源的权利。"[3] 由此可见，分配问题是

---

[1] ［美］彼得·温茨：《环境正义论》，朱丹琼、宋玉波译，上海人民出版社2007年版，第4页。

[2] 转引自韩立新：《环境价值论》，云南人民出版社2005年版，第177页。

[3] 纪俊杰：《环境正义：环境社会学的规范关怀》，载《台湾第一届环境价值观与环境教育学术研讨会论文集》，成功大学台湾文化研究中心1996年。

环境正义的一个重要内涵。

　　其次，从文化承认的层面来分析环境正义。受承认政治理论的影响，人们开始认识到，贫困社区和有色人种社区之所以承担了更多的环境伤害，与这些社区中的人因阶级和种族导致的社会、经济和政治的无权地位相关。污染工业和有毒废弃物处理设施选址在低收入和有色人种社区反映了种族主义、阶级歧视和错误承认。人们逐步认识到，来自承认与身份认同的缺失已经成为环境风险分配的核心因素，缺乏对穷人和有色人种的应有重视必然会导致环境利害分配的不平等。承认政治理论将会认为，尊重或承认的核心观念就是身体的完整性，如果一个人自由支配自己身体的权利被剥夺就是一种人身侮辱，而人们居住区暴露的环境伤害对人们而言就是一种人身的侮辱。承认的缺失与环境的恶化之间紧密地联系在一起，所以，环境正义就必须要关注环境平等和文化的承认。一些环境正义的行动者发现自己总是处于主流文化之外，他们的身份被错误地承认、不被承认、贬低或忽视。因此，环境正义组织开始呼吁承认应该被看作是环境正义中的一个关键要素。此外，这种承认和身份认同超出了单个人的生活经验和需求，既是对所在社区以及整个运动的承认和尊重，也是一种基于对不同的人、不同社区、不同身份和不同文化的相互尊重。

　　最后，从政治参与的层面解读环境正义。越来越多的学者从程序尤其侧重于政治参与的层面来批判地考察环境正义概念，他们认识到，如果人们不能在造就分配的程序中拥有正义，那也就根本不可能拥有完整的分配正义。例如，胡诺德（Christian Hunold）和扬（Iris Marion Young）认为分配平等虽然重要，但仅有分配平等却不能回答谁有权做决策以及根据何种程序来做决策的问题，因此，将分配正义与程序正义结合起来是非常重要的。[①]
汉普顿（Greg Hampton）从平等与决策过程中利益相关者的参与
结合的角度，指出"环境平等的增进要求提供一些条件与资源，
使得社区能够自由地表达他们的观点"。[②] 通过各种形式的参与，
公众从而在程序上都有机会明确表达他们的想法和立场，以此对
政策产生一定的影响。希拉德－弗里彻特也强调，环境正义在关
注环境平等时还需特别关注公众的环境参与，因为当某个人或群
体承受了不相称的环境风险，或者没有多少机会参与环境决策
时，环境不正义就会产生。[③] 我们应该认识到，追求环境正义的
斗争嵌入在另一种更广义的斗争之中，即在更大范围的社会中反
对压迫与非人化。这里的底线是，环境正义的行动者们通常都看
到自己的身份总是受到贬低，而且他们也认识到，保卫自己的社
区与要求获得尊重这二者之间有直接的关联。要回应这一点，仅
仅关注再分配，或者是要求承认，这都是不够的，更重要的是参
与、赋权与发出自己的声音。

　　无论如何，在环境正义运动中，对个人与社区的声音的呼吁
和自决已经成为环境正义运动的核心部分。我们可以说，在全世
界范围内，来自于政治、经济、法律、科学以及其他很多方面资
源的限制，已成为弱势群体实现有效政治参与的障碍。弱势群体
和个体为表达对环境正义的政治诉求，他们最初就采用了"我们

---

① 参见 Christian Hunold and Iris Marion Young, "Justice, Democracy, and Hazardous Siting", *Political Studies*, 46/1(1998), pp.82-95。

② Greg Hampton, "Environmental Equity and Public Participation", *Policy Sciences*, 32/2(1999), p.165.

③ 参见 Kristin Shrader-Frechette, *Environmental Justice: Creating Equality, Reclaiming Democracy*, Oxford: Oxford University Press, 2002, p.3。

为自己代言"的口号，发出代表弱势群体生活和生存利益的声音，打破社会文化上的歧视、压迫，改变政治路径缺失的局面，通过自决和积极参与制定与自身相关的环境政策来维护应该享有的与其他社会群体相当的平等的环境权益。国内学者杨通进也明确指出，在政治参与的意义上，环境不公的重要原因和表现就是"社会的弱势群体未能充分参与环境决策的制定，未能参与环境善物和环境恶物的分配过程，未能参与分配规则的制定；同时，在从地方到全球的环境组织和环境决策机构中，都缺乏弱势群体的代言人，这使得他们所关注的问题没有成为决策者优先考虑的问题。"①

应该说，要改变环境不正义的事实，核心问题是保证弱势群体或草根阶层在环境政策决策的相关活动中进行有效的政治参与。制定环境政策的机构在人员安排上具有包容性，排除精英阶层和利益集团的垄断局面，真正平等地吸纳弱势群体的代表，承认弱势群体的利益要求，尊重少数族裔社区的文化习俗，公开相关环境风险评价的信息，避免遭受欺骗。同时，环境正义的行动者们还呼吁政策制定的程序能够积极鼓励社区参与，实现公众参与的制度化，并且能够对政策的执行和效果进行监督。

在关于环境正义的各种理解中，也有学者，如布兰特就从个人和社区的能力与功能的层面剖析环境正义，认为环境正义不仅要求分配正义，而且要求人们所生活和工作的环境要保证是安全的、健康的、富有活力的，是服务于人们实现最大潜能的；它还要求人们要有可靠的收入、安全的工作、良好的教育、休闲、住

---

① 杨通进：《环境伦理：全球话语中国视野》，重庆出版社2007年版，第378页。

房、医疗、民主决策和个人能力的增强。① 虽然对环境正义的诉求促使人们去追求安全、健康和富有活力的生活和工作环境，以发挥人们的最大潜能和自我价值，但在我们看来，这只是人们对环境正义诉求目标的可见载体，依赖于环境正义在分配、承认以及参与这三种维度的实现，并不具有独立的基础性地位。也就是说，当人们处于中等匮乏的环境中，理性的人们在公平地分配环境善物和环境恶物时，能够相互尊重、平等相待，平等地参与决策和规则的制定、执行和实施，在这种情况下，个人的潜在能力能够得到最大程度的发挥，社区的整体功能也能够保证最大程度的安全、健康和富有活力。

综上所述，我们主要从分配正义、政治参与和文化承认三个层面考察了环境正义的内涵。在这种理解中，我们将环境正义置于一种多元主义视角中，将社会经济、政治和文化及其相互作用纳入其中，力图描绘出具有包容性的环境正义的丰富内涵；同时，我们努力地在这种概念分析中既体现和超越了学界关于"正义"本质的纯理论探讨，又能够发挥对社会现实中环境正义行动实践的关照。

三、环境正义的外延：三重维度

在经济全球化与人类世代可持续的意义上，环境正义不仅涉及一个国家内部环境问题所引起的社会不公，还与国际社会中出现的环境不公联系在一起；不仅要关注当代人之间的环境不公问

---

① 参见 Bunyan Bryant, *Environmental Justice: Issues, Policies, and Solutions*, CA: Island Press, 1995, p.6。

题，还要关注后代人能否公正地利用地球环境资源的问题。因此，环境正义就需要从国内、国际和代际三个维度上探讨环境正义的外延问题。

国内环境正义强调的是族群、性别、阶级、阶层和地域间的正义。在理论上，我们在前文中对于环境正义内涵的分析主要是选取了一个国家内部所涉及的环境问题，这里不再重复。在现实生活中，弱势族群、下层社会的人们通常会成为环境污染的直接受害者；地域间的不正义，最为明显的是城市人的大量物质要求都来自于对农村生态资源的索取，而由此所产生的环境后果大多由生活在农村的农民来承担。

美国环境正义的历史事实使我们注意到环境正义论首要关注的就是国内环境正义问题。拉夫运河案和沃伦抗议事件是美国国内最为典型的抗议环境不正义的行动。拉夫运河案反映了美国社会低收入者群体，包括普通白人和蓝领家庭，因生活和居住在化工企业有毒废弃物填埋场区域而承受了本不该承受的身心伤害，他们为争取与富人阶层平等的环境权益，抗议政府在该事件中的不作为倾向。沃伦抗议事件则带有鲜明的环境种族主义特点，该事件反映了有色人种、少数族裔因社会经济、政治及文化教育等方面的弱势地位，失去参与政府及企业针对有毒废弃物处理和储藏的选址问题上的话语权、决策权，承受了不成比例的环境风险和伤害。作为典型的不正义事件，它们反映出美国社会中存在着富人与穷人、白人与有色人种、少数族裔之间在承受环境恶物与享受环境善物之间存在的明显的比例失衡所带来的不正义。可以说，美国社会特有的文化背景造就了环境不正义中带有强烈的环境种族主义色彩。

因环境正义追求的是所有的人平等地享有环境权益公平地分配环境利与害，所以，其他国家在追求经济发展的过程中也都不同程度地出现因环境污染而带来的环境不正义的事件。在德国，人们较多关注的环境话题有：空气和水污染、增长的极限、酸雨、有毒废弃物、核能、废物管理、交通、臭氧层空洞以及全球变暖等。20世纪70年代，人们开始关注核电站地点和核废料的存放所带来的环境安全隐患问题。到了80年代和90年代，草根阶层因对环境的关切和对公共风险的担忧而发生大规模的抗议活动，其中，1986年"反对核能母亲"的抗议活动在德国环境正义运动中扮演了主要的角色。

对于我国来说，虽然社会环境不同于美国、德国等西方国家，但是伴随改革开放取得巨大经济成就的同时，我国也呈现出了日益严重的环境问题，森林减少、水土流失、物种灭绝、能源短缺、空气污染、土壤污染、水污染等已经给人们的生活和社会的发展带来巨大的阻力，环境保护的工作陷入"局部改善、整体恶化"的尴尬境地。长期以来，城乡二元体制的存在一方面使我国农村地区过多地承担环境污染与风险方面的不公；另一方面又在享受国家改善环境的各种投入（包括政策、财力、物力以及人力方面）中明显地被边缘化。蒋高明院士在《中国生态环境危急》一书中列举了我国受环境恶化尤其是空气、水以及土壤的严重污染而导致的一个个触目惊心的癌症村的出现。在悲叹之余，我们不得不指出，城市与农村之间存在的环境不正义已成为我国国内环境不正义问题的最直接显现，而城乡一体化的建设也为我国城乡环境正义的实现指明了方向。

国际环境正义主要强调发达国家与发展中国家在环境问题上

的正义。基于对人权的尊重,一个人不管属于哪个国家、哪个民族、哪个种族、哪种宗教信仰,也不管具有什么样的文化,都应该享有平等的环境权益。也就是说,不但一个国家内部,不同的社会群体和地域间需要环境正义;而且超出一国范围,在国家与国家间,我们在环境问题上同样需要平等的关切。然而,在全球化的推动下,世界各国或主动或被动地加入到世界经济政治秩序中,面对全球环境的恶化、气候变暖的共同难题,发达国家与发展中国家扮演着截然不同的角色。一方面,占全球少数的发达国家人民消耗、浪费过多的自然资源,并制造了大量有毒有害废弃物;另一方面,由于发达国家的资源剥夺与危机转嫁,占全球多数的落后国家的人民不得不承受更多的环境危害。

我国作为世界上最大的发展中国家,在全球化的浪潮下,积极加强与其他国家在经济、政治以及文化上的交流与合作,在世界和平与发展的舞台上树立了良好的形象。但是,我国也难以逃脱大多数发展中国家发展对外经济过程中所遇到环境负担。在粗放式的发展模式中,我国以低廉的资源和人力资本成为世界上最大的生产和生活资料的加工厂,廉价的"中国制造"虽赚取了巨额的外汇,但却付出了巨大的环境代价;同时,发达国家也有意将一些高能耗高污染的跨国企业直接转移到我国安家落户,他们在获得巨大利润的同时留下了难以承载的资源和环境污染的负担。

早在1991年,世界银行的一份内部备忘录就曾指出把发展中国家作为有毒垃圾倾倒之地有三个原因,"他们称作垃圾处理的经济原则,一是当地人的生活期望值较低,二是这些国家相对处于未被污染的状态,三是以最低工资的人们的健康损害制造最

大的经济成就感。"① 由此可见，发达国家与发展中国家之间存在
的环境不公既有贫困的诱因，也有来自发达国家的权利剥夺和尊
重的缺失。改变这种现状，共同维护美好的地球家园，发达国家
需要更健全的理性来引导消费模式的转变，而发展中国家也需要
谨慎地平衡加快发展与环境保护的重任。

代际环境正义是代际正义在环境问题上的体现，它后代人的
生存与发展必须有赖于当代人对地球现有生态环境资源的维持，
因此，当代人如果只看重眼前的物质财富的增长而忽略了生态财
富的储存，没有考虑到后代人的生存和发展所需的生态利益，那
么他们的行为就会限制和危害后代人平等地享有优质生态环境实
现幸福生活的权利，违背了代际间应遵循的正义原则。

应该说，人们对于代际环境正义的关注始于20世纪70年代，
世界人口的增长与经济的快速发展严重污染了有限的地球环境资
源，个别国家和地区已经在承受着发展所带来的环境伤害和负
担。地球资源的耗竭、资源质量的下降以及当代科技对后代人的
潜在风险的担忧，促使人们反思如何能够顺利转变发展方式、在
保证当代人经济社会发展的质量和速度的前提下，为后代人的生
存和发展保留平等的环境资源空间，这成为世界性的挑战。明显
的代际不公体现在核能的安全使用及核废料的处置、基因技术的
使用、生物资源的减少、可更新资源的衰退（森林、水和土壤）
甚至是关于自然系统知识的文化资源库的衰竭等问题上。

现实中人们对代际正义的直觉引起学者们的热烈讨论。面对

① Kristin Shrader-Frechette, *Environmental Justice: Creating Equality, Reclaiming Democracy*, Oxford: Oxford University Press, 2002, p.11.

帕菲特关于后代人身份的"非同一性问题"的质疑，后果主义与非后果主义在争论中试图给出较为满意的回答，罗尔斯诉诸于家庭模式在公平正义的原则上为代际正义关怀的合理性进行辩护，法学家魏伊丝借助地球信托的概念强调当代人需承担起对未来后代人的代际环境伦理责任。

虽然代际环境正义对后代人权利的维护因后代人身份的主体缺失会面临很多挑战，但国际社会仍然普遍认同并且积极倡导和践行这种理念。1987 年，布伦特兰夫人在《我们共同的未来》的报告中提出的可持续发展的理念就是以代际环境正义的诉求为伦理底蕴的，1992 年在巴西里约热内卢举行的联合国环境与发展大会则进一步明确了世界各国的经济发展必须要承担和实现对未来世代的责任与义务。许多国际性条约都明确认可了后代人的权利与利益，肯定了后代人的现实地位，有些国家和国际组织甚至开展一系列可行的制度设计来达到保护后代人的目的。

改革开放以来，我国社会经济的发展取得了举世瞩目的成就，但也付出了沉重的发展代价，资源和环境遭到粗放式的开发和利用，环境污染对民众尤其是弱势群体的伤害所引发的社会问题已经远远超出了当代人的能力承受和解决范围。受环境污染的影响，儿童血铅中毒，新生儿畸形等健康伤害时有发生，后代人承受的环境不公成为人们可以预见的事实，并且在时间的延续中慢慢显现。因此，承担起对未来世代的环境责任，保护环境，超越文明进程中对待自然的人类中心主义与非人类中心主义的狭隘视野，实现人与自然、人与社会的协调的可持续发展直接关系中华民族的根本利益和长远利益。

第三节　环境正义论与人类中心主义、
非人类中心主义

一、人类中心主义与非人类中心主义之争

在很长的一段时间里，环境伦理学研究领域的核心之争局限于人类中心主义与非人类中心主义。人类中心主义强调人在自然系统中的重要性，也重视人在维护自然系统中的核心地位；非人类中心主义否认人在自然界中占据着至高无上的统治地位，如果刻意拔高人在自然界中的地位，这就是人类的狂妄自大和狭隘的物种利己主义。具体来说，这两种思想的理论斗争主要表现在以下几个方面。

第一，当前生态危机的根源是人类中心主义吗？非人类中心主义者认为人类中心主义应当为当前的生态危机负责。因为工业文明背后的价值观是人类中心主义，它把人看成绝对的主体，自然界只是用于为人所开发和攫取的客体，从而导致人与自然的危机。而人类中心主义者认为，当前的生态危机并不能归咎于人类中心主义。人和其他物种一样，不可能脱离自身的利益而存在，人理所当然是以人为中心，当前出现的生态问题产生于人类关于自然的知识超过了正确运用这些知识的范围以及人口迅速而无节制的增长。

第二，自然界具有内在价值吗？绝大多数人类中心主义者都把价值理解为客体对主体的效用，是人们根据自身的需要或某种评价标准对客观对象所做的评判，因此，自然界的一切事物只有在它们能够满足人类的需要时才有价值，内在价值只属于人类。非人类中

心主义者认为，并非只有人类才具有内在价值，自然界也同样具有内在价值。自然界本身就是美的，不以人的主观意志为转移，单纯从人的主观偏好去理解价值，是人类狂妄的一种表现。自然不断地在创造着复杂性，使得生命朝着多样化和精致化的方向进化，在人类产生之前漫长的历史过程中都有价值的产生与存在。

第三，道德关怀的对象是否可以扩展到自然界？人类中心主义者总是把理性作为获得道德关怀的充要条件，因而伦理道德只能适用于人际关系，如果说人对自然有什么伦理可言，那最多只是一种间接责任或隐喻。但非人类中心主义者认为，从道德发展的历史来看，道德的进步过程本来就是道德关怀的对象不断扩大的过程，奴隶、黑人、妇女等在历史就曾经不是道德所要考虑的对象，但时至今日，这种看法早已被扫进了历史的垃圾堆，同样，将来总有一天人们会认识到，现有的那种否认人对自然存在的道德关系的观点也同样会被证明是错误的。

二、环境正义对人类中心主义的深化与发展

虽然人类中心主义与非人类中心主义的争论长期以来是环境伦理学的主旋律，但这种争论也并没有立即给环境危机带来出路，相反，环境问题日益严重。到了 20 世纪后期，环境运动明显出现了一种转向，即环境正义的议题越来越受重视。从上面我们关于人类中心主义与非人类中心主义相关观点的简述来看，环境正义论实质上是一种人类中心主义。环境正义把自然资源看作是客观对象，然后重点关注这些资源如何在人们之间进行分配，简单来说，环境正义是社会正义论在资源领域的一种应用。

环境正义论反对抽象而又空洞的非人类中心主义。非人类中

心主义单纯强调自然的整体性、人与自然的平等、把荒野当成精神目标的追求，力图将人消融在自然之中。这看上去很美好，但忽略了现实世界存在着严重的人与人之间的不平等现象。实际上，处于不同社会地位及文化背景中的人对自然的理解是完全不同的，一个美国的白人中产阶级和生活在社会底层的有色人种对自然的看法肯定不一样，前者呼吁要保护野生动物、森林和荒野，而后者更关心的是城市社区的生活健康和医疗条件改善，是如何阻止上层阶级通过各种途径将废弃物埋藏在自己的社区里；发达国家和发展中国家的人对自然的看法也是不同的，发展中国家的人对单纯强调保护自然整体性的观点反应冷淡，因为它不符合发展中国家的利益，对于发展中国家的许多人来说，他们要更多考虑的并不是自然保护，而是下一顿的粮食在哪里，他们的追求不是生活质量，而是生存问题。非人类中心主义把人们的视线从贫困问题、社会公正问题以及发达国家对发展中国家的补偿问题上转移开了。环境正义注重把环境问题与社会问题联系起来，关注不同的主体对环境的不同认识与需要，使公民的生存权、健康权、不受歧视权、参与权等基本权利在环境领域里得到了充分体现与辩护。因此，正如温茨明确指出的，"生态学关注并不能主宰或总是凌驾于对正义的关切之上"。①

环境正义让人类中心主义的内涵更加明确。环境正义论者在理解"人类"的时候，不再把"人类"看作是与"自然"相对立的一个类概念，他们已经注意到人类这一概念中包含着人的多样

① ［美］彼得·温茨：《环境正义论》，朱丹琼、宋玉波译，上海人民出版社2007年版，第2页。

性与复杂性。在现实生活中存在并对自然发挥着影响的永远只是作为个体或群体的活生生的人,这些处于复杂人类系统中的不同层次的人都有自己特殊的需要与诉求。我们不能离开客观存在的各种群体之间的利益差异来抽象谈论"全人类利益"。正如台湾学者纪骏杰所说:"强将全球人类视为一整体,认为不同种族、地域、性别、阶级与年龄的人可以一起面对与解决'共同'的问题,更是乌托邦的想法。"[①]这样看来,环境正义论是对人类中心主义内涵做了更科学的表达,或者也可以说,它使人们的视野从人"类"中心主义走向了更为科学的"人类"中心主义,这里的"人类"已经不再是抽象的类概念,它以现实的人为主体。

也有一些学者提出,环境正义要包含四个维度,除了国内环境正义、国际环境正义与代际环境正义外,还应该有种际正义。我们认为,这根本没有必要。我们不是要否认种际正义,我们强调的是,环境正义是社会正义论在资源环境中的应用,它主要处理的还是人与人之间的关系,而不是单纯地处理人与其他物种之间的关系。更何况,大谈种际正义有可能使我们重新回到抽象的非人类中心主义怀抱。那么这是不是意味着我们不用谈人类与自然之间的平等关系,不要去保护自然呢?或者说,这是不是意味着,人们完全可以去无情地掠夺自然,只要大家在掠夺的过程中以及分享掠夺的果实时做到公平正义就可以了?事实并非如此,我们在保护环境与节约资源的时候,我们都持有一种代际的视角,大家都能认识到,我们要为后代人留下些什么东西。要做到

---

① 纪俊杰:《我们没有共同的未来:西方主流"环保"关怀的政治经济学》,《台湾社会研究》1998 年第 31 期。

这一点的前提就是，我们要尽可能地保护自然资源。

这样看来，环境正义论并不是推翻了人类中心主义，而是对它做了更科学的深化与发展。环境正义的倡导者能够科学地认识到，在国内领域，由于不同的人在地域、阶级上的差别，往往在一个社会中处于弱势地位的群体总是承担着环境破坏的后果，而上层社会的人群虽然掠夺了自然资源，对自然环境造成毁灭性的影响，却不需要担负生态危机。在国际社会，发达国家长期奉行自我中心主义，构筑贸易壁垒，实行不平等交往，根本不考虑甚至破坏别国、别民族的利益来满足自己的私欲，从而导致国家与国家之间的利益对立与冲突，甚至对发展中国家实行危机转嫁，将环境破坏的恶果全部推到处于弱势地位的国家，严重削弱和剥夺了发展中国家人们的生存利益。在各个不同世代之间，现代人处于现存的历史条件中，总是以一种"本代中心主义"的观念来指导自己的行为，忽视后代人也有不同于现代人的利益，以不可持续的方式来掠夺自然资源，从而压缩了后代人的生存空间，而后代人由于尚未出现，根本没有办法取得与当代人争取权利的话语权，因此现代人享受着环境破坏所带来的暂时性的好处，而后代人不得不去承受由此产生的恶果。

总之，在现实生活中，并不存在绝对客观的、统一的对自然的理解，也不存在相对于所有人的普遍的环境问题，只存在着生活在不同的经济、政治、文化条件下现实的、活生生的人所面临的具体的环境问题。在环境正义论者看来，环境问题的解决应当与社会正义问题联系起来，只有建立了公正合理的国际国内政治经济秩序，只有树立了科学的代际平等观，环境问题才有可能得到最大程度的改善。

第二章
国内环境正义与中国农村环境保护

　　伴随 20 世纪 80 年代以来我国农村社会改革的深入，农村经济得到巨大发展，但农村环境"脏、乱、差"和"局部改善、整体恶化"的现实严重制约着农村地区的进一步发展，农村环境污染的加剧严重影响着农民的身体健康和社会稳定和谐。这种状况的出现很大程度上源于我国长期以来形成的城乡二元结构。受城乡二元结构的影响，我国城市与农村在环境保护上呈现出明显的不正义，形成了"重城市、轻农村"的不平等格局，我国农村地区的环境保护在政策、资金、技术、机构、人员以及居民环境保护的意识上都严重缺失和滞后。受"农民"的身份影响，农村居民没有平等地得到与城市居民相同的环境权益，与城市居民相比，承受了明显的环境不正义。因此，我们通过分析城乡二元结构，找出我国农村环境问题出现的国内不正义根源，将有助于我们正确地面对我国农村环境出现的突出问题，走出城乡二元结构，积极构建城乡一体化机制，让农村和农民得到应有的尊重、分享应有的环境权益，平等地参与环境决策，真正走出我国农村环境保护的困局。

第一节　城乡二元结构

一、城乡二元结构的内涵和特征

城乡二元结构始于 20 世纪 50 年代。当时，我国为保证以重工业为主体、资金密集型的工业化发展战略，有效地控制了农村人口向城市自由流动，有效地把资源从农村转移到城市，挤压和剥夺农业，使城市得到了优先的发展，我国社会推行了以城乡二元户籍制度为基础和核心的城乡二元结构。作为高度集中的计划经济体制的产物，它不仅强调农村传统经济部门和城市现代经济部门并存的二元经济结构，而且还融合了城市与农村相互隔离、处于不同的社会地位等级状态的二元社会结构，是城乡二元经济与二元社会并存融合的结果。[①]1958 年，人民公社时代的到来成为这种城乡二元结构确立和巩固的标志。

户籍制度作为城乡二元结构的基础和核心，是指全国人口分为两个部分，即农业人口和非农业人口，农业人口居住在农村，进行农业活动，不能够自由地向城镇迁移和转为非农业户口。在这种户籍制度基础上，并且适应这种户籍制度的需要，城市与农村、城市人口与农村人口在社会权利、公共政策和资源上享受两套不同的体制，出现"城乡分治，一国两策"的社会管理局面。

城乡二元结构在我国社会确立以后，虽然在短时间内改变了我国工业基础薄弱的局面，形成了种类全、结构基本完整的工业

---

① 参见陆学艺:《当代中国社会结构》，社会科学文献出版社 2010 年版，第 255 页。

体系，但是"城乡之间呈现出明显的权利不平等、人口流动停滞、资源配置不合理、发展不平衡的等级关系特征。"[1] 农村与城市、农民与市民之间在政治、经济以及社会生活中存在明显的社会地位不平等特征。

在政治上，城乡居民因农业户口和非农业户口的差异而享有不同的政治权利和机会，农民在我国现实政治生活中处于弱势群体地位，被边缘化，政治参与权严重缺失，很难平等地体现农民的当家做主地位。以选举权为例，在十届全国人民代表大会以前，人们在选举人民代表大会的代表时，人大代表的名额分配在城乡居民中的比例是不同的，城市人口中 22 万人选出 1 个人大代表，88 万的农民才能够选出 1 个人大代表，人大代表因城乡的差异造成同样数量的代表人数实际代表了不同数量的人的政治利益，直到选举十二届全国人大代表时才实现了城乡间按 67 万人中选 1 人的相同比例选举和分配人大代表名额。

在经济上，城市与农村、工业与农业间的不平等交换。为保证以重工业为主的优先发展战略，我国需要快速积累工业发展所需的资本，因而政府凭借各种行政手段，一方面对城市和工业进行政策倾斜，投入绝大部分公共资源；另一方面又将原本出自农村的各种资源进行不平等的调配，转移给城市和工业，城市中心地位的巩固和重工业发展的坚实基础建立在牺牲和剥夺农村和农民的利益基础之上。对此，国家所采取的措施主要有：统购统销粮食和农产品制度、征收农业税、工农业产品剪刀差、存贷款差以及近年来低价征用农民土地、低薪雇佣农民工等方式。以工农

---

① 陆学艺：《当代中国社会结构》，社会科学文献出版社 2010 年版，第 257 页。

产品的"剪刀差"为例，据有关研究表明，在 1978 年以前，我国单纯依靠工农产品"剪刀差"就从农民那里转移了 6000 亿元以上，而在全国国有单位固定资产投资也只有 7640 亿元左右。[1]另外，在 1990—1998 年间，国家通过财政、税收、工农业产品价格"剪刀差"和银行储蓄等又从农村转移吸纳资金 19222.5 亿元。从新中国成立初到 20 世纪 90 年代末，我国农民为国家农业化和城市化发展积累资金达到 2 万多亿元，超过同期社会资本总量的一半多。[2]这种农业支持工业的发展态势加快了我国工业化的发展，但是长期的农业投入的缺乏和资源的转移导致了我国农业发展的严重滞后和软弱无力，农村贫穷落后的局面很难改变。

就社会方面而言，社会公共政策和公共产品等方面的投入在城市与农村间严重不平衡。由于户籍制度上存在农业户口和非农业户口的区分，与之配套的社会政策也截然不同，持有农业户口和非农业户口的人在粮食和农产品供应、副食补贴、住房、教育、医疗、就业以及社会福利和保障方面都分别采用两套制度和方案，农民与城市市民之间存在明显的社会公共财富占有、地位和发展机会等级差异。以 1985 年以前我国实行的政策为例，当时城市居民每人每年的棉布供应量为 18 尺布票，农民每人每年只有 15 尺布票。城市和农村的义务教育也明显不公，城镇中小学由国家办学，财政拨款由国家和地方财政共同承担，而在农村，农民小孩上学需要农民集资建设校舍。就业方式差别更大，

---

① 参见陆学艺：《当代中国社会结构》，社会科学文献出版社 2010 年版，第 258 页。

② 参见王国敏：《城乡统筹：从二元结构向一元结构的转换》，《西南民族大学学报》（人文社科版）2004 年第 9 期。

农业户口的人只能够从事农业生产，农民的后代只能够当农民，除非通过高考、招工和参军的方式才能实现农转非。而工人和干部的子女可以接父母的班，享受国家的就业安排，政府有责任和义务来帮助他们实现就业。

二、中国城乡二元结构的发展演变

1978 年以来，伴随改革开放的时代潮流，我国城乡二元结构的社会面貌也在现代化和市场化的进程中以城乡利益关系的调整为主发生了阶段性的变化。

第一，在 1978—1984 年，农村改革推动了城乡二元结构的改善、缩小了城乡发展差距。1978 年，安徽凤阳小岗村率先奏响了全国改革的号角，农村改革首先冲破了城乡二元产权制度的限制，以家庭联产承包责任制替代传统集体所有制，实现了土地的所有权与使用权、收益权的适当分离。这种体制的确立很快在全国得到普及，农村社会生产力得到极大的解放，农村社会迎来了新的发展机遇。在这种背景下，人民公社时期确立的城乡二元结构的对立局面也开始得到改善，农业、农村、农民的地位较此前有很大程度的提高。随着粮食及农产品逐年增收，国家还对农业政策做出适当的倾斜，提高农产品价格、减少部分农业税收，增加农业投入，加强农业基本建设，发展乡镇工业，推进城镇化建设，一系列的改革措施朝着有利于农村的方向演化。"城市居民人均可支配收入和农村居民人均纯收入的比例从 1978 年的 2.57：1 降到 1984 年的 1.84：1。城乡居民的人均消费水平逐年缩减，城乡居民人均消费额之比从 1978 年的 2.93：1 降到 1984 年的 2.34：1""城乡居民的食品消费水平逐步趋近，城乡居民恩格尔系数的差距从 1978 年相差 10.2 个百分点，逐步缩小到 1984 年的 1.2 个百分点。"① 由这些数据可见，这一时期的改革缩小了原有的城乡二元对立格局。

第二，1985 年至 1992 年，城市改革促使城乡二元结构出现逆向反弹。相比农村改革而言，我国城市改革阻力大、风险大，所以直到 1985 年改革的重心从农村转移到了城市，开始了漫漫征途。为保证城市改革的顺利进行，国家的财政、税收、社会保障等政策改革重新向城市倾斜，城市利益得到有效维护。以工资收入为例，这一时期，国家针对企业、事业和国家机关职员的工资收入进行调整，设立各种名目进行补贴，增加城市人口的实际收入和购买力。在农村，受城市改革的影响，农村剩余劳动力首次以"农民工"的身份进入城市，在城市从事体制外的经济活动；乡镇企业的迅猛发展，在激活社会经济的同时，也大量吸收农业剩余劳动力。但是这种局面并没有保持良好势头，1989 年乡镇企业的萧条，城市对农村流动人口的排斥，又使得已经非农化就业的农民返回农村和农业。在此期间，在农民实际收入没有提高的情况下，国家有些政策的推行又加重了农民的负担。以 1985 年国家财政税收改革为例，国家取消了之前对农村中小学学生的教育补贴，乡村学校教育经费和农村校舍的修建均由农民自行负担。1992 年，国家用于农村合作医疗的卫生事业费为 3500 万元，占全国卫生事业费的 0.36%，农民人均不足 4 分钱。② 可以说，

---

① 蓝海涛：《改革开放以来我国城乡二元结构的演变路径》，《经济研究参考》2005 年第 17 期。

② 参见蓝海涛：《改革开放以来我国城乡二元结构的演变路径》，《经济研究参考》2005 年第 17 期。

在此期间，由于国家各种政策对城市的倾斜，城乡之间的二元对立并没有缓解，且在收入和消费的实际表现上都有加重。

第三，1993 年至今，市场化的改革加剧了城乡二元结构的对立，城乡差距进一步扩大。自 1993 年开始，我国城市与农村都开始进行了市场经济体制的改革。尽管国家通过收入分配制度、社会保障制度、劳动就业制度以及农民土地承包、农业税收以及粮食购销保护价、减轻农民负担等政策进行调控和指导，但因市场机制的介入和不规范，城乡二元结构的利益重心进一步向城市倾斜，导致城乡差距的进一步扩大。尤其是 2000 年以来，我国城乡发展差距突出表现在三个方面：一是农业科技含量和劳动生产率低；二是农村地区的基础设施建设和社会事业发展严重滞后，农村居民生产生活条件差；三是城乡居民收入总体上还存在较大差距。[①] 以中国城乡收入差距为例，有学者利用泰尔指数进行度量，指出改革开放以来，我国城乡收入差距与实际经济增长的关系是非线性阈值协整关系，近几年这种城乡收入差距对实际经济增长的效应为负，并较以前有所强化。[②] 这一结论表明，近年来我国城乡二元结构的问题并没有得到缓解，城乡差距依然较大。很多统计数据也印证了这一结论。2011 年，我国农民人均纯收入为 6977 元，而城镇居民人均可支配收入为 21810 元，是农民人均纯收入的 3.13 倍。[③]

---

① 参见陈锡文：《推动城乡发展一体化》，《求是》2012 年第 23 期。

② 参见王少平、欧阳志刚：《中国城乡收入差距对实际经济增长的阈值效应》，《中国社会科学》2008 年第 2 期。

③ 参见陈锡文：《推动城乡发展一体化》，《求是》2012 年第 23 期。

第二节　城乡二元结构与中国农村环境问题

一、"公地悲剧"与中国农村环境正义的缺失

我国农村人口多，占地面积广，是我国各类环境资源与矿产资源的主要分布集中区。新中国成立以后，受城乡二元结构的制约，广大农村为我国城市中心主义和工业化发展战略做出了巨大的牺牲，农村地区发展缓慢，经济落后，但是由发展所带来的环境负担此时也并未凸显。改革开放以来，我国现代化、市场化和城市化的发展速度加快，国民生产总值连续多年保持在8%以上，整个社会经济面貌发生巨大变化，人民生活水平提高，但也付出了沉重的环境污染代价，并且这种发展代价在我国农村地区表现尤为突出，农村地区环保缺乏与滞后，环境恶化、污染加剧。由于国内环境正义理念的缺失，城乡间、地域间、产业间和群体间的环境不公正在我国农村往往交错地呈现出来，广大农村地区被视为"公地"而承受着频繁的"公地悲剧"之痛。

所谓"公地悲剧"，是1968年英国加勒特·哈丁（Garrett Hardin）教授首先提出的。一个被许多牧民使用的公共牧场，虽然资源有限，但是能够在一定范围内满足牧民们的基本牲畜饲养数量需求。如果有一位牧民想增加收入，他可以通过增加一倍的牲畜饲养量来实现，而这一数量在牧场的可承受能力范围之内。这时，因牧场是公用的，所以这位牧民没有直接伤害任何其他人的利益，他收入的增加没有给其他人带来利益的减少。既然是公共牧场，那么其他人要想增收的话，也可以增加牲畜的饲养量。这样，这一牧场上的牲畜越来越多，牧场最终会被过度放牧而彻

底毁坏。在每个牧民的行为都没有直接去损害其他人的利益的情况下，作为公共资源的牧场失去继续放牧的功能，不能再作为牧民的利益基础给牧民带来收入，造成了悲剧的发生。①

值得我们注意的是在"公地悲剧"的实验模型中，"牧场"承担的是公共资源的角色，"牧民"是只关心自我利益最大化的理性人，"牧民的收益"借助于在作为公共资源的牧场上放牧而实现。表面上看牧民之间没有利益的冲突，但是当过度利用公共资源超出一定限度时，伴随公共资源功能的消失，即便所有人都付出很大的努力，但是都不能阻止收益终止的悲剧发生。

"公地悲剧"的警示早已被环境伦理学界所认同，但是当我们审视中国农村环境污染的严峻形势时，却发现在我国城乡二元结构的社会背景之下，由于环境正义的缺失，最终导致"公地悲剧"在农村地区的发生。长期以来，农村地区总是留给人们山清水秀、田园牧歌的美好画面。但是，由于我国在新中国成立初期所形成的城乡二元结构的影响，农村、农业和农民处于弱势地位，农村地区为我国工业发展和城市建设输送了大量的包括农副产品在内的资源，农村悄无声息地被当作社会经济发展中重要的资源输出地，农村广袤的土地、肥沃的耕地、清新的空气和干净的水源就开始充当了全社会的公共资源，扮演"公地"的角色。但是，由于缺乏对于农村资源与环境的保护，掠夺式的开发和利用，使得农村地区原有的环境功能优势越来越脆弱，甚至有些地区生态环境功能几近崩溃。

---

① 参见 Garrett Hardin, "The Tragedy of the Common", *in Ehtics and Population*, Michael D.Bayles (ed.), Cambridge Mass: Schenkman Publishing, 1976, pp.3-18。

目前，我国农村地区因被当作"公地"而遭受的污染主要来源于以下几种环境不正义的事实。

第一，工业对农业资源的掠夺和污染转移。目前，我国农业整体生态环境退化、污染严重。以我国耕地状况为例，我国总耕地面积为20.31亿亩，因工业废水而污染的耕地面积达到2亿多亩，中重度污染的耕地面积达到5000万亩，另外还有一部分耕地因工矿塌陷和地下水超采严重破坏地表土层，已经不适合耕种，这种状况使得我国要特别严守18亿亩耕地的红线。① 由这些数据可以发现，造成这种局面的主要因素中就有来自工业的污染和破坏。20世纪50年代我国优先发展重工业的战略导致国家政策的制定"重工轻农"，农业在为工业发展输送大量"营养"之时，农业在社会发展中的基础地位并没有真正得到体现，农业缺乏应有的重视和保护政策，牺牲了几千年来保持下来的良好农业生态环境，优质耕地面积减少、土壤有机质减少、毒化，农产品安全质量下降。农业生产大多停留在粗放式的水平，处境艰难，农业生产方式落后的局面急需改变。

第二，城市转移给农村的环境污染。在城乡二元结构中，城市借助于国家"重城市、轻农村"的政策，不仅不平等地分享了大量改革和发展带来的好处，而且还在城市化的进程中，加大了对于农村各种资源的需求量，回赠给农村更多的环境负担，使得农村环境承受了越来越多的不正义。具体而言，这种不正义主要有这样几种情况：

---

① 参见中国广播网：《我国人均耕地不足世界水平一半 5000万亩耕地受污染》，2013 年，资料来源：http://china.cnr.cn/xwwgf/201312/t20131230_ 514530103. shtml。

其一，城市化进程带给农村环境的负担加重。据中国工程院关于《中国特色新型城镇化发展战略研究》的报告显示，我国正在由传统农业大国变为现代城市型国家。近三十多年来，我国城镇化快速发展，截至 2012 年，"城镇化率由 17.9% 升至 52.57%，城镇人口由 2 亿多增至约 7.1 亿，城镇化水平与世界平均水平基本持平，城镇人口与欧洲总人口相当。"[①] 现代城市型国家一方面意味着城市建设规模扩大、数量增加；另一方面意味着我国非农业人口的增加和从事农业活动的人数减少。由此事实出发，我们可以发现，城市规模和数量以及人口的大幅度增加需要占用大量优质农田耕地来满足建设用地需要，同时城市周边地区甚至在全国范围内都需要大力发展农业以满足城市人口的"米袋子""菜篮子"和"水缸子"，农业增产增收任务艰巨。这其中，耕地用于城市建设用地、粮食等农副产品的大量增加，有些是建立在对农村农业生态环境的过度耕种和挤压利用的基础上的。以禽畜养殖业为例，大规模的粗放式养殖在满足城市人口对"肉、禽、蛋、奶"需要时，养殖业污染在全国污染物总排放中占到首位，而这种污染主要集中在农村地区。在这种意义上，农村环境的"公地"角色再次凸显，"悲剧"以部分农村地区农业生态环境的功能失衡方式上演。

其二，城市生产和生活垃圾转嫁到农村。城镇人口的大量增加也带来了大量的日常生活垃圾，垃圾围城现象严重制约了城市的发展和城市环境卫生状况。目前，对污水以外的城市生活垃圾

---

① 中国新闻网：《中国工程院：中国正从传统农业大国转变为现代城市型国家》，2014 年，资料来源：http://www.chinanews.com/gn/2014/02-28/5896763.shtml。

而言，主要采取填埋和焚烧两种方式。垃圾填埋场和焚烧发电站的选址一般都在城市远郊的农村周边地区，这就对这一地区的环境造成沉重的负担。就垃圾的填埋而言，不仅占用大量土地，有些含有塑料和废旧电池以及有毒化学品的垃圾未经严格分类，被转移到农村用于农田肥料，污染了土地、粮食、蔬菜。垃圾焚烧也存在很多问题，仅塑料袋在焚烧中就会释放大量含剧毒的二噁英，对周边环境危害严重。即便是垃圾焚烧发电，如果垃圾未实现严格分类，那么也不能完全避免焚烧中产生的二次环境污染。城市卫生的整洁损害了部分农村地区的环境和农民的身体健康，农村不平等地承担了城市转嫁而来的环境负担。

其三，城市重污染企业转移到农村。伴随城市环境保护的加强，各地城市纷纷提出"资源节约型"和"环境友好型"的城市建设蓝图。为彻底改善城市环境，一些高能耗、高污染的企业面临被政府关停的命运，难以在城市继续存在。相反，我国农村地区因为环境保护工作滞后，环境保护意识缺乏，为发展当地经济，增加收入，没有严格把守环境标准，打着招商引资的旗号，引进了被城市淘汰的产业和技术设备，环境污染和伤害也随之引进。这些重污染企业本身知道企业生产对周边环境的严重影响，但是他们只关心自己能够获得的最大收益，没有承担企业本身应该承担的环境保护的社会责任，结果他们利用当地环境监管的疏漏，把环境污染非正义地带给当地农村和农民。

第三，东部地区转移给西部地区的环境污染。我国农村"公地悲剧"的现象还出现在东部地区与西部地区之间和环境不公上，这与地区间经济社会发展的不平衡紧密相关。我国西部地区因能源和矿产资源丰富，经济发展主要集中在高能耗高污染的各类能源和矿业开发与利用上，承担着为东部地区的发展输送大量能源和资源的重任。特别是在西部大开发政策推动下，西气东输、西电东输和西煤东运等标志性工程为东部地区的发展源源不断地输送营养。在这种发展中，虽然西部当地的经济增长提高很快，但是却付出了高昂的环境成本，由于相关企业周边紧连农村，空气、水和土壤污染严重，相比之下，东部地区不仅没有因此而污染环境而且也并没有对西部地区环境污染进行适当的补偿，很明显，西部农村地区被人为当作"公地"，加重了当地的环境负担。近年来，东部地区在产业升级和结构调整的过程中，提高了环境标准和监管，逐步淘汰了生产落后、污染严重的企业。然而，西部一些落后地区为了片面追求 GDP 指数的增长，放宽了污染企业的环境准入标准，被东部淘汰的能源、原材料初级加工的污染企业趁机落户，这些企业为追求经济利益，没有遵守环保的相关规定，在没有增加任何环保投入的情况下继续生产，埋下了进一步污染环境的祸根，本来脆弱的生态环境更是雪上加霜。

第四，富人与穷人之间的环境利害失衡。农村环境的"公地"角色除了在产业、城乡和地区间存在外，也表现在富人与穷人获取环境收益和承担环境风险上的不平等。在社会主义市场经济的改革中，我国人民生活水平得到普遍提高，但是在社会成员中，收入水平贫富两级分化的情况也越来越突出，富人群体和穷人群体之间在环境利害分配上也存在明显的不公，因穷人群体中至少一半生活在农村地区，所以，农村"公地"悲剧的事实与贫富群体分化的事实在农村环境问题上出现明显的交集。一般来说，富人相比穷人会消耗更多的自然资源，排放更多的污染物，这或直接或间接地对农村环境产生影响。同时，由于富人群体不仅有能力影响环境决策，而且在面对环境风险时，规避环境风险的能力较强，可以选择离开原有生活区到环境质量优良的地区生活，但是农村贫困群体的经济、政治弱势地位，以及对环境决策的影响力和规避风险的能力严重不足，因而会比富人承担更多的环境伤害。

二、城乡二元结构是中国农村环境正义缺失的社会制度性根源

农村环境资源在我国社会经济建设中长期扮演着"公地"的角色，社会各方在利用我国农村环境资源以加快发展之时，并没有真正去努力改变农村社会贫困落后的面貌，并没有及时启动环境保护与治理工作。我国农村环境在农村贫困与发展之间苦苦挣扎，环境保护任务异常艰巨。鉴于20世纪50年代我国社会形成的城乡二元结构是当今农村社会问题出现的制度性根源，因此，本研究也将在城乡二元结构背景下去思考由农村贫困和发展所带来的中国农村环境正义的缺失问题。

首先，城乡二元结构导致城乡收入差距扩大，农村地区贫困落后。1958年1月9日，第一届全国人大常委会第91次会议通过了《中华人民共和国户口登记条例》，这一条例标志着我国进入了以城乡二元户籍制度为基础的城乡二元结构社会。这种城乡二元结构因城乡居民户籍存在农村户口与非农村户口的社会身份差异，进而采取了两种不同的与之适应的城乡资源配置制度。当今，由于城乡二元结构的影响，城乡差距扩大的趋势并没有得到明显缓解，"全国农村仍有近1亿贫困人口，贫困地区的基础设施建设和社会文化事业发展仍严重滞后。部分已经解决温饱问题

的群众，因病、因灾返贫问题也很突出。"① 目前，与城市发展相比，我国农村贫困状况主要表现为：

农村绝对贫困人口数量多。自 2011 年以来，我国重新调整了扶贫标准，根据农村扶贫标准年人均纯收入 2300 元（2010年不变价）来计算，我国农村贫困人口较之前大量增加。依据 2011 年以来《国民经济和社会发展统计公报》，我国农村贫困人口 2011 年度为 12238 万人，2012 年度为 9899 万人，2013 年度为 8249 万人，贫困人口大多生活在中西部省区。

城乡居民收入差距大，农村人口相对贫困。根据《2013 年国民经济和社会发展统计公报》，2009—2013 年，我国城镇居民与农村居民年人均纯收入都有稳定增长，但是依然存在较大差距。2009 年，城镇居民年人均纯收入为 17175 元，农村居民年人均纯收入为 5153 元，绝对收入差距为 12022 元；2013 年，城镇居民年人均纯收入为 26955 元，农村居民年人均纯收入为 8896 元，绝对差距为 18059 元。城镇居民年人均纯收入增长额明显高于农村居民年人均纯收入增长额。

受城乡居民收入差距影响，我国农村居民生产生活条件差，农田水利基础设施以及道路交通、通信、饮水等基础建设施设滞后，医疗、文化、教育事业发展地区差异较大，社会保障工作有待加强。可以说，农村社会发展中城乡之间的差距早已超出了收入方面，在公共基础设施、文化、教育、医疗、信息和环境等方面都出现了很大的差距，制约着农村的快速发展。

---

① 中国新闻网：《中国农村仍有近 1 亿贫困人口 部分群众返贫问题突出》，2014 年，资料来源：http://www.chinanews.com/gn/2014/01-27/5786823.shtml。

其次，农村环境保护的滞后与缺乏。由于城乡二元结构的影响，我国城乡间环境保护存在明显差距，农村环境保护监管能力软弱，农村环境保护资金缺乏，农村环境保护的基本设施建设滞后，农民的环境保护意识不强等方面都印证了中国农村环境保护的贫困与缺乏。

农村环境保护监管能力软弱。我国大部分农村地区尚未设立专门的环保机构和专职环保工作人员，即使是农村环境保护监管走在全国前列的江苏省，环保机构和专职人员也没有完全覆盖到村一级。这样，不仅农村地区没有形成良好的环境监测网络体系，而且还导致广大农村在环境执法方面难以达到城市环境执法的有效力度。2012年，在全国近60万个建制村中，只有798个村庄开展了农村环境质量试点监测工作。同时，由于村级环保机构和人员的缺乏，我国各地农村环保资金投入既不稳定又严重缺乏。"2012年全国环保系统机构数为13225个，人数为205334人，其中乡镇环保机构1883个，环保人员7653人。"①

国家环保专项资金在农村的投入不足。中央财政自2008年起才开始设立农村环境保护专项资金，虽然仅2008—2009年中央财政用于农村环境保护的专项资金就达到15亿元，但是也仅仅支持了2160多个村镇开展环境综合整治和生态建设示范，直接受益农民只达到1300多万人。"2012年国家污染治理投资总额为8253.6亿元，环境污染治理投资占当年GDP的1.59%，其中工业污染治理项目投资额为500.5亿元，'三同时'项目环保

---

① 参见中华人民共和国环保部：《全国环境统计公报（2012年）》，2013年，资料来源：http://zls.mep.gov.cn/hjtj/qghjtjgb/201311/t20131104_262805.html。

投资额为 2690.4 亿元，城市环境基础设施建设投资 5062.7 亿元，占当年污染治理投资总额的 61.3%。"[1]

目前我国农村环境保护基础设施建设也处于刚刚起步的阶段。以乡村清洁工程为例，2006 年全国有 11 个省（市）的 251 个村开展乡村清洁工程示范建设，"修建污水收集管道 92010 米、污水处理池 3802 个、污水集中处理站 200 处、垃圾处理站 143 处、废弃物回收池 2895 个、堆沤（发酵处理）池 1969 个，配备垃圾桶（池）42008 个、垃圾运输车 119 辆，安装频振式杀虫灯 1099 盏，建设物业管理站 131 个。"[2] 到 2012 年，"全国组织了 24 个省（区、市）在 137 个村继续实施农村清洁工程试点示范，全国已建成农村清洁工程示范村达到 1500 多个，开发出较为成熟的生活垃圾、污水、人畜粪便处理工艺与配套设备，示范村的生活垃圾、污水、农作物秸秆、人畜粪便处理利用率均达到 90% 以上，化肥、农药减施 20% 以上。"[3] 虽然成效显著，但我们从这些数据中可以发现，1500 多个示范村的环境基础设施建设远远不能够代表 60 万个建制村的环境基础设施，我国农村整体环境基础设施建设任务依然艰巨。

农民环境保护意识普遍较弱。由于受城乡二元体制的限制和我国农村地区人口的教育文化限制，农民接受的环境教育非常有限，缺乏应有的环保常识，不仅忽略自身行为对环境造成的伤

---

[1]　参见中华人民共和国环保部：《全国环境统计公报（2012 年）》，2013 年，资料来源：http://zls.mep.gov.cn/hjtj/qghjtjgb/201311/t20131104_262805.html。

[2]　中华人民共和国环保部：《2006 年中国环境状况公报》，2007 年，资料来源：http://jcs.mep.gov.cn/hjzl/zkgb/06hjzkgb。

[3]　中华人民共和国环保部：《2012 年中国环境状况公报》，2013 年，资料来源：http://jcs.mep.gov.cn/hjzl/zkgb/2012zkgb。

害，而且也被动地承受来自外界的环境污染。2013 年 5 月，山东潍坊市部分姜农使用高毒农药"神农丹"种植生姜事件被媒体曝光，由此引发的农产品的质量安全问题再一次呈现在人们面前。当人们纷纷指责姜农行为违背法律和道德时，我们也会发现姜农本身环境保护意识的严重缺乏和淡薄所带来的悲哀。姜农仅仅知道自己和家人不去食用有毒的生姜这一事实，他们完全不知道有毒农药的长期违规使用达到一定程度时，当地土壤、水以及大气所受的污染就明显呈现，潜在的环境风险和健康损害会对自身和后代人构成威胁。如果姜农自身有足够的环境保护常识，那么就不会做出损人又不利己的行为。从这一典型事件可以看出，我国农民环境保护意识还有待进一步加强。

最后，我国农村在脱贫致富中承受环境污染的发展代价。贫困问题是发展的问题，它意味着发展的不足和不充分，因此摆脱贫困就需要充分发展。环境问题也是发展的问题，它是在发展超出自然环境的承载限度时所出现的负面效应。贫困和环境因为发展而联系起来。对于中国农村的贫困而言，意味着农村经济社会发展的不足和不充分，而解决农村的贫困问题也就意味着农村需要实现充分的发展。长期以来，中国农村受固化的城乡二元结构影响，不仅使得发展的任务异常的艰巨，而且在发展中会付出更多不平等的环境代价。

人们经常利用经济学中的库兹涅茨曲线来描述经济发展中环境污染问题的趋势，然而如果将之用于描述中国农村环境问题，它的适用性却是非常有限的。20 世纪 50 年代，美国经济学家西蒙·史密斯·库兹涅茨在研究中发现，经济增长与收入差距之间具有一定的相关度：在经济发展初期阶段，伴随经济的不断发展，收入差距会呈现出逐步加大的趋势；但是当经济发展到一定阶段，这种收入差距加大的趋势会转变为逐步缩小的趋势。如果把经济发展作为横坐标，把收入差距作为纵坐标，那么这种变化的趋势就会呈现出倒 U 形的曲线状态。这就是发展经济学中的库兹涅茨曲线（KC）。1996 年，美国经济学家潘那约托（Theodore Panayotou）借用库兹涅茨曲线来描述环境质量与人均收入所存在的倒 U 形关系，并且称作环境库兹涅茨曲线（EKC），强调环境质量最初随收入增加而恶化，收入水平达到一定程度后，则随收入的增加环境质量得到改善。

环境库兹涅茨曲线受到国内外学者的普遍关注，很多学者力图通过不同领域的实证研究证明它的客观性，但是也有学者指出了环境库兹涅茨曲线中存在的问题。问题一：即使我们普遍承认环境库兹涅茨曲线是客观的，那么，我们也应该努力在现实社会中尽最大力量来避免经济发展中所带来的环境污染，追求经济发展与环境保护的双赢。问题二：环境库兹涅茨曲线忽略了生态阈值的限制，经济发展所带来的环境污染临近生态环境能够承受的最大阈值时，如果不及时进行有效的环境保护和治理，一旦污染超出阈值的范围，那么环境就会出现生态功能的彻底崩溃。如果出现这种状态，那么经济发展也会因环境资源的不可持续而终止。问题三：在环境库兹涅茨曲线中，环境质量与经济发展带来的收入增长之间属于抽象的理想化状态，仅仅将环境问题与经济发展联系在一起，事实上，环境问题的出现中固然有经济发展的因素，但是它更是一个融合了政治、经济和文化因素的社会问题，需要社会各方力量来共同面对和解决。问题四：环境库兹涅茨曲线侧重于对经济发展与环境污染的事实描述，忽略了其中所存在的价值判断，忽略了现实的经济发展所可能带来的对于弱势群体的环境不正义问题。

环境库兹涅茨曲线面临的上述问题足以说明：当今环境问题不能简单地停留在环境库兹涅茨曲线模式下理解，环境问题需要人们重新思考人类如何才能够合理地面对自然、人和社会。当我们回到中国农村环境污染问题上时，我们也不能把它仅仅当作是一个简单的发展负价值，它更是一个缺失正义所带来的社会问题。

第一，我国农村的经济发展必然需要耗费一定的环境资源。自然环境是人类社会存在和发展的前提与基础，人类社会每时每刻都与周围自然环境之间进行物质、能量和信息交换。我国农村经济的发展也不例外，经济发展需要消耗掉大量的自然资源和环境资源，否则，发展无从谈起。

第二，我国农村地区的发展是当前我国社会实现经济、政治、文化、社会和生态的全面发展的一个组成部分，经济的发展受到包括环境在内的其他因素的共同影响，农村环境质量的高低同样受到其他社会因素的影响。因此，环境问题的恶化并不一定是在农村经济发展的最高峰值时，有可能提前出现环境的严重污染。在城乡二元结构模式下，我国农村环境恶化的严峻现实并非意味着农村经济已经发展很好很快，而是意味着在经济发展水平整体不高的情况下农村环境正义缺失的结果。

第三，环境库兹涅茨曲线对我国农村环境问题的不适用还在于农村环境问题已经不是农村社会内部经济发展的结果，农村地区作为弱势地区更多地承受了来自农村外部的环境负担。我国农村，包括有些自然资源环境基础相对薄弱的农村在内，为了摆脱贫困，在缺少其他可选择的致富途径时，只能够加大力度开发利用当地的自然环境资源，农牧渔业以及土生土长的工业掠夺式的生产，加重了对环境资源的索取，人们一时忘记了一旦山被挖空、水被抽尽，生态系统就将难以在短时间内恢复其应有的功能，环境难民的命运就会来临。如果仅有农村自身发展而使得环境问题出现，或许环境库兹涅茨曲线的说服力会增强，但是由于农村外部因素而导致农村出现的环境污染则超出了它的视阈范围。比如我们在前面提到的城市污染企业、重污染工业、城市生活和生产垃圾以及跨国企业污染和"洋垃圾"等在农村地区的大举入侵，则带给农村鲜明的环境利害的不平等态势，农村地区的经济发展背离了发展中人类永恒的正义主题，仅仅追求单一的经济效益的增长，发展中正义的缺失使得农村地区成为环境污染的最大载体。

三、中国农民承受的国内环境污染压力

我国农村地区生态环境的恶化以及污染的加剧让生活在农村地区的农民背上了沉重的环境负担，不仅身体承受着污染带来的疾病，而且心灵上也饱受折磨。由于城乡二元结构的长期影响，与城市人相比，我国农民在经济、政治和文化上都处于明显的弱势地位。这种情况就导致在环境正义方面，"农民"的身份让这一群体不能得到平等的尊重，不能平等地分配环境利害，不能平等地享有公民环境权，不能平等地参与环境决策。下面，我们结合第一部分有关环境正义的多元内涵来分析我国农民所承受的环境不正义之痛。

1. 农民在环境污染物分配上承受的压力

分配正义作为环境正义内涵中的必要组成部分之一，它强调

这种分配不是进行绝对的平均分配，而是要求全社会范围内公平地分配环境善物和承担环境恶物。然而在中国农村地区，由于环境正义的缺失，农民直接成为环境善物和恶物分配不公的受害者。

目前，农民所承受的环境分配压力主要体现在：第一，污染工厂和污染设施大多处于农村周边，部分地区农民不平等地承受着这些环境恶物的伤害。在我国社会发展和城市规划建设中，部分乡镇农村周边地区不成比例地设立了很多重污染工厂、有毒危险废弃物填埋场、垃圾焚化炉、垃圾填埋场等，这些工厂和设施的存在直接污染了农村环境，部分农民成为环境正义缺失的受害者。以武汉市为例，目前共建有五座垃圾焚烧发电厂，分别位于汉阳锅顶山、青山群力村、江夏长山口、黄陂滠口和东西湖新沟镇新沟八队，虽然这些垃圾焚烧发电厂建设初衷是从循环经济的角度利用城市大量的垃圾燃烧发电，来减少垃圾填埋带来的污染，缓解日益严重的垃圾围城之困，但是这些厂均建在城市远郊的农村周边地带，对附近村民造成巨大环境污染隐患。2013年，《经济半小时》、凤凰网等很多媒体网站都纷纷报道这几座垃圾焚烧发电厂涉嫌环境违规带给周边居民的不满和困扰。由于垃圾焚烧前并未实现有效的分类，人们担心有毒垃圾在焚烧过程中排放的飞灰含有二噁英致癌物质会引起二次环境污染伤害。目前我国城市垃圾采取焚烧发电的城市不只武汉市，北京、广州等很多城市都在积极利用这种方式处理城市垃圾，但是因为选址以及运行中存在的不当问题，引发周边村民的很多不满、投诉和上访。

第二，农民从事了很多危害身体健康的危险性职业。相比我国社会其他群体而言，农民享受的教育资源和教育机会有限，导致农民在职业选择上缺乏自由，无论是在农业生产还是非农生产活动中，从事危险性职业的比例都高于其他社会群体。农业生产活动中存在的安全隐患问题首先与农作物种植过程中农药（杀虫剂和除草剂）的不规范施用有关。在我国，由于环境教育和安全防护意识的不足，农民大多没有严格遵守农药使用中的高效低毒的标准，农药使用精准度不高，防护装备不足，农药施用喷洒过程中容易出现中毒现象。在农业生产之外，很多农民由于受教育水平的限制，以农民工的身份在农村或城市地区从事着制造、采矿和建筑等技术要求不高、人员密度大的工作。这些行业就业门槛低，但是工作环境差，长时间的劳作极易伤害身体，工资标准低并且拖欠工资的现象较为普遍，使农民得不到应有的尊重。

第三，部分地区水土污染严重，农民日常饮食安全遭受威胁。由于受工业污染和农业污染的影响，我国部分农村地区地表水、地下水水质不能达到规定的饮用水标准，土壤重金属污染严重，这直接对农民的饮水和食用的农产品造成危害，部分地区农民不得不承受食品安全危害。据《2012 年中国国土资源公报》显示，在 2012 年全国 198 个地市行政区 4929 个地下水水质监测中，依据《地下水质量标准》（GB/T14848-93），有 1999 个监测点水质是较差级，占 40.6%，有 826 个监测点水质为极差级，占 16.8%；铁、锰、氟化物、"三氮"、总硬度、溶解性总固体、硫酸盐、氯化物等为主要超标组，个别监测点存在重金属超标情况。① 以华北平原地下水污染对农民的影响为例足见对农村和农

---

① 参见中华人民共和国国土资源部：《2012 中国国土资源公报》，2013 年，资料来源：http://www.gov.cn/gzdt/att/att/site1/20130420/1c6f6506c23812dc4dec01.pdf。

民的生活影响。2013年6月8日，新华网刊发了《遏制污染向地下延伸——华北平原地下水污染警示录》一文，列举了天津市翟庄子村、河北省沙河白塔镇的权村、河北沧县大官厅百贾村、河北黄骅中捷农场辛庄子村等村子，因为这些地区周边工矿企业和农业污染导致地下水污染，农民不能直接以手压井直接抽取浅层地下水作为饮用水，不得不花钱买桶装水吃。这些数据背后岂止是单一的水污染，粮食、肉、蛋、奶、果蔬、水产品均难以保证质量安全，启动严格的防治和监控措施势在必行。

第四，部分地区农民不成比例地暴露在受污染的环境中，承受疾病和死亡的身心折磨。我国部分农村由于大气、水和土壤的污染导致生活环境的整体恶化，居民长期暴露在污染环境中，患病几率上升，甚至出现癌症村。中国工程院院士蒋高明在《中国生态环境危急》一书中分析了我国因环境污染导致的癌症村出现在全国多个省市，被官方权威媒体报道的癌症村名单中广东、浙江、江苏等地成为重灾区，这些农村多处于工业区周边或城市下游地带，环境整体恶化。在这种状态下，农民在无力挽救环境污染的事实面前或者选择离开家乡成为环境难民或者继续忍受环境和病痛带来的煎熬。随之而来的还有农民经济收入减少、因病致贫和返贫以及对当地年轻人婚嫁带来的危机不断出现。

第五，由于我国农村环境保护缺乏和滞后，农村在环境法治监管和执行上明显弱于城市。在我国，农村地区环保结构和环保队伍的严重缺乏，使得农村地区普遍存在环境法治监管和执行的疏漏，因此，很多工业污染和城市污染向农村转移和蔓延时，污染单位没有承担应有的环境保护责任，污染物超标排放或者偷排现象严重，环境监管和执行弱视、漠视或无视农民的环境权。

2. 农民在"自由知情同意"问题上遇到的环境决策困难

参与正义属于程序性正义，它的主要目的在于为保证分配正义的实现构建合理的方法，使得分配正义能够建立在公平的制度背景中。审视我国农村环境群体性事件的发生，我们会发现，目前我国农民还不能够充分进入对当地环境产生重大影响的环境决策程序中，与当地政府、相关企业、富人群体和相关专家进行商讨环境决策的机会较少。应该说，农民实现真正的环境决策的参与正义需要"自由知情同意"（free informed consent），也就是说，农民要获得在农村周边地区的环境污染项目的足够信息，并且能够对这些信息进行科学的解读和评价，而后出于非强迫性的自愿来决定污染企业和单位能否在农村及周边落户的问题。

"自由知情同意"是法学和伦理学中使用的概念，它的实现必须要满足以下条件："风险的施加方必须公开所有的危险信息；潜在的受害者必须有能力去估价这种危险信息；他们必须能够理解这种危险；他们必须自愿接受它。"[1] 具体来说，"自由知情同意"需要风险施加方能够客观而专业地把风险信息公开给潜在的受害者和政策制定者；风险承受方在专业地理解信息基础上，能够有效地帮助人们克服不理性的、不成熟和被扭曲的信息，减少因信息的理解偏差带来的决策错误；自愿需要对方的同意建立在自决和理性能力的基础上，而不是被强迫和被操控的结果。从"自由知情同意"的实现条件来看，目前我国农民在环境决策中还不能够做到"自由知情同意"，结果导致我国农村地区出现很

---

[1] Kristin Shrader-Frechette, *Environmental Justice: Creating Equality, Reclaiming Democracy*, Oxford: Oxford University Press, 2002, p.77.

多抗议环境污染的重大环境群体性事件。其中所涉及的主要问题有以下几个方面。

第一，潜在环境风险信息不透明，污染方在项目建设和运行前没有提供有效的环境污染信息，农民没有获得相关污染项目的有效信息。

第二，农民对污染项目的相关环境风险信息或已经出现的环境伤害缺乏专业性的理解和分析，即使污染方将信息全部透明，如果科研专家不能够深入农村进行调研，不能对农民进行相关知识的指导，农民也无法预测和感知可能造成的环境伤害，因此农民无法真正做到"知情"。

第三，农民如果对环境风险信息做到了真正的"知情"，在最后的决策环节，农民弱势群体的地位也无法对当地政府的规划和污染方的环境决策构成足够有力的影响，在最后的环境决策环节不能够发出代表自身环境权益的有力声音。由于城市中心主义的长期影响，我国各级地方政府为追求经济增长，往往在环境决策的过程中，习惯于用"家长制"的姿态对待农民，不能将农民与城市市民、富人和企业等环境利益相关方置于平等的决策地位上，忽视和弱化农民的主体地位，农民自身的利益需求难以在环境决策中顺利表达。结果导致农民群体遇到有污染的企业在农村周边选址设厂时，不能够在制度内寻求正常的利益表达途径，往往采取非常规的上访、聚众、游行等来解决，目前我国众多的农民群体发起的环境抗争和上访事件中都存在这种倾向。

第四，环境正义并非要求对环境利害进行平均分配，它允许存在分配不平等，但前提是人们必须在自愿的意义上做出选择。如果我国部分农民承担了不成比例的环境风险和伤害，那么，农民是在何种意义上愿意用自身的身体健康去交换经济利益，其中有无强迫和被操控的成分？如果农民处于被迫和无奈的状态来同意，那么经济利益的补偿就是对自由知情同意的伤害。在环境风险补偿方式上，如果农民可以选择经济补偿方式或者可以选择其他补偿方式（如搬离原居住区以远离污染点），那么，只要农民自己经过利弊的权衡就可以在真正自愿的意义上做出选择。如果这样，也就做到了自由知情同意。

以上我们从四个方面分析了我国部分农民在环境决策参与中所涉及的问题。可以说，由于这几方面问题的存在，我国农民在环境问题上的认知能力和环保意识需要加强。

第三节　城乡一体化与中国农村环境保护

一、城乡一体化的提出及内涵

自 20 世纪 50 年代以来，城乡二元社会的形成和巩固极大地推动了我国工业化进程，然而，这种特殊的社会结构却带来日益严重的城乡发展不平衡现象，成为制约农村社会生产和生活全面进步的强大阻力。为扭转这种不合理的社会结构并且从根本上改变农村社会发展的被动和落后状态，党的十六届六中全会开始探索如何加快转变城乡二元结构体制的问题。党的十七届三中全会通过《关于推进农村改革发展若干重大问题的决定》的文件，首次提出"城乡一体化"概念，明确指出我国已经进入以工促农、以城带乡的发展阶段，进入城乡发展一体化形成的重要时期。党的十八大报告进一步明确了城乡一体化的发展方向，指出"解决好农业、农村、农民问题是全党工作的重中之重，城乡发展一体化是解决'三农'问题的根本途径。"可以说，在我国现阶段社会发展中，只有通过"城乡发展一体化"，才能真正解决"三农"问题，进而才能实现中华民族的全面复兴。

"城乡一体化"不同于西方学者所说的"城乡融合"，它是我国人民在城乡发展实践中总结探索的结晶，是反映城乡间经济、政治、文化、社会、生态等方面一体化的系统性概念。时至今日，人们对这一概念的关注和研究主要经历了三个阶段：首先是20世纪80年代苏南地区的城乡一体化实践探索开始引起学界的关注；到20世纪80年代末至90年代初的城乡边缘区城乡一体化研究；再到20世纪90年代中期至今的城乡一体化理论框架和体系开始确立。① 经过三个阶段的探索和实践，人们围绕城乡关系、发展目标、具体进程以及城乡体制改革等方面展开研究，不断深化城乡一体化的基本内涵。党的十八大报告强调，新的时期我国城乡一体化建设要围绕"统筹城乡发展实现城乡共同繁荣、工业反哺农业、城市支持农村、发展现代农业、完善农村基本经营制度和改革征地制度、推动城乡基本公共服务均等化以及加快城乡一体化机制体制改革"等方面的任务积极开展各项工作，早日实现"以工促农、以城带乡、工农互惠、城乡一体的新型工农、城乡关系。"② 总体而言，党的十八大不仅再次强调了城乡一体化是解决"三农"问题的根本途径，而且指

---

① 参见张传勇、张永岳：《再议城乡一体化发展：理论沿革、实现路径与模式探讨》，《中国房地产》2013年第14期。
② 胡锦涛：《坚定不移沿着中国特色社会主义道路前进 为全面建成小康社会而奋斗——在中国共产党第十八次全国代表大会上的报告（2012年11月8日）》，《十八大报告辅导读本》，人民出版社2012年版。

明了当前农村工作的主要方向和核心任务。

二、实现城乡一体化是中国农村环境保护的根本途径

中国农村环境问题是当前"三农"问题中一个亟待解决的突出问题，它的根本解决途径也必须依赖城乡一体化的建设实践。在城乡二元结构的长期影响下，我国农村环境保护的缺乏和滞后不仅造成了目前日益突出的农村环境问题，也使得农民成为农村环境恶化的最大受害群体。因此，打破城乡二元结构，实现城乡社会一体化发展，为我国农村环境保护构建平等的经济、政治、文化的制度平台，才能够真正扭转我国农民由于环境话语权缺乏所导致的环境利害的不平等分配，才能够逐步走出农村环境恶化的趋势、走上农村环境保护的正确轨道。

明确了这一道理，接下来该如何打破城乡二元结构呢？国内学者陆学艺认为，在过去计划经济时代，支撑城乡二元结构存在的关键与三个核心体制紧密相关，"一是城乡分治的户籍制度；二是产权不明晰的土地制度；三是城乡不平衡的财政制度。"[1] 与我国农村环境问题相关，这三种体制的存在导致了我国国内环境保护的城乡失衡、农民环境权益的缺乏。因此，中国农村环境问题解决的前提就是变革这三种体制机制的限制，实现城乡环境保护的一体化。

首先，改革现行户籍制度，实现城乡户籍一体化，承认和尊重农民的公民身份。

---

[1] 陆学艺：《城乡一体化的社会结构分析与实现路径》，《南京农业大学学报》（社会科学版）2011年第2期。

20 世纪 50 年代，我国城乡二元户籍制度人为地把生活在城市和农村的人口划分为"农业人口"和"非农业人口"，并且形成与之相应的城乡间不同的社会福利、统购统销、教育、就业、权利以及社会公共产品的投入制度，一个人户口的城乡差异意味着在社会上享有不同的权利和待遇，因而户口就成为区别我国公民身份的标签。农民受这种户籍制度的限制就无法与城市人享有同等的社会福利和待遇。体现在环境事务中，国家对城市和农村的环境基础设施建设、环保机构与人员、资金以及政策决策等方面，农民都不能充分地享有，但是却承受来自城市和工业的大量环境负担和资源剥夺。

因此，在城乡一体化体制改革中，打破这种人为的不平等的二元户籍制度，剥离它所附带的其他社会福利和待遇，只有这样，才能够在制度上改变农民作为身份标签的历史，还给农民一个平等的社会公民身份及其权利和待遇，并且让人们认识到农民只是一种职业而已。农民一旦具有了与城市市民一样的国家公民身份，自然就能够以平等的权利主体和义务主体身份参与到国家社会生活中，这无疑有助于改变国内城乡间环境不正义的问题。

具体而言，农民的身份得到平等承认后，农民就能够在获得平等的公民环境权利、承担平等的环境义务的基础上，改变因身份被歧视而造成的环境决策被边缘化的问题，就能够在公众环境参与中占有自己的一席之地，发出关涉自身环境利益的声音。因此，农民身份的平等就成为农民获得平等的政治参与的前提条件，就有助于形成科学民主的公众参与机制，使农民的环境知情权、同意权和监督权得到真正的尊重，从而改变因农民身份被歧视而承受的环境不正义事实。此外，农民身份得到平等尊重后，农民特别是对渔猎和游牧为传统的农民来说，就能够在公众环境参与中维护长期以来形成的特殊生活方式、文化传统和习俗，避免生产和生活文化多样性遭到环境不正义的伤害。

第二，深化农村土地改革，维护农民的环境权益，保护农村生态环境。

为打破城乡二元结构，自2008年党的十七届三中全会以来，我国农村开始了以"土地流转"为核心的新一轮土地制度改革。这种改革旨在通过土地流转的方式积极探索农村土地所有权、承包权和经营权的适当分离，有效维护农民的土地合法权益。2014年中央一号文件又再次强调在土地改革中赋权还权给农民、农地入市、农村宅基地管理以及规范农村征地制度等方面的内容，进一步明确了规范土地流转对维护农民合法权益的重要性。

在现行的农村土地制度中，由于农地所有权主体界定不清、国家土地和集体土地所有权界限不清，因而农民在农地的承包经营中，农地所有权归村集体所有，村委会和村干部在其中起决定作用，单个农民的土地权处于悬置的状态。因此，在这种状态下就出现了很多对农村环境保护不利的现象。

其一，由于农地承包经营中是按农户人口均分农地，农村人口增加和减少都会导致农地的重新调整，农地承包就缺乏稳定性。因此，农民对所承包的土地在经营中就缺乏长期的规划，短视的行为阻碍着农民对于农地生态环境的保持和维护，农地质量下降趋势明显。

其二，由于农地优劣搭配的承包方式，导致农户承包地分散化、碎片化，农民难以实现土地的规模化经营，这不仅阻碍了农民经济收益的提高，而且农民为增加收入，加大化肥和农药的使用，还会出现一些损害环境的行为，如砍伐林木、捕杀田间地头的益鸟和青蛙等情况，直接造成农村和农地生态环境的退化；另外，近些年来，农村地区工矿企业以及禽畜养殖业发展较快，污染物排放量大幅增加，对农地造成的污染也很严重，但是农户对土地的分散经营却对这种污染的危害难以形成有效制约，环境污染补偿机制有待完善。

其三，农民环境权益在农村征地行为中也存在明显的环境隐患，农民在征地中缺乏知情权、决策权和参与权；征地后土地用途缺少监管，没有保证仍然作为农用地开发，有些甚至直接就被改为工业用地，给当地直接带来环境污染伤害；征地后土地增值收益与农民征地补偿费差距过大，农民失地后生活得不到保障。

针对现行土地制度中存在的各种乱象，在进一步深化农村土地改革的实践中特别强调在市场经济中规范农村土地流转制度，在法治轨道上推进，使农民合法权益得到保障。就像陈锡文所指出的："农村土地制度改革，有三条底线是不能突破的。第一，不能改变土地所有制，就是农民集体所有；第二，不能改变土地的用途，农地必须农用；第三，不管怎么改，都不能损害农民的基本利益。"[1] 2014 年中央一号文件中也指出："稳定农村土地承包关系并保持长久不变，在坚持和完善最严格的耕地保护制度前提下，赋予农民对承包地占有、使用、收益、流转及承包经营权抵押、担保权能。"[2] 此外，文件中还对完善和稳定草原承包权以

---

① 陈锡文：《农村土地改革不能突破三条底线》，《国土资源导刊》2013 年第 12 期。

② 中共中央国务院：《中共中央、国务院关于全面深化农村改革加快推进农业现代化的若干意见（中发 [2014] 1 号)》，2014 年。

及集体林权的改革进行了说明。这些措施能够有助于农地规划使用中规避环境风险。对于征地行为中存在的损害农民环境权益的问题，该文件一方面强调规范征地的补偿机制；另一方面也要健全征地争议调处裁决机制，保障被征地农民的知情权、参与权、申诉权、监督权。[①] 我们相信，这些规定和措施将极大地维护农民与土地相伴的环境权益，促进农村环境保护的实践取得实效。

第三，建立和完善城乡一体化财政管理体制，增加农村公共资源投入，实现城乡环境公共服务均等化。

在城乡二元结构中，由于国家和地方普遍存在重视城市发展和建设的倾向，因而没有形成有利于农村社会发展需要的财税体制，随之而来就造成了农村地区在教育、文化、卫生、医疗、环保等方面的人力、物力和财力等资源的投入相对匮乏。具体到农村环境保护问题上，也自然就出现了农村环境保护机构与人员不足甚至没有、农村环境基础设施建设不足和建设滞后的状况。同时，由于农村地区教育文化资源的缺乏也造成农民环境保护意识缺乏、环境权利意识缺乏，环境参与缺失，环境风险应对能力不足等状况。

因此，建立和完善城乡统一的财税制度，改变不平等的农村环境公共服务投入势在必行。通过城乡一体化的财税制度改革，农村环保机构与人员配备以及环境基础设施建设所需的公共资源投入就有了资金保障，国家推行的改水、改厕等乡村清洁工程和农村环境连片整治工作才能够得到有效落实。然后，农村地区要

---

① 中共中央国务院：《中共中央、国务院关于全面深化农村改革加快推进农业现代化的若干意见（中发［2014］1号）》，2014年。

随着教育文化资源投入的增加而加强农民的环境教育,支持相关的科技专家和专业环保组织走进农村社区,向农民宣传和解读环境政策及法律法规,让农民理解农业生产和日常生活中的环境保护到底是要保护什么、怎么去保护,从而促进农民自觉的环保行动实践。一旦农村地区形成了良好的环境保护文化氛围,农业生产和农民生活就会朝着有利于环境保护的方向发展,农民就能够在有关环境决策中实现平等的参与以维护自己应有的环境权益。

总之,我国农村环境保护工作是一个系统工程,只有首先突破城乡二元结构的限制实现城乡一体化建设,才能打开严重的农村环境污染之门,重现美好、和谐、可持续的农村环境画面。

第三章
国际环境正义与中国农村环境保护

伴随经济全球化的发展，由发达国家主导的全球秩序使得发展中国家在环境问题上遭遇明显的国际环境不正义。我国作为发展中国家，在积极参与世界经济交往中，世界经济政治影响力不断增强，但也同样不平等地承担着来自发达国家国际环境污染转移带来的环境伤害，这造成了我国农村地区国内环境污染和国际环境污染叠加的事实，农村环境伤害更为严重，农村环境保护更加急迫。因此，本章在对国际环境正义的出现及其伦理基础做出理论分析的基础上，分析我国农村所遭遇的国际环境不公，并指出我国农村环境保护的实现只有在更加公正、合理的全球环境治理机制中才能取得成功。

第一节 国际环境正义的理论分析

一、国际环境正义的现实根据

国际环境正义也被称作全球环境正义，是全球正义在不同国家间环境问题上的具体表现，是环境正义理念超出国家边界在不同国家和不同国家人民间处理环境相关事务的体现，它强调在全球范围内所有国家及其人民，不管是穷国还是富国都应该公平地享有分配环境利害和参与环境决策的环境权益。国际体系虽然都是由或大或小的主权民族国家构成的，但任何国家，无论大小强弱，在国际环境政策和条款的制定与实施方面都应当得到平等对待，绝不允许发达国家不公正地将有害的环境后果施加到发展中国家及特别落后的国家身上，使其承受不应得的环境负担。

我们都知道，国际环境正义兴起与全球化背景下发达国家与发展中国家的贫富差距所带来的环境问题紧密相关，也与发达国家和发展中国家在应对全球气候变化时应该承担的环境责任与义务问题紧密相关。尽管如此，我们仍需进一步追问：为什么要特别提出国际环境正义这一问题？如果从其现实根据来看，至少需要考虑以下几个方面。

第一，全球化把整个国际社会结合成了一个有机整体。资本的天性就是通过商品自由流通而实现增殖，最可行的方式就是把整个世界市场纳入到统一的流通体系中来，因此，全球化乃是资本发展的必然结果。按照布洛克的总结，全球化具有以下主要特点：经济全球化程度越来越高，其中占主导地位的是在多个国家从事商业活动（如生产和销售）的跨国公司；新信息通信技术已经使人类活动的大部分领域（包括生产、贸易以及观念和文化价值的传播）发生了革命性变革；区域经济开始联合并获得巩固，这些联合体的特点就是货物、服务、资本和人力资源在成员国之间的自由流通，北美自由贸易区、亚洲太平洋经济合作组织和欧盟就是这类区域经济联合的例子；人口流动的程度很高；超越国家的机构（如世界贸易组织）和法律条规对政治经济关系的控制越来越多；形式复杂的相互依赖，有些人认为这种相互依赖对国家的自主性产生了巨大影响。① 既然全球化把大家都联合成了一个整体，那么任何一方的一意孤行最终都会损害到自身的利益，这虽然在一定程度上削弱了主权的独立性，但这是合作所带来的必然结果，因为合作的前提就是各种国家都在一定程度上放弃对自身利益的偏执。那么放到环境问题上，如果发达国家只想获得环境善，而让落后国家来承受环境恶，最终只会引起国际社会的反弹，最终伤害自身。

　　第二，环境问题本身的特殊性。环境问题本身并不是一个局限于主权国家之内的事情，自然环境有其自身的特点，主要是跨区域性与流动性，表面上看，它是某个特定的主权国家必然面对的事情，但长远来看，它更是一个全体人类的事情。例如，大气污染问题，它会随风流动，不会只停留在某个特定国家，哪怕这个国家是大气污染的主要贡献者，甚至由它而形成的酸雨，也有可能在世界的任何一个角落落下。北京的雾霾近几年越来越严重，我们总是不断看到来自韩国和日本的媒体报道，首尔和东京的空气质量下降是由于大风吹来北京雾霾所致，报道的真实性我们难以考证，但这至少反映了一个侧面，即环境污染是可以跨越国家界限的。水污染的情况也差不多，地球上有许多河流纵横于许多不同国家，任何一个国家造成的污染都会随着水体流动从而影响到其他国家。有时候看起来完全只属于主权国家之内的环境问题，也会影响到其他国家，例如，某个国家大量砍伐属于自己领域内的树木，通过出口木材达到增加财富的目的，但是我们往

---

① 参见［新西兰］吉莉安·布洛克：《全球正义：世界主义的视角》，王珀、丁玮译，重庆出版社 2014 年版，第 9 页。

往没有注意到，由此引起的水土流失、温室气体排放增加、基因资源多样性的丧失等问题最终都会是全局性的问题。环境问题的存在确实对当前的主权国家体系提出了挑战，既然我们的现状是由独立的主权国家组成的国际体系，那么我们只能更多地寻求跨区域合作，遵循公平正义原则，避免环境污染的恶果。换言之，发达国家如果不遵守公平原则，一味地以大欺小、以强凌弱，短期来看，自身会获得许多的额外利润，但从长远来看，必定得不偿失。

第三，国际环境不公已经是不争的事实，而发达国家在造就这种不公状况上要负主要责任。客观地讲，当前全球一体化的进程使得世界各国间经济、政治以及文化交往日益频繁，世界各国在贸易、资本、人员和思想上的交流与合作不断加强，发达国家与发展中国家的人类发展指数均得到不同程度的提升，特别是发展中国家在收入、教育和健康等方面都取得明显进步，其中以巴西、中国和印度为代表，发展中国家的三大经济体的发展表现出与美国、英国、德国、法国、意大利和加拿大这六个发达国家相当的态势。然而，发展中国家强劲的发展并没有减轻人类所面临的贫困压力，全球贫困的形势依然严峻。根据《2010 年人类发展报告》确定的多维贫困指数（MPI），对人类贫困状况的分析超出收入不足这个单一指标，以人类健康、教育和生活标准方面的缺乏状况来综合评价贫困状况，具体包括营养、儿童死亡率、受教育年限、儿童入学率、做饭用燃料、饮用水、电、屋内地面和财产等方面，在受调查的 104 个经济体中，有 1/3 的人口大约 17.5 亿处于多维贫困状态中，并且这些多维贫困的人口主要分布在南亚、撒哈拉以南的非洲、东亚和太平洋地区以及拉丁美洲和加勒比地区。此外，根据 2013 年 4 月世界银行发布的《贫困状况：哪里有贫困，哪里最贫困?》的报告显示，依据每天生活支出低于 1.25 美元的贫困线计算，截至 2010 年，世界范围贫困人口已由 1981 年的 50% 下降到 21%，处于极端贫困状况的人口也出现下降趋势，但是发展中国家仍然还有 12 亿人生活在极端贫困状态中，平均收入每天人均从 1981 年的 74 美分增加到 87 美分（按 2005 年购买力平价美元计算）。其中，撒哈拉以南非洲地区的极贫率从 1980 年的 51% 下降到 2010 年的 48%，虽然有所下降，但是依然是世界上唯一一个在 1981—2010 年间贫困人口总数明显增加的地区，如今该地区的极贫人口数为 4.14 亿人，比 30 年前的 2.05 亿人增加了一倍以上，占世界极贫人口总人数的 1/3 以上。此外，印度也有占世界极贫人口的 1/3（比 1981 年的 22% 出现上升），中国极贫人口总数居世界第三位，占世界极贫人口比例的 13%（比 1981 年的 43% 显著下降）。[①] 由此可见，虽然世界范围贫困率显著下降，但是世界人口中还有近 20% 生活在贫困线下，发展中国家改变贫困状况的任务依然非常严峻。

与发展中国家 12 亿的极贫人口相对，全球财富日益集中到发达国家的少数富人手中。2014 年 1 月 22 日，人民网刊发了《最富 85 人财产 = 最穷 35 亿人》的报道。报道中指出，国际乐施会于 2014 年 1 月 20 日发布了一份有关全球贫富差距日趋严重的报告，指出全球最富有的 85 位富豪所拥有的财富相当于世界最贫穷的 35 亿人口的财富总额。从全球富豪所在国家看，美国人

[①]　参见世界银行中文网站：《全球贫困率显著下降仍存严峻挑战》，2013 年，资料来源：http://www.shihang.org/zh/news/press-release/2013/04/17/remarkable-declines-in-global-poverty-but-major-challenges-remain。

数最多，有 31 人，然后是澳大利亚、瑞典、挪威、爱尔兰。85
位全球最富有的亿万富豪的财富加在一起，相当于全球 35 亿贫
困人口的总财富；同时，占全球人口 1% 的最富有人群的财富总
额达到 110 万亿美元，这一数字相当于世界 35 亿贫困人口财富
总额的 65 倍。①

　　世界范围的贫富差距不仅使得发展中国家贫困人口承受艰巨
的经济发展压力，而且也承受着严峻的环境剥夺。当全球经济发
展带来森林砍伐、水土流失与污染、大气污染、自然灾害频现以
及气候变化的环境负担时，生活在同一个地球上的人们，其生存
和发展无不受到影响，然而相对于发达国家，贫困国家和地区的
人们所遭受的环境伤害更加严重，由此引起的国际环境不公也日
益受到人们的关注。

　　首先，发达国家利用国际投资与合作将高污染产业转移到发
展中国家，实现本国国内产业结构的升级与优化。美国和欧洲等
发达国家工业化起步早，发展历史长，工业化快速发展时期也经
历了各种环境污染和恶化的痛苦，因此不断强化对于本国资源与
环境的保护。但是这些国家却利用经济全球化的历史过程和已有
的资本技术优势，一方面在国内积极发展知识密集型的高新技
术产业；另一方面却利用发展中国家环境保护滞后和环境监管宽
松的政策疏漏把劳动密集型与资源密集型的产业转入发展中国
家，通过跨国公司、合资公司或者产业链下游的外包公司、代工
厂等模式，不仅消耗了大量的人力和自然资源，而且破坏了当

---

① 参见人民网：《最富 85 人财产 = 最穷 35 亿人》，2014 年，资料来源：http://
　world.people.com.cn/n/2014/0122/c157278-24188476.html。

地的环境。对此，我国学者曾建平在《环境正义：发展中国家环境伦理问题探究》一书中就列举了美国、日本以及德国在20世纪70—80年代对发展中国家转移高污染产业的状况，比如，他提到美国对有害的工业部门的国外投资39%在第三世界，日本则有2/3—4/5投资于东南亚和拉丁美洲，德国则有27%的化学工业投资在第三世界国家。由此可见，发达国家借对发展中国家进行经济和技术援助的美名，实际上转移了大量的环境污染负担。①

　　其次，在国际贸易中，发达国家不仅掠夺式地从发展中国家廉价进口大量资源、能源以及初级工农业产品，而且还把发展中国家作为自己国内社会生产和生活中的有毒危险废弃物的倾倒地，通过这种方式，发展中国家的自然资源不断流失，环境破坏严重，而且有毒垃圾的大量输入也造成了严重的环境污染。以日本为例，日本的森林资源丰富，覆盖率达到70%，但是作为木材消耗大国，自1962年起，日本所需木材全部从国外进口，仅从马来西亚进口的木材就超过其全部木材进口的一半。在矿产资源方面，发达国家用于发展电子、原子能以及航天产业的多种稀有金属几乎全部从发展中国家进口。这里，无论是木材还是矿产资源的输出，对于发展中国家都意味着资源的流失和环境的破坏。从发达国家对有毒污染废弃物转移情况看，发达国家非法转移的有毒废弃物主要有废旧衣物、废塑料、废旧汽车轮胎、废五金杂物、废旧电子产品、废旧化工产品、废旧医疗设备、变质货

---

① 参见曾建平：《环境正义：发展中国家环境伦理问题探究》，山东人民出版社2007年版，第13页。

物等，甚至还包括含有病毒和细菌的人体毛发等，这些含有毒成分的垃圾主要通过谎报和夹带的方式通过海关输入到发展中国家。虽然联合国于 1989 年 3 月就通过了《控制有毒废弃物越境转移及其处置的巴塞尔公约》，但是并没有遏制发达国家向发展中国家进行污染转移的趋势。在国际贸易中，有些发展中国家还打着废物利用和循环经济的招牌接纳大量发达国家制造的废弃物，虽然换取了一定的外汇，但却牺牲了垃圾输入地的环境和垃圾从业人员的身体健康。

再次，发达国家和地区人口人均日常消费大，环境资源消耗多，加重了全球环境负担。受经济全球化的影响，美国在 19 世纪末 20 世纪初兴起的消费主义文化理念，不断扩展到了西欧和日本等发达国家和地区，甚至在发展中国家的富人群体中也日渐流行。在这种消费主义文化的推动下，发达国家和地区的人们日常生活消费中存在很多高能耗的行为，比如汽车、空调、消费品加工和食品包装等方面，人均消耗都远远超过发展中国家和地区人们的消费。"世界上富裕群体的消费及增长过快给环境造成了前所未有的压力。不平等这一问题依然突出。如今，在美国适龄驾车人士中，每千人就有九百多辆车；在西欧的适龄驾车人士中，每千人有六百多辆车；但是在印度，这一数据不到 10 辆。美国每户家庭都至少有两台电视机，然而，在利比里亚和乌干达，每十户家庭都没有一台电视机。在人类发展指数很高的国家里，国民人均水资源消耗为一天 425 公升，而在人类发展指数较低的国家一天仅为 67 公升，高出 6 倍多。"[①] 如果从人们消费行

为所排放的二氧化碳量来看，一个英国市民在两个月内的温室气体排放就相当于一个生活在人类发展指数水平低的贫困国家的人一年的排放量。可以说，发达国家人们生活中的过度消费行为不仅加重了对自然资源的索取，增加资源和环境破坏的可能，而且也因环境难以消解大量的废弃物而加重了污染的程度。在此，我们不能忘记一个事实：发达国家人们在高能耗的消费行为中并没有付出相应的环境资源和负担，因为他们的消费品大多都产自发展中国家和地区。

最后，面对全球气候变化，发达国家应对自然灾害能力较强，发展中国家能力较弱，损失重大，发达国家还利用国际话语主导权来限制发展中国家的碳排放。由于世界人口和消费的增长，二氧化碳排放量持续增加，这给地球带来了日益严重的温室效应，全球气候发生变化，气温升高、降水减少，海平面上升以及极端天气灾害的增加对世界各地人们的生产和生活造成一定负担。鉴于二氧化碳的排放在大气中会停留数个世纪，因此目前大气中碳浓度大部分是由发达国家过去工业化和现代化发展排放累积的结果。据《2011年人类发展报告》显示，在1850—2005年，世界上约六分之一人口的极高发展指数国家排放了近2/3的二氧化碳，而仅美国一个国家的二氧化碳排放量就占总排放量的30%。虽然全球气候变化的主要责任来自发达国家，但是发展中国家和地区特别是发展指数较低的贫困国家和地区却成为全球气候变化的最大受害者。贫穷的发展中国家之所以受到气候变化影响最大是由于三个原因：一是很多贫穷国家位于低纬度地区，气温本来很高，气候变化会使那里更加热；二是贫穷国家的农业生产对自然环境的依赖性强，容易遭受气候变化的影响；三是贫穷国家缺乏应对天气灾害的救济机制和公共物品。[①] 以气温上升带来海平面上升为例，居住在小岛和地势低洼的发展中国家，由于海平面上升，那里的人们会被迫迁徙离开家园；海水的侵入也会污染陆地淡水，危害当地居民身体的健康；频繁发生的海上风暴、洪水以及飓风等带来巨大的经济损失。而对于荷兰这样的发达国家，虽然处于地势低洼处，但是拥有可以降低损失风险的资源和技术，可以采用创新的技术与基础设施来大大减少洪水造成的风险和损失。发展中国家不仅不平等地承受了发达国家的发展带来的全球气候变化的环境危害，而且在全球减少温室气体排放的协商活动中受到发达国家国际影响力的牵制，人均不平等地承担减排任务。本来发展中国家需要大力的经济发展来实现社会的全面进步，而发展经济就会留下生态足迹。这样，发展中国家被分配到的减排计划和任务，就会成为大力发展经济的阻碍。因此，发展中国家如何能够在提升发展指数时又能够留下很少的生态足迹就显得异常艰难。

二、国际环境正义的理论基础

人类生活在同一个环境资源有限的地球上，这一事实使得人们越来越深刻地意识到在社会经济的增长中实现对地球环境资源保护所具有的重要性。然而，发达国家在谋求发展与加强本国环境保护的同时，却利用国际经济政治秩序中的优势地位直接和间接地将发展的环境代价转嫁给很多贫困落后的发展中国家和地

①　参见斯科特·巴雷特：《关于建立新的气候变化条约体系的建议》，张学广译，载曹荣湘主编：《全球大变暖：气候经济、政治与伦理》，社会科学文献出版社 2010 年版，第 66 页。

区。这种明显违背国际环境正义的环境污染行为，与很多发展中国家发展经济造成的国内环境污染行为叠加在一起，不仅加剧了发达国家与发展中国家的发展差距，也加重了发展中国家的人们所承受的不平等的环境负担。面对这种情况，我们禁不住要进行追问：在国际领域为什么要讲环境正义？发达国家为什么不能为所欲为，实行丛林法则？因此，当环境正义的诉求从国内扩展到国际范围时，我们就必须为国际环境正义的诉求做出坚实的理论论证，回答和解决国际环境正义的道德基础这一首要问题。我们的探讨将是多维度的，下面主要从四个方面展开分析：人权进路、环境公共信托论、运气与应得的关系和矫正正义。

1. 人权进路

国际环境正义作为一种处理国际的或全球的环境问题的正义责任，它始终立足于世界主义的人权观念，认为每一个人，不管属于哪一个国家、地区和民族、不管具有什么样的公民身份，不管是富有还是贫穷、不管接受教育文化程度的高低，都应该平等地生活和工作在安全健康的环境中，都应该享有平等地分配环境利害和参与环境决策的权利，从而充分地享有作为人的基本尊严。基于这种人权观念，在全球范围，不管是个人、国家还是现行的国际秩序都需要以不偏不倚的态度把个人的生存和安全作为环境正义关怀的终极目标，并且作为人们评价国际环境事务的价值标准。这种说法直观上非常有说服力，但它最终要得以成立，还要取决于两层工作，一方面，我们必须说明环境权是一项基本人权；另一方面，我们必须说明，人权的存在为什么就给发达国家施加了实现正义的负担。

我们认为，环境权是人权的一个重要组成部分，甚至是最

129

基础的部分。人是有更高精神追求的动物，但无论怎样，人类首先必须活下来，然后才有机会创造出更辉煌灿烂的文明成果。人们的生活离不开清新的空气、洁净的水源等良好的环境，当今的生态危机和环境污染已经给人类敲响了警钟。人类离开了环境权的诉求，追求人权的其他部分都只是纸上谈兵。现存的许多人权法律文献或明或暗地将人权、环境权和环境方面的程序权密切联系在一起，著名的国际法教授罗宾·丘吉尔（Robin Churchill）通过研讨国际人权公约，发现了许多环境权来源于人权的线索。丘吉尔发现，有许多人权公约中都包含了环境权，例如，《关于公民权利和政治权利的国际公约》（1966）、《关于人权的欧洲公约》（1950）、《关于人权的美洲公约》（1969）以及《关于人权和人民权利的非洲宪章》（1981），这些人权公约中的环境权包括了生命权（引申为国家应该采取积极的措施减少环境问题给生命带来的风险）、任何人的住宅和财产不受干涉的权利（引申为避免环境噪声和其他相邻妨碍）、接受公正审判的权利（引申为有反对国家损害环境计划的诉讼权利）以及信息自由（引申为有获得环境方面信息的权利）。而且，除了人权公约外，国际社会关于经济、社会和文化方面的相关公约也包含了环境权，例如《关于经济、社会和文化权利的国际公约》（1966）、《欧洲社会宪章》（1961），等等，从这些公约中，丘吉尔找到了有益健康的环境权、良好的工作环境权、良好的生活条件和健康权。[①] 我们都承认，生存权本身就是最大的人权，一个健康而良好的环境是人民享受一切人权的基础和前提条件，联合国 1994 年在《人权和环境原则草案》第

① 参见周训芳：《环境权论》，法律出版社 2003 年版，第 86—87 页。

2 条明确指出："所有人都有权享有安全、健康和生态健全的环境。这个权利和其他权利，包括公民、文化、经济、政治和社会权利，都是普遍的、相互依存的和不可分割的。"国际法院在审理"盖巴斯科夫—拉基玛洛大坝案"时，卫拉曼特雷（Weeramantry）法官更是明确地把环境权当作人权的一个重要部分来看待，他指出："保护环境同样是当代人权理论的一个至关重要的部分，因为它对于各种人权如健康权和生命权本身来说是一项必要条件。对此几乎没有必要作详细论证，因为对环境的损害能够损害和侵蚀《世界人权宣言》和其他人权文件所阐述的所有人权。"[①]

另外，即使从实证法的角度来看，许多国家都在宪法中明文确认了环境权，把环境权看作是一种新人权，甚至有些国家还据此开展了环境权司法救济的实践，下面仅举两例。葡萄牙共和国《宪法》第 66 条规定："一、任何人都有享有有益健康和生态平衡的人类生活环境的权利和保护这种生活环境的义务。二、国家应通过其代理机关并在人民积极配合和支持下：（1）防止并控制污染及其影响以及各种有害侵蚀；（2）美化领空以建设生态平衡的自然环境；（3）设立并开发自然风光娱乐场所与禁猎地，分类保护自然景观和具有历史文化价值的名胜古迹；（4）促进自然资源的合理利用，并保护其再生力与生态稳定。三、任何人都有依法促进防止或制止环境恶化因素之权利，以及在受到直接损害时取得相应赔偿之权利。四、国家促进逐步加速改善全体葡萄牙人的生活质量"；南非共和国《宪法》第 24 条规定："每个人有权：a. 获得对其健康和幸福无害的环境；b. 为了现在和未来世代的利

[①]　王曦主编：《国际环境法资料选编》，民主与建设出版社 1999 年版，第 631 页。

益，采取适当的立法和其他措施保护环境，这些立法和其他措施能够：（i）防止污染和生态恶化；（ii）促进环境的保护和管理；（iii）在促进合理的经济和社会发展的同时，保护自然资源生态上的可持续发展与使用"。①

　　既然环境权是一项基本人权，是人与生俱来的权利，那么它也就提出了一些最低的道德要求，只要人们拥有这项基本权利，他们就可以有权要求某个人或某些人保护权利持有者实现权利的内容，因此，那些环境权受到侵害的人就有权要求得到补偿或纠正，在环境资源上有能力提供帮助的人或国家也有责任提供帮助，以保证那些受害者获得良好的环境。人权为什么有这么大的魔力，这需要从人权观念谈起。应该说，世界主义的人权观念是西方近代文化发展的产物，它表明一个人仅仅因为是人就会享有人权，如果我们继续追问，一个人凭借什么才能够作为人而享有人权呢？也就是人权的依据是什么呢？通常，人们对这一问题的回答需要有关人格的认识。人们认为唯有人才具有的特殊地位就是人格，它不仅意味着人将自己和其他动物区分开，而且也意味着人因此具有了尊严。在西方哲学传统中，德国哲学家康德认为人在本质上具有区别于其他动物的理性思维能力，并且人具有按照这种理性为指导来实现自由选择的能力，这种包含理性和自由在内的能力被康德看作是理性能动性（rational agency）。众所周知，根据康德的一般观点，人因为具有理性能动性并且具有把这种理性能动性充分发展出来的潜力，一个人类个体才具有了人的

----

① 关于一些国家宪法中所出现的环境权条款，吴卫星有较为细致的汇总。请参见吴卫星《环境权研究：公法学的视角》（法律出版社 2007 年版）一书中的"附录：部分国家宪法中的环境权条款"。

尊严。如果人类每一个个体都因为具有理性能动性而具有尊严，那么每一个人类个体就是平等的。人的理性能动性对于人而言意味着，一个人能够借助理性自由地选择和决定自己的生活，而正是这种选择和决定，一个人才能够使自己成为世界上一个独特的人类个体，才会体现出独特的价值，也才能够得到平等的尊重。无疑，这种对人格的平等尊重就构成了人权的基础。这里的平等尊重并不要求人们在所有的方面都实现平等，只要人们的基本人权得到保证，人们就能够合法地将个人的天赋和努力发挥出来。也就是说，人权的内容所关注的是那些维护人的生活所必需的东西，而不是让人们过上完美生活所需的任何资源，比如对于人的生存权利和安全权利来说，清新的空气、清洁的水源以及健康的食品都是维护人的生存和安全所必需的因素。因此，关注环境正义的学者需要从康德关于人的理性能动性的理解中寻找国际环境正义得以被承认的人权基础。

温茨在《环境正义论》中指出，康德承认人的尊严就在于人的理性能动性，而由这一结论可以自然而然地推导出消极人权和积极人权。温茨指出，既然康德承认人是唯一具有理性能动性的道德存在物，并且人本身就是目的、就是道德目标，那么人本身在道德上就是自律的，这种自律就使得人们在不侵犯他人的人身自由的前提下，应该不受干扰地过他们认为合适的生活。由此人们可以推出消极人权的存在，即"人拥有不受干扰地享受生存、自由和财产的权利"[1]。人类个体不仅需要保护以免遭干扰，而且

---

[1]　[美]彼得·温茨:《环境正义论》，朱丹琼、宋玉波译，上海人民出版社2007年版，第152页。

也需要使其潜力得到充分的发展，因此这时就需要倡导积极人权。温茨指出积极人权就是这样一些权利，"即人们在无法为自己提供体面生活所必需的一切保障时，不得不从他人那里加以获取的权利。这样的必需品包括有营养的食物、清洁的水、一些卫生保健措施、体面的住房，以及至少是初等的教育。"①

消极权利和积极权利的实现往往与人们作为社会合作成员所需承担的义务或责任联系在一起。消极权利的实现仅仅要求他人以某种方式不采取行动，不去做任何违背各种权利的事情，这就意味着人们需要承担不以某种方式行动以免干涉他人生活的责任或义务；积极权利的实现要求他人积极开展行动，去做一些事情，这意味着人们要承担以某种方式行动来帮助那些自己不能供养自身的人的责任或义务，当然人们提供帮助的前提是有能力去帮助别人。从不采取行动和采取行动的区别来看，我们把前者叫做消极责任或义务，把后者叫作积极责任或义务。在此基础上，我们还需要注意这两种责任的最终落实存在一定的差别。对于消极责任来说，它只需要人们克制自己对他人某些生活的干涉就足够了，但是对于积极责任则非常不同，它需要人们在具备一定能力的基础上伸出援助之手去帮助那些处境艰难无法自保的人们，并且这种援助不是出于仁慈，而是出于义务必须要去履行的行为。这种责任或义务的落实不仅仅局限在单个人的层面，集体、国家以及国际组织都应该承担起尊重和保护与人权相关的消极责任和积极责任来。

---

① ［美］彼得·温茨：《环境正义论》，朱丹琼、宋玉波译，上海人民出版社2007年版，第152页。

　　沿着康德开启的人权传统，有很多学者都承认对于人权中积极权利和消极权利的区分，也承认它们与积极责任和消极责任间的联系。但这种过于细致的区分，有可能把问题弄得过于复杂，例如，奥尼尔就通过认真区分积极权利和消极权利而提出反对人们有获得食物之权利。奥尼尔认为，某人拥有一种权利当且仅当其他人拥有一种尊重或实现那种权利的义务，如果任何人都不具有这类义务，那么也就不存在什么权利。因此，那些消极的"不强迫""不欺骗"的权利可以得到普遍认可，但获得食物的权利就存在争议。如果放到国际环境问题上，奥尼尔的理论想要表达的是，发达国家有援助的义务，但是这不意味着这种义务对应着获得援助的人类权利，也就是说，贫穷落后国家没有权利要求发达国家提供援助，哪怕作为基本人权的环境权受到了严重侵害。①

　　但是，也有学者指出，尽管对于很多人认同人权和责任义务都存在积极和消极的二分思考方式，但它们之间并不是简单的一一对应的关系。对此，亨利·舒伊（Henry Shue）在《相应义务》一文中就曾鲜明地表达了这种看法。他指出如果以身体安全的权利和生存权利为例，它们事实上都不能很好地与积极和消极二分法的思路相一致，安全权利不是一种纯粹的消极权利，生存权利也不是一种纯粹的积极权利。舒伊认为，就身体的安全权利来说，"仅仅通过限制任何可能构成违背权利的行动来避免违背

---

① 关于奥尼尔的相关思想，主要参考她的两部著作，Onora O'Neill, *Faces of Hunger: An Essay on Poverty, Justice and Development* (London: Allen & Unwin, 1986); *Towards Justice and Virtue: A Constuctive Account of Practical Reasoning* (Cambridge: Cambridge University Press, 1966)。

某人的身体安全或许是可能的。但是，如果不采取或者不努力去采取一系列的积极行动，那么，保护任何人的身体安全权利就毫无可能性而言。"①舒伊强调，对于身体安全权利的保护，在最低程度上也需要警察、法院等相关的人员和机构，甚至还必须为预防、侦查和惩罚违背个人身体安全的行为支付一定的税负。因此，就身体的安全权利来说，并不是简单的消极权利和责任能够对应的，在很多时候都需要人们积极的行动来实现。在舒伊看来，生存权利的落实需要区分两种情况，在这两种情况中，人们可以发现某些与身体安全权利相类似的方面。第一种情况较为常见，它涉及人们有义务对那些无力自保生存的人提供必需的物品；第二种情况不强调对于生存必需品的获得，而仅仅关注能够获得一些自我支撑的机会。"针对那些对一个人的自我支撑的基础造成了破坏的行为而采取的保护和那些针对一个人的身体安全的破坏行为而采取的保护之间，存在着相似性。"②在这种情况下，生存的剥夺和安全的剥夺同样需要得到同等程度的保护。因此，对于生存权利而言，既涉及了积极的采取行动，也涉及不要去采取行动以免破坏人们的生存所需的自我支撑的基础。

查尔斯·琼斯也反对消极权利与积极权利的二分法，在他看来，所谓的消极权利，同时也要求积极的行为，例如，不受酷刑的权利，既要求别人克制自己，不对任何人施以酷刑，同时也要求做出一些积极的行为，以阻止他人有预谋地实施酷刑，而且还

---

① 亨利·舒伊：《相应义务》，载徐向东编：《全球正义》，浙江大学出版社2011年版，第117页。

② 亨利·舒伊：《相应义务》，载徐向东编：《全球正义》，浙江大学出版社2011年版，第119页。

要积极帮助那些已被施加酷刑的人。同样，就言论自由来说，这并不是说，单单不去阻止人们自由发表言论就足够了，其实，只有当一系列条件得到满足之后，自由言论的权利才能得到认可，例如，当有人刻意地限制他人自由表达自己意见的时候，存在着阻止这类限制性行为的更深入的义务。①

相对而言，舒伊和琼斯的分析较积极和消极的二分法更贴近对人权尊重的实际。但是如果抛开两种观点的差异，我们就会发现其中的核心问题在于如何来落实或践行有关人权的实质内容。对于落实生存权和安全权这样的权利来说，不管是个人还是集体、国家或国际组织，困难不在于克制自己的行为和不去干涉，困难在于怎样才能够认同有责任和义务去采取行动帮助那些不能自保的人，并且这些人可能离自身距离很远，也可能是其他国家的人。

对于国际环境正义而言，如果我们承认对普遍人权的尊重和保护，那么我们也就需要承认不同的国家及其人民有权利获得基本的生存权利和安全权利以确保基本人权的实现，进而，我们也就需要国际社会中的各方力量既不去采取对其他国家人民生存权和安全权构成标准威胁的环境行为，也要采取积极的环境行动来支援和帮助那些生存和安全受到标准威胁的国家中的人民。前文中提到的困难在这里就表现为一个国家及其人民为什么要承担起保护其他国家人民的生存和安全所需的环境责任，尤其是在当今国际经济政治秩序中，为什么发达国家及其人民要承担对发展中

---

① 参见［加］查尔斯·琼斯：《全球正义：捍卫世界主义》，李丽丽译，重庆出版社2014年版，第57—91页。

国家及其人民的生存和安全所需的环境保护责任。

　　对此，以涛慕思·博格（Thomas Pogge）为代表的很多学者都主张对人权做制度化的理解（institutional understanding）。在他们看来，人权实际上是对人们所生活的社会组织提出的道德要求，也就是说，人权的实现依托于社会组织，一个社会组织可以在合理的范围内实现选择，以此保证这一社会组织的所有成员都能够分享到具体人权。博格将人权的制度化理解具体表述为以下几个方面："第一，在某种制度秩序中，人权能够在多大程度上得以全面实现，这要通过以下方法来衡量，或者看这些人权在这种制度秩序中是否通常确实可以得到全面实现；或者可以假想一种制度秩序，看看这些人权在这种假想的制度秩序中通常是否可以得到全面实现。第二，任何制度秩序的设计都要使得人权在其中尽可能得到全面实现。第三，制度秩序总是约束人们的行为，但对他们来说，如果某种人权得到了落实，那么这种人权就在这一秩序中得到了全面实现。第四，当人们能够确保自己追求个人的目标时，我们可以说人权得到了实现。"①据此，我们可以认为，对于人权的落实来说，一个人所属的社会组织或社会秩序必须对他的人权落实负责。如果一个社会秩序或社会组织不能够充分落实所有成员的人权，可能存在剥夺人权的情况，那么就会出现不正义。这时，如果一个人在没有采取行动来促进他人人权的落实的情况下，也不能够参与维护这种不正义的社会组织或社会秩序，如果参与了的话，这个人也就要承担起对他人人权落实

---

① Thomas Pogge, *World Poverty and Human Rights*, Cambridge: Polity Press, 2008, p.71.

的责任来，即使这是间接的责任。确定了这一点，我们就能够发现，之所以发达国家要承担对发展中国家的环境保护责任，其理由就在于，当今国际政治经济秩序中，发达国家利用经济政治方面的主导地位制造和加重了发展中国家的环境问题。

2. 环境公共信托理论

公共信托理论起源于罗马法，罗马法将物分为可有物和不可有物。所谓可有物，是指可以为个人所有，可自由买卖、转让的物，也称为融通物。所谓不可有物，是指不得为个人所有的、不可买卖或转让的物，也称为不融通物，它包括神法物和人法物。神法物包括神用物（即经法定程序供奉给神灵所用的物）、安魂物（即为安葬亡灵所用的物）和神护物（即受神灵保护的物）。人法物包括公法人物（主要指市府等的财产，如罗马市的斗兽场、剧场、浴场等，供本市的人共同享用）、公有物（指供全体罗马市民享用的财产，如公共土地、牧场、河川、公路等，其所有权一般属于国家，不得为私人所有）和共用物（指供人类共同享用而非为一人一国所得独占的物，如海洋、日光、空气等）。共用物和公有物都属于万民法的范畴，人们可以自由利用。国家只在作为公共权力的管理者或受托者方面享有权利，当有人妨害自由利用时，司法部长可以发出排除妨碍的命令以保护共同利用权，也可以根据侵害诉讼而对妨害人处以制裁。公共信托理论后来在英国和美国得到了继承和发展，特别是在美国，这种理论被移植到了环境法领域，形成了环境公共信托理论。1960 年，在美国开展了一场大讨论，即公民要求保护环境，要求在良好环境中生活的宪法根据是什么？在这场讨论中，密西根大学的萨克斯教授明确提出了"环境公共信托论"。在他看来，空气、水、阳光等人类生活所必要的环境要素，在当时受到严重污染和破坏以致威胁到人类正常生活的情况下，不应再视为"自由财产"而成为所有权的客体，环境资料就其自然属性和对人类社会的极端重要性来说，它应该是全体国民的"公共财产"，任何人不能任意对其进行占有、支配和损害。[①] 环境公共信托论明确地把许多自然资源看成是公民共同拥有的对象，这对于处理一国之内的环境纷争具有重要意义。不过，我们依然可以对此做进一步推进，我们把当前由民族国家所构成的国际社会看成一个整体，由于前面所讲到的环境具有跨区域性特点，我们可以合理地把自然资源看成是全体人类所共同享有的东西，任何国家都不能任意对其进行占有、支配和损害。我们甚至还可以把公共天然资源看成是包括了未来世代在内的人类共同财产。因此，当前的每一个民族国家相当于只是天然资源的分区管理机构，如果它们缺乏全局观念，只以自己国家的利益为重，这也就违背了公共信托的责任。如果这种对环境进行共同管理的观念是有说服力的，那么，我们也就有足够的理由在国际领域里实现环境正义，发达国家也有责任避免对环境造成根本性破坏，以及对发展中国家进行环境掠夺与侵害。

3. 运气与应得

地球上自然资源的分布具有相当大的偶然性，有些国家占有非常富饶的自然资源，但这并不代表这些资源是它们应得的，这种占有在道德上完全属于偶然，这也就为资源的再分配奠定了基

---

① 参见汪劲：《环境法律的理念与价值追求——环境立法目的论》，法律出版社 2000 年版，第 238—242 页；吴卫星：《环境权研究：公法学的视角》，法律出版社 2007 年版，第 47—52 页；吕忠梅：《环境权的民法保护理论构造——对两大法系环境权理论的比较》，载《私法》2001 年第 1 期。

础。目前有一些学者注意到了这一思路。琼斯指出:"世界上有价值的资源分布在哪些国家,全凭那些国家的运气,然而,这对于其他那些资源储量少甚至几乎没有任何储量的国家,就是一种极其残酷的命运,因此,仅仅因为不同的国家对有价值之资源的储量不同,就注定了这一结果——生于资源丰富之国家的人们养尊处优,飞黄腾达,而生于资源储量少的国家的人们却穷困潦倒,一蹶不振——是不公平的。"① 贝茨对这一问题的处理更加具体,且具有针对性,他重点批评了罗尔斯把正义原则只局限于主权国家内部的做法,通过重新设计原初状态,把相关各方看成是不同国家的代表,从而力图把罗尔斯的正义原则从民族国家内部扩展到国际社会领域。在这一过程中,贝茨将自然资源与天赋进行了比较。按照罗尔斯的看法,每个人的天赋是一种自然馈赠,它本质上是自然事实,既非正当亦非不正当,因为正当与不正当的问题只是在涉及制度处理这些事实的方式时才会出现。例如,一个执行严格等级制度的社会是不正当的,因为它是根据一种依赖于道德上任意的因素的规则来分配社会合作的收益。同样的道理,"参加到国际性原初状态中的相关各方将知道自然资源乃是不平衡地分布在地球表面的。一些地方资源丰富,在这些地区建立的社会能够被预期开采自己的自然财富,并且因此获得繁荣。其他社会则并不如此,尽管它们的成员尽了最大努力,由于资源匮乏,他们仍然仅仅获得了微薄的福利。"② 这也就是说,相关各

———————

① [加]查尔斯·琼斯:《全球正义:捍卫世界主义》,李丽丽译,重庆出版社2014年版,第80页。

② [美]查尔斯·贝茨:《正义和国际关系》,载徐向东主编:《全球正义》,浙江大学出版社2011年版,第192—193页。

方代表都会把自然资源的分布看成是偶然的运气，它也是一种自然事实，没有正当与不正当之分，关键要根据一种资源再分配的原则来对它们进行再分配，这些正义原则的产生有赖于国际社会各方代表之间的协商与约定。

这一说法的有效性是建立在同天赋的类比之上的，但是罗尔斯对天赋的处理本身并不是没有问题，贝茨指出了两点：其一，说天赋的分布从一种道德观点来看是任意，这到底是什么意思，人们并不清楚，人们对天赋的拥有本身是不需要任何辩护的，仅仅拥有一种天赋就已经为天赋的拥有者以任何方式使用这种天赋提供了理由，他使用和控制各种天赋的首要权利是由自然事实所加以确定的。其二，自然能力是自我的一部分，一个人在天赋的发展过程中会形成一种特殊的自尊感，他决定发不发展某种天赋，如何运用某种天赋，都是他努力塑造一种身份认同的重要部分，它是自我表达的一种主要形式。我们甚至可以说，一个人对自己的天赋主张权利是受到个人自由权的保护的，对天赋的发展和使用加以干涉，也就是对一个人的自我加以干涉。

不过，在贝茨看来，对天赋问题的这些责难并不适用于自然资源的情况，因为自然资源并不是自然地附着于个人的，资源是被发现存在于某个地方的东西，并被首先获得者利用，但资源在其能够被利用之前，必定是作为占有物而存在的。有价值的资源被一些人占有，将使得另一些人相对地甚至是致命地处于劣势之中。"天赋在某种程度上就是自我本身，换句话说，它们帮助构成了个性。一个人脚下的资源，由于它们与自我之间缺乏这种自然的关系，因此看起来比起那种个性发展所需要的必要因素来说更为偶然。和天赋一样，资源是按照这样一个程序被加以利用的：人们发掘它们、塑造它们然后从中获益。不过，它们从根本上来说并不是自我的组成部分。它们必须首先被占有，并且优先于它们的占有者而存在，因而没有人对其拥有任何特殊的自然权利诉求。对个人自由权的考虑并不能够保护那种占有和使用资源的权利，而对于发展和使用天赋的权利而言，依靠对个人自由权的考虑将能够对其加以保护。针对资源的利用加以干预的行为并不存在一个类似的、初始性的假定，因为没有人是初始性地被置于一种与资源之间的自然的优先关系之中。"[1] 由于自然资源分布所具有的偶然性特征，我们绝对不能说，一个发现自己位于金矿上面的国家的公民，仅仅因为他们的国家是自给自足的，就认为自己获得了一种对由这一金矿所带来的财富的权利。贝茨希望在把罗尔斯的正义原则拓展到国际社会之后，在资源平等的问题上，能够提出一种全球差异原则，这一原则的内容就是："每一个人都拥有一个同等的优先权利，都要求在全部可用资源中获得一个份额，但是如果结果的不平等能够带来那些最小优势者的最大利益的话，那么对这种首要标准的违背也是可以获得辩护的。"[2] 这只是贝茨的个人想法，最后到底能够得出一个什么样的适用于国际社会的处理资源分配的原则，我们在这里无力探讨，我们在这里只想强调，如果自然资源的分布完全是偶然的、不应得的，那么那些占有丰富资源的富裕国家有义务为

---

[1] ［美］查尔斯·贝茨：《正义和国际关系》，载徐向东主编：《全球正义》，浙江大学出版社 2011 年版，第 194 页。

[2] ［美］查尔斯·贝茨：《正义和国际关系》，载徐向东主编：《全球正义》，浙江大学出版社 2011 年版，第 195 页。

那些贫穷国家提供帮助，在国际领域内承担起实现环境正义的责任。

4. 矫正正义

每个国家之间不同的环境状况并不是一天之内形成的，有历史的原因，也有现实的因素，无论是历史上还是目前正在发生的事情，只要它们导致了不正义情况的出现，那么造成这种不正义的一方有责任做出矫正与补偿。至于具体矫正与补偿的力度到底有多大，不同国家可能存在争议，但我们认为，要努力做出矫正与补偿这一点应该是一个基本共识。我们把这称为矫正正义（或补偿正义），我们的探讨主要有两个方面，一方面，历史上的发达国家大肆掠夺落后国家的资源，它们有责任做出矫正与补偿；另一方面，现实的国际政治经济秩序对于发展中国家的发展也极为不利，无助于发展中国家的环境保护，它们也有责任做出矫正与补偿。

自由至上的自由主义者诺齐克在谈分配正义时，提出了他自己的分配正义原则，它包括三个方面：持有正义、转让正义和矫正正义。一个人对持有物的最初获取如果是正义的，那么他就有资格占有这个持有物；如果这个人以正当的方式转让该持有物给了另一个人，那么此人对该持有物的重新占有也是有资格的。但是无论持有正义还是转让正义，都要具有历史的眼光，最初的占有与转让都不能是依据偷盗、暴力、奴役等手段而得到的，如果类似的行为违反了持有正义与转让正义，应该怎么办呢？诺齐克提出了矫正正义原则，这种原则将会根据关于先前状态和所造成的不正义的历史信息，以及关于从那些不正义所产生的、一直延续到现在的实际事件过程的信息，从道义上要求不正义的制造者做出相应的矫正与补偿。① 总体上讲，诺齐克谈矫正原则是非常粗略地，甚至可以说不是他整个理论的重心，但是他的这个基本想法具有重要的指导性意义。我们都知道，目前的发达国家基本上都是老牌的资本主义国家，这些国家在资本主义兴起之初无不凭借坚船利炮打开传统国家的大门，大量掠夺财富，增加资本积累，正如马克思所说，"资本来到世间，从头到脚，每个人毛孔都滴着血和肮脏的东西"②。这些不正义的征服、种族灭绝、殖民主义和奴化行为都是这些发达国家无法抹去的斑斑劣迹。作为中国人应该有更深切的体会，中国近代史就是一部丧权辱国的屈辱史，每一次武力抵抗上的失败差不多都以割地赔款而告终，大量财富都无端地流入到这些发达国家手中，国内贫困的惨状愈发恶化。环境恶化与贫穷之间本来就很容易陷入一种恶性循环，落后贫穷的国家没有什么技术优势，再加上发达国家的不断压榨与打击，最快捷的方式就是大量开采自然资源，然后以贱卖或抵债的方式运转到发达国家，落后国家几乎成为发达国家快速发展的能源供给体，最后留给这些落后国家的只是千疮百孔的自然环境。另外，贫困国家的经济大部分是以生态为主的生存经济，他们直接依赖自然资源，为了生存，只能以各种方式来破坏附近的环境，如砍伐森林、过度放牧、涸泽而渔，等等，最终导致环境灾难。

历史上的不公平确实能够在一定程度上解释发达国家的富裕与发展中国家的贫穷，根据诺齐克讲的原则，这些发达国家对财

① 参见［美］诺齐克：《无政府、国家和乌托邦》，中国社会科学出版社 2014 年版，第 182—183 页。

② 《马克思恩格斯文集》第 5 卷，人民出版社 2009 年版，第 871 页。

富的最初获取就是不正义的，因此他们对这持有物的占有是没有资格的。历史是不能回转的，然而，现在一些资源贫瘠的国家，如果他们的贫瘠与发达国家的掠夺存在着必然的关联，那么它们完全有权对发达国家提出补偿的诉求，发达国家也有责任和义务做出补偿，帮助这些国家早日摆脱贫困，走上健康的发展道路。

从当前的现实来看，国家之间的经济合作日益发达，但在这种合作当中，也存在着不平等的情况，这就为国际层面的道德观奠定了新的基础。正如贝茨所指出的，当前国际社会相互依赖，这必然要求消除在国际贸易和投资方面的限制，而且在当今社会中，剩余资本不再是只能投身它们所产出的那些社会中去，而是无论什么地方只要具备没有不可接受的风险，并且能够有最大的产出条件，那么就能够被再投资。例如，美国的大公司有组织地将重要资本转移到拉美或亚洲，因为这些地方的劳动力成本低，市场大，因此收益更高。由于产品被生产加工于拥有廉价、无工会组织的地方，同时又销往更为富裕的地方，因此也就导致了劳动力国际分工的发展。由于跨国经营，生产国自身并没有在设定价格和确定工资标准上发挥关键作用，因此，劳动力的国际分工导致了现在的国际贸易体系。在这种体系中，价值被创造于通常较为贫困的社会，却使那些富裕社会的成员受益。同时，世界经济已经发展出了自己的一套财政和货币制度，这些制度设定了汇率，控制货币供给，影响资本流动，强制执行国际经济行为所要遵循的规则，这些也都更进一步强化了国际经济领域内的不平等情况。就目前来讲，产业经济所依赖的原材料主要从发展中国家来获取，同时，在这种世界价格结构的影响下，穷国经常因为受贸易逆差的驱使而将资源卖给富国，而这些资源本来能够更有效地促进穷国自己国内经济的发展。另外，私人性的外国投资也迫使穷国采取一种从它们自己的视角来看可能并不是最优选择的那种政治经济发展模式。全球性货币体系也使得某些国家的经济中出现的混乱蔓延到其他国家中，而这些国家（特别是那些贫穷落后的国家）根本没有能力处理这些经济问题潜在的灾难性后果。①

布洛克提请我们特别注意两种制度，即国际借贷特权和国际资源特权。根据这些制度，如果在某个国家有效行使权力的群体在国际上被认可为该国的合法政府，那么它就可以代表国家随意借贷（行使国际借贷特权）、随意处理自然资源（行使国际资源特权）。客观来讲，这两种制度对贫穷国家的繁荣复兴是有作用的，但问题在于，有些通过非法途径建立的政府，一旦获得国际承认，就大肆利用这些特权，谋取自己的私利，弃人民的利益于不顾。人们在经过奋斗抗争之后，虽然建立了民主政府，但该政府却要承担压迫性的前任政府留下的债务，这完全消耗了本来可以用来巩固新兴民主政府所需要的国家资源。另外，即使某个国家是压迫性的政府，但它是合法政府，其他西方国家在与这些政府打交道的过程中，只要有利可图，它们就没有动力去帮助该国苦难的人民去改变现状。②

在这些不平等的国际政治经济秩序中，穷国和富国的经济关系事实上会恶化穷国的经济条件，加深贫富差距，最终会导致穷

---

① 参见［美］查尔斯·贝茨：《正义和国际关系》，载徐向东主编：《全球正义》，浙江大学出版社 2011 年版，第 197—198 页。
② 参见［新西兰］吉莉安·布洛克：《全球正义：世界主义的视角》，王珀、丁玮译，重庆出版社 2014 年版，第 114 页。

国不仅遭受贫困，而且要担负沉重的环境伤害，富裕国家却享受着更廉价的物质生活和清新健康的自然环境。面对这一困境，许多哲学家提出了一些应对之策。例如，博格提出了一种全球资源红利（global resources dividend）的机制，力图调节这种国际不平等。按照博格的设想，全球资源红利的基本理念是，虽然一国人民在自己的领土上对全部资源具有所有权和完全的控制权，但是该国人民也必须对它选择开采的任何资源支付红利。例如，沙特阿拉伯的人民如果选择开采原油，那么无论这些原油是留作已用还是销往国外，他们都必须为任何已经开采的原则支付一定比例的红利。这一理念可以扩展到可循环使用的资源上，如农业和农场用地、空气和水资源，等等。博格还特别强调，与原油相关的全球资源红利并不是只限于产油国，那些不产原油但却需要大量进口原油的国家也要承担。[①] 这样看来，全球资源红利机制类似于一种消费税，任何国家或人民在消费资源的时候必须支付一定比例的红利，这一理念的背后其实暗含了类似于我们前面所谈到的环境公共信托论，它认为，国家或个人可以占有或使用资源，但是作为整体的人类仍然拥有一种类似于原始股的小额股份，人们据此有权分享资源收益。在得到这些全球资源红利之后，它们将被用于改善贫穷国家的落后现状，补偿这些国家所承受的环境不正义，特别是要"保证所有人都能在相当程度上接受教育、享有保健、拥有生产资料和工作，以至于所有人都能够有尊严地满足其基本需求并且能够有效地抵御本国人或外国人对自

---

① 参见［美］涛慕思·博格：《平等主义的万民法》，载徐向东主编：《全球正义》，浙江大学出版社 2011 年版，第 345 页。

身利益的侵犯。"[1]

布洛克则提出了一种全球税收的理论。[2] 在布洛克看来，博格的全球资源红利很大程度上缺乏可操作性，这种机制要想成功，它需要一个国际框架，以此为背景来公平地征收全球资源红利，但这一背景框架目前尚不存在；另外，博格的提议假定了对所使用的自然资源储备数量和资源的销售价格的公开透明，但这两种假定也不现实。与博格不同，布洛克采取的是一些现在无论在理论上还是实践上都相对较为成熟的全球税收策略，例如碳排放税，它是对排放二氧化碳的能源课税，在销售碳燃料的时候就按照增值税和销售税的方式直接征收碳排放税，这种税收方式应用广泛，而且在现实中许多欧洲国家已经实施了碳排放税。除此之外，布洛克还提及了更为具体的货币交易税、机票税、电子邮件税、世界贸易税、国际武器贸易税、航空燃料税，在他看来，这些国际税收制度的改革才是在国际领域实现正义的重要途径，从而能够在克服全球贫困方面取得切实进步。

三、"地球救生艇"之辩与发达国家应该承担的国际环境责任

通常情况下，生活在一个国家社会群体中的人们，并不怀疑他们承担着保护自身所在的社会群体中其他成员的生存和安全责任，但是，当这种责任超出国家边界时，人们往往会无视这种责

---

① ［美］涛慕思·博格：《平等主义的万民法》，载徐向东主编：《全球正义》，浙江大学出版社 2011 年版，第 346 页。

② 参见［新西兰］吉莉安·布洛克：《全球正义：世界主义的视角》，王珀、丁玮译，重庆出版社 2014 年版，第 111—129 页。

任的存在，甚至还故意将自己所在社会群体的环境污染转移到其他国家社会群体的生活环境中。在当今全球化的国际背景下，发展中国家的贫困与环境恶化就同发达国家在历史与现实中对其进行的资本和资源剥夺紧密相关。然而，发达国家并不承认这一事实，认为发展中国家的贫困和环境恶化的根源在发展中国家自身，因此发达国家无需承担援助、保护和改善发展中国家环境的责任。为支持这种观点，美国环境哲学家哈丁在 20 世纪 70 年代提出了"救生艇"伦理学。哈丁的辩护能否具有说服力呢？下面，我们就具体分析一下。

加勒特·哈丁的"救生艇"伦理学（Lifeboat Ethics）：加勒特·哈丁反对用地球"太空船"的比喻来劝说人们破坏、浪费和过度不平等地使用地球资源，主张人们首要的义务是对自己和子孙后代的义务，认为富裕国家援助贫穷国家的行为是愚蠢的，因为那样做只会加重更大的环境负担并将导致更大的援助要求。为此，他设计了与地球"太空船"不同的"救生艇"伦理学模型。

哈丁指出，我们可以按富裕程度把世界分为富国和穷国，其中有 2/3 的国家是贫穷的，1/3 的国家相对富裕，美国是最富裕的国家。这时，我们可以把富裕的国家看作是一艘满载相对富裕的人的救生艇，救生艇行驶在穷人的世界中，而穷人想到救生艇上以摆脱穷苦或死亡的命运。由于救生艇的容量和资源有限，救生艇的总载重是 60 人，如果假定已经有 50 人在艇上，那就还能够容纳 10 人，但是如果水中有 100 个穷人。在此时，已经处于救生艇上的富人到底该怎么办呢？

第一种方案：如果所有的人平等地得到照顾，那么 100 个人就都要到艇上来，这时在道德上似乎做到了彻底的正义，但是由于严重超载，结果带来了所有人的毁灭：即救生艇沉没了，所有人都死了。

第二种方案：如果只能够有 10 人上救生艇，那么就只允许 10 人上来，但是到底让谁上来，就会出现对于剩余 90 人的分配不平等的问题。而且，此时 10 人上来后，就会超过安全系数，如果遇到特殊危机状况，就会导致灾难性的后果。

第三种方案：如果救生艇上不允许再有人上来，就可以保留安全系数，这样原有的 50 人就有可能生存下来。

在这三种方案中，哈丁认为，虽然第三种方案会让很多人厌恶，但是却是保证 50 人求生的最佳方案。① 当我们借此比喻回到现实中时，它就意味着发达国家不需要去支援和帮助发展中国家摆脱贫困和环境负担，因为如果采取行动去帮助的话，不仅解决不了问题，而且还会导致包括发达国家在内的全体人员的毁灭。

"救生艇"伦理学遭到了当时很多学者的反对，欧诺拉·奥内尔（Onora O'Neill）就是其中一位，他撰写了一篇名为《地球救生艇》的文章，表达了不同于哈丁的"救生艇"伦理学的观点。奥内尔认为，在全球化的经济政治交往以及气候变化面前，人类正在面临资源短缺和环境恶化的遭遇。为走出困境，人类寻求"太空船"的模式显得过于乐观，而"救生艇"伦理学所倡导的观点也存在很大的问题。如果人们不去追问处于救生艇中穷人地位的发展中国家出现贫困和环境恶化的历史原因，仅就现实而

---

① 参见［美］加勒特·哈丁：《救生艇伦理学：反对帮助穷人的例子》，载［美］詹姆斯·P. 斯特巴主编：《实践中的道德》，李曦等译，北京大学出版社 2006 年版，第 113—114 页。

言，世界各国都已经卷入全球化的浪潮，发达国家的发展带给发展中国家的冲击和资源环境负担都是不争的事实，因此，发展中国家因贫困或环境污染的加重所带来的疾病和死亡，也有发达国家的贡献。如果发达国家认为它没有这种责任，那么，就必须给出足够有力的说明。这也就是奥内尔所强调的，首先人们享有不被杀戮的权利，但是如果出现某人被杀戮的情况，那么，对方就必须给出符合自我正当防卫的理由，否则，就必须对造成杀戮的事实承担责任。接下来，奥内尔指出，"今日世界，经济和技术相互依赖的情况改变了这种形势。一些人的死亡，是由另一些远居他国（经常是富裕国家）的人或者群体导致的。有时候，这些人和群体不仅违背了一些人的天经地义的不被允许死亡的权利，而且也违背了他们的更为基本的不受杀戮的权利。"[①]

为了更好地说明问题，奥内尔将当今世界中的富国和穷国分别看作是地球救生艇上处于一等舱和二等舱的人们。如果地球救生艇存在两种状态：资源充足和不充足。在资源充足的状态下，救生艇上一等舱乘客的所在空间中放置了为所有乘客准备的食物和水，非常丰富，足够保证每个乘客都能够活下来，但由于一些人控制了存活方式，控制了其他人的生存，因此，即使设备良好、资源充足，也可能导致那些不能够控制资源的人遭遇饥饿和死亡。而在设备和资源的不足的救生艇上，肯定会有一些人死亡，并且其中有些人被杀害并没有足够可以辩护的理由。在设备良好资源充足的救生艇中，任何死亡都是由于食物和水的分配不

① ［美］欧诺拉·奥内尔：《地球救生艇》，张曦译，载徐向东主编：《全球正义》，浙江大学出版社2011年版，第53页。

公，富裕国家处于一等舱的地位，它所引起的某种不足以被可信辩护的杀戮行为主要有两种情况，一是通过对外投资，"一群投资者组建了一个投资于海外的公司（或许是投资于种植园或者投资于矿山），他们管理其主要事务的目的就是将高额收益送回国内，但工人工资如此之低以至于他们的幸存率不断下降，他们的预期寿命比起这家公司不投资于此的时候要低得多。"[1] 在这种情况下，富裕国家的投资者卷入了一种欠发达地区的经济活动，制定了决定生存率的生活标准的政策，影响和限制了当地人们的就业意愿，摧毁了当地的传统经济结构，因而引起了一些人的死亡。二是商品的定价活动，"欠发达国家的经济经常主要依赖于一些商品的价格水平。因此，国际市场上，咖啡、糖或者可可价格的剧烈下跌，可能会毁灭该国的经济，并降低整个地区的幸存率。然而，这种价格水平的下跌并不都是能够归因于人为控制之外的那些因素的。他们可能是投资者、代理商或者政府机构的行动的结构，这些人和机构选择了一种将使一些人遭受死亡威胁的政策。"[2] 在这两种情况中，虽然富裕国家的投资者、代理商或政府机构的某些行为没有引起直接的死亡，但在事实上却与欠发达地区某些人的死亡有一定的间接而复杂的联系，在这种意义上，他们的某些行为对欠发达地区的人们产生了一定的不公正安排带来的疾病和死亡，并且应该承担一定的责任。更接近真实情况下的资源匮乏的救生艇上，饥荒和贫困的出现主要取决于技术发明

---

[1]　[美] 欧诺拉·奥内尔：《地球救生艇》，张曦译，载徐向东主编：《全球正义》，浙江大学出版社 2011 年版，第 56 页。

[2]　[美] 欧诺拉·奥内尔：《地球救生艇》，张曦译，载徐向东主编：《全球正义》，浙江大学出版社 2011 年版，第 58 页。

与创新的速度、农业、污染控制以及人口的政策等因素。"在一个经济相互依赖的世界，很少有人能将饥荒看作是一种自然灾难，在一种自然灾难之下，我们可能出于好意地拯救一些人，但是对此他们并不负有责任。如果我们的所作所为对于这场饥荒的出现和加重有所帮助的话，我们不能够残酷地将特定的饥荒设想为是不可避免的。"① 在此，处于一等舱地位的富裕国家及其人民的经济活动政策就与饥荒风险分配联系起来，引起某些人的死亡。因此，他们需要为他们的经济活动所引发的某种死亡担负责任。

在奥内尔的比喻中，如果我们将"饥荒"直接换作"环境污染"，那么，富裕的发达国家在救生艇一等舱中享有优越的自然环境，而二等舱的欠发达的发展中国家已经遭遇或正在遭遇资源匮乏和环境恶化的形势，虽说这种环境状况与发展中国家自身的发展代价紧密相关，但是，全球经济的相互作用，特别是发达国家在其中的主导地位，使得发达国家对于地球环境资源的占有、利用和消费实实在在地加重了发展中国家的资源环境负担，在发展中国家引发了环境恶化带来的贫困、疾病和死亡。国内学者徐向东在《全球正义》的编者导言中指出：发达国家与发展中国家间的关系不是局外人和局内人的关系，发达国家对于发展中国家的贫困存在一定的道德联系，例如：发达国家在历史上对发展中国家造成的种族灭绝、殖民主义造成了发达国家的富裕和发展中国家的贫困；在地球自然资源的利用上，发达国家按照他们所构

---

① ［美］欧诺拉·奥内尔：《地球救生艇》，张曦译，载徐向东主编：《全球正义》，浙江大学出版社 2011 年版，第 59 页。

建出来的全球合作协议而不平等地占用了地球资源，发展中国家
不仅没有得到平等的资源分配，而且被发达国家剥夺了一定的资
源；发达国家和发展中国家共处于一个全球经济秩序中，这个全
球经济秩序加重了发展中国家的贫困和环境负担。[①] 因此，在全
球环境问题上，我们就需要发达国家走出狭隘的国家和民族主义
藩篱，将环境正义的实现置于全球经济秩序的国际合作背景，承
认发达国家的某些经济和贸易行为给发展中国家带来的环境负
担，承认发达国家需要对发展中国家承担一定的环境责任。

第二节 国际环境不正义与中国农村环境问题

一、国际环境污染转移与中国农村环境的恶化

伴随我国改革开放的深入发展，我国作为最大的发展中国家
经济实体，在世界经济政治舞台上日益显示出巨大的经济活力和
发展潜力。但是由于我国经济发展基础薄弱、环境保护意识缺
乏，多年来一直延续粗放的发展模式，虽然取得了瞩目的发展速
度，但也付出了严重的环境污染代价。在此期间，美、欧、日等
发达国家和地区在经历了工业化发展带来的环境困扰后，不断加
强和提高本国环境标准，在本国积极发展资源和能源消耗少的高
新技术产业以推进产业结构的升级，但是却利用我国对外开放的
契机，凭借各种形式不断向我国转移环境负担、谋求环境资本带
来的巨大利润。在这种国际环境不公中，我国成为发达国家进行

---

① 参见徐向东主编：《全球正义》"导言"，浙江大学出版社 2011 年版，第 21 页。

资源掠夺和环境污染转移的最主要国家，而我国农村地区则成为很多发达国家资源掠夺和环境污染转移的最终目的地，这种典型的跨国污染转移已经严重影响到了我国的可持续发展与环境安全。

跨国污染转移有广义和狭义之分。广义的污染转移是指由于自然因素导致的污染转移，也称为原生态环境污染或第一环境污染，它是在自然力的作用下发生的污染转移，其转移过程及后果不受当事人主观意志的控制，如火山爆发的粉尘污染、酸雨污染和核污染等。例如 2014 年 9 月份，冰岛巴达本加火山喷出的火山灰飘到了大巴黎地区，导致巴黎地区微粒污染，连续几天微粒污染程度都超过"通告"等级，从 9 月 22—25 日，法国北部地区空气中的二氧化硫成份特别高，每立方米空气中微粒污染程度达 60—80 微克，而该地区平常水平是 10—20 微克。[①] 狭义的污染转移是指主体有意识地将对环境有污染的设备、技术、产品等通过国际贸易、国际投资等方式进行跨国界的转移，或者发达国家有意识地把在本国境内产生的污染物，以垃圾贸易的方式直接转入发展中国家内部进行处理。我们通常所探讨的跨国污染转移都是狭义上的。

1. 发达国家对我国进行环境污染转移的主要表现

首先，在国际产业转移中，发达国家利用跨国公司在我国投资设厂，将大量因资源浪费巨大、工艺技术落后、污染严重而被淘汰的设备、产品、技术或工程项目转移到我国境内。长期以

---

① 参见中国新闻网：《火山灰致巴黎空气污染　政府或采取限制交通措施》，2014 年，资料来源：http://www.chinanews.com/gj/2014/09-26/6634938.shtml。

来，由于我国经济落后，环境标准低，对跨国污染密集型产业转移并没有什么有效的惩罚措施，有时为了国内经济发展需要，无视这些危害而采取各种优惠政策，这更加变相地鼓励了这种跨国污染转移。自 20 世纪 90 年代开始，美国、西欧和日本等发达国家为实现产业结构的升级，不断降低制造业的比例，加大服务业的发展力度，逐步将一些钢铁、煤炭、有色金属、电力、石化、建材、造纸、印染等高污染、高能耗的产业转移到资源丰富、人力资本低廉、环境标准要求较低的发展中国家和地区。我国作为发展中国家，在吸引外资投资的过程中，以长三角、珠三角和京津冀等部分地区为主承接了大量国外投资。根据 2005—2013 年我国《国民经济和社会发展统计公报》显示，2010 年以前外资投资总额的一半以上集中在制造业，自 2010 年开始有所下降，但仍然在外资投资的所有产业中占据首位。因此发达国家以制造业为主的投资就输入了大量污染产业，我国则接纳了被发达国家日益淘汰的落后技术。虽然当前发达国家跨国公司通过并购、外包以及战略联盟等方式在转移劳动密集型产业的基础上，进一步推进资本和技术密集型产业的转移，但是发达国家始终控制产业链中关键的核心技术环节，高效、节能、环保的最新技术并没有真正实现跨国转移。因此，由跨国公司的发展带给我国的环境污染已经成为普遍现象。有资料显示，从 2004—2007 年的时间里，以美国、日本和欧洲为主的跨国公司约有 130 家存在污染环境的违规行为，涉及我国 19 个省区。[①] 这些跨国公司中就有著名的

---

① 参见南方日报：《跨国公司频频出现环境违规行为，苹果"最难啃"》，2011年，资料来源：http://epaper.nfdaily.cn/html/2011-09/09/content_7005192.html。

美国苹果公司。由于苹果公司产品的生产及组装均由外包的代工厂来完成，所以苹果公司在整个产业链中存在的环境污染行为具有一定的隐蔽性，但是这并不能改变苹果公司通过代工厂而造成的国际环境污染行为，尤其是对地处城市工业园区周边的农村造成的环境负担。

其次，发达国家积极利用国际贸易从我国直接进口发展本国工业生产和人民生活所需的各种经简单加工的工农业产品和矿产资源，对我国生态环境尤其是农村生态环境造成严重破坏。以日本为例，作为一个资源贫乏的国家，每年从我国进口大量木材用于一次性筷子的制作，对于我国森林资源的间接破坏较为严重。我国稀土资源储量丰富，主要分布在包头、江西、广东和四川、山东等地。多年来，美国、欧洲和日本等国家为发展本国高科技产业一直从我国低价进口大量稀土。稀土向来具有"工业维生素"的美誉，在冶金、机械、石化、纺织和农业以及电子信息、新能源、国防尖端技术等领域都是不可或缺的材料。由于我国很多稀土企业采用简单落后的生产工艺进行开发，造成开采、冶炼和加工过程中破坏植被、排放大量废气、废水和废渣的现象，严重污染当地大气、水体和土壤，进而影响当地居民的身体健康。同时，我国稀土产业严重缺乏深度加工的稀土产品，加之稀土价格波动较大的影响，我国稀土资源大部分出口到发达国家。发达国家深知稀土资源开发会带来严重的环境污染，因此他们并不愿意开发自己本国的稀土资源，他们通过国际贸易大量进口稀土以满足发展需要。美国和日本是世界两大主要的稀土进口国，他们以十元左右的低价购买和占用中国稀土资源，又以千元以上的高价向国际社会其他国家出售稀土产品，其间所获利润并没有对中国

的稀土资源开发造成的环境负担进行补偿。发达国家对我国稀土
资源不计环境成本的低价掠夺只是对我国资源环境掠夺和破坏的
一个小小缩影，但是却折射出发达国家对我国进行环境污染转移
的不公事实。此外，我国作为世界加工厂，也在不断向发达国家
出口大量技术含量低、资源消耗高的工农业初级产品，虽然被国
际社会贴上"中国制造"的标签，提升了世界影响力，也增强了
发达国家对我国经济的依赖，但同样隶属于发达国家环境污染转
移的有效途径。

再次，洋垃圾进村。自美国环境正义运动兴起以来，美国、
欧盟和日本等发达国家为减少垃圾处理成本和环境伤害，积极利
用发展中国家经济落后、环境保护意识缺乏的弱点，将大量垃圾
通过国际贸易非法转移到发展中国家。20 世纪 90 年代发达国家
开始向我国输入大量含有毒物质的垃圾，我国东部和东南部沿海
农村成为首先受到洋垃圾污染侵害的群体。废旧报纸和衣物、废
旧五金、废旧塑料和橡胶制品、废旧化工产品以及废旧电子产
品、废旧医疗用品等种类繁多的洋垃圾非法进入我国境内承接地
后，慢慢形成了对洋垃圾分类、清洁以及回收利用的黑色淘金产
业链。

2013 年 4 月 9 日，江苏省苏州市宣判了一起走私进口垃圾
案，此案涉及从欧美等地走私入境的洋垃圾高达 2600 吨。整个
案件的挖掘凸显出了一点，走私洋垃圾，各个环节几乎都是有
利可图。国外供货商以极低的价格将垃圾卖给国外买家，他们
能将本国政府给予的垃圾处置补贴直接变成利润；对于中间商来
讲，转手销售垃圾，大约可获得 10 美元每吨的直接销售利润；
国内进口商的利润主要来自对入境垃圾分拣销售后所获得的收

益，这种收益其实是相当可观的。根据该案件中的城市垃圾为例进行推算，这些垃圾的到岸价格加上进口税款等费用，成本大致为 1000—1100 元人民币每吨，但是从中分拣出的废纸市场销售价格在 2000 元人民币每吨，牛奶瓶、矿泉水瓶等塑料制品的市场销售价格在 7000—10000 元人民币每吨，铝制易拉罐等市场销售价格在 4000 元人民币每吨左右。那些最终完全不可利用的垃圾只占总量的 8% 左右，但把这些垃圾交给有处理资质的企业却只需要 60 元人民币每吨。国内分拣工人的工资成本也比较低廉。因此，这些国内进口商在除去了一些必要的成本之后，进口洋垃圾也是有巨额利润可图的事情。[①] 然而，我们不能只着眼于这些短期利润，更应该看到，我国缺乏特别是含有毒成分的垃圾处理技术，所以洋垃圾的到来并未真正变废为宝，人们获取表面利润的背后隐藏着沉重环境危害和健康危机。

近年来，洋垃圾的潜在危害随着各种媒体的曝光而备受人们关注，其中电子类洋垃圾造成的环境污染最为严重。根据《巴塞尔条约》，我国已经将电子洋垃圾列入国家严格禁止进口的有毒废弃物，主要涉及废旧电池、电脑、手机、冰箱、空调、打印机以及其他电子仪器等。有资料显示，全球每年电子垃圾达到 5 亿吨，其中大部分来自美国、日本和欧洲等地，并且约有 72% 运到我国。[②] 全国主要的电子垃圾集散地主要集中在广东和浙江两省，其中广东贵屿镇很多农村都已经成为专门从事这一行业的典

[①] 王伟健、程晨：《拒绝"洋垃圾"，先断利益链》，《人民日报》2013 年 4 月 11 日。

[②] 参见中国青年网：《全球每年产生 5 亿吨电子垃圾超 7 成进入中国》，2012 年，资料来源：http://news.youth.cn/gn/201205/t20120523_2191704.html。

型，成为国内有名的"电子垃圾第一镇"。由于有些电子垃圾中含有贵重金属，因此，不少村民都采用原始的方法简单加工进行分离，产生大量的有毒物质，对当地大气、水和土壤产生的二次环境污染非常严重，有些有害物质的持续污染达到百年以上，严重影响了当地生态环境。伴随环境污染的出现，当地儿童有80%以上铅中毒，妇女的流产率、癌症发病率也普遍高于其他地区。

除了电子垃圾贸易带给我国部分农村的环境伤害外，洋垃圾服装和废弃塑料的危害也较为突出。在我国，广东陆丰碣石镇很多农村人都以经营洋垃圾服装发家致富，他们将非法进口的携带大量细菌和病毒的国外废旧服装进行简单处理翻新，然后以低价批发销售到全国各地，特别是消费水平较低的北方一些农村地区。由于洋垃圾服装未经消毒处理，所以在整个经营过程中都会对周围环境和人体健康带来危害。

在我国广东、江苏等地农村也有很多人经营洋塑料垃圾，由于缺乏规范的清洗、分类、处理，所以随意掩埋和焚烧的现象造成大量的有毒物质弥漫在空气中，清洗废旧塑料的污水也随意排放，污染了当地农民世代依存的地下水源，甚至还有利用这些有毒废旧塑料制作包装袋、幼儿塑料玩具、食品袋和食品餐具的情况。可以说，这些洋垃圾引起的危害远远超出了环境污染的单一层面。

最后，在应对全球气候变化中，欧盟、美国等发达国家在京都进程中对中国施加了不公正的碳减排任务。众所周知，二氧化碳一经排放将会在大气中长期存在，因此，目前地球大气中二氧化碳总含量的70%—80%都是美、欧等发达国家在过去工业化发展阶段碳排放的累计结果造成的。在发达国家工业化时代，全球所排放的每 10 吨二氧化碳中约有 7 吨是发达国家排放的，美、中两国人均历史碳排放分别为 1100 吨和 66 吨，对比明显。[①] 由于大气中二氧化碳含量的持续增加，全球变暖趋势已经得到普遍认同，而由此带来的全球气候变化也给地球的未来增加了大量的灾难和风险。应对全球气候变化，通过碳减排将全球气温升高阈值控制在 2℃ 以内成为世界各国共同努力的目标。虽然各国均为之负有责任，但是发达国家和发展中国家之间彼此差异较为明显。在历史上，我国碳排放量并没有占很大比例，但是面对全球气候的改变，我国依然积极参与由美欧等发达国家主导的全球气候治理行动。然而，在国际气候变化谈判的京都进程和后京都进程中，欧美等国在设计有关减排任务时，基于自身利益需要，并没有担负起他们所应该承担的减排任务。

由于欧洲地区将会在全球气候变化中遭受森林减少、耕地减少、水资源匮乏以及其他环境问题，加之减排成本较低，因而，欧盟各国在 1997 年 12 月召开的京都会议上积极扮演全球环境治理的领导者身份，呼吁世界各国减少碳排放，并且制定较高的碳减排目标和时间表。美国则强调若碳减排对自身经济带来的高成本而反对欧盟倡导的计划，并且于 2001 年 3 月退出已经签署的《京都议定书》，强调应对气候变化不应影响经济发展，而应该积极寻求技术进步和技术转让在其中的关键作用。尽管美、欧策略有所不同，但是各自的核心都是不以牺牲本国发展利益为前提，但对于我国这样的发展中国家面临的发展实际却未能够公正地制

---

① 参见联合国开发计划署：《2007/2008 年人类发展报告应对气候变化：分化世界中的人类团结》，第 39 页。

定应有的碳减排计划和任务。在京都进程中，由于中国坚持在达到中等发达国家水平之前不承担减排义务，因而没有被规定减排义务，但事实上，仍然面临美、欧等发达国家要求的减排压力。特别是在后京都进程中，发达国家要求包括我国在内的发展中国家在 2012 年后做出具有约束力的减排承诺。因此，相比发达国家已经完成工业化的历史而言，我国目前仍处于工业化进程中，能源技术相对落后，资源使用效率低下，如果按照他们的要求实现承诺，那么就将意味着降低现有能源和资源消耗水平，这将严重影响社会经济的发展速度和人类发展指数的提高。美国虽然提出用技术进步和技术转让的方式进行减排，但也并没有对我国和其他的发展中国家进行切实有效的碳减排技术支持。如果在没有技术支持的前提下放慢发展速度，那么我国农村地区就不得不做出巨大的牺牲，进而承受国内和国际的双重发展差距。

2. 发达国家环境污染转移加重了中国农村的环境负担

当前，我国广大农村环境污染日益严重，究其根源，固然与城乡二元结构体制下社会经济的粗放式发展密切相关，但是也和全球经济一体化进程中发达国家环境污染转移所叠加的环境负担联系在一起。这种双重的环境负担不仅掠夺了我国农村的相对有限的各种自然资源，而且导致某些极端失控的环境污染问题频繁呈现。一些分析可以帮助我们理解这一结论。

第一，在目前我国的工业化进程中，经济发展与能源消耗比例并不协调。我国作为世界第二大经济体，能源消耗已经跃居世界第一位。有资料显示，"2011 年，我国 GDP 约占世界的 8.6%，但能源消耗占世界的 19.3%。我国单位 GDP 能耗是世界平均水平的 2.5 倍，美国的 3.3 倍，日本的 7 倍，也高于巴西、墨西哥等发展中国家。"①

第二，我国对外贸易发展迅速，资源和能源消耗较大，环境负担沉重。以中国对美国的出口贸易为例，2007 年中国经济网刊发了《中国全方位对外开放格局基本形成》一文，文中指出，中国对美国出口的商品价值总额年均达到 2880 亿美元，占美国消费品比例的 40%。② 在随后的几年时间，中国对美国的出口贸易进一步扩大。到了 2013 年，美国从中国进口商品价值总额达到 4404.3 亿美元，占美国进口总额的 19.4%，③ 中国已经成为美国第一大进口商品来源地，并且自 2009 年起，我国已经成为世界第一大出口国，出口贸易的扩大虽然极大促进了我国经济发展的速度，但是环境污染也日渐严重。

国外学者自 20 世纪 60 年代就开始关注国际贸易与环境污染的关联度，国内学者的相关研究始于 20 世纪 90 年代并且主要集中在经济学领域。针对我国目前出口贸易与环境污染的状况来看，学者们从全国以及长三角、珠三角等典型地区进行了实证性研究，基本上肯定了我国出口贸易对我国生态环境的负面影响。以出口贸易发达的福建省为例，出口贸易对环境污染影响就特别突出。自 2005—2011 年，福建省主要工业制成品出口值与工业三废排放量都出现明显增加的趋势，化学相关制品、机械及运输设备、按原料分类的制品三项出口值分别从 91773 万美元增加到

---

① 参见中商情报网：《中国能源消费总量居世界第一》，2012 年，资料来源：http://www.askci.com/news/201210/10/142524_41.shtml。

② 参见中国经济网：《中国全方位对外开放格局基本形成》，2008 年，资料来源：http://intl.ce.cn/zhuanti/dwkf/yi/200803/10/t20080310_14782301_2.shtml。

③ 参见国别数据网：《2013 年美国货物贸易及中美双边贸易概况》，2013 年，资料来源：http://countryreport.mofcom.gov.cn/record/view.asp?news_id=37946。

313402 万美元、1296056 万美元增加到 2399269 万美元、508527 万美元增加到 1735471 万美元，而工业固废、工业废水和工业废气排放量分别从 3772.5 万吨增加到 4414.89 万吨、从 130939.5 万吨增加到 177185.62 万吨、从 62649073 万标立方米增加到 149728900 万标立方米，依据灰色关联分析方法，我们能够发现这两组数据的增加趋势具有明显的关联度。[①] 因此，福建省的出口贸易对当地环境质量具有明显的负面影响。可以说，我国出口贸易带来的国内环境负价值与美国等发达国家利用我国环境资源而得到的环境正价值形成了鲜明对比。

第三，我国作为世界进出口贸易大国，加重了农村及其周边地区的环境负担。因出口商品的所有生产环节都依赖我国境内资源，因此，资源消耗以及环境污染也都发生在我国境内，这给环境保护严重缺乏的农村及周边地区带来了更大的环境负担。我国大部分工业企业包括外向型企业在内，基本都建在城市郊区和城乡结合部地带，因而都处于当地农村周边地区。而农村及其周边有无工业企业则直接影响到农村环境质量的高低和环境污染的程度，这从很多农村沦为癌症村的事实就可以得到有力的说明。以吸纳外资较多的长三角经济带的江苏省为例，在《中国生态环境危急》一书中被列举的癌症村就有 5 个，在《环境污染与农民环境抗争——基于苏北 N 村事件的分析》一书中提到镇江新区幸竹村和祝赵村就处在当地国际化学工业园区的包围中。[②] 除了出

---

① 参见钟明春、徐刚：《对外贸易与环境污染的灰色关联分析——以福建省为例》，《福建江夏学院学报》2012 年第 6 期。

② 参见朱海忠：《环境污染与农民环境抗争——基于苏北 N 村事件的分析》，社会科学文献出版社 2013 年版。

口贸易带来环境压力外，我国从发达国家的进口贸易也在一定程度上增加了环境污染的几率，因为在进口贸易中，由于洋垃圾的违规入境所带来的环境污染也直接在东部和东南部沿海开放地区的农村呈现出来，这也是我们不能够忽视的。由此可见，我国农村环境污染的加剧与国际环境污染转移是紧密相连的。

　　二、中国农民承受的国际环境不正义

　　全球经济一体化进程加剧了中国农村环境的污染，与之相应，生活在中国农村地区的农民也经历着发达国家所带来的国际环境不正义伤害。具体而言，主要有以下几点：

　　第一，从分配正义的角度看，我国部分地区的农民不平等地承担了发达国家转移而来的环境恶物，生存权和安全权遭受威胁。

　　国际环境污染转移中的环境恶物包括跨国公司以直接设厂、外包公司或代工厂等多种方式将污染产业和技术转移到我国境内进而在生产中产生污染废弃物，也包括我国对发达国家进出口贸易所带来的直接环境污染物质和间接环境伤害。在国际环境正义问题上，如果发达国家的产业和技术转移或者贸易会引起接受方发展中国家人民的身体伤害、疾病、死亡的话，我们就可以认为这是明显违背正义原则的。然而，也有人指出，发达国家把带有环境风险的产业、技术和贸易转移到发展中国家，虽然会对发展中国家接受方产生一定的身体伤害，但是由于发达国家的这种经济行为也给发展中国家的社会发展增加了很大的经济活力和效益，所以对于发展中国家而言，环境风险伤害的损失远远低于发达国家不进行产业、技术转移和贸易活动带来的经济损失。在希拉德-弗里彻特看来，这就是所谓的"a bloody loaf of bread is better than no loaf at all"① 即一块沾满血迹的面包毕竟比没有面包要好。在我国也有很大一部分人利用这种观点为发达国家对我国的各种环境污染转移行为进行辩护，认为我国在对外开放中吸引外资发展国内经济即使付出环境代价也是无可非议的。

对此，我们并不认同。我们承认发达国家的产业和技术转移会给我国社会经济发展注入一定的活力，但是我们需要这种经济活力的实现不去牺牲接纳地区的资源和环境，更不希望牺牲接纳地周边居民的身体健康。由于发达国家在保持其国内产业、技术和环境优势时，有意将其国内淘汰或禁止的污染和能耗密集型的造纸、钢铁、建材、化工、金属、纺织等产业和技术转入我国，在我国实现原料采购、生产加工，制成品返回其国内后，供国内生产和生活消费，或者再以高价出售到包括我国在内的世界其他国家和地区，赚取更多利润。在这种意义上，发达国家实现其国内环境福利，但对于我国而言，分得的利益与之无法相比，但环境恶化的代价却日益突出，人们身体遭受的伤害也在疾病和死亡的阴影中集中呈现。因此，这种伤害已经严重威胁到人们所理应平等享有的生存权和安全权。这种国际环境不正义的承受无论如何也是不能得到辩解的。

我们以苹果公司为例来分析我国部分农民在国际环境不正义中遭遇的分配不公问题。美国苹果公司是全球跨国公司中的成功典型，然而近年来，它在中国的多家代工厂都存在环境违法行

---

① 转引自 Kristin Shrader-Frechette, *Environmental Justice: Creating Equality, Reclaiming Democracy*, Oxford: Oxford University Press, 2002, p.167。

为，屡次被列入环境污染的黑名单。2011 年 1 月和 8 月，自然之友、公众环境研究中心等中国环保组织对苹果供应链中的环境污染状况发布了调查报告，指出苹果供应链上的多家代工厂生产中存在重金属污染、正乙烷等被国家禁止使用的有毒化学品中毒以及对周边社区违规排放有毒废水、废气、废渣等环境污染行为，这种污染随苹果产品产量的进一步扩大而带给工人及当地社区居民严重的健康危害。这与苹果公司制定的供应商行为承诺不符，没有确保安全的生产条件，没有确保对环境负责，工人的安全权和生存权受到威胁，周边社区居民的安全权和生存权也受到侵犯，苹果公司承诺的最高标准的社会责任并没有得到兑现。

代工厂苏州联建科技有限公司在 2008—2009 年期间为提高产量，违规使用正乙烷，而员工在没有防毒装备情况下使用正乙烷导致中毒症状的出现。2012 年 1 月，网上媒体又爆出昆山市同心村遭遇污染的事实。同心村因与苹果两家代工厂为邻而成为遭受污染严重的典型，由于工厂过度排放有毒污水和废气致使很多村民患上癌症，成为癌症村。此外，名幸电子武汉工厂污水排放量大，导致邻近的南太子湖湖水重金属铜和镍的含量严重超标。[①]江苏昆山凯达电子和鼎鑫电子、武汉名幸电子、山西太原富士康等企业都是苹果供应链上环境污染严重的企业。苹果供应链的中国代工厂在生产中造成的环境违规事件可能远远超出本书所列，但本书所列足以说明问题。昆山同心村的居民生存权和安全权遭到严重侵犯，武汉南太子湖的污染又给当地渔民的生活带来阴影，

---

① 参见搜狐网：《苹果涉污事件再升级 27 家供应商现环保劣迹》，2011 年，资料来源：http://green.sohu.com/20110831/n317898267.shtml。

这些事实都与苹果公司中国代工厂的环境污染行为联系在一起。

另外，有资料显示，苹果公司在整个产业利润中占58.5%，中国劳工分得的利润不足2%。对比苹果公司的实际利润和环境成本与中国在其产业链中获得的利润和付出的环境成本形成明显的反差。

第二，从承认正义角度看，我国部分地区的农民特有的生产与生活文化方式遭到发达国家环境污染转移行为的侵害，农民生产和生活的文化多样性没有得到应有的尊重和保护。经济全球化带动世界各国经济社会发展的同时，西方发达国家利用其在全球市场中的优势地位以超越单一文化产业交流的多种方式影响着发展中国家的文化发展，导致发展中国家文化的差异性和多样性失去应有的尊重和保护。表现在环境正义问题上，就如希洛斯伯格曾指出的，"争论的基本点是人们的生活方式受到了威胁，而其原因在于这种生活方式没有得到承认或者是被贬低。那是承认的问题，不是简单的平等问题。"① 反映在国际环境不正义的事实上，这种承认的缺失意味着发展中国家世代延续的生活习惯、传统农业文化以及特有的文化知识体系在一定程度上遭到了破坏。对于我国部分地区的农民而言，这种文化承认的缺失也是遭受国际环境不正义侵害的一个重要方面。我们在此利用两种不同的案例进行分析。

首先，从发达国家对我国稀有矿产资源进口中造成的环境污染方面分析。2014年3月26日，国内各大媒体报道了"美欧日WTO诉中国稀土案中方'一审'败诉"的新闻，这一事件使

---

① David Schlosberg, *Defining Environmental Justice: Theories, Movements and Nature*，Oxford: Oxford University Press, 2007, p.89.

得国内社会的关注焦点再次集中到中国多年来稀土开发和出口带来的环境破坏问题上。以稀土资源储量丰富的内蒙古包头地区为例，白云鄂博矿富含 La、Ce、Sm 和 Eu 等多种轻稀土元素，但是多年来的低效开采使得当地土壤中稀土元素含量严重超标。本来土壤中的适量稀土对植物的生产会起到促进作用，但是如果含量过高的话，就会抑制和破坏植物生长，环境生态效应就会发生逆转。此外，稀土元素通过食物链进入动物和人的体内，长期低量摄入会对肝脏、肾脏、内分泌和免疫系统产生破坏，导致病变的发生。[①] 对于白云鄂博矿区而言，由于地处内蒙古抗干扰能力较弱的草原生态带，因此多年的低效开采对当地造成严重污染和破坏，草原上的牲畜大量死亡、居民身体健康状况下降。由于包头地区是中国乃至世界最大稀土出口基地，出口主要对象是美国、日本等发达国家。对于当地饱受污染伤害的牧民来说，除环境的恶化、身体的伤害外，还有对草原牧民生活和生产方式的不尊重，对草原特殊文化意义的忽视。如果发达国家在稀土进口中，对草原牧民生产和生活所凝聚的特殊文化给以足够的尊重和保护，那么即使大量的开采，也会帮助当地进行应有的环境保护，这样，当地的草原生态也不至于遭受如此的破坏。

在我国，除了草原牧民外，沿海和沿江渔民的渔业文化也受到了发达国家环境污染转移行为的侵害，比如江苏启东沿海渔民抗议日本王子纸业将生产污水计划排海的工程，由于前文中侧重分析了启东事件中国内环境不正义的方面，因此这里只需注意其

[①] 参见陈祖义：《稀土的环境行为、生物学毒效应与农业应用稀土潜在的危害性》，《中国稀土学会第十二届全国稀土元素分析化学学术报告暨研讨会论文集》（上），中国稀土学会 2007 年，第 227—229 页。

国际环境不正义对当地渔民生产和生活方式的不尊重，有关事件具体内容这里就不再赘述。

其次，在农产品对外进口贸易中，也会存在潜在的生态环境破坏带来的传统农业生产和生活方式的伤害。我们以我国大豆进口对本土东北优质大豆产业的影响为例进行分析。我国每年从美国进口大量转基因大豆，这不仅直接冲击我国东北黑龙江优质天然大豆产业，引起我国本土农作物物种安全危机，而且也危害我国部分传统优势农业生产文化和传统饮食文化。

世界大豆的原产地黑龙江省的大豆蛋白质含量高，与其他国家出产的大豆相比具有一定优势。我国东北地区种植大豆的历史悠久，当地的气候和土壤条件适合大规模种植，因而大豆的种植在当地的农业生产结构中一直占据优势地位，同时也促成了东北人特殊的食用豆油和黄豆酱的传统饮食文化。然而，伴随美国转基因大豆以低于东北大豆的价格涌入我国大豆进口市场后，本土优质东北大豆产业处境变得异常艰难。目前，我国对于转基因大豆的态度是允许进口但不允许种植。由于美国对转基因大豆出口进行价格补贴，转基因大豆的低价格、出油率高的优势，对东北大豆生产和豆制品加工造成严重排挤，当地许多豆农在连续多年亏损后不得不被迫放弃大豆改种经济效益高的玉米和水稻。据统计，在黑龙江省，2005—2013 年大豆种植面积从 6323 万亩下降到 3105 万亩，随之而来，大豆产量明显下降。[①] 这不仅直接影响了当地豆农长期以来形成的生产和生活方式，也影响当地豆制品加工的相关产业发展。如

---

① 　参见马骏昊等：《豆农连亏多年被迫弃种大豆》，2014 年，资料来源：《北京商报》http://www.bjbusiness.com.cn/site1/bjsb/html/2014-02/11/content_ 244019. htm?div=-1。

果这种形势持续下去，那么我国本土优质大豆产业将面临毁灭性打击，我国农作物优质物种种源的多样性也会遭到破坏，潜在的物种生态环境失衡的现象也会发生。而这一切的到来都是由于全球贸易自由化之下发达国家没有在文化上承认、尊重以及保护我国东北尤其是黑龙江省豆农的传统生活和生产方式的结果。

第三，从参与正义角度看，我国农民所遭遇的国际环境分配不公和文化承认缺失，与未能够充分有效地参与国际环境决策程序紧密相关。在目前国际秩序下，很多发展中国家最初都希望通过联合国、WTO、世界银行等国际组织的平台在有关国际行动、会议以及协定等国际事务中实现充分参与。然而，多年来的实践表明，包括我国在内的发展中国家没有能够与美国、日本和欧洲等国平等地参与国际事务。在与环境相关的事务中，发达国家及其主导的国际组织在环境决策中不能对发展中国家人民提供客观有效的环境风险信息，发展中国家人民被边缘化，无法真正获得自由知情同意权。这种参与正义的缺失在我国农民承受的国际环境不正义中也充分体现出来，我国农民因相关环境利益需求无法表达而成为国际环境正义中参与正义缺失的受害者。对此，本书通过自由知情同意这一参与正义的核心问题来做分析。

首先，发达国家在对我国的各种投资和贸易行为中没有完全公开相关的环境风险信息，作为环境利益相关方的农民没有获得足够的环境风险信息。这种情况在跨国公司和洋垃圾贸易中表现特别明显。苹果公司有意隐瞒在我国产业链中代工厂名单及其存在的违规使用有毒化学品的问题，美国、日本和欧洲向我国出口废弃物中瞒报和夹带有毒危险废弃物，这些案例中都存在环境风险信息不透明的问题。

其次，由于农民认知水平的限制，他们无法理解与自身相关的环境风险信息。面对发达国家对我国进行的环境污染转移，我国很多农民受教育文化水平的制约，环境保护知识缺乏，环境保护意识不高，加之没有足够的专业组织和人员对农民进行协助，因此，农民收集、获取和理解环境污染信息的能力有限，农民根本无法理解国际环境污染转移行为中的环境风险信息，无法预测潜在的环境污染带来的严重后果。比如在我国洋垃圾进口集散地的很多农村，大量村民发家致富的愿望都寄托在发达国家非法转入我国境内的洋垃圾上。洋垃圾成分复杂，农民在分类、拆卸、填埋处置和再加工过程中存在重金属污染、有毒化学品中毒、有害细菌病毒侵害的风险。但是由于当地农民教育文化水平不高，在知道洋垃圾存在环境风险的情况下，仍然轻视或无视这种污染，为获取经济利益而继续从事洋垃圾的产业，不仅生活环境受到污染，身体健康也受到威胁。殊不知，发达国家之所以不在本国之内处理这些垃圾就是由于较高的环境成本和健康代价。

再次，农民表面上的同意实际上违背了真正的自由知情同意原则。在我国很多地区，地方政府为走出当地经济困局，摆脱贫困，积极招商吸引外资，当地农民也为增加收入同意外资污染企业和技术的到来，然而这种同意却是一种无法进行其他可替代选择的"自愿同意"，并非出于理性选择后的真正"自愿同意"。2009年，央视记者曾经暗访我国广东碣石镇专门从事洋垃圾服装生意的村子，由于暗访被人发现，遭到当地人的追赶和围堵，情急之下，记者跳进河里躲避才得以脱身。其实当地农民知道从事这一行业是国家严格禁止的，但是由于这是当地农民发家兴旺的唯一快捷途径，因而都在极力维护当地的这一行业。表面看来，农民是完全自愿的，其实不然，如果当地农民在最初开始从事这种污染环境产业时，在具备一定的环保知识和经济行为的多种选择性条件下，绝对不会不顾当地环境和居民身体的安危来承接这种发达国家转移来的有毒污染废弃物。

最后，在涉及环境问题的国际事务决策环节中，美、欧等发达国家对中国采取家长制的态度，充当中国人民利益的代言人，控制国际环境事务话语权，人为设置绿色贸易壁垒。我们知道，绿色贸易壁垒看上去对于全球保护环境来说是一个非常好的政策，它是一种以保护自然资源、生态环境和人类健康为由，通过制定严格的环境保护制度和标准，对来自国外的产品及服务加以限制的贸易保护措施。[①] 然而，发达国家在相关政策制定过程中，

---

① 绿色贸易壁垒具有以下几种主要形式：（1）绿色关税和市场准入。绿色关税是绿色壁垒初期的表现形式，是进口国以保护环境为由，对那些污染环境、影响生态的进口产品除征收正常关税外再加征的额外关税，其实质是进口附加税，抬高进口价格，降低进口商品的价格竞争力，限制其进口；市场准入制度是进口国对出口国的生产设备进行检查，从而保证进口产品能满足本国的环保标准。（2）绿色技术标准。这项制度是通过立法手段制定的强制性环保技术标准，限制国外不符合环保技术标准的产品进口。发达国家先后在空气污染防治、噪声污染防治、废弃物污染防治、化学药品管理、农药管理、自然资源和动植物保护等方面做出了诸多法律规定。（3）绿色环境标志，这是一种证明产品是"环境友好性"的表示。（4）绿色包装制度，它要求进口商品包装节约能源，用后易于回收或利用，易于自然分解，不污染环境，有利于消费者健康。（5）环境卫生检疫制度，乌拉圭回合通过的 SPS 协议建议使用国际标准，并明确规定各国有权采取措施，保护人类和动植物的健康，在国际贸易中海关对超过环境卫生标准，尤其是超过食品卫生安全标准的进口物品予以退货。（6）生态税收和绿色补贴制度。生态税收类似于对有损于生态环境的消费所征收的消费税；绿色补贴制度是为了保护环境和自然资源，对企业在治理环境、改善产品加工工艺的投入进行补贴。（参见曾建平：《环境正义——发展中国家环境伦理问题探究》，山东人民出版社 2007 年版，第 141—142 页）

控制着话语权，要求各国采取统一的环保标准，这会使发展中国家处于不利地位，有时甚至对来自于发展中国家的相同产品给予歧视性待遇，或者以此为契机干涉别国内政。在我国进出口贸易中，进出口产品的定价机制主要由美、日、欧等国决定，即使我国出于环境保护的目的而调整出口产品价格，也难以得到WTO其他主要成员国的支持。由于我国在对世界出口稀土资源时，环境破坏严重，稀土矿区周边农牧民遭到严重环境伤害。因此我国为保护环境，加强了对稀土等产品的出口配额管理措施，这遭到美、日、欧等国的诉讼。WTO对此裁定的结果是中国这一做法违反了自由贸易的有关规定，中国败诉。一直以来，我国稀土出口价格较低，有人形容是"白菜价"。伴随我国加强对稀土开采的管理后，稀土价格上涨。这遭到发达国家的强烈反对，因此打着公平的旗号指责我国这种做法有失公平，对我国提起诉讼。由于国际话语权的缺失，我国在这一案件中遭遇了明显的参与不平等，我国农民的环境利益需求难以在国际社会得到权衡。WTO裁定的结果也令我国非常失望，在美国等发达国家为保护环境而限制稀土开采时，却以双重环境标准对待我国的稀土开采，我们很难发现美国等国的相关国际行为符合正义原则。此外，在应对全球气候变化的策略中，美国和欧盟等发达国家为维护自身利益，处于全球气候行动计划的领导者地位，中国等发展中国家处于弱势。自《联合国气候变化框架公约》和《京都议定书》正式生效以来，发达国家与发展中国家纷纷行动起来应对全球变暖的严峻形势。然而，发达国家作为全球气候变暖的主要责任方，始终存在淡化其历史责任和"共同但有区别的责任"原则的行为倾向，并且对中国等发展中国家提出了与其责任和社会发展实际水平不相符的碳减排计划和任务。由于美、日、欧等发达国家自身承诺兑现减排和在资金、技术方面支援发展中国家政治意愿不足，因而严重阻碍了国际社会的合作。

第三节　在全球视野中实现中国农村环境保护

一、全球秩序的新变化与中国和平崛起

伴随当今科技发展的日新月异，经济全球化浪潮发展迅猛，发达国家与发展中国家在差异和竞争中不断加强合作，相互依存不断增强，中国的和平崛起已经成为推动全球秩序朝着公正合理的方向变化的强大动力。

冷战结束以来，伴随世界经济的发展，美国作为世界唯一超级大国的形势悄悄地发生着变化，尤其是在 2008 年世界金融危机的直接冲击下，美欧等发达国家的全球经济影响力日渐下降，以中国、印度和巴西等为代表的发展中国家积极务实的发展政策极大地促进了本国经济及全球经济的发展。根据《2013 年人类发展报告》，中国和印度两个国家的人均发展在不到 20 年的时间里翻了一番，而在早期的英国和美国分别用了 150 年和 50 年。巴西、中国和印度三大领先的新兴经济体的经济总产出就相当于加拿大、法国、德国、意大利、英国和美国六个国家的 GDP 总和。有报告预测，到 2050 年，这三个国家的经济总产出将达到全球经济 40%。

发展中国家经济的高速发展，使发达国家与发展中国家以及发展中国家之间的联系更加密切。"首先，世界各国之间的联系

日益密切。最近几年，全球生产的格局发生了显著变化，更多的产品被用于国际贸易，国际贸易量在 2011 年已占到世界总产出的近 60%。在该过程中，发展中国家发挥了重要作用：1980—2010 年间，发展中国家在世界商品贸易总量中所占的份额从 25% 增加到 47%，在世界总产出中所占的份额从 33% 提高到 45%。其次，发展中国家之间的联系也日益紧密：1980—2011 年间，南南国家之间的贸易量在世界商品贸易总量中所占的份额从 8% 增加到 26% 以上。"[①] 中国、巴西等发展中国家的经济崛起为全球经济秩序的变化注入了新的动力，美、欧等发达国家对发展中国家的依赖度进一步加强，发展中国家的国际话语权得到不断增强，这导致第二次世界大战后形成的以发达国家为主导的国际格局受到巨大冲击，特别是美国的超级大国地位日渐衰微，难以适应新的国际形势，发展中国家积极推动公平合理的国际秩序成为现有世界多极格局演变的基本方向。这正如《2013 年人类发展报告》中所强调的："人类发展模式的日益多元化可为全球对话和结构重组创造一定空间，甚至需求。之后才会有改革创新的空间，以及体现民主、平等和可持续性等原则的全球、区域和国家层面治理框架的出现。"[②]

中国作为最大的新兴经济体，在快速崛起中全球影响力日益突出。中国经过改革开放的三十多年，社会经济面貌发生了翻天覆地的变化，综合国力不断提升，经济总量世界第二、对外贸易

[①]　联合国开发计划署：《2013 年人类发展报告——南方的崛起：多元化世界中的人类进步》，第 2 页。

[②]　联合国开发计划署：《2013 年人类发展报告——南方的崛起：多元化世界中的人类进步》，第 2 页。

世界第一。中国与世界其他国家的相互依存更加明显，发达国家的发展离不开中国，中国的发展也离不开世界。然而令人遗憾的是，由于中国作为发展中国家，工业化和现代化的任务还未完成，城乡发展不平衡，人口众多，人均社会经济发展水平还远远低于美、欧等发达国家的人均水平。以中、美两国人均 GDP 为例，2013 年国际货币基金组织（IMF）对世界各国生产总值的预测数据显示，美国人均 GDP 为 51248 美元，排名世界第 11 位，中国人均 GDP 为 6629 美元，排名第 86 位。[①] 因此，中国还面临着艰巨的发展任务，中国在整体国力增强的过程中必须要保持经济持续健康的发展，让百姓过上幸福而有尊严的生活。与昔日大国的崛起不同，中国始终坚持走和平发展的道路，在现行国际体系下，"维护现存的合理秩序和国际准则，改革不完善、不合理的旧规则，倡导并参与制订新的规则。"[②] 中国加入世界贸易组织后，积极参与经济全球化和国际分工，积极争取和营造更加公平的国际环境，以维护本国及其他发展中国家经济社会发展的良好外部空间。对此，2012 年 11 月，党的十八大报告中再次强调在国际关系中弘扬平等互信、包容互鉴、合作共赢的精神，共同维护国际公平正义。目前，中国所遵循这种国际关系基本理念已经渗透到中国参与的所有全球规则和义务中，并且成为影响全球未来发展和维护国际和平环境的重要因素。

---

① 参见 51 资金项目网：《2013 年世界各国家人均 GDP 排名》，2014 年，资料来源：http://news.51zjxm.com/bangdan/20140107/40115.html。

② 王缉思：《当代世界政治发展趋势与中国的全球角色》，《北京大学学报》（哲学社会科学版）2009 年第 1 期。

二、全球环境治理的兴起与中国的积极参与

1. 全球治理的兴起

欧、美等西方发达国家在工业化发展阶段创造了巨大的社会经济财富，然而由于在人与自然关系上坚持人类中心主义的狭隘视野，自然资源和环境资源经历了一场过度利用的耗竭，到了 20 世纪 50 年代，特别是 70 年代以来，虽然发达国家开始重新认识自然，加强环境保护，但是工业化发展累积的大气污染、水污染、土壤退化、生物多样性破坏以及化学品和固体废弃物污染、气候变化等环境问题并没有得到根本解决，反而随着经济全球化进程的扩大和深入，与发展中国家快速发展带来的环境问题叠加在一起，成为全球层面共同面对的复杂难题。这种复杂性表现在以下几点。

第一，某一国家内的环境污染会走出国界、走向世界。比如，发达国家有意通过国际贸易向发展中国家转移的污染物，或者某一国家因自然或人为偶然因素带来的突发环境污染（日本福岛核泄漏、中国近两年出现的雾霾问题）会对邻国和其他国家造成环境伤害。第二，某一国家内的环境污染受害者也往往是全球环境问题中最大的受害者，贫困的人口不平等地承受着双重的环境压力。第三，某些国家和地区的大气污染、开放海域污染等环境问题已经影响到全球生态环境的平衡，已经同世界其他国家和地区的环境问题联系在一起，单凭自身能力已经无法应对和解决，发达国家的环境治理和适应能力好于发展中国家，但也难以应对全球环境难题，发展中国家因经济和科技水平的制约，环境污染、环境灾害的应对能力明显不足，需要发达国家在资金和技术上进行必要的支持。

因此，面对全球环境问题的复杂表现，我们需要形成一种全球环境治理机制，让世界各国政府、政府间的国际组织以及全球公民社会作为主体共同承担和应对全球环境问题。在这种全球环境背景下，1968 年 12 月，联合国大会正式启动国际环境议程，并且于 1972 年成立联合国环境规划署（UNEP）作为解决全球环境事务的组织机构。它的使命和任务是"激发、推动和促进各国及其人民在不损害子孙后代生活质量的前提下提高自身生活质量，领导并推动各国建立保护环境的伙伴关系。""帮助各政府设定全球环境议程，以及促进在联合国系统内协调一致地实施可持续发展的环境层面。"[①] 目前，联合国环境规划署正在全球环境治理中发挥着重要的领导作用。

2012 年 9 月，联合国环境署发布了《全球环境展望 5》(GEO-5) 中文版报告，根据大气、土地、水、生物多样性、化学品和废弃物几个方面的相关指标，做出了目前联合国最全面最权威的环境评估。该报告强调，"如果继续保持当前的全球消费和生产趋势，一旦超出环境可承受范围，人类赖以生存的地球机能将发生意想不到和不可逆转的改变。"[②] 因此，面对这种严峻的全球环境状况，该报告与以往报告不同，它在分析现状、趋势及前景的基础上，又强调国际商定目标，针对存在的问题提供可能的解决方案，使得环境署在全球环境治理中发挥着不可替代的作用。

除了联合国环境署之外，参与全球环境治理的主体主要涉及国际组织、各国政府和全球公民社会三个不同层面。在国际组织

---

① 联合国环境规划署网站：http://www.unep.org/chinese/About/。
② 李维维：《加强环境治理，共筑绿色未来——访联合国环境规划署驻华代表张世钢》，《低碳世界》2013 年第 5 期。

中，除联合国外，世界贸易组织、世界银行也发挥着一定的作用；在各国政府中，发达国家处于主导地位，但发展中国家的积极参与作用也不可低估；全球公民社会作为全球环境治理的参与主体，"它主要由国际性的非政府组织、全球公民网络以及公民运动等组成。"[1] 这些不同层次和不同领域中的形形色色的主体都在为全球环境的改善而积极努力行动着。

2. **中国积极参与全球环境治理**

自 1971 年中国恢复联合国合法席位以来，全球环境治理的成员中就开始有了中国的积极身影，特别是中国改革开放以来，作为一个最大的发展中国家经济体，中国不仅在经济全球化中为世界经济发展做出巨大贡献，而且也在全球化的环境治理中扮演了一个积极而负责任的发展中国家中的大国角色，发挥着举足轻重的作用。中国积极参与全球环境治理的行动主要表现在以下几点。

第一，为控制中国人口增长，中国制订并实施了计划生育的人口政策。虽然我国自 20 世纪 70 年代就正式启动了计划生育的人口政策，随后的十年里，人口增长速度放慢，但是人口总数从 70 年代的 8 亿增长到 10 亿，整个社会仍然面临着沉重的人口负担。因此，从 80 年代开始，我国进一步加大了人口控制力度，普遍提倡"独生子女"的计划生育政策，有效地控制了人口总数的过快增长，截至 2013 年年底，人口总数为 13.6 亿。可以说，自计划生育政策实施以来，实际减少了 4 亿人口的出生，这不仅有效缓解了我国社会发展中的人口过多带来的矛盾，而且也对全

---

① 俞可平：《全球治理引论》，《马克思主义与现实》2002 年第 1 期。

球人口与资源的可持续发展做出了重大贡献。

第二，积极参加有关全球环境治理的国际会议并签署有关国际公约。比如，从 1992 年至今，中国以积极而负责任的态度签署了《联合国气候变化框架公约》《京都议定书》"巴里路线图"等重要国际环境治理协定，为打破气候变化谈判僵局、形成国际共识、推动全球环境治理扮演了主要角色，履行了相应的责任。

第三，加强生态文明建设，积极转变经济发展方式，发展低碳产业，增加全球公共产品投入。为改变改革开放以来我国大规模的粗放型经济发展所带来的严重环境污染，我国正在积极转变经济发展方式，淘汰落后的产业和技术，发展低碳经济，同时也在环保的举措和行动上取得明显效果。比如，近年来，我国为改善环境而进行的大规模植树造林，我国森林覆盖率增加到 18.21%，是世界上森林资源增长最快的国家。"1980—2005 年，中国通过持续不断地开展造林和森林经营，累计净吸收二氧化碳 46.8 亿吨，通过控制毁林减少二氧化碳排放 4.3 亿吨。"[①] 相对于世界森林资源总体减少的事实，我国森林资源的增长为全球二氧化碳的有效吸收做出了巨大贡献。

三、中国农村环境保护在全球环境治理中得以实现

通过积极参与全球环境治理，我国已经树立了良好的国际形象，国际环境话语权得到不断扩大，成为全球环境治理中一个不可替代的成员。显然，这就为中国走出国际环境不公的境遇带来

---

① 胡鞍钢、管清友：《应对全球气候变化：中国的贡献》，《当代亚太》2008 年第 4 期。

了良好的契机，我国农村环境保护的利益诉求才能够借助全球环境治理的合作机制得到表达。为此，在全球环境治理中，针对我国农村环境保护的实现，我们需要注意以下几点：

第一，发挥我国政府的国家影响力，积极推动公正合理的全球环境治理机制的形成。长期以来，美、欧等发达国家在全球环境治理中一直处于领导者的地位，因而可以充分利用领导者掌握的国际环境话语权来表达与本国环境利益相关的诉求，并且体现在国际环境治理的相关规则和政策的制定上。发展中国家则处于被领导者的地位，从属于发达国家制定的全球环境治理的基本框架，经济发展的空间因环境压力而受到国际社会的制约。中国的和平崛起和在环境治理中的积极表现使得发达国家片面强调其自身利益而忽视发展中国家社会发展实际需要的局面发生了一定变化，如果发达国家在全球环境治理中忽视和不尊重中国为代表的发展中国家的现实，无疑会影响到"共同而有差别的责任"下实现全球环境治理。所以，中国必须要肩负起发展中国家的大国责任，积极推动公正合理的全球环境治理机制的形成。

第二，积极参与世界贸易组织、世界银行、国际货币基金组织等国际组织，为实现中国农村环境保护争取有利的国际贸易规则、全球环境基金以及先进环保技术的支持，提高应对环境风险的能力。改革开放以来，发达国家在国际贸易与投资中向我国转移了大量的环境污染产业、技术和污染物，带给我国特别是农村地区严重的环境问题。因而，我国政府进一步规避国际贸易中转入我国的环境污染负担，需要通过积极参与世界贸易组织并有效利用有关协定维护我国特别是农村的环境利益，避免带来进一步的国际环境不正义。全球气候变化和环境恶化使得我国农村地区遭遇的自然灾害和极端天气现象的频率明显增加，但是我国大部分农村及农民的环境风险应对和适应能力严重不足，因而，我国政府需要积极争取全球环境基金和先进的、可使环境可持续发展的技术，尽快跨越高污染高能耗的发展阶段，呼吁欧美等发达国家真正肩负起他们在全球环境变化中的责任，落实对我国特别是农村地区进行的相应资金和技术支持，减少我国农民为发达国家环境污染行为买单的成本，提高环境风险应对能力。

第三，积极参与国际合作，以法律手段保护环境。当今世界，大多数国家已经意识到环境权作为一项基本人权的重要性，它们正是将环境权或环境资源保护方面的基本权利和义务纳入宪法，瑞士通常被认为是最先把环境权写入宪法的国家，美国至少有 16 个州的宪法也明确涉及环境保护的条款。我国也应该对此有所考虑，我国许多地方环境立法已经有了环境权的原则规定，但是宪法和全国性的立法尚未规定环境权，因此，可以考虑在修改宪法时增加环境权条款，或者对环境保护法进行修改，加入公民环境权的条款，而且这种声音越来越受到重视。为什么一定要把环境权载入宪法呢？根据有些学者的研究，这除了具有人权保障功能外，还有其他相应功能，如宣示功能、警示功能、教育功能和促进立法功能。[①] 这里特别要说的是宣示功能，它有利于向外国表明中国政府保护环境、捍卫人权的决心和努力，这将在环境外交和国际环境合作中发挥作用，使中国的环境保护融入国际主流。环境问题是全球性的问题，需要国际社会的协力合作，宪

---

① 参见吴卫星：《环境权研究：公法学的视角》，法律出版社 2007 年版，第 204—209 页。

法中写入环境权是国际合作的重要基础，使我国能够在处理国际环境纠纷中具有充分的法理根据。另外，在控制国外有毒有害污染物转移的问题上，中国也离不开国际合作和法律框架。我国要完善现行国际公约，特别是《巴塞尔公约》，将其所管辖的废弃物越境减少到最低限度；要通过谈判或立法的形式，完善排污权交易制度，把国家间、地区间的空气污染和河流污水的越境排放造成的污染转嫁可以实行总量控制、配额交易，将一定地区的有害气体或一定流域的污水排放量控制在该地区或流域环境容量允许的最大排放额度内，然后依据一定的标准将该排放总额分配给各国或各地区。[①] 对于那些恶意进行污染转移的法人，无论是国内的还是其他国家的，都要依据相关法律或规章予以惩罚。

第四，积极鼓励政府之外的各种公民社会参与到全球公民社会环境治理行动中，提高全球公民社会对于中国农村环境现状的关切，以影响全球环境治理决策向中国农村地区的倾斜。从近年来，随着我国广大民众环境保护参与意识的提高，我国民间环保力量不断壮大，也有越来越多的环境保护民间组织集合了普通民众和科研专家的组合参与到环境保护事业中来，他们积极关注和调查与我国普通民众利益直接相关的环境问题并提出相应的解决对策，在我国农村环境规避国际环境不公方面的作用也日益突出。比如，公众与环境研究中心等环保组织对跨国公司在华污染所做的调查分析就指出苹果公司在华产业链中存在很多损害我国农村的环境污染行为，并且提出给苹果清毒的环境保护倡议与行

[①] 参见钟筱红、彭丁带：《维护环境安全：控制外国污染转移法律问题及其对策研究》，法律出版社 2009 年版，第 293 页。

动，成为中国公民社会参与全球环境治理的先锋力量。此外，我们还需要借助媒体、网络以及一些国际学术会议来增加与其他国家特别是发达国家公民社会的交流与合作，不断将中国农村承受的国际环境污染转移事实呈现到国际社会中，促使全球环境治理的机制更加关注发展中国家农村地区的环境保护问题。

第五，中国农民需要增强信息技术和环境权利的相关知识培训，以深化和拓宽与自身利益相关的全球环境事务的参与度，在全球公民网络社会中增强中国农民的环境声音。在全球环境治理机制中，越来越多的环境弱势群体开始通过互联网这一全球信息交流平台参与到各种全球公民网络社会中，表达与自身利益直接相关的各种环境事务。目前，由于我国农民教育和文化水平的制约，环境与环境保护的知识欠缺，环境权利意识薄弱，计算机和网络信息技术的知识也相对有限，因此，我国政府需要对我国农民进行必要的环境文化教育和信息技术教育，提高我国农民使用信息技术维护自身环境利益的实际能力，以便我国农民能够参与到全球公民网络社会中，直接通过自身的行为影响到全球环境治理的其他参与主体对中国农村环境的感知力，发出中国农民的国际环境正义的呼声。

第四章
代际环境正义与中国农村环境保护

　　自从 20 世纪 70 年代末期开始，代际正义问题逐渐成为了学术界研究的焦点问题。随着环境问题的日益严重，人们越来越认识到，自然资源是有限的，特别是那些不可再生的资源，因此，我们现代人在享受甚至掠夺式地开发这些资源的时候，也应该为未来人着想。我们没有理由为后代人留下一个资源枯竭、千疮百孔的自然。1987 年，世界环境与发展委员会出版了一份报告，名为《我们共同的未来》，作者是挪威的首位女首相布伦特兰，在这份报告中，她提出了"可持续发展"的概念，这种发展理念就是要求既能满足当代人的需要，又不对后代人满足其需要的能力构成危害，不要以牺牲后代人的利益为代价满足当代人的利益。可持续发展概念本质上表达的是不同世代之间如何实现正义的问题，今天，这一理念可以说已经深入人心，哪怕在中国这样最大的发展中国家，绝大多数人也已经认识到，我们绝对不能"发当代财、断子孙路"。中国是一个农业大国，大部分人口还处在农村，未来劳动力的供给也主要来自农村，因此，保护好中国农村的环境是代际正义诉求的应有之义。本章主要从代际正义的视角来探讨我国农村的环境保护问题，但在探讨这一问题之前，我们有必要处理代际正义问题在理论上所碰到的挑战。

第一节 代际正义论的理论挑战及其可能的出路

应该说，在理论界有许多学者都对代际正义论提出过挑战，例如，有些学者就指出，我们对未来的预见是很困难的，未来人是偶然的，他们需要什么，我们根本无从知晓；也有学者指出，我们和未来人之间没有一种社会契约关系，因为我们之间不存在互惠，我们可能会影响到他们的福利，但是他们不能影响到我们。实际上，这些挑战是能够较好回应的，我们可以说，尽管未来充满了不确定的因素，但是不能说我们根本不能预见未来，人类在地球上生活了几百万年，最基本的需要并没有大的改变，我们当然可以合理的预期，未来人基本上也会需要清新的空气与洁净的水源，这为我们现代人、为后代人保护好环境提供了最好的理由。另外，即使我们与后代之间没有互惠关系，社会契约也是存在的。正如亲代与子代之间的关系一样，他们之间确实存在着一种类似社会契约的东西，但这并不是因为互惠而产生的，而是父母主动选择去接受某种责任。父母从来没有问过小孩子是否愿意出生，但是父母有照顾他们的责任。而且，父母的责任与小孩的回报没有必然的关联，我们不是因为图回报才照顾小孩的。同样，当代人对未来人就负有义务，我们也从来没法去问未来人是否愿意接收利益，是否能够回报。就目前来说，代际正义论在理论上碰到的最严峻的挑战是"非同一性问题"（non-identity prob-lem），这一挑战最先是由牛津大学著名哲学家帕菲特提出的。帕菲特这一挑战的实质在于，它会导致如下结论：无论我们对未来人采取什么样的政策，我们都没有伤害到他们，他们也就没有理由抱怨，哪怕我们留给他们的是一个受到严重污染、高风险的世界，因此我们面对未来人而产生的一些环境问题的争论只不过是浪费时间。

一、非同一性问题

理解非同一性问题，我们必须注意到它的两个前提条件：第一，关于人格同一性的观点，它特别强调基因构成的同一性是人格同一性的充分必要条件，这也就是帕菲特所提出的"时间依赖论"（The Time-Dependence Claim），即任何人只要在他事实上被母亲怀上的那一刻没有被怀上的话，他压根就不会存在。[①] 换言之，只要成孕的条件有所改变，例如何时成孕，将会导致最终出生的人完全是另一个人。第二，涉及对伤害（harm）这一概念的确定。按照帕菲特的理解，"一个选择之所以错误，必须要求有牺牲者存在，如果我们知道我们的选择并没有使任何人变得更糟，那么就不能说我们的选择是错误的。"[②] 也就是说，如果没有人受到伤害，那么所谓的伤害并不存在，这种伤害观被称为是伤害必须影响到具体对象的观点（person-affecting view of harm）。帕菲特对非同一性问题的阐述主要是通过一系列的思想实验来实现的，不过我们只要抓住了这两个前提，我们就能比较清楚地把握它。

帕菲特设想的第一个思想实验涉及一个 14 岁的小女孩。这

---

① 参见 D. Parfit, *Reasons and Persons*, Oxford: Oxford University Press, 1984, p.351。

② D. Parfit, "Energy Policy and the Further Future: The Identity Problem", in D MacLean and P G Brown, (ed.), *Energy and the Future*, Lanham: Rowman and Littlefield, 1983, p.169.

个小女孩不幸意外怀孕了，由于她太年轻了，又没有太好的抚养能力，我们可以想象到：如果她生下这个小孩的话，这个小孩或许能够勉强活下来，只会有一个较差的人生起点。但是，如果这个小女孩能够再等上几年的话，等她身心各方面发育都更为成熟一些，她将会怀上另一个小孩，这个小孩一定会有一个相对较好的人生起点。假如我们称前一个小孩为 X，后一个小孩为 Y，我们能否说这个小女孩对 X 造成了伤害呢？根据前面我们提到了人格同一性和伤害要影响到具体对象的原则，我们很难说 X 受到了伤害，因为，X 和 Y 是不同的个体，具有不同的人格同一性，虽然小女孩等上几年可以生出一个更好的小孩 Y，但是 X 毕竟不是 Y。X 可能有一个坏的人生起点，但是他毕竟活下来了，他至少作为一个生命体而存在，而我们都承认生命的意义是有价值的。从另一方面讲，不能由于小女孩等上几年生了 Y，我们似乎就认为她伤害了 X，因为她如果选择推迟怀孕而准备生 Y 的话，那么 X 就根本不会存在，我们不能说对一个根本就不存在的东西造成了伤害。哪怕现实的状况是，这个 14 岁的小女孩坚持要生下 X，X 长大后也没有理由抱怨母亲对他造成了伤害，因为否则的话，他根本不会存在于这个世界。假如使某人存在是有利于该人的话，我们甚至可以说这个小女孩做出了有利于 X 的行为。

根据相同的推理模式，帕菲特设想了另外两个思想实验：资源政策与能源风险政策。（1）资源政策：任何一个社会都必须选择一定的资源政策，是消耗某种资源还是保留某种资源，可分别称之为消耗性政策（depletion policy）和保留性政策（conservation policy）。如果我们选择消耗性政策的话，那么在未来的三百年以内，人们的生活品质相比我们选择保留性政策的话要高得多，但是在三百年以后，这时生活的人由于消耗性政策的影响，他们的生活品质相比如果我们选择保留性政策的话要糟糕得多。但是由于任何资源政策必定会影响到未来人的身份（identity），三百年以后所存在的这些人，正是由于我们选择了消耗资源的政策而存在的，如果我们选择保留政策的话，他们根本就不会存在，虽然他们的生活品质比较糟糕，但他们能够存在本身就是一件有价值、有意义的事情。因此，我们选择消耗性政策不仅没有伤害到未来人，甚至可以说是做了对他们有利的事情。（2）能源风险政策：我们当代人作为一个整体，必须在两种能源政策之间做出选择，即风险政策与安全政策。这两种政策至少在未来的三百年内都是完全安全的，但是在更远的未来有一个政策就有一定的风险。其风险在于它要求埋藏一些核废料，这些废料的辐射影响会延续很久的时间，对遥远未来的人会有很大风险。如果我们选择这一风险政策的话，人们的生活水平在接下来的世纪里会比较高，但是我们选择这一政策的后果，在更多的世纪之后会有大灾难。因为由于地质运动的结果，埋藏核废料的地方必定会发生地震，从而造成核辐射的泄漏，杀死成千上万的人。尽管这些人死于这场大灾难，但是他们毕竟存在过，生命本身就是有意义的，如果我们选择其他政策的话，他们压根就不会存在，按照前面我们所讲的伤害原则，我们选择风险政策其实并没有伤害任何人。①

从这两个思想实验我们可以得出结论说，由于实行那种消耗性政策而出生的人与实行保留性政策而出生的人是不同的，同

---

① 参见 D. Parfit, Reasons and Persons, Oxford: Oxford University Press, 1984, pp.358-377。

样，由于实行风险政策与相对安全的政策而出生的人亦不同，因此，因实施特定政策而出生的人，我们不能说他们因这项政策而受到了伤害，因为他们的存在是由于实施这些政策而产生的，如果没有这些政策，他们本来就不会存在，也就没有理由抱怨自己受到了不公正待遇。

二、后果主义的回应

非同一性问题的存在对于主张代际正义的人来说是非常尴尬的，如何解决这一问题乃是当务之急。帕菲特是当代后果主义的重要代表人物，他力图从后果主义的视角提供解决非同一性问题的尝试。

后果主义是一种非个人化（impersonal）的思维方式，功利主义是其重要代表理论，它考虑的是功利最大化，它不在乎具体个人的功利最大化，而在乎社会总体功利的最大化，这样的话，人格同一性的承诺就不具有根本性的意义。以"14岁的小女孩"为例，我们之所以说小女孩在14岁时选择生下小孩X是错的，这是因为，我们知道小女孩如果再等上几年的话，她会生下Y，而Y的各方面条件一定比X好，生下Y就会达到总体功利的最大化，为了解释这一点，帕菲特将其描述为原则Q："一个人做出的两种决定会导致两种不同的结果，且在这两个结果中所存在的人数是相等的，如果那些事实上存在的人相比那些可能会存在的人生活更糟糕，或者生活水平低下，那么我们就会说这是不对的。"[1] 根据这一原则，小女孩所要做的是创造总功利的最大化，

---

[1]　D. Parfit, *Reasons and Persons*, Oxford: Oxford University Press, 1984, p.360.

我们就可以推断小女孩生下 X 就是错误的。帕菲特虽然认为这一原则具有合理性，但依然不足以解绝非同一性问题，因为原则 Q 处理的只是"相同数目"的一群人之间进行的比较，他称之为"相同数目选择"（same number choices）的情况，即所做出的选择虽然影响到不同的人，但这些人的数目是相等的。但是这一原则不能解决"不同数目选择"（different number choices）的情况，即在不同的结果之下，不同数目与身份的一群人之间进行比较。① 不过，由于比较的人数不同，这会给强调后果计算的功利主义思维方式带来很大的问题。

我们知道，功利主义对后果的评判主要有两种形式，一种是总体功利主义（total utilitarianism）；另一种是平均功利主义（average utilitarianism）。根据总体功利主义，总体功利是最后的标准，但这种思维方式在涉及人口数目的时候，会为人口增长辩护，哪怕这种增长会导致大部分人的生活是不幸福的，只要这种人口增长能增加总体功利就行了。假如我们将面临着三种政策选择，它们对未来人的数目是有影响的。假如我们选择政策 A，那么未来人的数目将会有 100 万，且每个人的幸福值为 10 个单位；如果选择政策 B，那么未来人的数目将有 200 万，但每个人的幸福值有所下降，为 8 个单位。按照总体功利主义，政策 A 将会产生 1000 万个单位的幸福总量，而政策 B 会产生 1600 万个单位的幸福总量，那么我们必须选择政策 B。如果我们设想的更极端一点，假如我们选择政策 C，未来人口会达到 1 亿，但是每个人的幸福值非常低，只达到 1 个单位，生活水平极度低下，但根

---

① 参见 D. Parfit, *Reasons and Persons*, Oxford: Oxford University Press, 1984, p.356。

据总体功利主义，我们还是要选择政策 C，因为它将会带来 1 亿个单位的幸福总量。帕菲特认为，总体功利主义将会导致"令人反感的结论"（repugnant conclusion）。

平均功利主义强调，在其他条件相等的前提下，最佳的后果就是人民的平均生活水平最好，计算方法是将社会幸福总量除以社会总人数。假定实施政策 A，可以产生 100 万人口，幸福总值达到 100 万个单位，人均就有 1 个单位的幸福量；实施政策 B，可以产生 1000 万人口，幸福总值只达到 500 万个单位，那么人均就只有 0.5 个单位的幸福量，那么根据平均功利主义原则，我们就应当选择政策 A。平均功利主义虽然不会绝对反对人口增长，但前提是只有当平均功利不被降低时，这种增长才是被允许的，但是这种推理模式会导致相当恐怖的结果，因为它同样可以为人为地剥夺生命而辩护，只要剥夺一部分人的生命可以增加平均功利。

无论总体功利主义还是平均功利主义都面临着自身的困境，但帕菲特相信后果主义的路径依然是最有效的，一定有一种后果主义理论既能够解绝非同一性问题，又能够避免"令人反感的结论"，他称这种理论为 X 理论（Theory X），① 至于这种理论的具体内涵到底是什么，帕菲特并没有给出一个明确的答案，他只是含糊地说，总体功利主义过于强调了量（quantity），而平均功利主义过于强调了质（quality），X 理论应当把质与量的考虑都纳入进来。另外，我们还认为，帕菲特的分析存在着另一个问题，他似乎一直在不同的未来人利益之间进行比较，但我们也不能忽视当代人的利益，如何在当代人的利益与未来人的利益之间进行

---

① 参见 D. Parfit, *Reasons and Persons*, Oxford: Oxford University Press, 1984, p.405。

权衡，功利主义也根本不能提供任何指导。假如我们采取保留性的资源政策，未来人享受高水平的生活（相比我们实施消耗性的资源政策来说），那么当代人为采取保留性的资源政策而做出牺牲的合理根据在哪里。同时，也由于我们缺乏针对未来人的优先原则，最后极有可能功利最大化的原则会导致不能有效保护未来人的利益。

三、非后果主义的回应

非同一性问题提出以后，当代许多学者都为解决这一难题提供了各种思考。有些人提出，非同一性问题里暗含了一个前提，就是与生下来过痛苦的生活相比不被出生一定要有价值得多，然而他们认为，存在是否一定比从未存在要好，这个问题是有争论的，尽管死亡会让我们感到非常恐惧，但是不存在本质上与死亡还是不同的。退一步说，哪怕是死亡与生活痛苦相比，我们依然会有"生不如死"的呐喊。另外，当我们把未来人当作潜在的人看待时，也有学者力图淡化"现实的人"与"潜在的人"之间的界限，例如，黑德（D. Heyd）就认为，当一对夫妇正在考虑是否准备要一个小孩时，这个小孩对他们来说只是潜在的人，因为他的存在与否取决于他们的选择。但是假如说，美国某项政策的制定，其前提建立在预期墨西哥人口在 21 世纪会达到 1.2 亿的基础上，那么这些人的存在在美国的政策制定者看来就是一个给定的事实前提，尽管他们并未存在，但他们却是"现实的人"。①

---

① D. Heyd, Genethics: *Moral Issues in the Creation of People*, California: University of California Press, 1992, p.98.

这些探讨都过于琐碎,对非同一性问题的类似批评非常多,我们无力面面俱到,下面我们仅就一些主要的回应方案做出阐释。

1. 限定"伤害"概念

我们前面提到过,非同一性问题的两个前提分别是人格同一性的承诺与伤害必须影响到具体对象的伤害观念。帕菲特的后果主义式解决方案可以说针对的是人格同一性这一前提,因为它考虑的是总体后果的重要性,个体的人格同一性在这里并不重要,个体之间的差异可以淹没于后果的计算之中。那么针对伤害概念,我们可以说,伤害有一定的客观标准,即使没有伤害到具体的人,伤害依然成立。假如说,由于我的前代实施某种消耗性的资源政策而导致了我的存在,但我依然可以合理地抱怨自己由于这些消耗政策所过的生活相比其他政策可能导致的生活过得更糟糕,我还是可以说自己受到了这一政策的伤害。为了理解这一点,迈尔(Lukas Meyer)总结了关于伤害的三种概念:(1)历时性的伤害概念(diachronic notions of harm),即如果说 t_1 时刻的某种行为伤害了某人,当且仅当行为者使此人在 t_2 时刻相比 t_1 之前的时刻状况更糟糕。(2)虚拟历史的伤害概念(subjunctive-historical notion of harm),即如果说 t_1 时刻的某种行为伤害了某人,当且仅当行为者使此人在 t_2 时刻,相比他如果完全没有受此行为影响时在 t_2 时刻本应所处的状况更糟糕。(3)具有客观标准的伤害概念(Threshold conception of harm),即如果说 t_1 时刻的某种行为伤害了某人,当且仅当行为者或者使此人出生后处于一种低于标准的状态,或者使已经存在的人生活于一种低于标准的状态;或者进一步说,如果行为者压根没有与此人发生关联,此人也根本就不会处于一种受伤害的状态;或者说,如果行为者虽不能避免对此人造成伤害，但行为者却未能努力将伤害最小化。[①] 迈尔认为，如果按照前两种方式理解伤害，那么我们很难说现代人伤害了未来人，因为由于实施不同的政策可能会导致未来人到时根本就不存在。而第三种理解方式，预设了一种人们可以接受的客观标准，只要未来人的生活低于这个标准，我们就会认为我们的政策对他们构成了伤害，因此，虽然未来人的存在依赖于我们的现行政策，但我们依然有可能伤害了他们。

2. **卡夫卡"应当限制的生命"**（restricted life）**概念**

卡夫卡强调自己的方法不需要承诺伤害必须影响到具体对象的伤害观，同时也不必是功利主义式的，他提出了两个道德原则以解决代际正义问题。卡夫卡首先提到的一个核心概念是"应当限制的生命"，其内容是指，一般来说，总有一些重要的因素决定了人们的生活是有价值的或信得过的，如果一个新生命在决定生活价值的这些要素上存在着严重不足，那么我们就可以说这个生命是"应当限制的生命"。根据这一概念，卡夫卡提出了两个原则，第一个原则是，"在其他条件相同的情况下，如果一个社会包含着许多应当限制的生命，那么从道德的观点来看，这个社会从根本上讲都是不值得人们欲求的。"也就是说，任何一项政策，如果它导致了"应当限制的生命"，都可以被谴责为道德上错误的。我们当代人有道德上的义务不去创造"应当限制的生命"，因此我们应当避免采纳我们前面所讲的那种资源消耗性政策或能源风险政策。第二个原则是"修正后的康德绝对命令第二

---

① 　参见 L. Meyer, "Intergenerational Justice", http://plato.stanford.edu/entries/justice-intergenerational。

表达式"，即"禁止将理性存在者或其创造（即他们被带到这个世界）仅仅看成是手段，而要将其本身看成是目的。"根据这一原则就可以避免帕菲特的"令人反感的结论"，因为后果主义的思维方式只是将人的出生看成是达到功利最大化的手段，因为根据这一原则，这种做法是应当禁止的。结合第一原则，我们也可以清楚地看到，尽管人口数量的增长能够增加总体功利，但是这些人的生活可能被认为是"应当限制的生命"，因此也应当予以避免。①

3. 艾尔的"直接道德义务"与"非直接道德义务"

艾尔认为，非同一性问题的实质就在于它是由三个命题构成的，但这三个命题又是内在不一致的：（1）我们对未来世代有道德义务；（2）未来世代并不存在；（3）如果说对X具有道德义务，那么X就必须存在。艾尔认为，这三个命题中，后两个命题都是正确的，但第一个命题有问题，实际上我们对未来世代没有责任，未来世代也没有相应的权利。他强调，我们虽然没有对将来存在的具体个人的道德责任或义务，但是并不代表我们不关心未来，我们依然有义务去做一些能对将来发生积极影响的事情。艾尔认为，我们可以区分两种义务，一种是针对具体的人的义务；另一种是不针对任何具体的个体或群体，但应做出相应行为的义务。前者可以称为直接道德义务（directed moral obligation），后者称为非直接道德义务（non-directed moral obligation）。直接道德义务所针对的是现实的人，它包含对自己的义务，以及对那些

---

① G. S. Kavka, "The Paradox of Future Individuals", *Philosophy and Public Affairs*, 11 (2008).

当前存在者的义务，如不可自杀、尽自己所能帮助那些受害者、帮助他人减轻不必要的痛苦；非直接道德义务包含不能浪费水资源、不能浪费石油等能源、不能污染环境，因此，哪怕未来人在本体上是不存在的，但我们依然对未来负有义务。①

总的来看，非后果主义的回应路径或多或少暗含的都是一种权利论的思维，强调每个人在存在之前就具有未来利益应当得以保护的权利与要求。权利论者会认为，如果小孩在出生以前，满足其未来利益的那些基本条件都已经受到了破坏，那么小孩在出生以后就有权申诉自己的权利受到了伤害。然而，正如帕菲特所指出的，权利论的路径很难行得通。我们依然以"十四岁的小女孩"思想实验为例，假如小孩 X 虽然出生后各方面条件都比较差，但是他并不后悔母亲那么早生下他，反而庆幸母亲把他带到了人世间，他就并不认为母亲做了错误的事而伤害了他。如果权利论者主张说，由于他的权利根本不能实现，因此他母亲的行为是错误的，那么 X 就会说，"我放弃这个权利"，这也就从根本上瓦解了权利论者对其母亲的责难。② 同时，具体地看，这些非后果主义的回应路径自身也存在难以克服的困难，例如，迈尔所讲的那种"具有客观标准的伤害"概念，卡夫卡所引入的"应当限制的生命"概念，我们到底应当如何来确定它们的内涵，确定的标准是什么，这都是不清楚的；艾尔所谈的那种"非直接道德义务"，并不指涉任何主体，也给人显得有些抽象而空洞。

正如我们上面的相关探讨所示，非同一性问题对代际正义论

① D. Earl, "Ontology and the Paradox of Future Generations", *Public Reason*, 3/1 (2011).

② D. Parfit, *Reasons and Persons*, Oxford: Oxford University Press, 1984, p.364.

的哲学挑战，无论是后果主义还是非后果主义的回应路径，都并不是无懈可击的，这两种解决路径之间的理论争论还将继续下去。不过，我们认为，许多学者在看待代际正义问题的时候，首先就已经预设了未来人不存在，对未来人做了一种完全抽象的、形而上学式的理解，然而，事实上，世代之间并不是完全断裂的，而是重叠的。我们对未来人的理解应当采取一种历史的、具体的态度，注重世代之间的重叠与相继，以这样一种辩证的态度来看待代际关系，或许我们可以更加合理、更加直观地领悟到对未来人的责任。不过，这有待于我们从理论上做出更完备的论证。下面，我们将论证罗尔斯所理解的家庭模式可以作为理解代际关系的合理基础。

四、罗尔斯的家庭模式

罗尔斯的正义理论主要处理的是代内和国内的分配正义问题，但是他意识到，一种有说服力的正义理论必须面对代际正义问题的挑战。罗尔斯在《正义论》中对代际正义论的阐述并不算特别丰富，但基本脉络是清晰的。罗尔斯处理代际正义问题所依赖的原则是"正义储存原则"（just savings principle），在这一原则的背后，又有两个支撑性的概念，一个是家庭模式；另一个是时间的无偏爱。在阐释正义储存原则合理性的基础上，我们将论证，罗尔斯所提出的家庭模式，是一种代际重叠的思维方式，这是处理代际正义问题最为合理的、非形而上学的方式；另外，我们还将论证，时间无偏爱对于代际正义的证明并不是必须的，在家庭模式的理解范式里面，哪怕我们承认时间偏爱，我们对后代的关注也可以得到辩护。

　　与功利主义做斗争，是罗尔斯一以贯之的立场，在代际正义问题上也是一样的。为了批判功利主义在代际正义问题上所存在的缺陷，他提出正义储存原则，以之同最大功利原则相抗衡。罗尔斯相信，每一代人都要面对正义储存的问题，即"每一代不仅必须保持文化和文明的成果，完整地维持已建立的正义制度，而且也必须在每一代的时间里，储备适当数量的实际资金积累。这种储存可能采取不同的形式，包括从对机器和其他生产资料的纯投资到学习和教育方面的投资，等等。"① 现在的问题是，正义储存原则是如何得出的？每一代人的储存率要如何确定？对前一个问题的回答，与罗尔斯的契约论思想紧密相关；后一个问题则是在与功利主义原则进行比照的情况下加以阐述的。

　　按照罗尔斯契约论思想中有关原初状态的设定，订约各方都不知道自己属于哪一代人，也不知道属于某个世代的结果会是什么样子，也不知道自己的社会处于文明的哪一个阶段，所以他们都处于无知之幕下面。如果在这种状态下进行选择，没有哪一代人有把握提出完全对自己有利的规则，这就决定了他们只能选择让所有世代都得益的方式，那么他们就必须选择一个正义储存原则，只要这一原则得到遵守，就能保证每一代从前面的一代获得好处，同时也为后面的一代尽到一份公平责任。不过，这里会面临着一个困难，由于罗尔斯对原初状态做了一种当下进入的解释（the present time of entry interpretation of the original position），会造成对后代不利的结果。原因在于，根据这种解释，既然订约各

---

① ［美］罗尔斯：《正义论》，何怀宏等译，中国社会科学出版社2009年版，第224页。

方当下处于同一时间内进行协商，那么大家都明白，他们是同时代的人，因此，他们就没有理由去赞同任何的储存，因为在自己这一代将资源都消耗干净无疑是最佳的策略。为了解决这一问题，罗尔斯提出，应该假定原初状态中的各方其实是家庭的代表，是一些至少关心自己直接后代的人。这样，罗尔斯通过引入了家庭模式，力图解决哪怕是同时代人彼此立约，也能将当代人与后代人的利益勾连起来。无论如何，有一点是肯定的，正义储存原则的确立对各世代来说都是有利的，"当一个合理的储存率保持下去，每一代（可能除了第一代）都可以获得好处。一旦积累的过程开始并继续下去，它就对所有后继的世代都有好处。每一代都把一份公平的等价物，亦即相当于由正义储存原则所规定的实际资本，转留给下一代。这种等价物是对从前面的世代所得到的东西的回报，它使后代在一个较正义的社会中享受较好的生活。"①

既然我们已经明确了，每一代为了下一代考虑都必须有一个正义储存，但是每一代在进行正义储存的时候，具体的储存率应当如何确定呢？罗尔斯的回应是，虽然我们不可能对应当有多高的储存率制订出精确的标准，但是基本的方向还是可以把握的，特别是不能像功利主义那样，片面地追求极高的积累率，为了积累而积累，忽视了代际之间的正义。具体来说，罗尔斯的观点可以归纳为以下几个方面：第一，不同的社会阶段应有不同的储存率。当人们贫穷而储存有困难的时候，应当要求一种较低的储存

---

① ［美］罗尔斯：《正义论》，何怀宏等译，中国社会科学出版社 2009 年版，第 228—229 页。

率，而在一个较富裕的社会，则可以合理地期望较多的储存。第二，在储存的早期阶段，储存率不能太高。原因很简单，任何人虽然作为后代的人们能够从高储存率中得益，但对于当前被要求储存的人来说，压力就会很大，生活的幸福程度也会降低。第三，储存的最后阶段也不应是一个极其富裕的阶段。正义并不要求前代仅仅为了使后代生活得更富裕而储存，储存应当成为一个充分实现正义制度和平等自由的条件，而不是最终的目的，如果为了利益的最大化，而给任何一个世代的人施加超过他们本应承受的储存率，这本身就是极不正义的，哪怕到了最后一个世代迎来了财富的极大丰富。我们从这些论点中不难看出，罗尔斯很明显是针对功利主义的，因为功利主义学说对功利的最大限度的追求可能导致一种过度的积累率，这样可能会要求较穷的世代为了以后要富得多的后代的更大利益做出沉重的牺牲，它以利益的最大化抹杀了世代之间本应维持的公平正义。

　　我们在上面已经简单提到了罗尔斯所讲的家庭模式。罗尔斯实际上只是对原初状态中的个体做了一点修正，把每个立约者想象成家庭的代表，每个代表不仅要关注自身的利益，同时也要注重直接后代的利益，这样，哪怕是同时代的人彼此立约，也能把对不同世代人利益的关注纳入进来，正如罗尔斯所指出的："通过把他们自己设想为父亲，他们应当通过指明他们认为他们自己有权向他们的父亲与祖父要求些什么，来确定他们该为他们的子孙留存多少。"[①]

---

①　[美] 罗尔斯:《正义论》，何怀宏等译，中国社会科学出版社 2009 年版，
　　第 228 页。

我们认为，罗尔斯在这里提出了一个处理代际正义问题的重要思想，他把各个世代之间的关系并不是看成彼此孤立的，并不是说一个世代消失，后一个世代才会到来。相反，世代之间是彼此重叠的，我们根本就不可能在这样一个连续的谱系中找到一个断裂点。许多代际正义的倡导者把未来的世代看成是根本不存在的、尚未到来的人，然而这里的一个直接挑战就是，如果说我们对未来人负有某些义务，那么我们对根本不存在的对象何以负有义务呢？这种对未来世代的把握，是非常抽象的，也是一种形而上学的思维方式，完全割裂了不同世代之间的持续性。同时，这种思维方式还会面临帕菲特所提出的非同一性问题的挑战。

除了这些困难之外，我们还可以继续设想，我关心我的女儿，我有义务为她提供好的生活条件与教育环境，有义务让她避免任何伤害，假如我的寿命足够长，我能看到我女儿的女儿降生，那么肯定我对我的外孙女也有相应的义务，或许没有我的女儿对她所负的义务那么强烈。即使说我和我女儿的关系还算不上代际关系的话，我与我外孙女的关系也应该是代际关系。我们总不至于荒谬到，由我的死亡与否来决定我与我外孙女的关系是否为代际关系。不能说，由于我外孙女是我去世之后出生的，因此同我处于不同世代的关系，而如果她在我去世前一天出生的话，就成了代内关系了。

总之，我们认为，对未来人概念的理解有两种方式，一种是抽象的，直接将未来人定义为尚未存在的人；另一种是历史的、具体的，注重世代之间的重叠与相继。有些学者明确地指出，"代是一个动态的概念；代本身就是一个连续的过程。因此，我们必须以动态和过程的观点来看代。任何一代都要经历进场、在场和退场的过程，这一过程反映了代的生存时空的变化。"① 我们在研究代际正义问题的时候，要以世代重叠的辩证态度来看待代际关系，才能更加合理、更加直观地领悟到对未来人的责任。罗尔斯引入家庭模式，正是这种辩证态度的体现，它至少解决了两个问题，其一，采取了一种更现实、更合理的态度来看待代与代之间的关系；其二，由于亲代对子代的自然情感，也解释了代际关心的根据。

不过，我们不能忽视的是，在学术界，许多学者对于罗尔斯引入家庭模式提出了质疑，其核心在于，罗尔斯为解决代际问题，将立约者假定为家庭的代表，从而具有关心后代的动机，但是这一假定与原初状态中立约者是互不关心的、自利的理性特征相冲突。有些学者则把这一问题看成是罗尔斯代际正义论与一般正义论之间的矛盾与冲突，或者说罗尔斯的正义论体系中存在着两种正义观的冲突，即作为互利的正义与作为公平的正义。② 下面我们将对此做出几点回应。

第一，罗尔斯在建构正义论的过程中，运用的方法是反思平衡。罗尔斯强调的是，虽然我们首先假定了在原初状态中所选择的原则与我们的深思熟虑的判断是相一致的，但这也只不过是暂时性的，因为任何深思熟虑的判断都会受到某些偶然因素的影响

---

① 廖小平：《伦理的代际之维——代际伦理研究》，人民出版社 2004 年版，第 31 页。

② 参见 Jane English，"Justice Between Generations"，*Philosophical Studies*. 31(1997): 91-104; 杨通进：《罗尔斯代际正义理论与其一般正义论的矛盾与冲突》，《哲学动态》2006 年第 8 期。

和曲解，我们要随时准备修正判断以适应原则。对于正义的最佳解释并不是与那种在考察各种正义观之前就具有的判断相适应的解释，而是那种跟在反思平衡中形成的判断相适应的解释。所以我们也就不难看出，罗尔斯关于原初状态的描述随着思想的发展完全处于不断变化、不断完善的过程中，他在《正义论》第4节中就大致描述了原初状态，但在探讨过程中，随着对各种可能挑战的回应，到了第25节的时候，又进一步完善了对原初状态的描述，在对立约方的设定上，也不再单纯是自利的个人，而是"连续的人们（家长或遗传链）"。① 因此，罗尔斯是把原初状态立约主体从单纯个人发展到家庭代表，使自己的正义论更加完备，而并不是无意地造成内在矛盾。同样，罗尔斯对两个正义原则的描述，也并不是在《正义论》一开始就完成，而是在该书的不同地方，不断地重新阐述这两个原则，使之更加精确。

第二，罗尔斯在阐释正义的环境时，就已经开始把家庭的问题纳入思考范围了，他明确地说，"原初状态中的人们是否有对第三者的职责和义务，例如是否有对他们的直系后裔的义务？如果有，就要涉及一种处理代际正义问题的方式。……我们可以采取一种动机的假设，设想各方为一条条代表着各种要求的连续线，例如，我们可以想象他们是作为家长，因而希望推进他们的至少直接的后裔的福利。或者我们能要求各方同意这样的受限原则：他们能希望所有的前世都遵循同样的原则。通过把这些假设结合起来，我相信世代的整个链条能被结为一体，使原则被协议

---

① [美]罗尔斯：《正义论》，何怀宏等译，中国社会科学出版社2009年版，第112页。

得恰当地考虑每一个人的利益。如果这是对的，我们将成功地从合理的条件派生出对其他世代的义务。"① 或许我们也可以说，罗尔斯对正义环境的设定并不是一蹴而就的，在不断地发展与修正过程中，他逐步认识到家庭是正义环境的一个核心要素。

第三，罗尔斯所设定的主体并不是完全自利的个体。我们知道，罗尔斯为了突出他与霍布斯的根本差别，他特别强调主体不仅是合理的（rational），同时也是理性的（reasonable），前者强调对自我利益的追求，后者强调主体能够认识到，在别人遵守规则的时候，他自己没有理由去违背。② 理性的人都具有一种正义感，不会去做搭便车者。因此，在罗尔斯这里，只有作为公平的正义，并不存在什么互利的正义，互利的正义观本质上与罗尔斯的主体设定是不相符的。而且，罗尔斯认识到，主体正义感的形成与家庭的作用是不可分的，它经历了三个阶段，即权威的道德、社团的道德和原则的道德，这第一个阶段就是在家庭中形成的。

罗尔斯在为代际正义辩护的时候，还力图承诺一种时间无偏爱的观点，原因很简单，如果说我们每个人都具有时间偏爱，那么后代人由于在时间上距离我们较远，我们就有正当的理由给予他们更少的关怀，这似乎很难与对后代人的关爱兼容起来。其实，要求个体做到时间无偏爱，这是一种非常高的要求，哪怕是在个体选择的情形里，我们往往都难免承受意志软弱之苦，更何况，要求我们在不同的个体利益选择之间保持时间无偏爱。时间偏爱

---

① ［美］罗尔斯：《正义论》，何怀宏等译，中国社会科学出版社 2009 年版，第 99 页。
② 参见［美］罗尔斯：《政治自由主义》，万俊人译，译林出版社 2006 年版，第 50—56 页。

是人类社会中客观存在的一种现象，例如，我对我遥远子孙的关爱不可能同我对我女儿的爱一样强烈，人类之爱不可能永远保持同样的强度而存在，关爱的情感随着时间的推移有一定的贴现率。另外，从科学的角度来看，随着基因相似度的减弱，我们的关爱情感也会逐渐减弱，我们中国的许多农村地区有句俗语，"一代亲，二代表，三代就要了"，这里的"表"是指表亲，代称表兄弟姐妹，"了"是了结、结束的意思，也就是说，亲缘关系之间的亲密度是逐代下降的，到了第三代，这些后代之间的关系就非常淡漠，甚至形同陌路，同样，我们也不可能对不同世代的人保持同等强度的情感。那么，我们有没有可能，在承认时间偏爱的前提下，也能将对世代的关爱纳入进来？罗尔斯引入的家庭模式可以为此提供一定的思考。我们在前面已经谈到，家庭模式的引入本质上把代际之间的关系看成是一种代代重叠的关系，是一种具有内在连续性的关系。从一种较弱的意义来说，我作为家庭的代表，必然会关心我的直接后代的利益，比如我女儿的利益，但我的女儿也会有自己的后代，我既然爱我的女儿，也会爱她的后代，或许我对外孙女的爱在强度上比不上我女儿对她的爱，但我的爱是真切的，一直往后推，我对更远的亲缘后代也应有所关爱，虽然强度会减弱。从一种较强的意义来说，我不会局限于仅从我自己的立场去看待遥远后代的利益，相反，我会这样看，我爱我的女儿，这种关爱情感是相当强烈的，我的女儿有了自己的女儿后，她对自己女儿的关爱情感也是非常强烈的，我们完全可以合理地认为，这种强烈程度同我对我女儿的关爱一样强，我们可以把这条强烈关爱情感的链条一直延续下去。我们可以借用帕菲特关于心理连接性（connectness）和心理连续性的（continuity）区分，对这两种情况予以简要说明。① 心理连接性指的是直接的心理连接，心理连续性指的是心理连接所形成的重叠链，虽然帕菲特所谈的这一区分主要局限于个体内部（intrapersonal）的心理状态之间的关系，实际上，我们也可以把它们扩展到个体相互之间（interpersonal），那么，我们可以知道，任何一代与他的直接后代之间具有心理连接性，由这些强的心理连接性形成的链条就成了心理连续性。这样，不需要时间无偏爱的预设，我们就可以在家庭模式的范畴内，为对后代人利益的关心提供一种辩护。

如果我们的辩护是合理的，那么我们就有正当的理由对未来人表达关注，我们关注的未来人并不是完全抽象的、不可捉摸的人类，他们是与我们紧密相续的世代，非同一性问题的挑战在这里也就失效了。同时，正因为我们以一种现实的、辩证的眼光来看待世代之间的关系，我们也更倾向于把地球看成是一个前代、现代与后代共同持有的资源体，我们从前代手中接过了资源，我们也有义务将这些资源传递给后代。② 甚至可以更具体地说，既

---

① 参见 D. Parfit, *Reasons and Persons*, Oxford: Oxford University Press, 1984, pp.206-207。

② 在这个问题上，Janna Thompson 表达了类似的观点。她把过去的人、现在的人和未来的人看成是一个整体，由他们所构成的整体她称之为跨代政体（transgenerational polity）。不过，她的论证有许多部分集中在现在的人对已经逝去的人的责任上，但这并不是我们在这里要处理的重点，我们的关注点主要是现在的人与未来的人之间的关系。另外，Janna Thompson 在对这种跨代政体及内部责任的理解上，主要坚持一种弱势的共同体主义的观点，这种弱势的共同体主义完全可以容纳自由主义的视角。然而，弱化之后的共同体主义与罗尔斯式的自由主义之间到底有多大的实质差异，可能难以说清。参见 Janna Thompson, *Intergenerational Justice: Rights and Responsibilities in an Intergenerational Polity*, New York: Routledge, 2009; Janna Thompson, 'Identity and Obligation in a Transgenerational Polity', in *Intergenerational Justice*, edited by Axel Gosseries and Lukas H. Meyer, Oxford: Oxford University Press, 2009。

然代与代之间是紧密相续的关系，那么我们也更应该加强对儿童福利和妇女健康的关怀，因为我们对后代的关心，也就是对自己孩子的关心。因此，按照我们的理解，代际正义论是一个历时正义（diachronic justice）与共时正义（synchronic justice）的有机统一体。历时正义要求以正义的方式处理当代人与未出生的后代人之间的利益关系；共时正义要求以正义的方式处理当代人之间的利益关系。当然，我们这里讲的共时正义，其背景预设了历时正义。当我们讲儿童与妇女福利的时候，这在很大程度上可以说是与我们共在的主体，是当代人之间的正义问题，但是，我们是把儿童与妇女作为未来世代的直接对象和必要载体来看待，因此，其背景依然还是历时正义的问题。我们不谈什么抽象的、尚未存在的未来人，这些人的存在或者切实可见，或者可以合理预期，他们的存在具有现实必然性，我们当然就有义务和责任以正义的方式对待他们。这也就是说，我们可以承认未来人是尚未存在的人，特别是那些离我们特别遥远的后代，但我们不必抽象地去谈我们与他们的关系，他们与我们这些现代人之间存在着必然的关联性。

第二节　中国农村环境的代际正义问题

代际正义的问题之所以在现代语境中占据越来越重要的地位，这与现代社会中环境危险的出现紧密相关，环境资源是有限的，每一代消耗得越多，那么他们为后代人留下的就越少，后代的生存空间也就越小。环境恶化、气候变迁使我们认识到，我们只有一个地球，所有世代的人都享有同一个大气层。我们破坏得越多，欠下的生态债务也就越多，这些债务最终需要未来世代的人来承受。然而在这些未来人当中，贫困的人群更是首当其冲地受到伤害。面对环境危机，发达国家的人比发展中国家的人受到的伤害要小，而在发展中国家里，贫困的人群更主要地集中在农村，这群人也更容易受到伤害，他们不仅对环境变化的恶劣影响更加敏感，而且他们还必须面对如室内空气污染、不洁净的水源和落后的卫生设施和医疗保健的影响，也就是说，他们缺乏应对环境伤害的有力资源。正如《2007/2008 年人类发展报告》所指出的，面临气候风险的人口大都十分贫困，他们缺乏应对风险的资源，在肯尼亚，粮食紧急状况和干旱就和该地区的人类发展水平较低密切相关，在加纳北部旱灾易发地区，有半数儿童营养不良；日本相比菲律宾更加富有，虽然日本面临飓风和洪灾威胁要高于菲律宾，但人员伤亡程度却要低得多，从 2000 年到 2004 年，菲律宾的平均死亡人数是 711 人，而日本只有 66 人。[①] 特别是在农村，农村贫困人口的收入严重依赖于自然资源，但环境恶化非常直接地会对农作物的产量、鱼类的数量、树木产品的开发、狩猎和采集活动产生影响，农民很大程度上是靠天吃饭的，自然环境恶化了，他们也就失去衣食父母了。

正如我们在前面几章所讲到的，我国农村环境污染的现状可谓是触目惊心。但从代际正义的视角来看，这些污染现状背后无不折射出代际之间的不正义情形。这些污染不仅给农村后代人留

---

① 参见联合国开发计划署：《2007/2008 年人类发展报告 应对气候变化：分化世界中的人类团结》，第 77—78 页。

下了沉重债务，也加重了我国农村的贫困，使农村人陷入了环境污染和生活贫困的恶性循环之中。在这一部分里，我们首先将以农村可再生资源为对象，从总体上分析农村污染有可能导致的世代不公平；然后，为了使我们的分析更具有针对性，我们将主要分析当前环境污染对农村儿童和育龄妇女健康所造成的消极影响，看清它对后代的潜在或直接威胁。①

一、农村环境危机与后代面临的困难

我们都知道，森林、淡水、土壤和空气都是地球生命维持系统的重要组成部分，它们是可再生资源，所有的世代都有权利享有。但是，如果这些资源得不到持续的维护，当今世代就会在享

---

① 我们在这里重点处理农村儿童和育龄妇女的健康问题，这并不代表农村男性没有受到环境侵害，也不代表男性在代际问题上不起作用。人类的繁衍必须依赖于男女双方具有健康的生殖能力，具备这一基础，我们才有可能迎来健康的后代，人类在人口生产问题和物质生产上才能达到可持续发展。因此，男性生殖健康如果受到环境污染的伤害，对于后代人的数量和质量都会产生非常大的影响。现在越来越多的研究都已经表明，男性传承给后代的能力受到了重创，许多重金属元素对于男性生殖健康有着明显的不良影响，例如，硼就是一种较弱的环境雌激素，长期接触会削弱男性生殖能力，增加配偶的流产率以及其他许多怀孕过程中的异常现象，还会诱发子女的先天性缺陷；男性精液中含铅量越高，受精成功的几率就会越低。我们之所以要重点处理农村儿童与妇女问题，主要是基于以下几个方面的考虑：第一，在中国城乡二元结构的体制下，相比城市，农村对于体制的受惠要少得多，完全处于一种弱势地位；第二，人们公认妇女和儿童在社会竞争上本来就处于弱势地位，鉴于城乡二元制度的不公正，那么农村的妇女和儿童就会处于一种更加弱势的地位；第三，儿童和妇女在代际问题上具有特殊的地位，儿童是我们的直接后代，妇女由于生理特点和自然角色，她们在后代传承上起着更大的作用，胎儿直接从母亲身上吸收营养，出生后接受母亲的哺乳，在相当长的一段时间里，他们彼此是息息相关的，环境污染的伤害就能够直接通过母亲传递到后代身上。

有它们的同时把未来世代排除在外。

　　拿森林来说，在世界范围内，森林砍伐是对环境的一个严重挑战，据估计，现今大约有3.5亿人居住在森林中或附近，他们生活和收入主要依赖于森林资源，为了生活，这些人在依靠直接消耗这些资源来谋生，这导致了非洲、亚洲、拉丁美洲等许多地区的森林覆盖率大幅度减少。同样，当前中国许多农村地区，同时也处在偏远的山区之内，那里森林资源虽然丰富，但是退化也非常严重。迫于人口压力，人们为了追求更多的经济效益而人为地改变林地的用途，从而造成了资源衰竭，或者使土地荒芜丧失生产能力。农民有时为了满足燃料和家用的需要过度地砍伐森林，他们在没有其他途径可以获得更便利资源的前提下，通常都会选择耗尽较容易得到的资源。根据第八次全国森林资源的调查结果，全国森林面积为2.08亿公顷，森林覆盖率21.63%，然而全球的平均水平是31%，这也表明，中国的森林资源相对不足，中国依然是一个生态脆弱的国家。①

　　然而，我们不难预见，随着森林资源的衰减，它会提高未来林业商品的价格，这将会使得未来世代中那些同样依靠森林来满足基本需要的人支付更高昂的成本。森林资源的快速消耗还会使得基因资源多样性加剧丧失，其实森林中蕴藏着非常丰富的基本资源宝藏，人们在利用和砍伐它们的时候可能只注重了其中的某一种用途，而对这些基因资源的潜在价值一无所知，但是这些基因资源在后代人的手里，有可能发挥出更大的作用。我们可以说，破坏富含基因多样性的森林严重损害未来世代的利益，因为

---

① 　参见熊海鸥：《中国森林覆盖率不到22%》，《北京商报》2014年2月26日。

他们再也没有可能利用这些资源了。另外，森林的环境效益也是非常巨大的，它可以控制洪水、补充地下水、保持和恢复土壤肥力，控制侵蚀、防止河流和灌溉系统的淤积等，如果森林资源遭到破坏，这些环境效益也就不复存在，后代人也将很快会遭遇到严重的环境灾难。

我们从小就知道的一个常识是，水是生命资源。在全球范围内，随着人类整体发展的提升，对水资源的消耗、浪费与污染日趋严重，水资源缺乏已经成为了一个世界性难题，也是全人类要面对的一个严峻挑战。当前中国农村的淡水资源，无论是地表水还是地下水都受到了一定程度的污染，而且这种污染还有不断加剧的趋势。我国农村的水污染急剧加重的时期，应该是在改革开放之后。随着国家管制的放松，农民生产的积极性得到提高，提升单位面积的农作物产量是基本的追求，这时国家的科技也取得了发展，农药和肥料的品种众多，使农民的生产活动方便不少，效率也高，但是由此引起的污染却是有目共睹的。许多农药的成份，流失到水体以后，不能自然消解，例如 DDT，但却能为人体所吸收，并沉积在人体内，造成永久伤害，当然，鱼类及吞食谷物的其他生物也难以幸免。农民家养的禽畜一般也是自然放养状态，粪便会随着雨水冲到河里，河水里的寄生虫和重金属污染都会加重。另外，我们只要到农村去观察与体验，就会发现，许多农村地区目前尚不具备垃圾站，生活垃圾是随手乱扔，有些家庭即使收集了垃圾，也不知道应该扔到什么地方，最后许多垃圾丢在池塘边或河坝上，最后慢慢滑到河里。

这些有毒物质对河流和湖泊的持续污染会杀死植物、鱼类和其他一些生物，也使这些淡水不再适用饮用。这些有毒物质的污染会持续很长时间，通过自然净化的方式，一般也都需要一百年左右的时间才能消化掉，而且如果这些有毒污染物沉积在湖床或河床上，则意味着它更难于消除，对后代人的影响也就越趋深远。如果有毒物质进入了地下蓄水层，那么它会给未来人带来更为严重的伤害，未来人要想控制它的蔓延是非常困难的，而且清理的费用也会极为高昂，尤其是对于那些生活在贫困农村地区的后代人，他们没有能力来应对。因此，当现代人为了眼前利益迅速地消耗和污染这些淡水资源的时候，他们也就大大损害了未来世代的利益。

自古以来，土地就是农民的衣食父母，肥沃的土壤是高效农业的基础，如果农民以一种不可持续的方式来使用它，这无疑会危及到未来世代的利益。如何确保土地的数量与质量，对于农村的长远发展来说非常重要，然而，今天中国农村所面临的一个严重问题恰恰就在于耕地的数量与质量破坏很厉害。根据最新的统计，中国耕地退化面积已占耕地总面积的40%以上，东北地区的黑土层变得越来越薄，南方则是土地酸化严重，华北平原的可耕层也变得越来越浅。[①]

中国经济在飞速发展，然而，随着房地产开发与招商引资的扩大，农村的许多耕地都变成了宅基地和厂址，耕地数量极速下滑，这也意味着我们留给后代的土地越来越小，未来世代从现有土地上获取利益和必需品的机会就处于劣势。同时，随着人口的增长和对农产品需求的增加，农民会采取各种技术尽可能地开发

[①] 参见新华网：《中国耕地退化面积已超耕地总面积40%》，2014 年，资料来源：http://news.xinhuanet.com/2014-11/04/c_1113113539.html。

土地肥力，增加产量。农民的各种干预措施势必会导致土壤侵蚀、养分流失、化肥和农药污染以及土地的盐碱化，影响到了未来世代利用土地的数量和质量，也剥夺了未来世代利用我们曾经享用过的土地资源的机会。未来人要想恢复废弃或退化的土地资源，这将使他们耗资巨大，他们必须依靠较少的耕地来为更多的人提供食物，被迫接受更高的食品价格，承受更大的环境损害。

农村的空气污染也不可忽视，清新的空气是我们无时无刻不需要的，然而，农村原来随处可见的清澈蓝天在许多地方已经消失，雾霾也开始蔓延到农村地区。大气污染对农民的身体会造成直接伤害，特别是儿童与妇女，他们的抵抗能力较弱，会成为最严重的受害者，而他们对于农村人口的可持续发展和延续来说，又是至为重要的环节，这无疑会影响到未来世代的健康存在与发展。同时，大气污染并不是一种孤立的污染类型，它同时会影响到森林、水源和土壤，从而对未来世代构成影响，例如，大气污染对森林的影响就包括破坏现有树木、阻碍树木生长、酸化土壤、降低森林生产能力等；大气中的污染物也会伴随着雨水进入河流与湖泊，从而对地表水和地下水造成污染；这些污染物也可以随着水流渗入到土壤之中，给土壤造成不可修复的影响，也可以通过土壤转移到农作物内，从而对人类身体造成直接伤害。无论如何，大气污染最终都将会损害到未来世代的生存与选择能力，削弱未来世代可持续发展的可能性。

二、环境污染对农村儿童的伤害

儿童是祖国的未来，也是人类的希望，探讨环境污染对农村儿童所造成的伤害是代际正义问题的应有之义。而且，正如我们在前面所做的理论探讨，我们并不主张把代际关系看成是现存的人与尚未存在的人之间的关系，而是倡导以一种持续的视角来看待代际问题，因此，儿童作为现存的人，他们也是我们的后代，我们与他们之间的关系也就是一种代际关系，我们对儿童的关爱也是对后代人的关爱。

近几年来，中国工程院院士钟南山不断强调空气污染正在影响着我们的后代，他通过相关研究明确指出，空气污染影响到孩子的成长发育，物质燃烧所致的空气污染可导致婴儿早产率增加，减缓婴幼儿生长发育的速度，引起包括哮喘等疾病，而且PM2.5每增加10微克每立方米，早产儿就增加10%，体重平均下降8.9克，这将对小孩的未来健康成长造成影响。[①] 而我们又不难设想，在农村小孩和城市小孩遭受同等空气污染的前提下，农村小孩的生活前景就会更加暗淡，因为他们缺乏更好的医疗条件与营养补给。根据目前的研究，我们知道，现在的农村儿童在遭受环境污染的侵害时，经常被提及的一个问题就是铅中毒。铅中毒最先发现的人群一般来讲是儿童，因为铅尘飘浮物大概在地面1米左右的高度上，这恰好是儿童身高的高度。世界卫生组织也把铅确认为对儿童影响最严重的有毒化学物质。下面我们将根据相关案例证明农村儿童在这方面所受到的伤害。

铅是一种重金属毒物，具有神经毒性，它本不应该出现于人体内，但是它可以通过呼吸道和消化道进入人体，从而造成全方位的影响，例如，它会影响到人的神经系统、血液系统、消化系

---

① 参见吴劲珉：《钟南山：空气污染正在威胁着人类后代》，2013年，资料来源：http://tech.gmw.cn/2013-08/14/content_8595919.html。

统、心血管系统、泌尿系统，等等。但是由于生活环境的影响，每个人的血液中或多或少都有一定量的铅元素，不过，铅含量的水平如何，对于人体影响的严重程度并不一样。根据我国卫生部（现更名为"国家卫生和计划生育委员会"）早在 2006 年发布的《儿童高铅血症和铅中毒分级和处理原则》，确立了详细的铅中毒分级标准，文件指出，如果两次静脉血铅水平为 100—199 微克 / 升，称为高铅血症；如果两次静脉血铅水平等于或高于 200 微克 / 升，就是铅中毒，但可以根据具体情况分为轻、中、重度铅中毒。血铅水平为 200—249 微克 / 升，是轻度铅中毒；血铅水平为 250—449 微克 / 升，是中度铅中毒；血铅水平等于或高于 450 微克 / 升，是重度铅中毒。[①] 对于儿童来说，铅中毒有许多临床表现，例如多动、易冲动、贫血等，还会导致免疫力低下、学习困难、注意力不集中，智力水平下降或体格生长迟缓等症状。如果血铅水平等于或高于 700 微克 / 升的时候，还会伴有昏迷、惊厥等铅中毒脑病表现。一般来讲，铅中毒的早期特征是不轻易能发现的，等到这些中毒症状表现出来的时候，这些儿童就已经承受了较长时间的伤害。

近几年来，由于乡镇企业污染和农村环境卫生问题，农村儿童的高铅血症和铅中毒有逐年上升的趋势，铅污染事件不断发生。例如，2010 年年底，安徽省怀宁县高河镇新山社区发生了儿童血铅集体超标事件，罪魁祸首是与新山社区只有一条马路之隔的博瑞电源有限公司，这家公司年产 300 万套铅酸蓄电池极

[①] 参见中华人民共和国卫生部：《儿童高铅血症和铅中毒分级和处理原则》，2006 年。

板，但是企业污染治理设施不完善，没有废物贮存场所，违法排污，最后导致周边居民、特别是儿童受到了严重伤害。社区居民中共有 307 名儿童到安徽省立儿童医院进行血铅检查，其中当地政府组织 285 名，群众自发组织 22 名，检测结果有 228 名儿童血沿含量超标，高达 70% 以上。其中大部分属于高铅血症，而铅中毒的有 28 名，血沿浓度最高的达到了 350 微克 / 升。事件发生后，相关部门对博瑞电源有限公司周边 1 公里范围内展开铅污染水平监测，表明该企业对周边土壤已产生不同程度的污染。①2009 年，陕西凤翔县也发生过儿童血铅超标事件，凤翔县有家东岭集团凤翔锌冶炼公司，从 2008 年正式投入生产开始，就经常排放废水、废气，其中有两个村距离这家工厂最近，分别是孙家南头村和马道口村。由于曾经观察到小孩的一些特殊症状，这两个村分别有村民带小孩到宝鸡市妇幼保健医院进行检查，结果竟然均是儿童血铅含量超标。情绪激动的村民们最后围堵锌冶炼公司的大门，双方发生冲突，随着事态的升级及媒体曝光，凤翔县委县政府、环保部门也都介入调查，市里面对这件事也越来越重视。西安市中心医院医护人员共采集了 864 名孩子的血样，最后检查结果是 615 名儿童血铅超标，其中 166 名儿童中、重度铅中毒；后来，附近的高咀村参与了检查，共有 285 名 14 岁以下的儿童进行抽血，有 236 人血铅超标，使得受铅污染儿童从 615 名增到 851 名。②

---

① 参见凤凰网：《安徽铅污染事件追踪：超七成受检儿童血铅超标》，2011 年，资料来源：http://finance.ifeng.com/news/20110109/3174417.shtml。

② 参见新浪网：《陕西凤翔血铅超标儿童增至 851 人》，2009 年，资料来源：http://news.sina.com.cn/c/2009-08-19/205618469594.shtml。

农村的环境污染还会导致儿童的出生缺陷。2009 年 7 月 11 日，中央电视台《经济半小时》栏目播出了一件震惊全国的事件，山西左权县胎儿大量存在出生缺陷，这些缺陷包括先天性双轨唇腭裂、先天性脑积液膨出、先天性心脏病、先天性腰底部积膜膨出，等等。根据山西省卫生厅提供的数据，该省出生缺陷率和神经管畸形发生率分别高达万分之 189.9 和万分之 102.2，远远高于全国平均水平，特别是神经管畸形，是全国平均水平的 4 倍之多。而在山西省内，出生缺陷的高发区主要分布在吕梁、晋中等地区，左权县就属于晋中地区，这些地方是主要的产煤区，煤矿矿区居住的育龄妇女很容易受到伤害，导致胎儿畸形。山西左权县妇幼保健院的相关专家早在 1997 年就做过调查研究，发现该县的发病率已经达到万分之 420，远高于山西省的平均水平，更不用说全国了。[1] 山西的煤矿开采所导致的环境污染给当地农村儿童带来了灾难，当然，这只是我们说明问题所指出的一个实例，农村环境污染的种类多种多样，都存在导致儿童出生缺陷的潜在威胁，但它们无疑表明，对儿童的这种伤害已经严重损害了他们作为后代人享受健康生活的权利。

环境污染还会导致儿童的性发育异常，原因就在于，环境污染特别是由洗涤剂、农药和塑料工业等向环境排放的物质及其降解产物能够产生一系列环境内分泌干扰物（Environmental Endocrine Disruptors，简称EEDs），如洗涤剂中的烷基化苯酚类、许多农药和塑料增塑剂中的邻苯二甲酸酯类，等等。这些物质均

---

[1] 参见新浪网：《山西吕梁晋中等疑环境污染致新生儿缺陷率高发》，2009 年，资料来源：http://news.sina.com.cn/c/sd/2009-07-11/215318202274.shtml。

能在环境中长期存在，脂溶性强，易被机体吸收且能在体内长期蓄积，它们更能引起细胞功能的显著改变，尤其是处于发育阶段的个体对其敏感性更高，摄入很低的剂量就可能导致内分泌系统和生殖器官功能的持久损害。目前，已有充分的科学证据能够表明环境内分泌干扰物会导致女孩性早熟，同时还导致男孩性腺发育不良。这种物质的存在与儿童性发育异常的发病存在着密切关联，是最重要的致病因素之一。[1] 儿童性发育异常的情况现在在中国越来越普遍，无论城市还是农村，小孩子都深受其害，对他们的心理和身体都造成了难以挽回的伤害。相比城市儿童，农村儿童可能更容易受到侵害，因为农村人的整体环保与卫生意识要落后一些，而且农村孩子接触污染源的概率会更高，比如说，农村小孩更易受到农药的威胁。

三、环境污染对农村育龄妇女的伤害

在中国农村，重男轻女、男尊女卑的落后思想还大量存在，农村妇女在生活和生产方面均处于某种弱势地位，这无疑也会增加她们暴露于环境污染的可能性，再加上妇女的生理特点与自然特征，她们在家务劳动和社会劳动中更容易受到环境恶化带来的消极影响，她们对环境污染的感受也更为敏感与强烈。另外，农村妇女所受的教育程度普遍较低，社会地位低，缺乏环境保护意识，她们更容易受到环境灾害的伤害，而当她们遭受实际的伤害后，寻求补偿和保护的可能性也较小。农村妇女还承担着为农村

---

[1]　参见蔡德培:《环境内分泌干扰物与儿童性发育异常》,《中国实用儿科杂志》2013 年第 10 期。

社会繁衍后代的任务，承担着哺育下一代的自然和社会功能，一旦她们受到环境伤害，那么这种伤害也就会传递到她们的后代身上，最终不利于代际正义的实现，也无法实现农村环保的目标。

我们不能否认，在农村地区，妇女比男性要承受更多的家务劳动，享受的闲暇时间更少。我们在生活中一些习以为常的事，实际上对妇女都有一些环境侵害，例如，许多农村地区还是通过烧柴火做饭，厨房里烟雾缭绕，而妇女在厨房里的时间最长，这种环境对她们的呼吸道及肺部有较大影响，对孕妇来说，还会影响胎儿在宫内的生长发育；洗衣服之类的清洁工作也都主要由妇女承担，而正如我们在上一部分所探讨的，现在的洗涤剂中都含有一定的环境内分泌干扰物，它会导致妇女内分泌失调，损害生殖健康，特别是怀孕期间的妇女，如果过多地接触这些污染源，就会易于导致胎儿的自然流产或胚胎发育异常。

当前农村社会里的具有生殖能力的中青年女性基本上可以分为两类，一类是农村留守妇女；另一类是外出打工的妇女。对于农村留守妇女，她们的丈夫和家庭中的青壮劳力作为农民工在外地打工，她们在家中承担着照顾小孩和老人的义务，同时主导着农业生产，为整个家庭挣下口粮，因此，她们似乎便成了当今农村社会的农业生产主力军，这种现象在学术界被称为"农业女性化"；也有人称为"男工女耕"，有别于传统的"男耕女织"。她们在农业生产过程中，必然会接触到与此相关的污染物质，特别是农药。为了保护粮食作物与经济作物免于害虫的危害，人们必须喷洒大量的农药，有些农药的毒性很大，现在这些喷洒农药的工作许多时候都是由妇女来完成。在喷洒农药的过程中，由于缺乏必要的安全防护措施，如果农民在劳动期间，身体出汗，稍不小心，农药成份就有可能通过张开的毛孔进入体内，轻则留在体内并逐步引起身体不适，重则导致中毒死亡；有时农药也会通过直接皮肤接触、吸入、食入等多种方式进入人体。更为关键的是，农药进入人体血液后，如果妇女正处于怀孕期，农药可通过胎盘进入胎儿体内，即使是母亲没有什么明显的不良反应，但是这些毒物却慢慢地影响了胎儿的正常生长发育。许多农药还具有特殊的细胞毒性和抗代谢抑制细胞分裂的作用，最终会阻碍胚胎体的细胞分裂，使得胚胎发生变异或死亡。另外，如果农药渗入正处于哺乳期的妇女身上，她们在给小孩哺乳的过程中，有些毒性物质也会随着乳汁直接进入婴儿的体内，对婴儿的生长发育造成难以逆转的伤害。留守在农村的妇女有时也会在农忙之余，到附近的乡镇企业打零工，赚些零钱补贴家用。然而，已有一些研究表明，尽管多数女工仅在乡镇企业从事短期的有害有毒作业，但是这些企业往往都是劳动密集型生产，设备陈旧、工艺落后、环境恶劣，各项环保指标都难以达到标准，再加上女工自我保护意识和能力较差，很难发现和认识到一些有害因素所造成的早期损害与远期危险。即使她们只是短期地接触具有较大强度与深度的有害物质，也会影响其生殖机能，造成生殖损伤，最终影响到子代的生长发育与智力发育。[①]

外出务工的农村妇女在农民工中的比例在逐年上升，给中国许多地方的经济奇迹做出了贡献，但是，我们不能否认的是，这些女性劳动力主要集中在纺织、化工、塑料、橡胶、玩具、电子

---

① 参见张金良：《试论乡镇企业污染对女性生殖健康的潜在影响》，载《UNDP妇女与环境国际研讨会文集》，2001年。

产品等这些行业上，这些工作并没有太多的技术含量，也不需要太强的体力要求，农村妇女由于教育程度普遍偏低，她们也更愿意选择这类机械性工作，但是这些工作对她们身体的危害非常明显，例如，纺织品中的染料或粉尘、塑料中的苯等对人类身体都能造成长时段伤害，甚至致癌。孕期中的女性接受这些污染也会对胎儿极为不利，有些研究早就表明，接触毒物环境的孕妇在流产和死胎死产等方面是未接触毒物环境的孕妇的 3.74 倍，出生后小儿畸形和各种疾病是未接触毒物孕妇的 3.10 倍。[①] 我们还特别要注意的一点是，这些女性农民工在外受到污染，最后的结果更多由农村来承担。这些出外务工者，在外地能够落脚生根的非常少，年底都会从打工地回到自己的家乡，对于青年男女来说，许多的谈婚论嫁都是在这段时间里完成，再外出打工，有的甚至整个孕期都是在工厂度过，不过，最后生育下来的小孩主要放在农村由老人抚育和照顾。由于她们长期在外地受到的污染，许多小孩都存在一些先天的发育障碍，影响到农村下一代的人口素质。

四、农村后代所承受的环境不正义

根据我们对农村后代的理解，无论是把他们理解成离我们有些距离、目前尚未存在的未来人，还是直接作为未来世代而存在的儿童，以及作为传递未来世代重要载体的妇女，我们都能够看到，农村后代确实在环境问题上正在承受或者将要承受着各种不

---

① 参见娄臣等:《毒物环境对孕妇及胎儿的影响分析及干预》,《中国优先与遗传杂志》1993 年第 3 期。

同的伤害。这些可见的或可预期的伤害背后，体现出来的却是当代人与后代人在分配、承认与参与上所存在的多种形式的不正义。

1. 从分配正义的角度来看，农村后代人更多地承担了环境危机的不平等影响

我们都知道，如果要在环境问题上讲求平等，那么环境恶物的制造者要更多地承担环境伤害，而环境善物的制造者要更多地享受环境利益。由于后代人离我们遥远，隔着许多代，因此在当代人肆无忌惮地挥霍着有限的资源并享受着由此所带来的福利时，后代人并没有办法对当代人进行制裁或有效地做出回应，他们只能被动地接受由当代人制造的环境伤害。这样就一定会出现一种局面，有些后代人从出生开始，从来没有刻意做过有损环境的事情，但是却要承受着由前代人所给予的恶劣自然环境导致的侵害。

我们的富裕程度总是与自然资源的丰富程度成正比，当代人消耗的资源越多，留给后代人的资源越少，他们面临贫困的可能性就越大，特别是在农村地区，农民基本处于一种靠山吃山、靠水吃水的状态，因此，自然环境破坏得越厉害，农村后代就会越贫困，他们越贫困，也就更加缺乏应对环境危机的手段。这也就是说，在面对环境危机的时候，当代人与农村后代在承受环境伤害的能力上就存在着不平等。我们可以拿当下的农村和城市进行比较，如果农村和城市面对同样的环境问题，那么城市地区由于它的基础设施、环保资金的投入比例享有更大优势，它也就更有能力来缓解危机；然而，农村却缺乏足够的公共卫生设施和个人卫生设施，环境灾害的死亡率一定会更高。

农民由于经济上的弱势地位，他们往往需要合理地规避风险，如果一个家庭越接近赤贫，它的选择策略可能会越保守，我们绝对不能指责其缺乏风险投资精神。在一些风险高发的地方，如在洪灾、旱灾、滑坡易发区，由于缺乏保险，贫穷的农户家庭在经营的时候，肯定会出于家庭安全的考虑，理性地选择分别对这些灾害不太敏感的农作物进行种植，但这些生产带来的收益也相对较少。例如，在旱灾地区，贫穷农民通常会专门种植抗旱类作物，如高粱、地瓜等，这些作物虽然能够保证粮食供应，一家人勉强维持温饱，但经济回报就特别不理想。因此，他们往往就会陷入一种恶性循环，既更不容易摆脱贫困，又更容易受到环境伤害。

这种环境不正义的恶劣影响更明显地体现在妇女和儿童身上。在农村地区，妇女和儿童处于更弱势的地位，她们所遭受到的影响也更加明显。根据《2011年人类发展报告》的数据，贫困地区（主要都是落后的农村地区）遭受到了恶劣环境与卫生条件欠佳的双重剥夺。对于贫困的测定，原来主要根据多维贫困指数（MPI）作为参数，它综合了弱势群体在健康、教育和生活标准方面的缺乏程度，现在已经发展到了具体探讨多维贫困人口中所存在的环境剥夺的普遍性，特别是那些缺乏炊用燃料、饮用水和卫生设施的贫困人口。从全球范围来讲，90%以上的贫困人口面临着一种以上环境剥夺：接近90%的贫困人口没有使用现代炊用燃料，35%的人缺乏洁净水，80%的人缺乏足够的生活条件。生活在这些地区的人较多地暴露于户外空气污染和肮脏的水源环境中，更容易受到环境污染物的影响，特别是妇女、儿童，每年至少有300万名5岁以下儿童死于环境相关疾病，如急性呼吸道感染和腹泻等。环境问题还妨碍了贫困儿童尤其是女孩的教育发展，在人类发展指数较低的国家中，几乎有30%的小学适龄儿童不能进入学校，而许多儿童则一直持续受到诸如环境等因素的多种限制，例如，缺电问题可直接或间接影响到儿童入学问题，因为如果拥有电力供应，便可以提供更好的照明条件，使学生拥有更多的学习时间，也可以减少孩子们在收集薪柴和取水上花费的时间；另外，许多家庭在不能有效应对自然环境伤害所导致的收入困难时，往往会选择让孩子辍学，降低教育成本，并把儿童当成家庭中的劳动力。特别是女孩，往往要兼顾家务和学业，受到的不利影响更大，拥有洁净的水和良好的卫生条件对于女孩的教育尤为重要，这能为她们节省时间并保护她们的健康和隐私。

在自然灾害面前，如洪灾、飓风和滑坡等灾害中，儿童、妇女和老人将面临着更大的受伤和死亡风险，她们所能负担的承受能力更为脆弱，例如，斯里兰卡海啸造成的近20%的逃难妇女和近1/3的五岁以下的逃难儿童死亡，分别比成年逃亡男子死亡率的2倍和4倍还要多。而且在农村地区，女性往往要比男性花费更多的时间用于砍柴挑水的家务事上，也更易于遭受环境伤害，例如，在人类发展指数低的国家，近一半的家庭每天花费三十多分钟来获取生活用水，特别是在农村地区，花费的时间会更多；在印度北方地区，大约在20世纪70年代，妇女和儿童收集薪柴平均花费的时候和行走的路程分别为1.6小时和1.6公里。而且对人类发展指数低的七个国家研究表明，有56%—86%的农村妇女负责取水任务，而男性只有8%—40%，例如，在马拉维的农村地区，妇女比成年男性要花费8倍的时间来收集薪柴和取水①

---

① 　参见联合国开发计划署：《2011年人类发展报告》，第6—7、45—46、58—62页。

这种情况在我国的贫苦农村地区大体上也差不多。在通常情况下，妇女是家用水的主要使用者和管理者，她们履行着与水有关的多重家庭角色与责任，主要包括做饭、洗衣、打扫卫生、帮孩子洗浴以及饲养家畜等。例如，在四川一些山路不那么陡峭的村落，挑水主要是妇女的责任，如果自来水系统还没有达到村庄的话，这些女性村民就需要耗费很多时间去挑水，尤其是遇到干旱或井水枯竭时，通常她们到村外挑一趟水需要花两个小时左右的时间。在云南尚未禁止砍柴的村庄，据说90%以上的砍柴任务都落在妇女身上，从小麦下种到春节前后差不多两个月时间里，她们单程需要走3—4公里路，一次背50—60公斤柴，有时每日来回两趟。[①] 相对于男性来说，女性的日常工作更加琐碎，除了在收获季节，男女在劳动时间分配上的差异要小一些之外，男性有更多的闲暇时间看看电视或串门，男性本身也承认自己普遍比妇女要更懒，劳动时间更短。即使有些男性愿意帮忙做家务，这也会使他们在村子里被人嘲笑，遭到一些男权主义的传统观念挑战。根据国家统计局2008年进行的时间利用调查，男性有酬劳动的参与率（74%）高于女性（63%），但无酬劳动的参与率（65%）则低于女性（92%）。就城镇来说，女性无酬劳动的参与率是92%，高出男性20个百分点；农村女性无酬劳动的参与率是93%，高出男性35个百分点。女性的无酬劳动时间为3小时54分，而男性仅为1小时31分，前者比后者多2小时23分。[②] 我

---

① 参见胡玉坤：《将社会性别纳入农村水供应与卫生项目的主流》，载胡玉坤：《社会性别与生态文明》，社会科学文献出版社2013年版，第245—269页。

② 参见胡玉坤：《社会性别视阈下应对气候变化问题》，载胡玉坤：《社会性别与生态文明》，社会科学文献出版社2013年版，第277—278页。

们从这里就不难想象，如果环境变化会导致一些问题，这些问题最终都会落到日常生活实践中来，那么农村妇女所要承受的负担就更为沉重。

2. 从承认正义的角度来看，农村后代人、妇女儿童的主体地位一直没有得到有效承认

新中国成立之后，城市与农村的差别似乎成了一种标签，城市户口与农村户口在各种待遇上存在着明显区别，"农村人"成了一种不体面的称号，意味着愚昧无知和保守落后，无论在日常语言中还是在实际互动中，都是对农民主体地位的不承认。在新一轮的户籍改革之后，我们可以预期这种状况会得到根本改变。但是，农村后代人的主体地位是否一定会得到承认，还是有待考证的。这并不是农村所特有的问题，而是人类所普遍面对的问题。正如我们在前面所探讨过的，后代人的地位非常特殊，他们是尚未存在的人，如何作为一个权利主体而存在本身就是一个值得探讨的问题，非同一性问题的挑战从某种程度上讲是不承认后代人主体地位的集中体现。当我们在短时地消耗农村地区的森林、淡水、空气、土地等自然资源的时候，我们根本就没有认真考虑过农村后代人的切身利益，没有把他们看成是如同自己一样的现实主体。我们在这里称农村后代人是现实主体，意思也就是说，他们是必然存在的主体，他们同我们一样拥有享受自然资源的权利，也将同我们一样担负着保护环境的义务。因此，后代人具有主体地位和人格尊严，当代人有义务和责任保证后代人的需要和利益，实现世代之间的均衡与可持续发展。

作为人类世代延续重要载体的妇女，由于其性别而遭受到了普遍的不承认。这种不承认只能加重妇女在社会环境中的弱势地位，最终使她们更容易受到环境变化的影响和伤害。从世界范围来看，男尊女卑是较为普遍的现象。妇女经常会在卫生、教育等领域以及劳动力市场上受到歧视，目前对于性别歧视程度，通常是通过性别不平等指数（GII）进行衡量，它可以从三个维度来定位性别不平等，即生殖健康、赋权和劳动力市场参与率，性别不平等指数越高，歧视程度就会越严重。例如，在南亚地区，女性在国家议会中的席位比例较低，约占18.5%；教育程度方面的性别不平等也较为严重，完成中等以上教育的女性比例为28%，而男性则达到50%；在劳动力市场的参与率上，女性达到31%，而男性则达到81%，这也就意味着女性只能享受更少的就业机会。[①] 与此相关的是，在出生人口比例中，性别比出现失衡，因为人们都希望生下更具有竞争力的男婴；或者像中国这样的宗法观念较强的国家，希望男孩继承香火、传宗接代，有些女性胎儿可能连出生的权利都没有，从而导致女孩和妇女人数减少。

在中国，女性受教育仍然是教育工作和知识传播中的重点与难点。在边远而又贫困的农村地区，女童教育落后的现象是很突出的，据2005年统计，我国西部偏远农村仍有300万适龄儿童没有入学，其中4/5是女童。从2000年第五次中国人口普查的数据来看，在未工作的人口中，15—19岁的女性既未工作也未上学，而在家料理家务的比例达4.12%，男性该比例仅为1.02%。1990年，农村15岁及以上女性人口的文盲率为37.1%，男性为15.7%，到2000年农村女性文盲率降为16.9%，男性则降为6.5%。1990年农村女性占文盲人口的69.5%，到2000年仍

---

① 参见联合国开发计划署：《2013年人类发展报告》，第32—33页。

占 71.4%，与此相对照，2000 年城市女文盲为 4.3%，男文盲为 1.7%，全国 3700 万青壮年文盲中妇女占了 70% 左右，其中绝大多数为农村妇女。[①] 由于女性受教育程度以及接受培训的比例都低于男性，女性在劳动力就业的问题上也表现为弱势。这可以表现在女性劳动力在第一产业就业的比例高于男性劳动力，有数据显示，2009 年有 84.4% 的女性劳动力在第一产业就业，分别有 7.2% 和 8.4% 的女性劳动力在第二、第三产业就业；男性劳动力中，有 70.2% 的人在第一产业就业，分别有 17.4% 和 12.4% 的人在第二、第三产业就业。另外，女性的工资收入水平总体上也要低于男性，2009 年女性外出劳动力的人均月工资为 979.0 元，而男性则为 1118.2 元。[②]

我们不难看到，女性由于在教育水平和经济状况上处于劣势，她们最终处于生产链条的底端，只能干一些又脏又苦的工作，这些工作往往也是环境伤害最大的。哪怕是在日常的家庭生活中，妇女的不受尊重与承认所导致的环境伤害也是令人难以想像的，例如，在农村男女疾病死因的比较中，呼吸系统疾病在农村女性死因中占据首位，比例也高于男性，然而，现实的情况是男性吸烟者比女性更多，这其中的原因就在于，在我国农村地区，做饭这类家庭日常工作主要是由女性来完成，农村生火做饭

---

① 关于这些数据，请参见"中国女性社会学学科化的知识建构"课题组编写的《中国女性社会学：本土知识建构》（张李玺主编，中国社会科学出版社 2013 年版）一书第三章"女性与教育"；胡玉坤：《转型中国的三农危机与社会性别问题》，载胡玉坤：《社会性别与生态文明》，社会科学文献出版社 2013 年版，第 168 页。

② 参见关冰、郝彦宏：《贫困地区社会性别与贫困关系的分析》，载赵群、王云仙主编：《社会性别与妇女反贫困》，中国社会科学文献出版社 2011 年版。

主要是由燃烧木柴、秸秆、稻草、麦草等来完成，厨房通风效果又差，这会使女性大量吸入有害烟尘；另外，她们平时还要呼吸男性制造的二手烟，男人吸烟似乎是天经地义的，也不必避让女性，然而，已有的许多科学证据都表明，二手烟的伤害比一手烟还要大。

总之，在这样一个以当代人、男权与父权为本位的社会框架里，后代人、妇女和儿童的地位不可能得到有效承认，这完全加剧了他们的弱势地位，他们最终会陷入一种双重剥夺的困境中来，当真正的自然灾害发生的时候，他们就只能默默承受着无情的伤害。

3. 从参与正义的角度来看，农村中妇女相对参与较少

妇女本应当充分地参与政治决策，然而，现实情况却是在全世界范围内女性的政治参与程度远远落后于男性。就我国来说，2008 年，全国人大常委会共推选 161 名常委，其中女常委的比例为 16.1%；全国人大代表中女性的比例为 21.3%；在省级人大、政府和政协领导班子成员中，女干部的比例为 13%；全国公务员中，女性公务员的比例为 23%；全国村委会成员中的女性比例为 21.7%。[①] 从这些数据来看，我们国家女性在国家公共生活中比例相比男性落后，从而使得她们在公共决策中参与较少。

那么，我们同样可以了解到，在与环境相关的决策方面，她们也将处于一种参与不足的境况。正如前面所讲到的，妇女对环境危害应该有更深切的体会与感觉，在同自然界长年累月打交道

---

① 参见"中国女性社会学学科化的知识建构"课题组编写的《中国女性社会学：本土知识建构》（张李玺主编，中国社会科学出版社 2013 年版）一书第十章"女性与公共政策"。

的日常生活中，她们积累了大量保护资源环境的经验和智慧，应该说，在这种问题上，她们是最有发言权的，但是由于她们在参与和赋权上的不充分，她们就难以分享自己在环境方面的感受与经验，人们也就没有办法充分采纳和利用一些源自于妇女日常生活和生产实践中的环保知识和有效方法。另外，由于妇女参与不足，她们也无法知悉各种环境风险。

实际上，妇女是否参与政治决策，对于环境保护非常重要，因为她们对环境污染有更直接的感受和敏锐性。妇女的参与程度越深，环境改善的可能性就越大，她们一般对环境问题更加关心、支持环保政策和倾向于支持那些踊跃提倡环保的领导者。目前有一些数据能够表明，如果女性真的做到了这些方面，那么环境可持续性的前景就会非常光明。在一项对 25 个发达国家和 65 个发展中国家进行的研究表明，议会代表中女性比例越高，国家划出受保护土地面积的可能性就越大。还有一项对 130 个国家进行的研究表明，议会代表中女性比例越高，签订国际环境条约的可能就越大。从 1990—2007 年，二氧化碳排放总量有所减少的 49 个国家中，有 14 个是人类发展指数水平极高的国家，其中 10 个国家的女性议会代表比例要高于平均值；另外一项对 61 个国家进行的研究发现，1990—2005 年间，妇女组织和非政府环保组织的人均数量和森林砍伐之间呈负相关关系。部分原因可能是妇女更容易受工作量、收入和健康等因素的鼓舞，尽量防止森林砍伐所带来的负面影响，另外女性比男性更有可能产生亲环境的行为。[①] 因此，正如《里约环境与发展宣言》第 20 条所指出的：

---

① 参见联合国开发计划署：《2011 年人类发展报告》，第 64 页。

妇女在环境管理和发展中起着关键性的作用。她们的全面参与对实现可持续发展是必不可少的。

第三节　实现中国农村社会可持续发展

中国是一个农业大国，农民是中国人口的主体，农业是国民经济的基础，农村是农民生活和农业生产的所在地，实现了农村社会的可持续发展，也就是为国家的长远发展打下了坚实根基，也是对全人类的极大贡献。我们在前面处理农村环境问题上的代际不正义时，主要是从两个方面来阐述的，一个是农村资源环境上的不可持续性；另一个是因环境污染所导致的农村人口的不可持续性。下面我们也主要从实现农村社会资源、环境的可持续发展和人口的可持续发展来展开。

一、实现农村社会资源与环境的可持续发展

要在中国环境保护问题上实现代际正义，首先要处理农村社会的资源与环境在各个世代之间实现公平分配的问题，如果后代人的偏好被忽略的话，那么他们的利益在决策中也就得不到体现。既然要在世代之间维持公平，以之作为资源与环境分配的原则，那么这种公平原则的内涵应当是什么样子的呢？

魏伊丝教授曾提出过处理世代公平的三个基本原则。第一个原则是"保护选择"（conservation of options）的原则，它要求各个世代要保护自然和文化遗产的多样性，这样便不会对后代人解决自身问题和满足自身价值观造成不适当的限制，而且后代人有

权享有同以前世代差不多的多样性。这一原则强调，我们要为后代人保留选择的空间，如果我们消耗了太多资源，后代人可能就不会有了，这对于他们来说，无疑缺少了一些选项。第二个原则是"保护质量"（conservation of quality）的原则，它要求各世代维持地球的质量，从而使地球质量在留给未来世代的时候，它的状态并不比从前代人手中继承下来时有所下降，后代人有权享有质量差不多的地球。因此，质量保持原则要求我们将自然和文化资源的质量保持在我们继承它们时的水平上，假如说，我们当代人把空气、水和土壤资源作为随意倾倒废弃物的场所，这样也就是以降低空气和水的质量的方式将其行为的成本转嫁给未来世代，同时还会带来对动植物和人类健康的损害。第三个原则是"保护获取"（conservation of access）的原则，它要求各个世代的成员都有权公平地获取其从前代人那里继承的遗产，同时还应当保护后代人也有这种获取的权利。这一原则也就是要求，每个人在享有资源环境的同时，不能完全剥夺后代人享有同样的权利，这是从权利的角度为后代人的公平诉求辩护。[①] 当然，这些原则并不是要求我们当代人完全勒紧裤带，单纯地为后代人积累，它们更强调的是，我们在享有和利用资源与环境的时候，不能是那种掠夺式地开发，正如罗尔斯的正义储存原则所指出的，单纯为后代人积累而剥削当代人的方式或制度也是不正义的，关键是如何在不同世代的诉求之间达成平衡。

　　根据这些世代公平的原则，我们就可以合理地要求将农村社

---

① 参见［美］爱蒂丝·布朗·魏伊丝：《公平地对待未来人类：国际法、共同遗产与世代间衡平》，汪劲等译，法律出版社 2000 年版，第 41—48 页。

会世世代代赖以生存的自然资源与环境公平地留给下一代，避免农业资源和环境遭到破坏和退化，改变传统的以大量消耗资源和破坏环境为代价的农业发展方式，确保后代的生存与发展。这就要求我们要可持续地开发和利用农村地区的森林，并保留那些生物多样性特别丰富的区域，对于砍伐过度的地方，要通过退耕还林的方式逐步恢复原有的生态，给未来人以同样的选择权，同时还要努力控制那些会影响森林品质的污染，必要的时候提供紧急援助保护森林，把它们尽量完整地交给未来世代。同样，在农村水资源方面，保护选择原则会要求当代农村人采取措施保护地表水源，同时确保消耗地下水的速度不能超过补充速度，以免地下水枯竭；保护质量原则要求防止有毒物质对河流、湖泊及与它们息息相关的蓄水层的污染。为了避免后代人受地表水和地下水污染的伤害，最为有效的方法就是对陆地上处置有害废物加以控制，把有害废物处置在防污染措施齐全的合适地方，以此来保证后代人有能力同样获得足够的水资源。为保证农村后代人还有土壤资源可用，我们同样可以采用上述一些原则。我们可以适当地恢复一些地区土壤的生产能力，特别是那些植被遭破坏的地区，以及一些盐碱化严重、化学污染和农药污染严重的地区，我们要采取一些技术的手段进行修复；还有一些土壤，人们为了过度追求农产品的产量，过度使用已经极度贫瘠的土地，这时就需要进行及时的休耕或保护性耕作，让后代人能够重新有机会获得较有肥力的土地。最后，当代农村人也有义务为后人留下没有污染的空气，让后代人生活在清洁的环境之中，因此我们要应当尽量避免使用高污染的能源，用环保的方式进行农业生产与生活，要关闭农村及周边地区一些设备和技术较为落后的工厂，不能单纯为了追求经济利益，而牺牲了未来人的基本生存环境。

二、实现农村人口的可持续发展

我们的发展目标是要确保农村社会的人口、资源和环境之间达成和谐一致，然而，正如我们在上一节所分析的，农村环境污染的现状已经威胁到了未来人的生存，这一点特别具体地体现在环境污染对农村儿童和育龄妇女的伤害上。因此，要实现农村人口的可持续发展，确保农村人口的质量与数量，我们就特别要保护农村儿童和育龄妇女免受环境侵害。

首先，我们都知道，在环境污染的问题上，妇女和儿童都处于弱势地位，应当是受保护的对象，最佳的保护方式就是得到法律的支持，因此，我们有必要坚持环境权的概念，将维护儿童环境权和妇女环境权作为环境执法的工作重点，确保他们享有生活在不被污染的环境中的权利，也享有利用环境资源的权利。这些权利要如何落实？从根本意义上说，这取决于对妇女赋权，使她们在环境公共决策中有知情权与发言权，确保她们在自然资源的获取、使用和管理方面都享有平等的权利，将她们从一种"缺席"的状态转变成一种"在场"的状态，这样才能真正保证她们在环境问题上实现分配正义、承认正义与参与正义。

其次，要从根本上解决农村社会贫困的制度性根源。农村社会似乎陷入到一种人口素质低与贫困的恶性循环之中，实际上，贫困与奴隶制、种族隔离制度一样，并非天然的，而是人为建构的结果。当前中国的许多政策对于农村社会来说并不利，在收入分配制度上，农业税政策给予农民的实惠非常有限；在社会保障制度上，覆盖面很狭窄，设置的限制也很多，没有从根本上保护到弱势群体；在土地所有权制度上，农民所有权的主体地位虚化，使自身权益得不到保障；等等。因制度导致贫困，贫困导致环境侵害，儿童与妇女的身上所受的伤害其实最终显现出来的就是对后代人的伤害。要如何走出这个怪圈，可能更主要的措施还是取决于我们在前面所分析的，要打破城乡二元体制，实现城乡一体化。一旦消除了贫困，那些育龄妇女就能够不用再选择那些污染较严重的工作，她们在成长过程中，也不需要过早地放弃接受教育而选择谋生，如果教育程度越高，她们的选择范围就越大，同时对于环境污染伤害的认识也越深刻。

再次，要加强农村地区的卫生保健，定期给儿童与育龄妇女进行体检，发现问题后，能够让他们有较好的医疗条件接受治疗与恢复，保证农村中的后代人都是健康的，实现农村未来人口素质的提升。当然，医务人员也要坚持基本的职业道德，在发现环境因素对人体伤害的确切证据后，不能隐瞒事实，要及时地把环境危害的影响缩小在最小范围内。

最后，要加强环保教育，让处于弱势地位的儿童与妇女能够认识到各种污染源的不同性质伤害，在日常生活中注意防范。目前许多环境问题的出现正是由于人们对环境危害的无知，在宣传环保教育的时候，要重点增强妇女对资源环境破坏的忧患意识，唤起她们为自己的孩子及子孙后代保护环境的责任感和使命感。

总之，要实现农村人口的可持续发展，我们就要注重对儿童和育龄妇女的保护，儿童直接是我们的后代，育龄妇女是我们后代的最重要的载体，她们的健康决定了后代人的整体素质。我们绝对不能在忽视妇女和儿童的前提下片面追求经济利益的增长，最终损害后代人的福祉。

结 束 语

　　近年来，伴随经济全球化和我国经济的快速发展，农村环境资源消耗严重，农村水体污染、大气污染和土壤毒化等环境问题日益突出，由环境污染引发的健康伤害、返贫、致贫等社会不公问题集中爆发、环境群体性事件频繁出现，影响了我国社会的稳定与和谐。因此，加强我国农村环境保护已经成为关系我国农村和整个中国社会富裕、文明、和谐、持续、健康发展的重要方面。

　　针对我国农村环境面临的严峻形势，党和国家在新的发展时期多次强调"三农"问题关系到国家的生存之本，中国经济的发展不能以牺牲生活在广大农村的农民群体的环境权益为代价。如何实现农村自然环境的改善和农村人居环境的优化、让广大农民在资源节约和环境友好的两型社会中过上幸福而有尊严的生活成为当前社会主义新农村建设工作的基本目标。农村环境保护工作是一个社会系统工程，需要社会各界积极参与、共同努力。自然科学和人文社会科学中的很多学者也站在各自的研究领域积极参与农村环境保护工作，他们走进农村、走进农民、走进农业，调查农村环境污染的真实状况，分析原因并在技术和观念上提出解决对策。尽管很多学者都承认经济发展需要付出一定的环境负担，但是在我看来，对于我国广大的农村来说，生态环境的沦陷绝不是单一的农村社会内部经济发展所致，它的出现离不开中国工业化进程中经济粗放式的发展，也离不开全球经济一体化的发展历程。也就是说，导致中国农村环境恶化的根本原因是来自农村之外的社会力量，包括与农村相对的城市，也包括与发展中国家相对的西方发达国家。因此，如果抛开这些外在的因素来指责农村经济贫困、农民文化水平低、农民环保意识淡薄等都没有能够抓住问题的关键。这里需要我们在全球化背景下和中国现代化视野中来思考问题，需要我们把我国农村环境问题看作是一个融合了社会经济、政治以及文化等问题于一体的社会问题来看待，而不是一个简单的环境问题。

当我们把农村环境问题看作是一种社会问题时，环境正义的理念就为我们提供了一条崭新的分析路径。在地球上生活的每一个人都有呼吸新鲜的空气、饮用干净的水、食用安全的食物的权利，然而这对于很多处于社会弱势地位的群体来说却成了难以满足的奢望，开始成为富裕者能够消费的奢侈品，偏离了人类永恒的正义主题，这不能不说是现代社会发展的悲哀。改变农村环境污染的现状，虽然有很多很多工作要做，但是其中最为核心的就是要在发展观念上实现根本的转变，重新审视人与自然、人与人、人与社会的关系。如果这些核心观念不能改变，那么在不远的将来，遭受环境污染伤害的就不止农民和其他弱势群体，地球上的每一个生灵都将遭遇劫难。因为，这种趋势已经随着全球气候的变化而显现出来。如果真的会有那么一天，那么我们能够逃离曾经的美丽星球吗？恐怕那时已经没有其他的选择。

人类不愧是地球上最有智慧的生命，人类已经举起环境正义的旗帜开始了拯救地球的工程。对于我国农村环境保护而言，这无疑是一个改善生态环境的良好机遇。现在，我国已经积极行动起来，在遵循国内环境正义、国际环境正义以及代际环境正义的原则上，破除国内不平等的城乡二元结构，实现城乡一体化发展；打破不平等的全球秩序，积极推动全球环境治理；改变掠夺自然的偏见，践行可持续发展的理念。尽管我国农村环境保护的任务非常艰巨，非一朝一夕能够完成，但是，正义原则在国家顶层设计和基层群众行动中的有机结合中，会迎来中国农村环境保护的美好未来！

参考文献

（一）英文著作及论文集

1. Alf Hornborg, Andrew K. Jorgenson, *International trade and environmental justice: toward a global political ecology*, New York: Nova Science Publishers, 2010.

2. Andrew Dobson, *Justice and the environment: conceptions of environmental sustainability and theories of distributive justice*, Oxford: Oxford University Press, 1998.

3. Anne K. Haugestad, J.D. Wulfhorst, *Future as fairness : ecological justice and global citizenship*, Amsterdam: Rodopi, 2004.

4. D. Parfit, *Reasons and Persons*, Oxford: Oxford University Press, 1984.

5. D. Heyd, *Genethics: Moral Issues in the Creation of People*, California: University of California Press, 1992.

6. Daniel Faber, *The struggle for ecological democracy: environmental justice movements in the United States*, New York: Guilford Press, 1998.

7. David Naguib Pellow, Robert J. Brulle, *Power, justice, and the environment: a critical appraisal of the environmental justice movement*, Cambridge: MIT Press, 2005.

8. David V. Carruthers, *Environmental justice in Latin America: problems, promise, and practice*, Cambridge: MIT Press, 2008.

9. David Naguib Pellow, *Resisting global toxics: transnational movements for environmental justice*, Cambridge: MIT Press, 2007.

10. David Schlosberg, *Defining environmental justice: theories, movements, and nature*, Oxford: Oxford University Press, 2007.

11. David Schlosberg, *Environmental justice and the new pluralism: the challenge of difference for environmentalism*, Oxford: Oxford University Press, 1999.

12. Dennis Pavlich, *Managing environmental justice*, Amsterdam: Rodopi, 2010.

13. Edwardo Lao Rhodes, *Environmental justice in America: a new paradigm, Bloomington*: Indiana University Press, 2003.

14. Filomina Chioma Steady, *Environmental justice in the new millennium: global perspectives on race, ethnicity, and human rights*, New York: Palgrave Macmillan, 2009.

15. James K. Boyce, Sunita Narain, and Elizabeth A. Stanton, *Reclaiming natur: environmental justice and ecological restoration*, New York: Anthem Press, 2007.

16. Jan Hancock, *Environmental Human Rights: Powers, Ethics and Law*, Aldershot: Ashgate Publishing Limited, 2003.

17. Jeremy *Bendik-Keymer, The ecological life : discovering citizenship and a sense of humanity*, Lanham: Rowman & Littlefield Pub, 2006.

18. Jonas Ebbesson, Phoebe Okowa, *Environmental law and justice in context*, New York: Cambridge University Press, 2009.

19. J.D. Wulfhorst, Anne K. Haugestad, *Building sustainable communities: environmental justice & global citizenship*, Amsterdam: Rodopi, 2006.

20. Julian Agyeman, *Sustainable communities and the challenge of environmental justice*, New York: New York University Press, 2005.

21. Karen O'Brien, Asuncion Lera St, Berit Kristoffersen, *Climate change, ethics and human security*, New York: Cambridge University Press, 2010.

22. Kristin Shrader-Frechette, *Environmental justice: creating equality, reclaiming democracy*, Oxford: Oxford University Press, 2005.

23. Laura Westra, *Environmental justice and the rights of indigenous peoples: international and domestic legal perspectives*, London: Earthscan, 2008.

24. Richard P. Hiskes, *The human right to a green futur: environmental rights and intergenerational justice*, New York: Cambridge University Press, 2009.

25. Robert D. Bullard, *Confronting Environmental Racism: Voices from the Grassroots*, Boston, MA: South End Press, 1993.

26. Robert D. Bullard, *The quest for environmental justice: human rights and the politics of pollution*, San Francisco: Sierra Club Books, 2005.

27. Ronald Sandler, Phaedra C. Pezzullo, *Environmental justice and environmentalism: the social justice challenge to the environmental movement*, Cambridge: MIT Press, 2007.

28. Ruchi Anand, *International enviromental justice: a north-south dimension*, Burlington: Ashgate, 2004.

29. S.McMurrin, *Tanner Lectures on Human Values*, Cambridge: Cambridge University Press, 1980.

30. Thomas Pogge, *World Poverty and Human Rights*, Cambridge: Polity Press, 2008.

（二）中文译著与专著

1. ［希］亚里士多德：《尼各马可伦理学》，苗力田译，中国社会科学出版社 1999 年版。

2. ［英］休谟：《道德原则研究》，曾晓平译，商务印书馆 2001 年版。

3. ［英］穆勒：《功用主义》，唐钺译，商务印书馆 1957 年版。

4. ［英］布莱恩·巴利：《社会正义论》，曹海军译，江苏人民出版社 2008 年版。

5. ［英］戴维·米勒：《社会正义原则》，应奇译，江苏人民出版社 2005 年版。

6. ［英］戴维·佩珀：《生态社会主义：从深生态学到社会正义》，刘颖译，山东大学出版社 2005 年版。

7. ［英］克里斯托弗·卢茨主编：《西方环境运动：地方、国家和全球向度》，徐凯译，山东大学出版社 2005 年版。

8. ［英］安德鲁·多布森：《绿色政治思想》，郇庆治译，山东大学出版社 2005 年版。

9. ［英］马克·史密斯、皮亚·庞萨帕：《环境与公民权：整合正义、责任与公民权》，侯艳芳等译，山东大学出版社 2012 年版。

10. ［澳］罗宾·埃克斯利：《绿色国家：重思民主与主权》，郇庆治译，山东大学出版社 2012 年版。

11. ［美］安德鲁·德斯勒、爱德华·A. 帕尔森：《气候变化：科学还是政治?》，李淑琴等译，中国环境科学出版社 2012 年版。

12. ［美］默里·布克金：《自由生态学：等级制的出现与消解》，郇庆治译，山东大学出版社 2008 年版。

13. ［美］彼得·S. 温茨：《环境正义论》，朱丹琼、宋玉波译，上海人民出版社 2007 年版。

14. ［美］彼得·S. 温茨：《现代环境伦理》，宋玉波、朱丹琼译，上海人民出版社 2007 年版。

15. ［美］康芒纳：《封闭的循环：自然、人和技术》，吉林人民出版社 1997 年版。

16. ［美］罗尔斯：《正义论》，何怀宏等译，中国社会科学出版社 2009 年版。

17. ［美］罗尔斯：《作为公平的正义》，姚大志译，中国社会科学出版社 2011 年版。

18. ［美］诺齐克：《无政府、国家与乌托邦》，姚大志译，中国社会科学出版社 2014 年版。

19. ［美］南茜·弗雷泽：《正义的中断：对"后社会主义"状况的批判性反思》，于海青译，上海人民出版社 2008 年版。

20. ［美］南茜·弗雷泽：《正义的尺度——全球化世界中政治空间的再认识》，欧阳英译，上海人民出版社 2009 年版。

21. ［美］南茜·弗雷泽、［德］阿克塞尔·霍耐特：《伤害 + 侮辱——争论中的再分配、承认和代表权》，高静宇译，上海人民出版社 2009 年版。

22. ［美］詹姆斯·P. 斯特巴：《实践中的道德》，李曦等译，北京大学出版社 2006 年版。

23. ［美］罗纳德·德沃金：《至上的美德：平等的理论与实践》，冯克利译，江苏人民出版社 2003 年版。

24. ［美］爱蒂丝·布朗·魏伊丝：《公平地对待未来人类：国际法、共同遗产与世代间衡平》，汪劲等译，法律出版社 2000 年版。

25. ［德］康德：《道德形而上学奠基》，杨云飞译，人民出版社 2013 年版。

26. ［德］马丁·耶内克、克劳斯·雅各布：《全球视野下的环境管制：

生态与政治现代化的新方法》，李慧明等译，山东大学出版社 2012 年版。

27.［澳］约翰·德赖泽克：《地球政治学：环境话语》，蔺雪春、郭晨星译，山东大学出版社 2008 年版。

28.［印］阿玛蒂亚·森：《正义的理念》，王磊等译，中国人民大学出版社 2013 年版。

29.［新西兰］吉莉安·布洛克，《全球正义：世界主义的视角》，王珀、丁玮译，重庆出版社 2014 年版。

30.［加］查尔斯·琼斯：《全球正义：捍卫世界主义》，李丽丽译，重庆出版社 2014 年版。

31. 洪大用：《中国环境社会学：一门建构中的学科》，社会科学文献出版社 2007 年版。

32. 洪大用：《社会变迁与环境问题：当代中国环境问题的社会学阐释》，首都师范大学出版社 2001 年版。

33. 韩立新：《环境价值论：环境伦理：一场真正的道德革命》，云南人民出版社 2005 年版。

34. 胡玉坤：《社会性别与生态文明》，社会科学文献出版社 2013 年版。

35. 晋海：《城乡环境正义的追求与实现》，中国方正出版社 2008 年版。

36. 刘雪斌：《代际正义研究》，科学出版社 2010 年版。

37. 刘湘溶：《人与自然的道德话语：环境伦理学的进展与反思》，湖南师范大学出版社 2004 年版。

38. 李培超：《伦理拓展主义的颠覆：西方环境伦理思潮研究》，湖南师范大学出版社 2004 年版。

39. 廖小平：《伦理的代际之维》，人民出版社 2004 年版。

40. 陆学艺：《当代中国社会结构》，社会科学出版社 2010 年版。

41. 刘鉴强主编：《中国环境发展报告（2013）》，社会科学文献出版社 2013 年版。

42. 汝信、付崇兰主编：《中国城乡一体化发展报告》，社会科学文献出版社 2013 年版。

43. 世界环境与发展委员会编：《我们共同的未来》，邓延陆编选，林校绘图，湖南教育出版社 2009 年版。

44. 王曦主编：《国际环境法资料选编》，民主与建设出版社 1999 年版。

45. 汪劲：《环境法律的理念与价值追求——环境立法目的论》，法律出版社 2000 年版。

46. 吴卫星：《环境权研究：公法学的视角》，法律出版社 2007 年版。

47. 郇庆治：《环境政治国际比较》，山东大学出版社 2007 年版。

48. 郇庆治主编：《环境政治学》，山东大学出版社 2007 年版。

49. 杨通进：《环境伦理：全球话语中国视野》，重庆出版社 2007 年版。

50. 张李玺主编：《中国女性社会学：本土知识建构》，中国社会科学出版社 2013 年版。

51. 赵群、王云仙主编：《社会性别与妇女反贫困》，社会科学文献出版社 2011 年版。

52. 曾建平：《环境正义：发展中国家环境伦理问题探究》，山东人民出版社 2007 年版。

53. 朱海忠：《环境污染与农民环境抗争——基于苏北 N 村事件的分析》，社会科学文献出版社 2013 年版。

54. 周训芳：《环境权论》，法律出版社 2003 年版。

55. 环境保护部编：《国家环境保护"十一五"规划》，中国环境科学出版社 2008 年版。

56. 联合国环境规划署：《全球环境展望 5——我们未来想要的环境》，中国环境科学出版社 2012 年版。

57. 本书编写组编：《十八大报告辅导读本》，人民出版社 2012 年版。

58.《中华人民共和国国民经济和社会发展第十二个五年规划纲要》，人民出版社 2011 年版。

59. 中共中央国务院：《中共中央国务院关于全面深化农村改革加快推进农业现代化的若干意见（中发［2014］1 号）》，2014 年。

（三）中文论文

1. 薄燕：《国际环境正义与国际环境机制：问题、理论和个案》，《欧洲研究》2004 年第 3 期。

2. 薄燕：《全球环境治理的有效性与国际环境正义》，《绿叶》2008 年第 4 期。

3. 白永秀：《城乡二元结构的中国视角：形成、拓展、路径》，《学术月刊》2012 年第 5 期。

4. 蔡永海、黄进：《生态文明视域下环境正义的实现》，《环境保护》2013 年第 2 期。

5. 蔡德培：《环境内分泌干扰物与儿童性发育异常》，《中国实用儿科杂志》2013 年第 10 期。

6. 陈锡文：《推动城乡发展一体化》，《求是》2012 年第 23 期。

7. 陈锡文：《统筹城乡发展、推进城乡一体化新格局》，《北京观察》2012 年第 4 期。

8. 陈锡文：《农村土地改革不能突破三条底线》，《国土资源导刊》2013 年第 12 期。

9. 陈宏平、曾建平：《绿色壁垒与国际环境正义》，《湖南大学学报》（社会科学版）2004 年第 6 期。

10. 戴雪红：《谁之环境？谁之发展？——生态女性主义的议题与难题》，《妇女研究论丛》2012 年第 2 期。

11. 于建嵘：《当前农村环境污染冲突的主要特征及对策》，《世界环境》2008 年第 1 期。

12. 高国荣：《美国环境正义运动的缘起、发展及其影响》，《史学月刊》2011 年第 11 期。

13. 洪大用：《关于中国环境问题和生态文明建设的新思考》，《探索与争鸣》2013 年第 10 期。

14. 洪大用：《碳减排：正义原则与对策》，《中国人民大学学报》2010 年第 2 期。

15. 洪大用：《二元社会结构的再生产——中国农村面源污染的社会学分析》，《社会学研究》2004 年第 4 期。

16. 洪大用：《我国城乡二元控制体系与环境问题》，《中国人民大学学报》2000 年第 1 期。

17. 黄季焜、刘莹：《农村环境污染情况及影响因素分析——来自全国白村的实证分析》，《管理学报》2010 年第 11 期。

18. 胡鞍钢、管清友：《应对全球气候变化：中国的贡献》，《当代亚太》2008 年第 4 期。

19. 苏杨：《农村现代化进程中的环境污染问题》，《宏观经济管理》2006 年第 2 期。

20. 晋海：《走向城乡环境正义——以法制变革为视角》，《法学杂志》

2009 年第 10 期。

21. 纪俊杰：《环境正义的三重平等关怀》，《看守台湾季刊》1999 年第 3 期。

22. 纪俊杰：《我们没有共同的未来：西方主流"环保"关怀的政治经济学》，《台湾社会研究季刊》1998 年第 3 期。

23. 蓝海涛：《改革开放以来我国城乡二元结构的演变路径》，《经济研究参考》2005 年第 17 期。

24. 厉以宁：《城乡二元体制改革关键何在》，《经济研究导刊》2008 年第 4 期。

25. 厉以宁：《走向城乡一体化：建国 60 年城乡体制的变革》，《北京大学学报》（哲学社会科学版）2009 年第 6 期。

26. 李培超：《环境伦理学的正义向度》，《道德与文明》2005 年第 5 期。

27. 李培超：《中国环境伦理学的十大热点问题》，《伦理学研究》2011 年第 6 期。

28. 李维维：《加强环境治理，共筑绿色未来——访联合国环境规划署驻华代表张世钢》，《低碳世界》2013 年第 5 期。

29. 刘湘溶：《论环境正义原则》，《思想战线》2009 年第 3 期。

30. 刘湘溶、张斌：《国际环境正义实践的伦理困境及其化解》，《湖南师范大学社会科学学报》2009 年第 2 期。

31. 刘雪斌：《论代际正义的原则》，《法制与社会发展》2008 年第 4 期。

32. 刘雪梅、顾肃：《探寻全球正义的法理基础》，《社会科学》2007 年第 8 期。

33. 刘长兴：《论环境法上的代际公平——从理念到基本原则的论证》，《武汉理工大学学报》（社会科学版）2006 年第 1 期。

34. 娄臣等：《毒物环境对孕妇及胎儿的影响分析及干预》，《中国优先与遗传杂志》1993 年第 3 期。

35. 陆学艺：《中国社会结构的变化及发展趋势》，《云南民族大学学报》（哲学社会科学版）2006 年第 5 期。

36. 陆学艺：《城乡一体化的社会结构分析与实现路径》，《南京农业大学学报》（社会科学版）2011 年第 2 期。

37. 吕忠梅：《环境权的民法保护理论构造——对两大法系环境权理论的比较》，载《私法》2001 年第 1 卷。

38. 马奔：《环境正义与公众参与——协商民主理论的观点》，《山东社会科学》2006 年第 10 期。

39. 马忠法：《气候正义与无害环境技术国际转让法律制度的困境及其完善》，《学海》2014 年第 2 期。

40. 佘正荣：《主权国家的生态道德：抑制全球环境加速恶化的重要伦理前提》，《中国人民大学学报》2011 年第 3 期。

41. 史军：《代际气候正义何以可能?》，《哲学动态》2011 年第 7 期。

42. 王传剑：《全球治理新观察与中国角色再思考》，《当代世界》2010 年第 11 期。

43. 王韬洋：《正义的共同体与未来世代——代际正义的可能性及其限度》，《华东师范大学学报》（哲学社会科学版）2010 年第 5 期。

44. 王韬洋：《有差异的主体与不一样的环境"想象"——"环境正义"视角中的环境伦理命题分析》，《哲学研究》2003 年第 3 期。

45. 王国敏：《城乡统筹：从二元结构向一元结构的转化》，《西南民族大学学报》（人文社科版）2004 年第 9 期。

46. 王露璐：《经济正义与环境正义——转型期我国城乡关系的伦理之维》，《伦理学研究》2012 年第 6 期。

47. 王少平、欧阳志刚：《中国城乡收入差距对实际经济增长的阈值效应》，《中国社会科学》2008 年第 2 期。

48. 王小文：《对美国环境正义的研究》，《环境保护》2007 年第 16 期。

49. 文同爱：《美国环境正义概念探析》，《2001 年环境资源法学国际研讨会论文集》，2001 年。

50. 叶小兰：《风险社会下国际气候正义的困境与出路——以哥本哈根气候峰会为视点》，《新疆社科论坛》2010 年第 3 期。

51. 俞可平：《全球治理引论》，《马克思主义与现实》2002 年第 1 期。

52. 张金良：《试论乡镇企业污染对女性生殖健康的潜在影响》，《UNDP 妇女与环境国际研讨会文集》，2001 年。

53. 张登巧：《西部开发中的环境正义问题研究》，《吉首大学学报》（社会科学版）2005 年第 1 期。

54. 周光辉、赵闯：《跨越时间之维的正义追求——代际正义的可能性研究》，《政治学研究》2009 年第 3 期。

55. 张玉林、顾金土：《环境污染背景下的"三农问题"》，《战略与管理》

2003 年第 3 期。

56. 张蕴岭：《在参与中推动国际秩序渐进改革——论中国未来发展道路及国际地位诉求》，《人民论坛·学术前沿》2013 年第 6 期。

57. 赵星、赵仁康等：《国际产业转移与贸易保护损害的关系研究》，《经济问题研究》2013 年第 11 期。

58. 郇庆治、李萍：《国际环境安全：现实困境与理论思考》，《现代国际关系》2004 年第 2 期。

59. 杨通进：《全球正义：分配温室气体排放权的伦理原则》，《中国人民大学学报》2010 年第 2 期。

60. 杨通进：《全球环境正义及其可能性》，《天津社会科学》2008 年第 5 期。

61. 杨通进：《罗尔斯代际正义理论与其一般正义论的矛盾与冲突》，《哲学动态》2006 年第 8 期。

62. 杨通进：《论正义的环境——兼论代际正义的环境》，《哲学研究》2006 年第 6 期。

63. 曾建平：《乡村视野中的环境公正与和谐社会》，《江西师范大学学报》（哲学社会科学版）2005 年第 5 期。

64. 朱玉坤：《西部大开发与环境公平》，《青海社会科学》2002 年第 11 期。

65. 钟明春、徐刚：《对外贸易与环境污染的灰色关联分析——以福建省为例》，《福建江夏学院学报》2012 年第 6 期。

66. 马晶：《环境正义的法哲学研究》，吉林大学博士论文，2005 年。

后　记

　　提到农村环境，很多人会自然而然地联想到山清水秀、五谷飘香的祥和画卷，会在脑海中浮现出纯真的孩子在其中尽情地嬉戏玩耍的幸福画卷，甚至是日出而作、日落而息的劳作之艰也往往成为人们深切向往的天人和谐之美。然而，在我国经济快速发展的今天，这种富足和谐的农村美景却不断地演变为人们的一种美好记忆，农村环境的恶化已经成为中国生态环境之梦的不和谐音符。

　　在我的生活中，自 2001 年至今，大体每年都会随家人到安徽一小村看望亲朋，自然也目睹了小村环境发生的快速变化。流经该村的小河河水清澈，缓缓流淌，陪伴着在这里生活的男女老少。夏日里少不了在河里游泳洗澡的男人和在水边玩耍的孩子，平日里也少不了在河边洗衣洗菜的女人，而农闲之时，也少不了擅长捕鱼垂钓之人的矫捷身影。初次来到这个小村的我，还有幸乘着一条小渔船在河中畅游，此种惬意至今难忘！然而在随后的十几年间，小河的水量慢慢变少，甚至还因一些人为因素导致干涸和断流的情况出现，河岸两边以及部分河床上也开始出现大量的生活和生产垃圾，塑料袋、农药瓶（袋）也在其中。此时，我不禁感叹农村环境怎么会变成此番景象！在全国众多的农村中，这个小村的环境退化和恶化的程度并不是最为严重和典型的，但它却激发了我最初关注和思考农村环境保护问题的强烈意识。

在我国社会主义现代化建设的总体进程中，农村环境恶化的根源是什么？农村环境如何能够得到有效的保护？农民如何能够在社会经济发展中公平地享有有益的环境资源呢？在思考这些问题的过程中，我慢慢将分析问题的切入点集中到正义论的视角之下，并结合环境正义在国内、国际以及代际三个层面的体现，构建了集分配正义、平等参与和身份承认于一体的多元环境正义内涵下的中国农村环境保护框架。我希望这种思考的路径能够让我对农村环境保护问题的思考获得更加广阔的空间，也希望这种尝试和努力能够对农村环境保护问题的早日解决做出一份贡献。

在本书的写作过程中，我的导师武汉大学哲学院张传有教授针对正义论的理论分析曾给予了我很多有益的指导和建议，武汉大学哲学院田文军教授、储昭华教授等人也曾建议我在理论与实践、事实与价值的多重角度完善写作的框架。借此书出版之机，我真心地对几位老师的帮助表示感谢！我也要感谢我的家人一直以来对我学习和工作的支持与理解！我也要感谢人民出版社以及杜文丽编辑！

最后，还需说明的是，本书的出版得到了教育部人文社科基金青年项目的资助，也得到了华中农业大学马克思主义学院的资助。

郭　琰

2015 年 1 月于华中农业大学西苑

责任编辑：杜文丽
责任校对：张杰利
版式设计：汪　莹

图书在版编目（CIP）数据

中国农村环境保护的正义之维／郭琰　著．
　－北京：人民出版社，2015.4
ISBN 978－7－01－014739－0

I.①中⋯　II.①郭⋯　III.①农业环境保护－研究－中国
　IV.① X322

中国版本图书馆 CIP 数据核字（2015）第 068218 号

中国农村环境保护的正义之维

ZHONGGUO NONGCUN HUANJING BAOHU DE ZHENGYI ZHI WEI

郭琰　著

人民出版社 出版发行

（100706　北京市东城区隆福寺街 99 号）

北京新华印刷有限公司印刷　新华书店经销

2015 年 4 月第 1 版　2015 年 4 月北京第 1 次印刷

开本：710 毫米 × 1000 毫米 1/16　印张：16.25

字数：240 千字　印数：0,001－3,000 册

ISBN 978－7－01－014739－0　定价：48.00 元

邮购地址 100706　北京市东城区隆福寺街 99 号

人民东方图书销售中心　电话（010）65250042　65289539